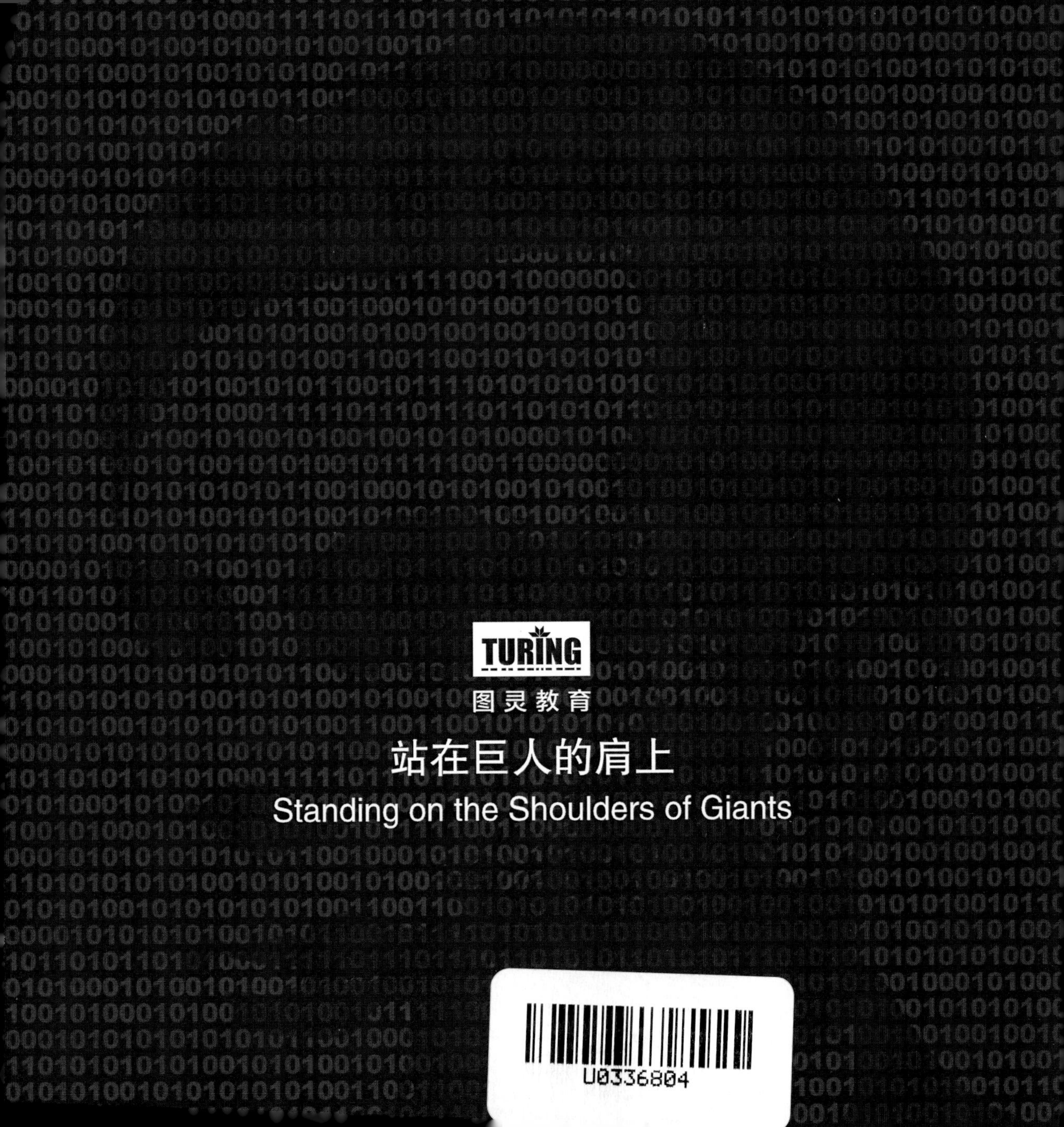
TURING
图灵教育
站在巨人的肩上
Standing on the Shoulders of Giants
U0336804

TURING

图灵教育

站在巨人的肩上

Standing on the Shoulders of Giants

明解Java

TURING
图灵程序设计丛书

[日] 柴田望洋 / 著 侯振龙 / 译

人民邮电出版社
北 京

图书在版编目（CIP）数据

明解Java /（日）柴田望洋著；侯振龙译. -- 北京：人民邮电出版社，2018.1（2021.1重印）

（图灵程序设计丛书）

ISBN 978-7-115-47185-7

Ⅰ. ①明… Ⅱ. ①柴… ②侯… Ⅲ. ①JAVA语言一程序设计 Ⅳ. ①TP312.8

中国版本图书馆CIP数据核字（2017）第268825号

内 容 提 要

本书图文并茂，示例丰富，通过284幅图表和258段代码，由浅入深地解说了从Java的基础知识到面向对象编程的内容，涉及变量、分支、循环、基本数据类型和运算、数组、方法、类、包、接口、字符和字符串、异常处理等。书中出现的程序包括猜数游戏、猜拳游戏、心算训练等，能够让读者愉快地学习。

本书适合Java初学者阅读。

◆ 著　　[日] 柴田望洋
　译　　侯振龙
　责任编辑　杜晓静
　执行编辑　刘香娣
　责任印制　彭志环

◆ 人民邮电出版社出版发行　　北京市丰台区成寿寺路11号
　邮编　100164　　电子邮件　315@ptpress.com.cn
　网址　https://www.ptpress.com.cn
　北京虎彩文化传播有限公司印刷

◆ 开本：800×1000　1/16
　印张：31
　字数：732千字　　2018年1月第1版
　印数：8 001 – 8 800册　　2021年1月北京第7次印刷

著作权合同登记号　图字：01-2017-2274号

定价：99.00元

读者服务热线：(010)84084456　印装质量热线：(010)81055316

反盗版热线：(010)81055315

广告经营许可证：京东市监广登字 20170147 号

前　言

大家好！

《明解 Java》是一本讲解世界上许多人都在使用的 Java 编程语言的入门书。

本书从**编程的基础**开始，逐步深入地进行讲解，直至读者掌握**面向对象编程**。

本书面向的是了解计算机的基本用法、初次挑战编程的读者。本书将基于我自己常年为大量学生及听讲者授课的丰富经验，针对学习者难以理解及容易失误的地方进行重点介绍。

本书同时注重如下两方面的介绍。

- **Java 语言的基础**
- **编程的基础**

如果将这两方面比作外语学习的话，简单来说，前者就相当于"基础的语法和单词"，而后者则相当于"书写简单的文章和进行对话"。

为了让读者能够直观地理解各种概念和语法，本书提供了 284 幅图表，以便读者可以轻松地阅读。

本书还提供了 258 段示例程序。示例程序较多，就像外语教材中对话和例句较多一样。请大家通过这为数众多的程序，开启 Java 编程之路吧！

本书介绍的程序还包括猜数字游戏、猜拳游戏、心算训练等，能够让读者愉快地进行学习。

本书使用了口语化的语言。如果读者在阅读时能感觉到像是在听我讲课，并和我一起学习完全部 16 章的内容，那我将倍感荣幸。

柴田望洋

2016 年 5 月

导　读

本书是讲解 Java 编程语言及 Java 编程的入门书，章节构成如下。

第 1 章　在画面上显示字符
第 2 章　使用变量
第 3 章　程序流程之分支
第 4 章　程序流程之循环
第 5 章　基本类型和运算
第 6 章　数组
第 7 章　方法
第 8 章　类的基础知识
第 9 章　创建日期类
第 10 章　类变量和类方法
第 11 章　包
第 12 章　类的派生和多态
第 13 章　抽象类
第 14 章　接口
第 15 章　字符和字符串
第 16 章　异常处理

第 1 章到第 7 章介绍编程的基础知识，从第 8 章开始重点介绍面向对象编程。请大家从第 1 章开始依次阅读每个章节。

另外，作为对正文的补充，“专栏”部分是比较高级的内容，如果读者觉得有难度，也可以暂时跳过这部分，之后再回过头来阅读。

▶ 本书还给出了很多练习题。这是为了帮助大家加深对正文内容的理解，并从其他角度学习，以拓展学习的宽度和深度。这一部分需要读者自己思考并解答，因此，同小学和中学的教材一样，本书并未给出答案。

虽说不一定是必备图书，但如果读者平时能够将本书放在身边，经常翻阅，笔者将倍感荣幸。

在阅读本书时，请读者了解和注意以下事项。

▪ 关于计算机相关的基础术语

本书中并未对诸如“内存”或“存储空间”等一般的计算机基础术语进行讲解。这是因为如果对这些术语进行讲解的话，就会占据大量的篇幅，而且对已经了解这些术语的读者来说也毫无用处。

关于这些术语，请大家参考网上的信息或其他图书。

▪ 关于源程序

本书中介绍的源程序都可以从下面这个网站上下载。

http://www.ituring.com.cn/book/1933

另外，关于本书章节构成的缘由及阅读时的注意事项等，在“后记”中也进行了讲解。也请读者务必阅读那部分内容。

目 录

第 1 章

在画面上显示字符

我们通过在画面上显示字符的程序来熟悉一下 Java。

- □ Java 的历史和特点
- □ Java 程序的创建
- □ Java 程序的编译和运行
- □ 注释
- □ 语句
- □ 在画面上输出和流
- □ 字符串常量
- □ 字符串的拼接
- □ 换行
- □ 缩进
- □ Java 运行时环境（JRE）和 Java 开发工具包（JDK）

1-1 关于 Java

在正式开始学习 Java 程序之前，我们先来简单介绍一下 Java 的历史和特点。

Java 的诞生

1991 年，美国的 Sun 公司开发了一种编程语言，用来开发家电产品的软件。之后经过不断改良，1995 年 5 月，SunWorld 发布了 Java 编程语言。Java 的网站和从该网站点击两下（“Java+Alice” → “learn more about Alice”）即可访问的 Alice 的网站如图 1-1 所示，看起来很有趣啊。

另外，Java 这个名称据说来源于咖啡。

▶ 最初开发时的名称叫 Oak，但由于这个名称已经被其他公司注册成了商标，于是就改成了 Java。另外，随着 Sun 公司在 2010 年被 Oracle 公司收购，Java 相关的专利也被转移到了 Oracle 公司。

Java 引起关注的一个契机是它能够开发在 Web 浏览器上运行的 Applet 小程序，因此，在一段时期内，Java 一直被误认为是“用来创建 Applet 的面向网络的语言”。

Java 是一种“也可以创建 Applet 的通用编程语言”，它是一种用途广泛的语言。

▶ 实际上，用 Java 创建的 Applet 大多都是演示程序，实际应用的很少。

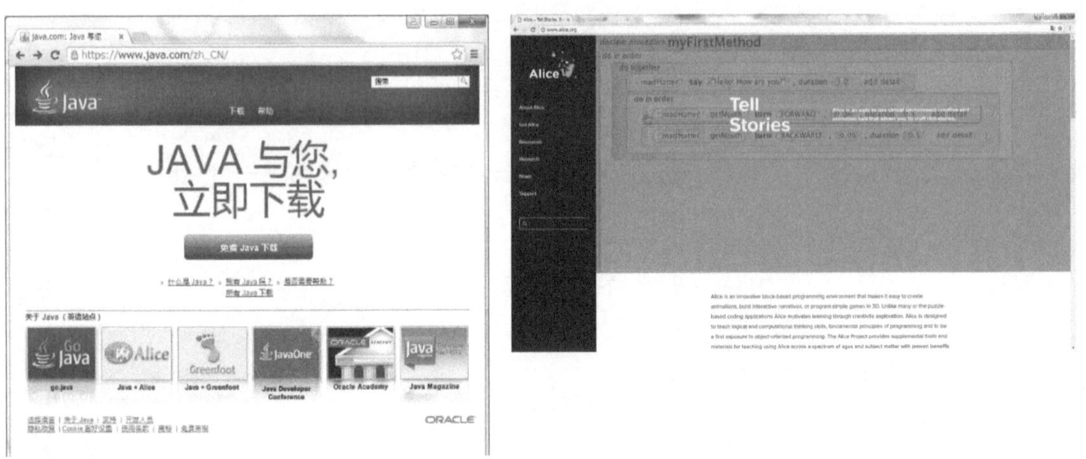

图 1-1 Java 的网站和 Alice 的网站

Java 的特点

Java 编程语言的使用者越来越多。在这里，我们来简单介绍一下 Java 的特点。

▶ 由于这里使用了稍微有点难度的术语，编程新手可以暂时跳过，等读过本书的部分内容后再来阅读。

▪ 免费使用

使用编程语言开发程序时，该语言的开发工具必不可少。Java 的开发工具都是可以**免费**使用的。

▪ 一次编写，到处运行——Write Once, Run Anywhere

一般来说，使用编程语言创建的程序只能在规定的机器和环境下运行，但使用 Java 创建的程序（只要有 Java 运行环境）在任何地方都可以运行，无需分别创建在 MS-Windows、Mac、Linux 下运行的程序（专栏 1-3）。

▪ 与 C 语言和 C++ 相似的语法结构

对于编程中使用的语句及语句结构等语法体系，各语言都自成一体。由于 Java 的语法体系是参考 C 语言和 C++ 创建的，因此有 C 语言和 C++ 开发经验的人可以很容易地转到 Java 开发上来。

▪ 强类型

程序中会处理整数、实数（浮点数）、字符、字符串等大量的数据类型，在各种运算中，对于不允许的类型、模糊的类型，Java 开发工具都会进行严格的检查，所以可以轻松创建可靠性高的程序。

▪ 支持面向对象编程

Java 支持类的封装、继承、多态等面向对象编程的实现技术，能够高效开发高品质的软件。

▪ 大量的库

在画面上显示字符、绘制图形、控制网络等程序全部都由自己创建实际上是不可能的。在 Java 中，类似这些功能的基本部分都是作为 API（程序控件的一种形式）的库（控件集合）提供给使用者的，利用这些 API，可以非常简单地实现想要的处理。Java 中提供了大量的库，涉及众多方面、众多功能。

▪ 使用垃圾回收进行内存管理

在很多编程语言中，当需要对象（类似于表示值的变量）时就可以创建它，但对于“释放不再需要的对象”的管理则需要格外注意。在 Java 中，对象的释放处理是自动执行的，因此可以轻松管理对象。

▪ 异常处理

当发生预料之外的错误等异常情况时，处理也能够顺利执行，这便于我们开发健壮的程序。

▪ 并发处理

一个程序中可以同时并发运行多个处理。例如，可以一边执行在画面上显示的处理，一边执行其他的运算。

▪ 使用包对类进行分类

我们使用的磁盘上的文件都是通过目录（文件夹）进行分类管理的，与此类似，Java 的类（汇集了数据和方法的程序控件）可以根据包进行分类，因此能够高效管理数量庞大的类。

▶ Java 要比 C 语言复杂得多。本书介绍的只是 Java 的基础知识，并不会介绍到上面所列的全部特点（如果全部都详细讲解的话，本书将会达到数千页）。

Java 的发展

Java 经历了频繁的版本升级（修订），主要版本的一览表如表 1-1 所示。另外，版本 5.0 和 6 ~ 8 是外部版本号，内部版本号则是 1.5 ~ 1.8。

▶ 内部版本 1.2 到 1.5 采用的是 Java 2 这个名称，从 1.6 开始又重新改名为 Java。另外，5.0（内部版本 1.5）之后就不再有次要版本，因此，也就不再创建 6.1 或 7.3 这样的版本。

1.2、5.0（1.5）和 8 这三个版本进行了非常大幅的修订，特别是 5.0 中，以 EoD（Ease of Development），即**开发简易性**为目标，对语法体系等进行了大幅修改，加入了很多功能。

本书中介绍的程序都是在 5.0 以上的版本上运行的程序。

▶ 在 Java 中，除了面向一般用途的 Standard Editon（SE）之外，还有面向服务器的 Enterprise Editon（EE）和面向小型器材的 Micro Edition（ME）。

表 1-1　Java 的主要版本

版本		代号	发布日期
JDK 1.0		–	1996 / 1
JDK 1.1		–	1997 / 2
J2SE 1.2		Playground	1998 / 12
J2SE 1.3		Kestrel	2000 / 5
J2SE 1.4.0		Merlin	2002 / 2
J2SE 5.0	（1.5）	Tiger	2004 / 9
Java SE 6	（1.6）	Mustang	2006 / 12
Java SE 7	（1.7）	Dolphin	2011 / 7
Java SE 8	（1.8）	–	2014 / 3

学前准备

如果要使用 Java 来开发程序，Java 开发工具包是必不可少的。

Java 开发工具包 ＝ JDK（Java Development Kit）

▶ Java 开发工具包有一段时期也被称为软件开发工具包 SDK（Software Development Kit）。

Java 开发工具包可以从网上**免费**下载。

1-2 在画面上显示字符

假如有一个不显示计算结果的计算器，就算它速度再快，功能再多，恐怕也没有人会使用吧？通过字符和数字向人们传递信息，这是计算机的一个非常重要的功能。本节将介绍在控制台画面上显示字符的方法。

创建和运行程序

首先，我们来创建一个在控制台画面上显示字符的程序。如下所示，程序要显示 2 行字符。

```
第一个Java程序。
输出到画面上。
```

在文本编辑器中键入代码清单 1-1 所示的程序代码。Java 程序是区分大小写的，请大家按照这里提示的代码原样键入。

代码清单 1-1　Chap01/Hello.java

```
// 在画面上进行输出的程序

class Hello {

   public static void main(String[] args) {
      System.out.println("第一个Java程序。");
      System.out.println("输出到画面上。");
   }
}
```

注意！！这并不是数字“1”,而是小写字母“l”

运行结果

```
第一个Java程序。
输出到画面上。
```

► 请注意，程序中的空白和双引号等符号不要键入全角字符。另外，空白部分使用空格键、Tab 键、回车键键入。
本程序中使用了 {}、[]、()、"、/、.、; 等诸多符号，关于这些符号字符的称呼，**表 1-2** 中进行了总结。

源程序和源文件

我们通过**字符序列**来创建程序，这种程序称为**源程序**（source program），用来保存源程序的文件称为**源文件**（source file）。

► source 就是“原始”的意思。源程序也称为“原始程序”。

原则上，源文件的名称就是 **`class`** 后面书写的类（class）名（本程序中是 `Hello`）加上扩展名 `.java`。

因此，本程序的源文件名称就是 `Hello.java`。

用单个目录（文件夹）管理本书中介绍的所有源程序并不现实，因此，我们采用如图 1-2 所示的目录和文件结构。

如果你使用的系统是 MS-Windows 的话，请在磁盘上创建一个 `MeikaiJava` 目录，并在该目录下创建各章的目录 `Chap01`、`Chap02`……然后，在各章的目录中保存源程序。

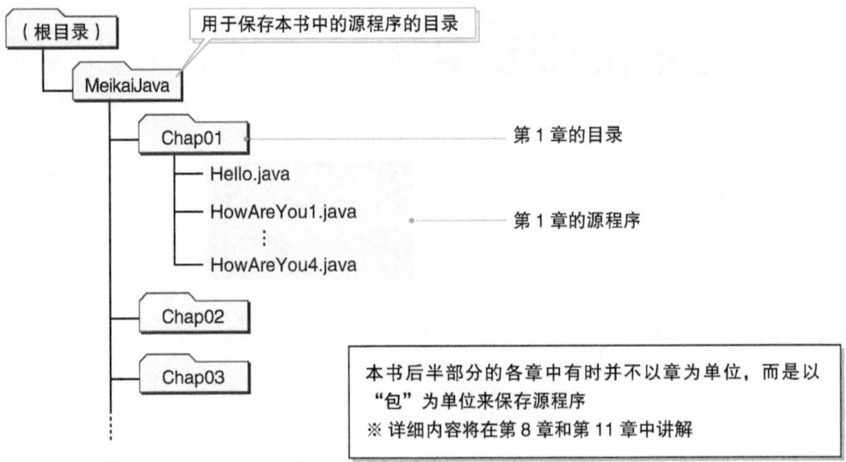

图 1-2 本书中的源程序的目录结构（示例）

另外，每个源程序的目录名和文件名都会写在代码清单的右上角，如图 1-3 所示。

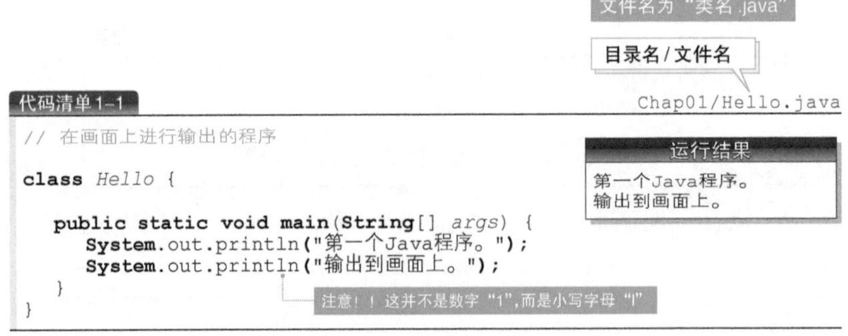

图 1-3 源程序和文件名

编译和运行程序

源程序编写完成之后，不能直接运行。如果要运行的话，需要经过图 1-4 所示的两个步骤。

ⓐ 编译源程序，生成字节码（bytecode）。

ⓑ 运行生成的字节码。

图 1-4 程序从创建到运行的流程

a 编译

所谓**编译**（compile），就是将无法直接运行的源程序转换为可以运行的形式。我们可以使用 javac **命令**执行此项操作。

`Hello.java` 的编译操作如下所示（**专栏 1-1**）。

```
▶ javac Hello.java ⏎
```

这里指定的是源文件名称，**扩展名 `.java` 不可以省略**。

▶ 白色字符部分是键入的内容。开头的▶是操作系统中显示的提示符，无需输入（UNIX 中显示为 `%`，MS-Windows 中则显示为 `C:\>`）。

编译完成之后，会生成图 1-5 所示的 `Hello.class` 文件。该文件称为**类文件**（class file），其内容为字节码。

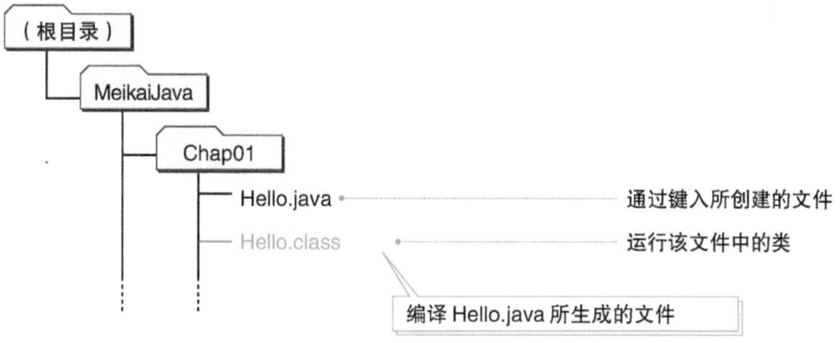

图 1-5　源文件和类文件

如果源程序中存在拼写错误的话，编译时就会发生错误，并显示错误信息。此时，请重新仔细查看程序，改掉错误后，再次进行编译。

b 运行

编译成功之后，就可以运行程序了。java **命令**会从类文件中读入类并运行。类 `Hello` 的运行过程如下所示。

```
▶ java Hello ⏎
```

与编译时不同，这里**没有扩展名 `.class`**（因为此处指定的是“类”的名称，而不是“类文件”的名称）。

运行程序后，就会向控制台画面进行输出。

▶ 本书中，运行结果会显示在代码清单的框中，本程序的运行结果就显示在代码清单 1-1 的框中。

重要 源程序不能直接运行，需要使用 javac 命令将其编译为类文件，并使用 java 命令来运行类文件中的类。

专栏 1-1 当前目录

集中管理数量庞大的文件是非常困难的，因此，Linux 和 MS-Windows 等 OS（操作系统 = 基础软件）中使用分层结构的目录（文件夹）来管理文件。

在大多数目录中，当前正在使用（正在作业）的目录称为**当前目录**（或者**工作目录**）。

*

执行 Java 程序的编译和运行时，执行对象所在的目录基本上就被视为当前目录。

因此，在编译程序之前，需要进入各章的目录中，用于进入当前目录的是 cd 命令。

```
▶ cd /MeikaiJava/Chap01 ⏎
```

另外，如果 MS-Windows 中有多个硬盘，那么还需要进入驱动器中。如果 MeikaiJava 目录建在 D 盘，那么在执行上面这条命令之前，需要先执行下面这条命令，进入到当前驱动器中。

```
▶ d: ⏎
```

※ 目录和文件的间隔符号根据 OS 的不同而不同，在大多数环境中为 /、\ 或 ¥。本书使用 / 来表示。

注释

我们来理解一下程序。首先来看一下第一行。

```
// 在画面上进行输出的程序
```

两个连续的斜线符号 // 的含义如下。

> 该行此处之后是传达给程序“阅读者”的内容。

这与其说是程序，倒不如说是对程序的解释，即**注释**（comment）。

注释的内容**对程序的运行并没有什么影响**。编程者用简洁的语言（中文或英语等）记述下想要传达给包括自己在内的程序阅读者的内容。

重要 请在源程序中简明扼要地写上需要传达给包括编程者自身在内的阅读者的注释。

如果他人编写的程序中写有适当的注释，会有助于理解程序。另外，自己编写的所有程序也不可能永远都记得住，因此，加上注释对于编程者自身来说也非常重要。

▶ 本书中的注释都使用带颜色的文字来表示。

注释有 3 种写法，大家可以灵活选用。

ⓐ 传统的注释（traditional comment）

传统的注释使用 /* 和 */ 括起来。开始的 /* 和结束的 */ **也可以不在一行**，因此，这非常适合右图所示的横跨多行的情形。

```
/*
    在画面上进行输出的程序
*/
```

之所以叫“传统的注释”，是因为它和C语言的注释形式相同（从20世纪70年代开始使用）。

▶ 请大家注意不要把结束注释用的 */ 误写成 /*，或者忘记写 */（关于这一点，b的写法也一样）。

b 文档化注释（documentation comment）

文档化注释使用 /** 和 */ 括起来。与a一样，也可以横跨多行。

```
/**
  在画面上进行输出的程序
*/
```

▶ 使用这种形式的注释，就可以生成程序的规格书等文档。关于这一点，第13章中将会进行介绍。

c 单行注释（end of line comment）

从 // 开始到该行结束就是单行注释。由于不能横跨多行，因此适合书写简短的注释。

```
// 在画面上进行输出的程序
```

▶ 文档化注释和传统的注释不能嵌套使用（注释中嵌套注释）。因此，下面这种注释在编译时就会发生错误。

```
/**  /* 禁止出现这样的注释!! */   */
```

这是因为第一个 */ 会被视为注释结束，而后面的 */ 并不会被视为注释。

不过，文档化注释和传统的注释中可以使用 //，反之亦可（并不会对其进行特殊处理，只是将其视作注释字符）。因此，下面的这两种注释都是正确的，不会发生错误。

```
/* // 这样的注释OK!! */
// /* 这样的注释也OK!! */
```

专栏 1-2 注释掉

开发程序时，我们有时会想：“这部分可能错了，如果没有这部分，运行时的动作会发生什么变化呢?”然后就开始修改程序。这时，如果删掉程序的这部分，之后想再还原回来就会非常麻烦了。

因此，常用的方法就是**注释掉，也就是将程序内容变为注释**。

我们试着将程序改写为下面这样。由于带颜色的部分会被视为注释，因此，画面上将不会显示“第一个Java程序。”。

```
class Hello {
   public static void main(String[] args) {
//    System.out.println("第一个Java程序。");
      System.out.println("输出到画面上。");
   }
}
```

运行结果

输出到画面上。

只在行的开头加上2个斜线 //，就可以注释掉整行（使其变为注释）。程序还原也很简单，将 // 删掉就可以了。

另外，当要注释掉多行时，我们可以使用下面这种 /* … */ 形式。

```
class Hello {
   public static void main(String[] args) {
```

运行结果

（什么也不显示）

```
/*
        System.out.println("第一个Java程序。");
        System.out.println("输出到画面上。");
*/
    }
}
```

另外，注释掉的程序容易让阅读者感到混乱，引起误解（因为并不清楚注释掉这部分是不要了，还是为了某个测试等）。大家在使用注释掉这种方法时，要把它当成一种临时采取的措施。

程序结构

接下来，我们来理解一下注释之外的程序主体部分，结构如图 1-6 所示。

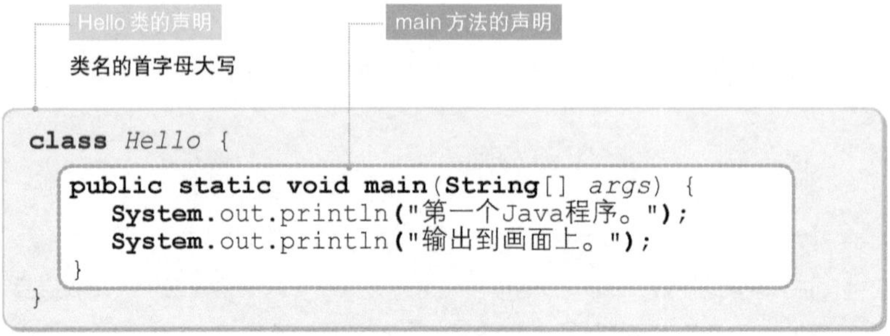

Hello 类的声明

类名的首字母大写

main 方法的声明

```
class Hello {
   public static void main(String[] args) {
      System.out.println("第一个Java程序。");
      System.out.println("输出到画面上。");
   }
}
```

图 1-6 程序结构

类声明

图中的蓝色阴影部分是整个程序的“骨架”。如果用稍微深奥一点的语言来解释的话，内容如下。

名称为 *Hello* 的类（class）的类声明（class declaration）

不过，关于其详细内容，现在无需立刻理解，只要记住像下面这样书写就可以了。

```
class 类名 {
   // main方法等                    类声明
}
```

本程序的“类名”是 *Hello*。原则上类名的首字母为**大写字母**。

另外，**源文件的名称也必须区分大小写，与类名一致**。例如，如果类名为 *Abc*，而文件名为 abc.java 的话，虽然能编译成功，**但会运行失败**。

main 方法

图中白色框中的部分是 main 方法（main method）的声明。

public static void 和 (**String**[] *args*) 部分将在后面的章节中介绍，在此之前，请大家记住这部分是“固定语句”。

```
public static void main(String[] args) {
    // 应执行的处理
}
```

main 方法的声明

语句

启动并运行程序后，**main** 方法中的**语句**（statement）会依次执行（图 1-7）。

main 方法

依次执行 main 方法中的语句

```
public static void main(String[] args) {
1 System.out.println("第一个Java程序。");
2 System.out.println("输出到画面上。");
}
```

图 1-7　程序的运行和 main 方法

因此，程序会先执行①的语句，然后执行②的语句。这两条语句都会向控制台画面进行输出（这两条语句的详细内容将在后文中介绍）。

重要 Java 程序的主体是 **main** 方法。运行程序时，**main** 方法中的语句会被依次执行。

▶ 关于方法，我们将在第 7 章之后详细介绍。

语句是程序运行的单位。Java 中存在表达式语句、**if** 语句、**while** 语句等众多语句，我们将从下一章开始逐个进行介绍。

*

另外，**main** 方法中的两条语句都使用分号结尾。和中文句子以句号结尾一样，Java 语句原则上末尾必须加上分号（不过也有例外情况）。

重要 原则上语句以分号结尾。

▶ 注释并不是语句，因此 Java 中不存在所谓的“注释语句”（注释本来就无法运行）。
将 **main** 方法的主体部分括起来的 {} 是一种被称为块的语句。不过，将类声明的主体部分括起来的 {} 并不是块（因此也不是语句）。

练习 1-1

如果没有表示程序语句末尾的分号，结果会怎么样呢？请编译程序进行确认。

字符串常量

我们来理解一下执行向控制台画面输出的语句。

```
System.out.println("第一个Java程序。");
System.out.println("输出到画面上。");
```

首先，我们来看一下 " 第一个 Java 程序。" 和 " 输出到画面上。" 这部分。使用双引号括起来的字符序列，称为**字符串常量**（string literal）。

所谓常量，就是“按字符原样”的意思。例如，字符串常量 `"ABC"` 就如我们所看到的，表示 3 个字符 `A`、`B` 和 `C` 的序列（图 1-8）。

▶ 关于字符串常量的详细内容，我们将在第 15 章介绍。另外，除了字符串常量之外，还有整数常量、浮点型常量、字符常量等诸多常量。

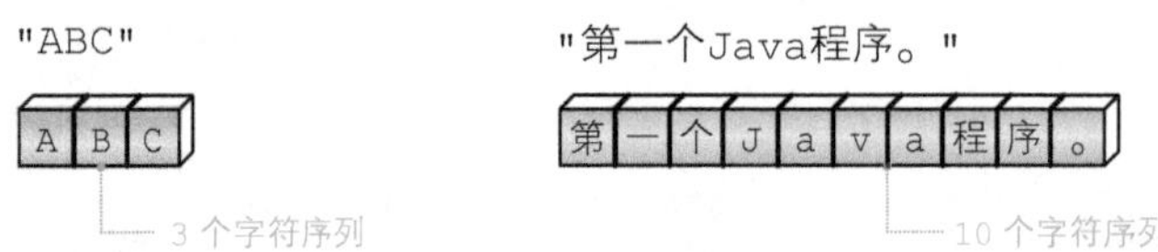

图 1-8　字符串常量

在画面上输出和流

Java 程序使用**流**（stream）与控制台画面等外部进行输入、输出操作。所谓流，就是字符像流动的河水一样进行流动。

重要 程序与外部的输入、输出是通过字符像流动的河水一样流动的“流”来进行的。

`System.out` 是与控制台画面相关联的流，称为**标准输出流**（standard output stream）。

接下来的 `println` 会在控制台画面上输出括号中的内容（本图中为字符串常量 `"ABC"`），然后**换行**（输出换行符）。

▶ 双引号是表示字符串常量开始和结束的符号，因此，运行程序时不会输出双引号。

在本程序中，首先输出“第一个 Java 程序。”，然后在下一行输出“输出到画面上。”。

图 1-9　在画面上输出和流

`println` 中的 `ln` 就是“line”的缩写，如果去掉 `ln`，使用 `print`，则在输出后**不会换行**。我们用代码清单 1-2 的程序来验证一下。

代码清单 1-2　　Chap01/HowAreYou1.java

```
// 输出"你好！还好吗？"

class HowAreYou1 {

   public static void main(String[] args) {
      System.out.print("你好！");
      System.out.println("还好吗？");
   }
}
```

不换行

运行结果

你好！还好吗？

控制台画面上会输出“你好！还好吗?”，由此可以确认“你好！”之后并**没有换行**。

*

执行处理的 print 和 println 是程序的“控件”，我们将这种控件称为**方法**（method）。

▶ 程序的主体 **main** 方法也是一种控件。关于方法的创建、使用及括号的含义等，将在第 7 章进行介绍。

我们来总结一下本程序中使用的两个方法的概要。

- **System**.out.print(...)　　… 输出到标准输出流（不换行）
- **System**.out.println(...) … 输出到标准输出流并换行

▶ 关于间隔各单词的符号“.”，我们将在第 8 章之后进行介绍。

使用 println 进行输出时括号中可以为空。若执行下面这条语句，则程序不会输出字符，**只执行换行操作（输出换行符）**。

```
System.out.println();          // 换行（输出换行符）
```

字符串的拼接

多个字符串常量可以通过加号拼接起来。下面我们就使用字符串常量的拼接来重写一下前面的程序，如代码清单 1-3 所示。

代码清单 1-3　　Chap01/HowAreYou2.java

```
// 输出“你好！还好吗？”（拼接字符串常量）

class HowAreYou2 {

   public static void main(String[] args) {
      System.out.println("你好！" + "还好吗？");
   }
}
```

拼接字符串

运行结果

你好！还好吗?

上面的程序示例看起来有点刻意。像下面这样，要输出的字符串常量太长，1 行写不下的情况下，就可以使用加号。

```
System.out.println("很久很久以前，在一个地方住着一个老爷爷" +
                   "和一个老奶奶。他们过得非常幸福。");
```

换行

字符串常量中可以嵌入表示“**换行符**”的特殊写法 **\n**。

代码清单 1-4 所示的程序在输出“你好！”之后，换行输出“还好吗?”。

代码清单 1-4　　Chap01/HowAreYou3.java

```
// 输出“你好！”“还好吗？”（中间换行）

class HowAreYou3 {

   public static void main(String[] args) {
      System.out.println("你好！\n还好吗？");
   }
}
```

换行符

运行结果

```
你好！
还好吗？
```

输出换行后，程序会接着在**下一行的开头**继续输出。因此，程序在输出“你好！”之后，会换行输出“还好吗?”（画面上并不会输出 \n）。

▶ 由 \ 和 n 两个字符构成的 \n 表示换行符这一个字符。换行符和制表符等无法或难以书写成我们能直接看到的字符，对这类字符我们可以使用以反斜杠开头的**转义字符**来表示。关于转义字符的详细内容，我们将在 5-3 节进行介绍。

另外，在本书中，字符串常量中的转义字符使用**黑体加粗**的形式来表示。

符号的称呼

Java 程序中使用的符号的称呼如表 1-2 所示。

表 1-2　符号的称呼

符号	称呼	符号	称呼
+	加号 正号 加	{	左大括号
-	减号 负号 连字符 减	}	右大括号
*	星号 乘号 米号 星	[	左方括号
/	斜线 除号	]	右方括号
\	反斜杠	<	小于号
¥	货币符号	>	大于号
$	美元符号	?	问号
%	百分号	!	感叹号
.	句号 小数点 点	&	and 符
,	逗号	~	波浪号 ※JIS 码中为‾（上划线）
:	冒号	‾	上划线
;	分号	^	脱字号
'	单引号	#	井号
"	双引号	_	下划线
(	左括号 左圆括号 左小括号	=	等号 等于
)	右括号 右圆括号 右小括号	|	竖线

自由书写

接下来，我们思考一下代码清单 1-5 所示的程序。该程序本质上和代码清单 1-4 是同一个程序，运行结果也相同。

代码清单 1-5　　Chap01/HowAreYou4.java

读起来困难但正确的程序

```
                                          /*
 输出“你好！”
 “还好吗？”（中间换行）
            */class
HowAreYou4    {
        public static
void main(        String                   [ ]
        args) {
     System     .    out.

println   (
          "你好！\n还好吗？" )
;}
                              }
```

运行结果

```
你好！
还好吗？
```

一些编程语言中限制“程序的各行必须从固定的位置开始书写”，但 Java 程序中并没有该限制。这是因为 Java 允许**自由格式**（free formatted），可以在行的任意位置书写程序。

上述程序是完全随意（？）书写的一个示例。不过，再怎么随意，也总会有一些限制。

①单词的中间不可以加入空白

class、**public**、**void**、**System**、out、//、/* 等都是“单词”，这些单词的中间不可以加入空白（空格符、制表符、换行符等），写成下面这样。

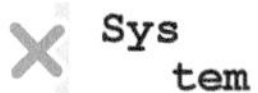

```
Sys
   tem
```

②字符串常量的中间不可以换行

用双引号将字符序列括起来的字符串常量 "…" 也是一种单词。因此，不可以像下面这样在中间加入换行。

✕
```
System.out.println("你好！\n
                      还好吗？");
```

专栏 1-3　JRE（Java 运行时环境）和 JVM（Java 虚拟机）

JDK（Java 开发工具包）包含开发 Java 程序的工具群，以及 Java 程序的运行时环境 **JRE**（Java Runtime Environment）。其包含关系大概如图 1C-1 所示。

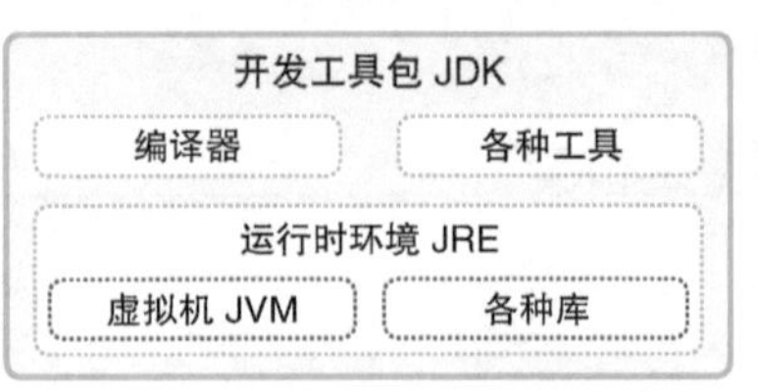

图 1C-1　JDK 和 JRE 的关系（概况）

JRE 由 **JVM**（Java Virtual Machine）和各种库组成。

计算机中如果安装了 JDK，那么其包含的 JRE 也会同时被安装。另外，如果“不开发 Java 程序，只是运行而已”，那么可以只安装 JRE。

同 JDK 一样，JRE 也按平台分为 MS-Windows 专用、Mac OS-X 专用、Linux 专用等（图 1C-2）。

不过，javac 生成的字节码格式的类文件在任何平台的 JVM 上都可以运行，Java 就是根据该原理实现“一次编写，到处运行”（1-1 节）。

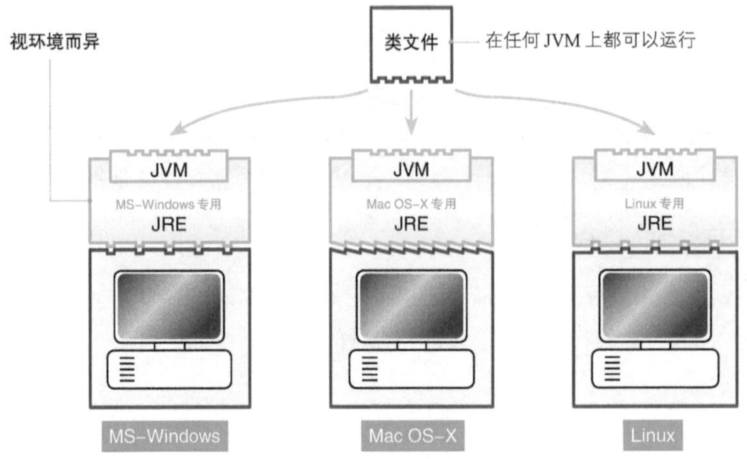

图 1C-2　Java 程序的运行和环境

JVM 是运行 Java 程序的虚拟机，运行时会解释类文件中的命令。不过，若是逐一解释每一条命令，则会严重影响运行速度。因此，为了能够在该环境中高速运行，类文件中的一部分命令会再次编译（将不依赖于环境的类文件置换为当前运行环境中特定的高速命令）。

因此，Java 程序的运行方式以边逐一解释边运行的**解释器模式**为基础，同时还使用直接运行机器语言的**编译器模式**，是一种混合模式。

缩进

请再细看一下代码清单 1-1 到代码清单 1-4 的程序。`main` 方法中的语句都是从左侧第 7 个字符开始书写的。

{ } 类似于将完整的语句括起来的**段落**。如果将段落中的记述内容向右移动几个字符，程序的结构就变得一目了然了。

为此而设置的左端空白就称为**缩进**，使用了缩进的记述称为**缩格**（分段 / 字下沉）。

重要 请在源程序中加上缩进，以方便阅读。

如图 1-10 所示，本书中的程序从左侧开始以 3 个字符的宽度为单位进行缩进。

▶ 也就是说，根据层次的深度，左侧依次为 0, 3, 6, 9, …个空白。

根据层次深度进行缩进（分段/字下沉）

```
public static void main(String[] args) {
   for (int i = 1; i <= 9; i++) {
      for (int j = 1; j <= 9; j++) {
         System.out.printf("%3d", i * j);
      }
      System.out.println();
   }
}
```

▶ 这里所示的程序是第 4 章介绍的程序的一部分。输出的是“九九乘法表”。

图 1-10　缩进

练习 1-2

请编写一段显示自己姓名的程序。如图所示，一行显示一个字符。

```
柴
田
望
洋
```

练习 1-3

请编写一段显示自己姓名的程序。如图所示，一行显示一个字符，姓与名之间空一行。

```
柴
田

望
洋
```

专栏 1-4　缩进和制表符

关于缩进，我们来讨论一下怎样设置宽度，是使用制表符还是空格符。

▪ 关于缩进的宽度

缩进的宽度为多少合适呢？ C 语言和 C++ 中的绝大多数程序都使用 4 个字符的宽度。而在 Java 中，虽有极少数的程序采用 8 个字符的宽度，但大多数都是 2 ~ 4 个字符的宽度。

相比 C 语言和 C++，Java 程序一般缩进的宽度较窄（2 个字符或 3 个字符），这是因为受下列因素的影响，Java 程序的一行要比 C 语言和 C++ 更长。

- C 语言的 `puts` 和 `printf` 在 Java 中对应 `System.out.print`…，变得很长
- Java 程序采用类中包含方法的结构，导致缩进的深度更深一层

▪ 缩进是使用空格还是 Tab

Tab 键和空格键都可以输入缩进。因此，关于缩进，很多编辑器都提供了如下功能。

- 即使不输入 Tab 或空格，也会自动插入缩进的功能

- 保存文件时，统一 Tab 和空格所指定的字符缩进的功能
- Tab 和空格相互转换或替换的功能

在这里需要注意的是，（根据不同的环境）**输入的字符和保存的文件中的字符可能会不一样**。关于输入时的缩进和文件中字符的缩进，其特点总结如下。

• 输入时的缩进

- Tab 键：只输入 1 次 Tab 键即可
- 空格键：必须输入多次空格键

• 文件中的字符

- Tab 字符：文件变小，在 Tab 宽度不同的环境中缩进会变得混乱
- 空格符：文件变大，缩进保持不变，不受环境的影响

环境不同，Tab 字符的宽度也不同。例如，在 MS-Windows 的命令提示符中，Tab 是 8 个字符的宽度（可以在各自的编辑器中修改）。

图 1-10 中的缩进并不是空格符，而是“Tab 字符”，该程序在 Tab 宽度为 8 的环境中如图 1C-3 所示，程序变得很冗长。

```
public static void main(String[] args) {
        for (int i = 1; i <= 9; i++) {
                for (int j = 1; j <= 9; j++) {
                        System.out.printf("%3d", i * j);
                }
                System.out.println();
        }
}
```

图 1C-3　Tab 宽度为 8 时图 1-10 的程序

小结

- Java 编程语言拥有众多优点，支持**面向对象编程**。自从发布以来，随着其不断修订，使用者也越来越多。

- Java 程序的开发需要免费的 Java **开发工具包**，即 JDK。

- **源程序**是作为“字符序列”创建的。保存源程序的**源文件**的名称是**类**名加上 `.java` 扩展名。

- 源文件不能直接运行。使用 javac 命令编译后，会创建一个扩展名为 `.class` 的**类文件**。类文件的内容为**字节码**。

- java **命令**用于运行类文件中的类。

- 源程序的结构是**类声明**中包含 main **方法**，main 方法中包含**语句**。

- 运行程序后，**`main`** 方法中的**语句**会被依次执行。

- 原则上语句的末尾是分号。

- 在画面上进行输出时程序会使用**标准输出流**。标准输出流的字符输出使用 **`System`**`.out.print` 和 **`System`**`.out.println` **方法**来执行。后一个方法在输出结束时会自动**换行**。

- 表示字符序列的是**字符串常量**，其格式是用双引号将字符序列括起来。加号可以将字符串常量拼接起来。

- 转义字符 **`\n`** 表示**换行符**。

- 源程序中应该简单明了地写上需要传达给包括编程者自身在内的程序阅读者的注释。注释的写法分为**传统的注释**、**文档化注释**、**单行注释**三种。

- 源程序中允许**自由格式**的记述。程序中应使用制表符或空格符进行适当的**缩进**，方便阅读。

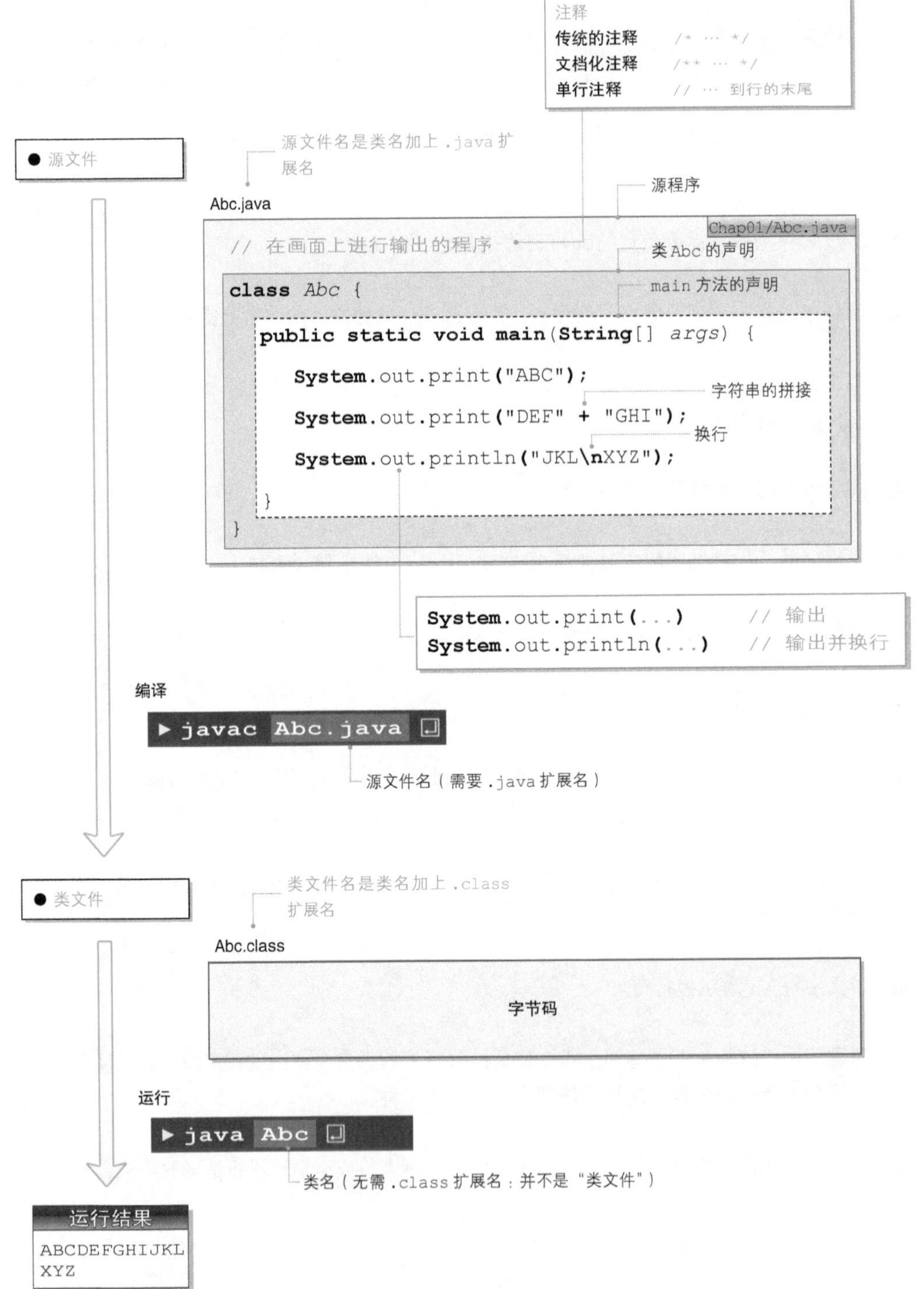

注释
传统的注释 /* … */
文档化注释 /** … */
单行注释 // … 到行的末尾
● 源文件
源文件名是类名加上 .java 扩展名
Abc.java
源程序
Chap01/Abc.java
// 在画面上进行输出的程序
类 Abc 的声明
class Abc {
main 方法的声明
public static void main(String[] args) {
System.out.print("ABC");
字符串的拼接
System.out.print("DEF" + "GHI");
换行
System.out.println("JKL\nXYZ");
}
}
System.out.print(...) // 输出
System.out.println(...) // 输出并换行
编译
▶ javac Abc.java
源文件名（需要 .java 扩展名）
● 类文件
类文件名是类名加上 .class 扩展名
Abc.class
字节码
运行
▶ java Abc
类名（无需 .class 扩展名：并不是“类文件”）
运行结果
ABCDEFGHIJKL
XYZ

▶ 几乎所有章的“小结”中都会展示程序，请理解并运行这些程序。当然，随书下载的文件（1-2 节）中也包含这些程序。

第 2 章

使用变量

本章将介绍用于保存数值和字符串的变量。我们会创建变量运算、通过键盘输入值的程序。

- □ 类型
- □ 变量和 final 变量
- □ 整数和浮点数
- □ 字符串和 String 型
- □ 字符串和数值的拼接
- □ 初始化和赋值
- □ 运算符和操作数
- □ 通过键盘输入
- □ 生成随机数

2-1 变量

本章将创建一个程序，来执行加法和乘法等运算，并显示运算结果。本节首先来介绍一下保存运算结果时所需的“变量”。

输出运算结果

我们来创建一个程序，执行简单的运算，并显示运算结果。代码清单 2-1 所示的程序对两个整数值 57 和 32 进行求和，并显示结果。

代码清单 2-1　　Chap02/Sum1.java

```
// 求两个整数值57和32的和并显示结果

class Sum1 {

   public static void main(String[] args) {
      System.out.println(57 + 32);
   }
}
```

运行结果

```
89
```

输出数值

我们来看一下 **System**.out.println 后面括号中的阴影部分。在上一章的程序中，这部分是字符串，而在本程序中则是一个数值相加的表达式。

毫无疑问，57 **+** 32 的运算结果为 89。因此，显示结果是预期的整数值 89（后面还输出了换行符）。

▶ **System**.out.print 和 **System**.out.println 方法不仅可以显示字符串，还可以显示整数值，这是因为执行了第 7 章将会介绍到的**重载**。另外，除了字符串和整数值，还可以显示实数、布尔型（第 5 章）、类类型（第 8 章）等。

整数常量

我们将表示整数 57 和 32 这样的常量称为**整数常量**（integer literal）。

下面这两种写法完全不一样，请不要混淆。

- 57　　…… 整数常量（57 这一个整数值）
- "57"　…… 字符串常量（5 和 7 这两个字符的序列）

▶ 关于整数常量的详细内容，我们将在第 5 章进行介绍。

*

如果运行程序后只显示 89，可能就会让人不清楚具体是什么含义。

▶ 如果只想显示 89，程序也可以像下面这样实现。

```
System.out.println(89);
```

字符串和数值的拼接

我们来改进一下程序，显示所执行的运算表达式，程序如代码清单 2-2 所示。运行程序后就会显示“57 + 32 = 89”。

代码清单 2-2 Chap02/Sum2.java

```
// 求两个整数值57和32的和并显示结果

class Sum2 {

   public static void main(String[] args) {
      System.out.println("57 + 32 = " + (57 + 32));
   }
}
```

运行结果

```
57 + 32 = 89
```

在输出运行结果之前，程序会执行多个操作，操作过程如图 2-1 所示。我们按照处理流程来理解一下。

①首先执行括号中 57 + 32 的运算。优先执行括号中的运算，这一点和我们平时的数学运算是一样的。

重要 希望优先执行的运算请用括号括起来。

②将 89 转换为字符串 "89"。这是因为存在如下规定。

重要 在“字符串 + 数值”或“数值 + 字符串”的运算中，要把数值转换为字符串之后再进行拼接。

③将字符串 "57 + 32 = " 和 "89" 拼接为 "57 + 32 = 89"，然后在画面上显示该字符串。

▶ 通过“字符串 + 字符串”来拼接字符串的内容已经在上一章中进行了介绍（1-2 节）。

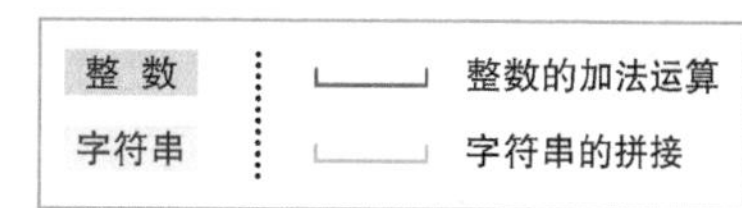


```
System.out.println("57 + 32 = " + (57 + 32));
                                  ①执行57 + 32的运算
System.out.println("57 + 32 = " +     89    );
                                  ②将整数值89转换为字符串"89"
System.out.println("57 + 32 = " +    "89"   );
                                  ③拼接"57 + 32 = "和"89"
System.out.println(     "57 + 32 = 89"      );
```

图 2-1 字符串拼接的过程（代码清单 2-2）

我们来试一下将表达式 57 + 32 外面的括号去掉会怎么样。修改后的程序如代码清单 2-3 所示。运行程序后会出现异常结果，57 与 32 的和竟然变成了“5732”。

代码清单2-3 Chap02/Sum3.java

```
// 求两个整数值57和32的和并显示结果（错误）

class Sum3 {

   public static void main(String[] args) {
      System.out.println("57 + 32 = " + 57 + 32);
   }
}
```

运行结果

```
57 + 32 = 5732
```

+ 运算在执行字符串的拼接和数值加法运算时，是**从左侧开始按顺序**执行的。这与平常的加法运算一样（一般来说，$a + b + c$ 可以看作是 $(a + b) + c$）。

程序会像图 2-2 这样进行拼接。之所以显示“5732”，是因为连续输出了“57”和“32”。

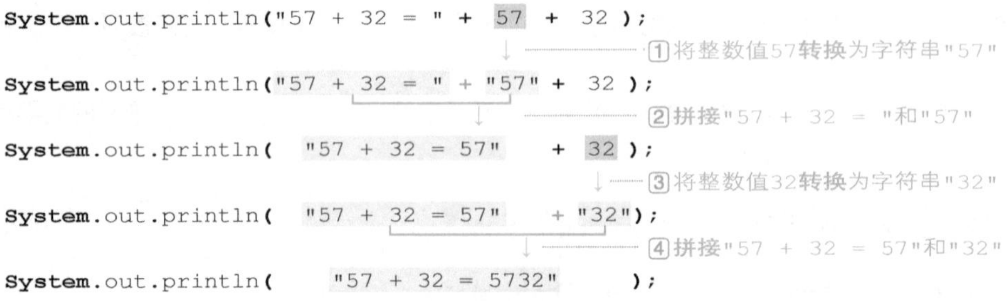

```
System.out.println("57 + 32 = " + 57 + 32 );
                                  ↓ ①将整数值57转换为字符串"57"
System.out.println("57 + 32 = " + "57" + 32 );
                        ↓ ②拼接"57 + 32 = "和"57"
System.out.println(  "57 + 32 = 57"    + 32 );
                                          ↓ ③将整数值32转换为字符串"32"
System.out.println(  "57 + 32 = 57"    + "32");
                           ↓ ④拼接"57 + 32 = 57"和"32"
System.out.println(    "57 + 32 = 5732"     );
```

图 2-2 字符串拼接的过程（代码清单 2-3）

代码清单 2-4 所示的程序也没用括号将加法运算表达式括起来。我们先来运行一下程序。

代码清单2-4 Chap02/Sum4.java

```
// 求两个整数值57和32的和并显示结果

class Sum4 {

   public static void main(String[] args) {
      System.out.println(57 + 32 + "是57和32的和。");
   }
}
```

运行结果

```
89是57和32的和。
```

虽然加法运算表达式并没有使用括号括起来，但如图 2-3 所示，程序仍能正常运行。这是因为程序使用的结构使得从左侧开始按顺序进行运算后能得到预期的结果。

▶ 并不是所有的运算都是从左侧开始执行的，有的运算会从右侧开始执行。详细内容将在 3-3 节介绍。

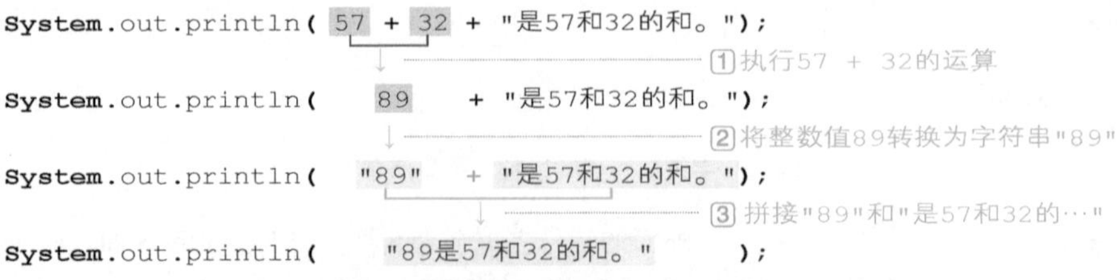

```
System.out.println( 57 + 32 + "是57和32的和。");
                      ↓ ①执行57 + 32的运算
System.out.println(   89    + "是57和32的和。");
                      ↓ ②将整数值89转换为字符串"89"
System.out.println(  "89"   + "是57和32的和。");
                         ↓ ③拼接"89"和"是57和32的…"
System.out.println(   "89是57和32的和。"      );
```

图 2-3 字符串拼接的过程（代码清单 2-4）

不过，虽说括号并不是必需的，但如果完全省略掉括号，程序就会变得非常难以阅读。像下面这样用括号括起来虽然会让程序变得冗长，但也使得程序更加一目了然。

```
System.out.println((57 + 32) + "是57和32的和。");
```

括号过多或过少都会影响阅读，请大家根据实际情况灵活使用。

专栏 2-1 字符串的拼接和减法

本节介绍了显示加法运算结果的程序，这里我们来介绍一下**减法**运算。如果将代码清单 2-2 的输出部分改写为如下代码，运行程序后就会显示"57 - 32 = 25"。

```
System.out.println("57 - 32 = " + (57 - 32));
```

然后，我们像代码清单 2-3 一样省略掉括号。

```
System.out.println("57 - 32 = " + 57 - 32);      // 错误
```

这个程序是错误的，编译时会发生错误。原因如下。

- 首先会执行左侧的 "57 - 32 = " + 57 的运算。由于这是 “字符串 + 数值” 的运算，因此 57 会转换为字符串 "57" 之后再进行拼接。运算结果为字符串 "57 - 32 = 57"
- 接下来会执行右侧的 "57 - 32 = 57" - 32 的运算，这是 “字符串 - 数值” 的运算。**字符串无法减去数值**，因此，编译时就会发生错误

变量

前面介绍的程序无法求 57 与 32 以外的数值的和。当数值变化时，我们就需要修改程序。当然，我们还要编译程序，重新创建类文件。

如果我们使用可以自由存取值的**变量**（variable），就可以解决这些烦恼了。

变量的声明

变量其实就是用来保存数值的 **“盒子”**。值一旦放入盒子，只要该盒子还在，**值便会一直被保存**。此外，我们还可以自由改写值、取出值。

如果程序中有多个盒子，那我们就不知道每个盒子都是干什么的了，所以盒子需要有个**名称**。

因此，使用变量时，要进行**声明**（declaration），以便创建有名称的盒子。

下面所示的就是声明名称为 *x* 的变量的**声明语句**（declaration statement）。

```
int x;          // 名称为x的int型变量的声明
```

开头的 **int** 来自于表示 “整数” 的单词 integer。通过该声明，我们创建了名为 *x* 的变量（盒子）（图 2-4）。

变量 *x* 只能用来处理**整数**（无法处理诸如 3.5 这样的 “实数值”），这是 **int 类型**（type）的特征。

int 是**类型**，由该类型创建的变量 *x* 就是 **int** 型的**实体**。

重要 要想使用变量，请先进行声明，赋予其“类型”和“名称”。

▶ 本书中包含类型名在内的关键字（3-3 节）都使用**粗体**来表示，变量名则使用*斜体*来表示。

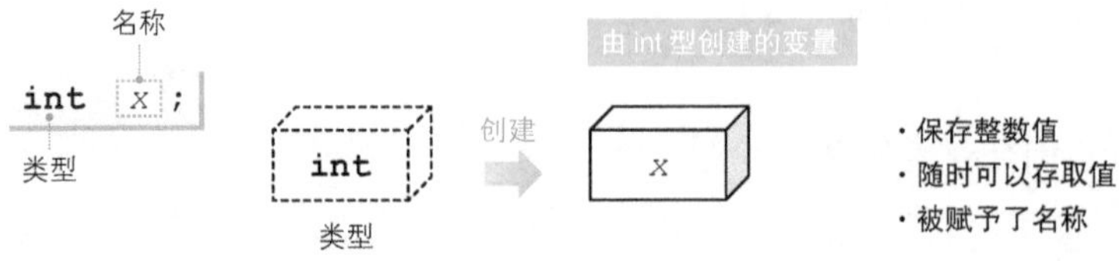

图 2-4 变量和声明

我们来编写一个程序，给变量赋值并显示该值，如代码清单 2-5 所示。

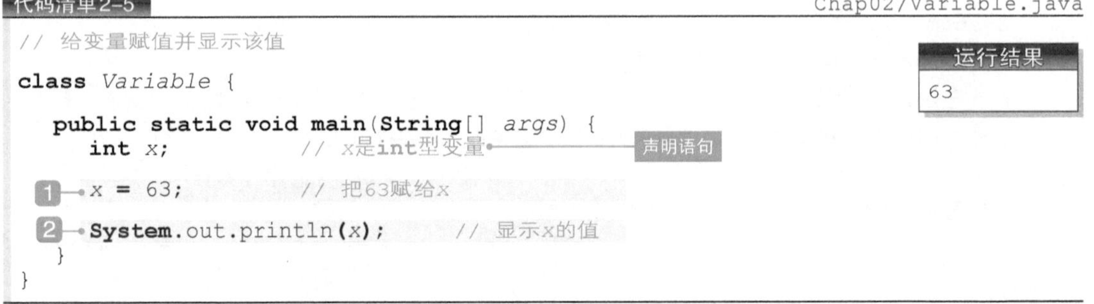

代码清单 2-5 Chap02/Variable.java

```
// 给变量赋值并显示该值

class Variable {

   public static void main(String[] args) {
      int x;             // x是int型变量
      x = 63;            // 把63赋给x
      System.out.println(x);        // 显示x的值
   }
}
```


赋值运算符

1 处是给变量赋值。如图 2-5 所示，等号会将右边的值赋给左边的变量，称为**赋值运算符**（assignment operator）。

请注意，这并不是数学中所说的“x 和 63 相等”之意。

▶ 为了区别于后面 4-2 节介绍的**复合赋值运算符**，运算符 = 也被称为**简单赋值运算符**（simple assignment operator）。

另外，**int** 型的取值范围是 -2147483648 ～ 2147483647（5-1 节），该范围之外的值无法进行赋值操作。

图 2-5 通过赋值运算符给变量赋值

显示变量的值

变量中保存的值可以随时取出。在 2 处，如图 2-6 所示，将变量 x 的值取出并显示出来。

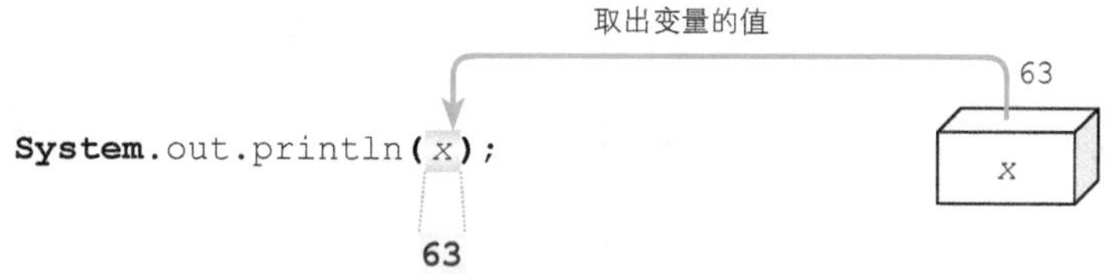

图 2-6 取出并显示变量的值

显示的是 x 的**值**，不是**变量名**。此外，请不要混淆下面这两条语句。

```
System.out.println(x);          // 显示变量x的值（整数值）
System.out.println("x");        // 显示"x"（字符串）
```

接下来，我们挑战一下使用多个变量的程序。代码清单 2-6 所示的程序分别给变量 x 和 y 赋值 63 和 18，并显示它们的合计值与平均值。

代码清单2-6 Chap02/SumAve1.java

```
// 显示变量x和y的合计值与平均值

class SumAve1 {

  public static void main(String[] args) {
    int x;            // x是int型变量
    int y;            // y是int型变量

    x = 63;           // 把63赋给x
    y = 18;           // 把18赋给y

    System.out.println("x的值是" + x + "。");              // 显示x的值
    System.out.println("y的值是" + y + "。");              // 显示y的值
    System.out.println("合计值是" + (x + y) + "。");        // 显示合计值
    System.out.println("平均值是" + (x + y) / 2 + "。");    // 显示平均值
  }
}
```

运行结果

```
x的值是63。
y的值是18。
合计值是81。
平均值是40。
```

1 处声明了两个变量 x 和 y。这里分别声明了这两个变量，也可以像下面这样，在一行中声明两个以上的变量，变量之间用逗号隔开。

```
int x, y;          // 在一行中声明int型变量x和y
```

不过，像本程序这样分行声明变量更便于我们对每个声明进行注释，以及添加和删除声明。

▶ 不过，分行声明变量会增加程序的代码行数。

2 处对变量 x 和 y 进行赋值，3 处则显示所赋的值。

字符串和数值通过 + 运算符进行拼接时，需要先将数值转换为字符串之后再进行拼接，3 处就是利用这一原理进行显示的（图 2-7）。

▶ 首先，将字符串 "x 的值是 " 和变量 x 的值 63 转换成的字符串 "63" 拼接起来。然后，将字符串 "x 的值是 63" 和字符串 "。" 拼接起来。最后，显示拼接后的字符串 "x 的值是 63。"。

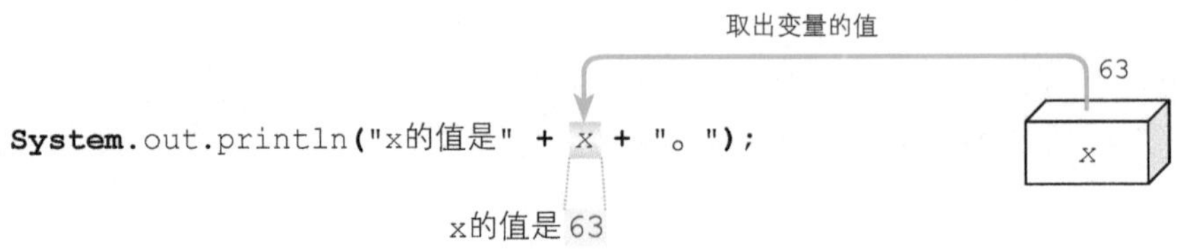

图 2-7 向标准输出流输出变量的值

算术运算和运算的组合

4处显示 x 和 y 的合计值 (x + y) 及平均值 (x + y) / 2。斜线是用于执行**除法**的运算符。

求平均值的表达式的结构如图 2-8a所示。由于 x + y 用括号括起来了，因此先执行 x + y 的加法运算，然后再执行除以 2 的除法运算。

如果像图 2-8b这样，去掉括号变成 x + y / 2 的话，结果就变成了求 x 与 y / 2 的和。这与我们平时的运算是一样的，**乘除运算优先于加减运算**。

▶ 3-3 节整理了所有的运算符及其优先级。

图 2-8 通过括号改变运算顺序

另外，“整数 / 整数”的运算中会**舍弃小数部分（小数点以后的部分）**。如运行结果所示，63 和 18 的平均值不是 40.5，而是 40，就是这个原因。

重 要 “整数 / 整数”的运算结果是舍弃了小数部分的整数。

▶ 变量 x 和 y 的声明语句中添加了“x 是 int 型变量”和“y 是 int 型变量”注释。这是给初学者准备的。由于一看代码就可以知道“x 是 int 变量”，因此在实际的程序中，无需添加这样的注释。本来应该简明扼要地记述“x 是用来做什么的变量”。

练习 2-1

请对代码清单 2-6 的2处进行修改，将带有小数部分的实数值赋给 x 和 y，查看结果如何。

练习 2-2

请编写一段程序，对三个 **int** 型变量进行赋值，并计算合计值和平均值。

变量和初始化

如果将代码清单 2-6 中给变量赋值的2的部分删掉的话，程序会怎么样呢？我们来编译一下代码清单 2-7 进行验证。

代码清单 2-7　Chap02/SumAve2.java

```
// 显示变量x和y的合计值与平均值（错误）

class SumAve2 {

   public static void main(String[] args) {
      int x;            // x是int型变量
      int y;            // y是int型变量

      System.out.println("x的值是" + x + "。");                // 显示x的值
      System.out.println("y的值是" + y + "。");                // 显示y的值
      System.out.println("合计值是" + (x + y) + "。");          // 显示合计值
      System.out.println("平均值是" + (x + y) / 2 + "。");      // 显示平均值
   }
}
```

试图取出未赋值的变量值

运行结果
编译错误，无法运行。

由于编译时发生错误，程序无法运行。这是因为 Java 中有如下规定。

重要 无法从未赋值的变量中取出值。

声明时初始化

如果知道要给变量赋什么值，那么在一开始最好就将该值赋给变量。

如此修改后的程序如代码清单 2-8 所示。通过阴影部分的声明，变量 x 和变量 y 在创建时就被**初始化**（initialize）为 63 和 18。等号右边的内容是要赋给变量的值，称为**初始值**（initializer）（图 2-9）。

重要 在声明变量时，要赋予其初始值，明确进行初始化。

代码清单 2-8　Chap02/SumAve3.java

```
// 显示变量x和y的合计值与平均值（初始化变量）

class SumAve3 {

   public static void main(String[] args) {
      int x = 63;          // x是int型变量
      int y = 18;          // y是int型变量

      System.out.println("x的值是" + x + "。");                // 显示x的值
      System.out.println("y的值是" + y + "。");                // 显示y的值
      System.out.println("合计值是" + (x + y) + "。");          // 显示合计值
      System.out.println("平均值是" + (x + y) / 2 + "。");      // 显示平均值
   }
}
```

初始化

运行结果
x的值是63。
y的值是18。
合计值是81。
平均值是40。

设置变量生成时被赋予的值

`int x = 63 ;`

初始值

图 2-9　声明时初始化

初始化和赋值

本程序中执行的初始化与代码清单 2-6 中执行的赋值，在“赋予值”这一点上是相同的，但在赋予值的时间上则不同。

请参照下述内容进行理解（图 2-10）。

- 初始化：创建变量时赋予变量值
- 赋　值：对已创建好的变量赋予值

▶ 本书中，为了区分，初始化时的等号 = 用白体表示，赋值运算符 = 则用**粗体**表示。

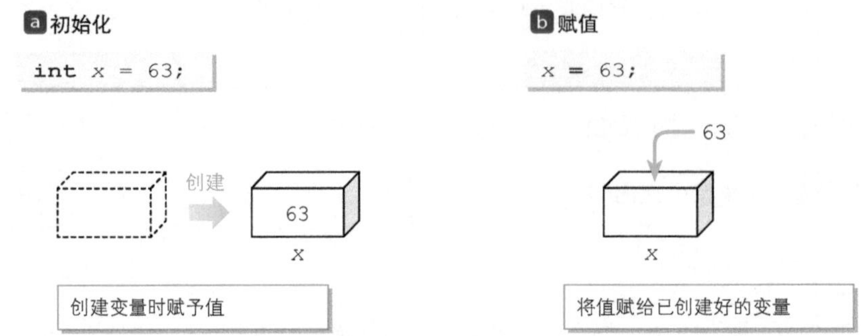

图 2-10　初始化和赋值

多个变量在一起声明时要**通过逗号进行分隔**。因此，将本程序的阴影部分用一行进行声明时，代码如下所示。

```
int x = 63, y = 18;
```

2-2 通过键盘输入

使用变量的最大好处就是可以自由存取值。本节将介绍读取通过键盘输入的值，并赋给变量的方法。

通过键盘输入

代码清单 2-9 所示的程序会读取通过键盘输入的两个整数值，并对这两个值进行加减乘除运算，然后显示运算结果。

代码清单 2-9　　Chap02/ArithInt.java

```
// 读入两个整数值，并显示加减乘除运算的结果

import java.util.Scanner;

class ArithInt {

  public static void main(String[] args) {
    Scanner stdIn = new Scanner(System.in);

    System.out.println("对x和y进行加减乘除运算。");

    System.out.print("x的值：");      // 提示输入x的值
    int x = stdIn.nextInt();          // 读入x的整数值

    System.out.print("y的值：");      // 提示输入y的值
    int y = stdIn.nextInt();          // 读入y的整数值

    System.out.println("x + y = " + (x + y)); // 显示x + y的值
    System.out.println("x - y = " + (x - y)); // 显示x - y的值
    System.out.println("x * y = " + (x * y)); // 显示x * y的值
    System.out.println("x / y = " + (x / y)); // 显示x / y的值（商）
    System.out.println("x % y = " + (x % y)); // 显示x % y的值（余数）
  }
}
```

注意！！这是大写字母“I”

①（int x = stdIn.nextInt();）　②（int y = stdIn.nextInt();）

运行示例

```
对x和y进行加减乘除运算。
x的值：7↵
y的值：5↵
x + y = 12
x - y = 2
x * y = 35
x / y = 1
x % y = 2
```

读入通过键盘输入的值需要经过好几个步骤，这属于高级技术，当前无需理解，只需把这部分记成“固定语句”即可。

图 2-11 总结了其中的要点。

a 放在程序的开头。

b 放在 **main** 方法的开头。**System.**in 是与键盘相关联的**标准输入流**（standard input stream）。

► 在画面上显示字符时使用的 **System.**out 是标准输出流（1-2 节）。

c 读入通过键盘输入的 **int** 型整数值。程序中的 *stdIn*.nextInt**()** 就是读入的通过键盘输入的“值”。

```
import java.util.Scanner;          // a放在程序的开头（类声明的前面）
class A {
  public static void main(String[] args) {
    Scanner stdIn = new Scanner(System.in);   // b放在 main 方法的开头（进行读入操作的c的前面）
    stdIn.nextInt()                           // c获取通过键盘输入的整数值
  }
}
```

图 2-11　读入通过键盘输入的值的程序

将通过键盘输入的整数值保存到变量中的情形如图 2-12 所示。

▶ 输入的值必须是在 **int** 型的取值范围 -2147483648 ~ 2147483647 之内。此外，请不要输入字母或符号（关于该内容将在第 16 章详细讨论）。
所谓流，就是字符像流动的河水一样流动（1-2 节）。*stdIn* 变量相当于一种“抽出设备”，用于从与键盘相关联的标准输入流 **System**.in 中取出字符或数值。*stdIn* 这个名称是笔者自己取的，大家也可以改成其他名称（这时要修改程序中所有的 *stdIn*）。

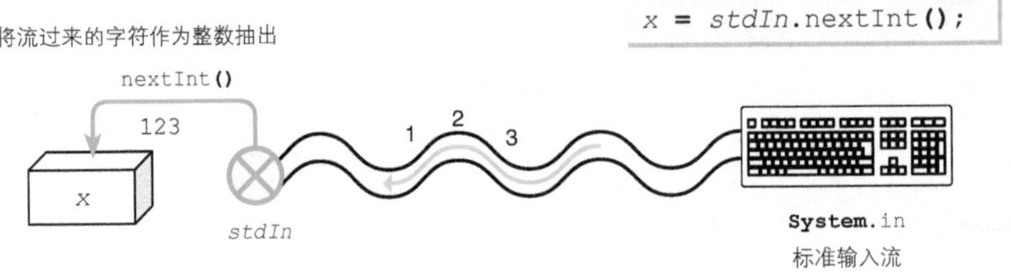

图 2-12　通过键盘进行输入

在本程序中，声明 1 和 2 的初始值使用了 c 的结果。因此，变量 *x* 和变量 *y* 使用通过键盘输入的整数值进行初始化。

我们注意到这些声明位于 **main** 方法的中间。原则上，不管是方法的中间还是其他地方，只要需要变量，就可以进行声明。

重要　请在需要变量的时候进行变量的声明。

▶ 本程序中使用了进行读入的表达式 *stdIn*.nextInt() 作为初始值。因此，变量 *x* 和 *y* 使用通过键盘输入的整数值进行**初始化**。
如下所示，也可以先声明变量，然后再把表达式 *stdIn*.nextInt() **赋给**变量（不过代码变得冗长）。

```
int x;                      // 先声明
x = stdIn.nextInt();        // 再赋值
```

运算符和操作数

在本程序中，我们首次使用了执行减法运算的 -、执行乘法运算的 *，以及求除法余数的 %。

执行运算的 + 或 - 等符号称为**运算符**（operator），作为运算对象的表达式则称为**操作数**（operand）。

例如，在求 x 与 y 的和的表达式 x + y 中，运算符是 +，操作数是 x 和 y 这两个变量（图 2-13）。

▶ 左侧的操作数称为**第一操作数**或**左操作数**，右侧的操作数称为**第二操作数**或**右操作数**。

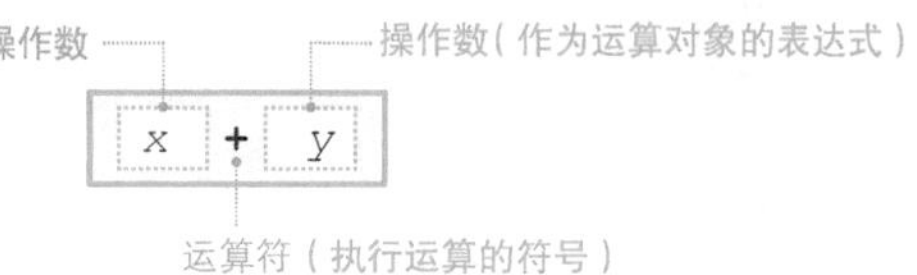

图 2-13 运算符和操作数

本程序中使用的运算符 +、-、*、/、% 的概要如表 2-1 和表 2-2 所示。

这些运算符都有两个操作数，这样的运算符称为**二元运算符**（binary operator）。除此之外，还存在只有一个操作数的**一元运算符**（unary operator）和有三个操作数的**三元运算符**（ternary operator）。

▶ Java 中不存在四元及四元以上的运算符。

表 2-1 加减运算符（additive operator）

x + y	得到 x 加上 y 的结果
x - y	得到 x 减去 y 的结果

表 2-2 乘除运算符（multiplicative operator）

x * y	得到 x 乘以 y 的值
x / y	得到 x 除以 y 的商（x、y 都是整数时，得到的结果会舍弃小数点之后的部分）
x % y	得到 x 除以 y 的余数

表 2-3 一元 + 运算符和一元 - 运算符（unary plus operator and unary minus operator）

+x	得到 x 本身的值
-x	得到对 x 进行符号取反后的值

如表 2-3 所示，+ 运算符和 - 运算符不仅是二元运算符，还是一元运算符。我们来编写一个使用一元 + 运算符和一元 - 运算符的程序。代码清单 2-10 所示的程序会读入整数值，并显示对其符号进行取反后的值。

代码清单2-10 Chap02/Minus.java

```
// 读入整数值并显示对其符号进行取反后的值

import java.util.Scanner;

class Minus {

  public static void main(String[] args) {
    Scanner stdIn = new Scanner(System.in);

    System.out.print("整数值: ");
    int a = stdIn.nextInt();   // 读入a的整数值

1   int b = -a;                // 用对a的符号进行取反后的值来初始化b
2   System.out.println(a + "的符号取反后的值是" + b + "。");
  }
}
```

运行示例1

```
整数值: 7↵
7的符号取反后的值是-7。
```

运行示例2

```
整数值: -15↵
-15的符号取反后的值是15。
```

声明1中使用了 -a 初始化 b。一元 - 运算符会生成一个对**操作数的符号取反后的值**。

*

另外一个一元 + 运算符并不怎么使用，因为 +a 就表示 a 的值本身。如果使用该运算符，2的部分也可以像下面这样来实现。

```
System.out.println(+a + "的符号取反后的值是" + b + "。");
```

当然，a 前面的阴影部分的 + 可以省略。

专栏 2-2 除法的运算结果

通过求余数的运算 a % b，我们可以得到 (a / b) * b + (a % b) 和 a 相等的结果。这时，运算结果的大小和符号如下所示。

- 大小……比除数小
- 符号……被除数为负则为负，被除数为正则为正

/ 运算符和 % 运算符的运算结果的具体示例如下所示。

正 ÷ 正	5 / 3	→ 1	5 % 3	→ 2
正 ÷ 负	5 / (-3)	→ -1	5 % (-3)	→ 2
负 ÷ 正	(-5) / 3	→ -1	(-5) % 3	→ -2
负 ÷ 负	(-5) / (-3)	→ 1	(-5) % (-3)	→ -2

基本类型

到目前为止，所有程序中使用的变量都是 `int` 型。

Java 中提供了众多数据类型，同时大家也可以自己创建类型。Java 语言提供的标准类型称为**基本类型**（primitive type）。基本类型包含整型和浮点型。

▪ 整型

表示整数的类型，其具有代表性的类型包含如下 4 种。

byte	1 字节整数	-128～127
short	短整数	-32768～32767
int	整数	-2147483648～2147483647
long	长整数	-9223372036854775808～9223372036854775807

不同的类型能表示的数值范围也不一样。请大家根据自己所要表示的数值范围进行使用。

▪ 浮点型

表示实数的类型，其具有代表性的类型包含如下 2 种。

float	单精度浮点数	±3.4028347E+38～±1.40239846E-45
double	双精度浮点数	±1.79769313486231507E+378～±4.94065645841246544E-324

实数内部是通过**浮点数**（floating point number）来表示的。我们可以像下面这样来理解：
"浮点数是表示实数的专业术语。"
另外，像 `3.14` 或 `13.5` 这样的常量称为**浮点型常量**（floating point literal）。

*

除此之外，还有字符型（**char** 型）和布尔型（**boolean** 型）。关于基本类型的详细内容将在第 5 章进行介绍。

练习 2-3

请编写一段程序，如图所示，直接重复并显示通过键盘输入的整数值。

```
整数值：7↵
输入的是7。
```

练习 2-4

请编写一段程序，如图所示，对通过键盘输入的整数值进行加 10 和减 10 的运算，并输出结果值。

```
整数值：7↵
加上10后的值是17。
减去10后的值是-3。
```

读入实数值

我们现在来编写一个程序，对两个**实数值**进行加减乘除运算。由于无法使用表示整数的 **int** 型，因此我们使用 **double** 型来处理带有小数部分的实数。

程序如代码清单 2-11 所示。

代码清单2-11 Chap02/ArithDouble.java

```
// 读入两个实数值，并显示加减乘除运算的结果

import java.util.Scanner;

class ArithDouble {

   public static void main(String[] args) {
      Scanner stdIn = new Scanner(System.in);

      System.out.println("对x和y进行加减乘除运算。");

      System.out.print("x的值：");          // 提示输入x的值
      double x = stdIn.nextDouble();      // 读入x的实数值

      System.out.print("y的值：");          // 提示输入y的值
      double y = stdIn.nextDouble();      // 读入y的实数值

      System.out.println("x + y = " + (x + y)); // 显示x + y的值
      System.out.println("x - y = " + (x - y)); // 显示x - y的值
      System.out.println("x * y = " + (x * y)); // 显示x * y的值
      System.out.println("x / y = " + (x / y)); // 显示x / y的值（商）
      System.out.println("x % y = " + (x % y)); // 显示x % y的值（余数）
   }
}
```

运行示例

```
对x和y进行加减乘除运算。
x的值：9.75
y的值：2.5
x + y = 12.25
x - y = 7.25
x * y = 24.375
x / y = 3.9
x % y = 2.25
```

本程序和代码清单 2-9 基本相同，不同之处是变量 *x* 和 *y* 的类型变成了 **double** 型。

还有一个改动是在阴影部分。当读入通过键盘输入的 **double** 型的实数值时，使用的不是 nextInt()，而是 nextDouble()。

▶ 当从键盘输入的值没有小数部分时，小数点之后的部分可以省略。例如，对于 5.0，可以输入 5.0、5 或者 5.。

练习 2-5

请编写一段程序，读入两个实数值，求它们的和与平均值并显示结果。

```
x的值：7.5
y的值：5.25
合计值是12.75。
平均值是6.375。
```

练习 2-6

请编写一段程序，读入三角形的底和高，并显示其面积。

```
求三角形的面积。
底：7.5
高：2.5
面积是9.375。
```

final 变量

我们来编写一个程序，读入通过键盘输入的圆的半径，计算并显示圆的周长和面积。程序如代码清单 2-12 所示。

代码清单2-12 Chap02/Circle1.java

```
// 计算圆的周长和面积（其1：使用浮点型常量来表示圆周率）

import java.util.Scanner;

class Circle1 {

   public static void main(String[] args) {
      Scanner stdIn = new Scanner(System.in);

      System.out.print("半径：");
      double r = stdIn.nextDouble();     // 半径

      System.out.println("周长是" + 2 * 3.14 * r + "。");
      System.out.println("面积是" + 3.14 * r * r + "。");
   }
}
```

运行示例

```
半径：7.2↵
周长是45.216。
面积是162.7776。
```

圆的周长和面积的计算公式如图 2-14 所示。公式中的 π 是圆周率。

本程序就是按照这两个公式来计算圆的周长和面积的。

表示圆周率 π 的是阴影部分的浮点型常量 3.14。

另外，圆周率并不是 3.14，而是 3.1415926535…的无限不循环值。

为了更精确地计算圆的周长和面积，我们来考虑一下将圆周率改为 3.1416。为此，我们要修改阴影部分。

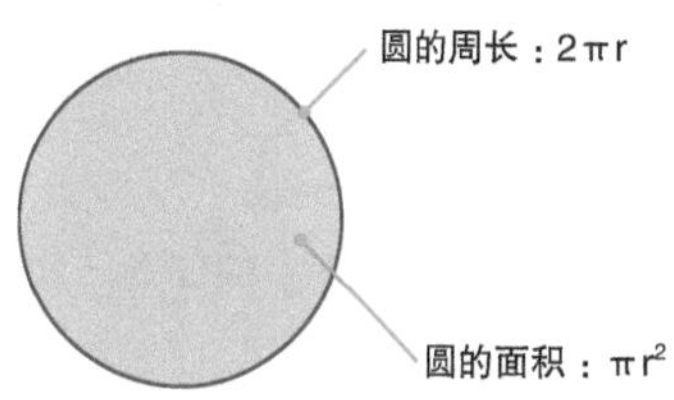

图 2-14 圆的周长和面积

本程序中需要修改的地方只有两处，改起来比较轻松。不过，如果程序中有数百个地方都有 3.14 的话，那要怎么办呢？

如果我们使用文本编辑器的“替换”功能，很容易就能将所有的 3.14 修改为 3.1416。不过，程序中还可能使用了非圆周率的 3.14，这些地方需要排除在替换范围之外。也就是说，**需要有选择性地进行替换**。

这种情况下，一个行之有效的方法是使用**无法修改值的 final 变量**。使用 final 变量修改后的程序如代码清单 2-13 所示。

代码清单2-13 Chap02/Circle2.java

```
// 计算圆的周长和面积（其2：使用final变量表示圆周率）

import java.util.Scanner;

class Circle2 {

   public static void main(String[] args) {
      final double PI = 3.1416;      // 圆周率
      Scanner stdIn = new Scanner(System.in);

      System.out.print("半径：");
      double r = stdIn.nextDouble(); // 半径

      System.out.println("周长是" + 2 * PI * r + "。");
      System.out.println("面积是" + PI * r * r + "。");
   }
}
```

运行示例

```
半径：7.2↵
周长是45.23904。
面积是162.860544。
```

声明中加上了 **final** 的 *PI* 就是使用 3.1416 进行初始化的 **final** 变量。计算中需要圆周率的地方就使用该变量 *PI* 的值。

使用 **final** 变量的好处如下。

①可以集中在一处管理值

圆周率的值 3.1416 是 **final** 变量 *PI* 的初始值，如果要变为其他的值（例如 3.14159），程序中只要修改一处就可以了。

另外，还可以防止因输入错误或替换失败等导致例如 3.1416 和 3.14159 混在一起的情况。

②程序变得易读

程序中使用变量名 *PI* 而非数值来表示圆周率，使得程序阅读起来更加方便。

> **重要** 对于程序中嵌入的数值，我们很难理解其表示什么含义。最好将其声明为 **final** 变量，并赋予名称。

另外，**final** 变量的名称推荐使用大写字母，以便与非 **final** 的普通变量区分开来。

▶ 程序中嵌入的、难以明白其作用的数值称为**魔数**（magic number）。导入 **final** 变量便可消除魔数。

原则上，**final** 变量应该进行初始化，未初始化的 **final** 变量只可以赋入一次值。**也就是说，通过初始化或赋值中的任意一种，只能赋入一次值（再次赋值便会发生错误）。**

```
final int A = 1;

A = 2;          // 错误
```

```
final int B;
B = 1;          // OK
B = 2;          // 错误
```

▶ final 有“最后的”的意思，智力竞赛的“final 答案”就有“最终确定、无法再修改的答案”的意思。与 **final** 变量的含义相同。

生成随机数

我们可以不通过键盘输入值，而**在计算机内部创建值**。程序示例如代码清单 2-14 所示。

本程序会生成并显示一个 0 到 9 之间的“幸运数字”。

代码清单2-14 Chap02/LuckyNo.java

```
// 随机生成并显示一个0 ~ 9的幸运数字

import java.util.Random;         ←1

class LuckyNo {

   public static void main(String[] args) {
2→    Random rand = new Random();

      int lucky = rand.nextInt(10);  ←3     // 0~9的随机数

      System.out.println("今天的幸运数字是" + lucky + "。");
   }
}
```

运行示例

```
今天的幸运数字是6。
```

计算机随机生成的数值称为**随机数**。1、2、3是生成随机数所需的“固定语句”（**专栏2-3**）。

▶ 这个“固定语句”类似于读入通过键盘输入的值的“固定语句”，需要注意的地方也基本相同。

- 1必须放在类声明的前面
- 2必须放在3的前面

另外，2处和3处的变量名 *rand* 也可以改为其他名称。

本程序中最重要的地方是3处。如图2-15所示，*rand*.nextInt(*n*) 部分是**大于等于0小于 *n* 的随机整数值**。

本程序中是 *rand*.nextInt(10)，所以，随机整数值是0, 1, 2, …, 9中的一个。

因此，变量 *lucky* 会初始化为0 ~ 9中的一个值。

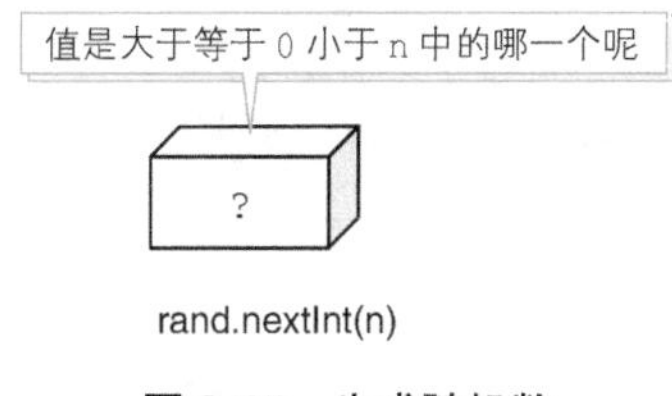
值是大于等于0小于n中的哪一个呢
?
rand.nextInt(n)

图2-15 生成随机数

练习2-7

请编写如下所示的程序。

- 随机生成并显示一位数的正整数（即1 ~ 9的值）
- 随机生成并显示一位数的负整数（即-9 ~ -1的值）
- 随机生成并显示两位数的正整数（即10 ~ 99的值）

练习2-8

请编写一段程序，读入通过键盘输入的整数值，然后随机生成并显示其±5范围内的整数值。

```
整数值：100↵
生成了该值±5范围内的随机数，是103。
```

练习2-9

请编写如下所示的程序（使用 nextDouble() 来生成实数值的随机数：参见**专栏2-3**）。

- 随机生成并显示大于等于0.0小于1.0的实数值
- 随机生成并显示大于等于0.0小于10.0的实数值
- 随机生成并显示大于等于-1.0小于1.0的实数值

专栏 2-3 生成随机数

当前无需理解生成随机数所需的1、2、3，可以在读完第 7 章、第 10 章、第 11 章之后再来阅读本专栏。

Random 是 Java 提供的一个非常大的类库，***Random*** 类的实例会生成一连串的**伪随机数**。随机数并不是从“无”到有，而是对被称为“种子”的数值进行各种运算得来的（所谓种子，就是类似于用来生出随机数的蛋。***Random*** 类中可以使用 48 位的种子，该种子采用线性同余法进行修改）。

Random 类的实例可以通过下面两种方式创建。

a ***Random*** *rand* = **new** ***Random*()**;

b ***Random*** *rand* = **new** ***Random*(5)**;

代码清单 2-14 中使用的是a方式，会新建一个随机数发生器。此时，为了避免和 ***Random*** 类的其他实例重复，“种子”的值会自动生成。

b方式是程序显式指定“种子”的方式，根据指定的种子来创建随机数发生器。

代码清单 2-14 的程序中使用了 nextInt 方法来生成 **int** 型整数。除了 nextInt 方法，还有很多其他的方法，如表 2C-1 所示。请大家根据各自的用途及目的选择使用。

表 2C–1 Random 类的方法

方法	类型	生成的值的范围
nextBoolean()	boolean	true 或者 false
nextInt()	int	-2147483648 ~ +2147483647
nextInt(*n*)	int	0 ~ *n* - 1
nextLong()	long	-9223372036854775808 ~ +9223372036854775807
nextDouble()	double	大于等于 0.0 小于 1.0
nextFloat()	float	大于等于 0.0 小于 1.0

另外，Java 还提供了用 ***Math*** 类来生成随机数的库（10-2 节）。

字符串的读入

接下来，我们来编写一个处理**字符串**（字符序列）而非数值的程序。在代码清单 2-15 的程序中输入姓名，会显示打招呼的内容。

代码清单2-15 Chap02/HelloNext.java

```
// 读入姓名并打招呼（其1：next()版本）
import java.util.Scanner;
class HelloNext {
    public static void main(String[] args) {
        Scanner stdIn = new Scanner(System.in);
        System.out.print("您的姓名是：");
        String s = stdIn.next();    // 读入字符串
        System.out.println("你好" + s + "先生。"); // 显示
    }
}
```

运行示例1
```
您的姓名是：柴田望洋⏎
你好柴田望洋先生。
```

运行示例2
```
您的姓名是：柴田 望洋⏎
你好柴田先生。
```

用来保存读入的字符串的变量 *s* 是 **String** 型，这是一种用于表示字符串的类型（**专栏** 2-4）。

*

读入字符串时使用的是阴影部分的 next()。

不过，使用 next() 读入通过键盘输入的字符串时，空白字符和制表符会被视为字符串的分隔符。因此，在运行示例②中，输入过程中插入了空格字符，结果 *s* 中只读入了 " 柴田 "。

要将包含空格在内的一整行输入作为字符串读入时，需要使用 nextLine()。程序示例如代码清单 2-16 所示。

代码清单2-16 Chap02/HelloNextLine.java

```
// 读入姓名并打招呼（其2：nextLine()版本）

import java.util.Scanner;

class HelloNextLine {

   public static void main(String[] args) {
      Scanner stdIn = new Scanner(System.in);

      System.out.print("您的姓名是：");
      String s = stdIn.nextLine();     // 读入1行字符串

      System.out.println("你好" + s + "先生。"); // 显示
   }
}
```

运行示例 1

```
您的姓名是：柴田望洋⏎
你好柴田望洋先生。
```

运行示例 2

```
您的姓名是：柴田 望洋⏎
你好柴田 望洋先生。
```

String 型变量也可以**初始化**为字符串，或者**赋值**为字符串。程序示例如代码清单 2-17 所示。

代码清单2-17 Chap02/StringInitAssign.java

```
// 字符串的初始化和赋值

class StringInitAssign {

   public static void main(String[] args) {
      String s1 = "ABC";     // 初始化
      String s2 = "XYZ";     // 初始化

      s1 = "FBI";            // 赋值（重写值）

      System.out.println("字符串s1是" + s1 + "。"); // 显示
      System.out.println("字符串s2是" + s2 + "。"); // 显示
   }
}
```

运行结果

```
字符串s1是FBI。
字符串s2是XYZ。
```

字符串 *s1* 初始化为 "ABC"，之后被赋值为 "FBI"。因此，*s1* 从 "ABC" 变成了 "FBI"。

重要 字符串（字符序列）可以用 **String** 型表示。

▶ **String** 是通过第 8 章之后介绍的“类”来创建的类型，当前无需理解其详细内容。本程序中，把 "FBI" 赋给 *s1* 并不是“改写字符串的内容”，而是“改写引用对象”，详细内容将在第 15 章进行介绍。

练习 2-10

请编写一段程序，如图所示，通过键盘分别读入姓名的姓和名，并打招呼。

```
姓：柴田⏎
名：望洋⏎
你好柴田望洋先生。
```

专栏 2-4 String 型是特殊类型

用来处理字符串的 **String** 型不是基本类型，而是通过第 8 章之后介绍的**类**来实现的类型（类型名的首字母大写这一点也和 **int** 与 **double** 不同）。

这种类型的变量不是单独的盒子，而是由字符串本身的盒子和引用字符串的盒子组合而成，如图 2C-1 所示（详细内容将在第 15 章介绍）。

```
String s = "ABC";
```

图 2C-1 String 型的变量和字符串

小结

- **变量**可以自由存取数值等数据。需要变量时，赋予其**类型**和**名称**，进行**声明**。
- 在从变量中取出值之前，必须进行**初始化**或**赋值**，将值赋给该变量。初始化是在创建变量时赋予**初始值**，赋值则是将值赋给创建好的变量。
- 变量是在需要时进行声明的。另外，最好在声明中赋上初始值，明确将变量初始化。
- **final** 变量通过初始化或赋值，只赋入一次值。在给常量赋予名称时可以使用该变量。
- 在诸多的类型中，Java 语言提供的标准类型是**基本类型**。
- **int** 型是一种表示整数的**整型**。
- 像 13 这样的常量称为**整数常量**。
- **double** 型是一种表示实数（浮点数）的**浮点型**。
- 像 3.14 这样的常量称为**浮点型常量**。
- 用于表示字符串（字符序列）的是 **String** 型。该类型不是基本类型。
- 执行运算的符号是**运算符**，作为运算对象的表达式则是**操作数**。运算符根据操作数的个数分为 3 类：**一元运算符**、**二元运算符**、**三元运算符**。
- 用括号括起来的运算会优先执行。
- 在“字符串 + 数值”或“数值 + 字符串”的运算中，数值要转换为字符串之后再进行拼接。
- 读入通过键盘输入的值时使用**标准输入流**。***Scanner*** 类的 next... 方法用来读取标准输入流中的字符。
- 通过生成**随机数**，可以创建随机的值。***Random*** 类的 next... 方法用来生成随机数。
- 通过“整数 / 整数”运算得到的商是舍去小数部分后的整数值。

Chap02/Abc.java

```
import java.util.Random;
import java.util.Scanner;

class Abc {

    public static void main(String[] args) {
        Random rand = new Random();
        Scanner stdIn = new Scanner(System.in);

        int a;          // a是int型变量
        a = 2;          // 赋值（将值赋给创建好的变量）
        int b = -1;     // 初始化（创建变量时赋入值）
        double x = 1.5 * 2;

        // 无法改写值的变量（给常量赋予名称）
        final double PI = 3.14;
        x = rand.nextDouble();
        System.out.println(
            "半径为" + x + "的圆的面积是" +
            (PI * x * x) + "。");
        System.out.print("整数a的值：");
        a = stdIn.nextInt();
        System.out.println("a / 2 = " + a / 2);
        System.out.println("a % 2 = " + a % 2);
        // 字符串类型
        String s = "ABC";
        System.out.println("字符串s是" + s + "。");
    }
}
```


生成随机数

```
nextBoolean()
nextInt()
nextInt(n)
nextLong()
nextDouble()
nextFloat()
```

运行示例

```
半径0.11992011858662233的圆
的面积是0.04515582140334483。
整数a的值：7↵
a / 2 = 3
a % 2 = 1
字符串s是ABC。
```

读入从键盘输入的值

```
nextBoolean()
nextByte()
nextShort()
nextInt()
nextLong()
nextDouble()
nextFloat()
next()
nextLine()
```

赋值运算符	x = y		
加减运算符	x + y	x - y	
乘除运算符	x * y	x / y	x % y
一元 + 运算符和一元 - 运算符	+x	-x	

▶ 本章中介绍了读入 **int** 型整数的 nextInt()、读入 **double** 型实数的 nextDouble()、读入字符串的 next() 和 nextLine()，请大家根据要读入的类型使用相应的方法。

第 3 章

程序流程之分支

本章将介绍用于选择性地决定程序流程的 if 语句和 switch 语句，同时还将介绍众多运算符。

- □ if 语句
- □ switch 语句
- □ break 语句
- □ 表达式语句和空语句
- □ 程序块
- □ 算法
- □ 运算符的优先级和结合性
- □ 表达式和求值
- □ 关键字和标识符

3-1 if 语句

if 语句是程序根据某个条件的成立与否，有选择性地决定所要执行的处理的语句。本节在介绍 if 语句的同时，还将介绍一些基本的运算符。

if-then 语句

我们来创建一个程序，读入一个通过键盘输入的数值，如果该值大于 0，则显示“该值为正。”。程序如代码清单 3-1 所示。

代码清单 3-1 Chap03/Positive.java

```
// 读入的整数值是正值吗?

import java.util.Scanner;

class Positive {

   public static void main(String[] args) {
      Scanner stdIn = new Scanner(System.in);

      System.out.print("整数值: ");
      int n = stdIn.nextInt();

      if (n > 0)
         System.out.println("该值为正。");
   }
}
```

if-then 语句：if (表达式) 语句

n > 0 为 true 时执行

运行示例 1

```
整数值: 15
该值为正。
```

运行示例 2

```
整数值: -5
```

阴影部分会显示对变量 *n* 中读入的值进行判断的结果，我们称之为 **if 语句**（if statement）。其语句结构（语法结构）如下。

if (表达式) 语句	if-then 语句

这是 if-then **语句**，是 **if** 语句的一种。开头的 **if** 是“如果”的意思。判断**表达式**的值，仅当表达式的值为“**真**”时才执行相应的**语句**。

另外，本书将括号中表示条件判断的表达式称为**控制表达式**。

*

if 语句的控制表达式 *n* > 0 中使用的 **>** 运算符，当左操作数大于右操作数时结果为 **true**（真），否则为 **false**（假）。

true 和 **false** 是一种布尔（boolean）型常量，称为**布尔值常量**（boolean literal）。其详细内容将在第 5 章介绍。

*

表示 **if** 语句的程序流程的流程图如图 3-1 所示。

▶ 我们将在 4-3 节中对流程图符号进行总结。

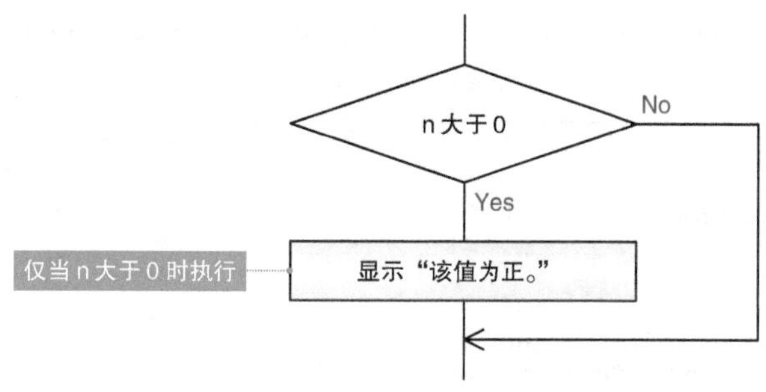

图 3-1　代码清单 3-1 中的 if 语句的流程

如运行示例①所示，如果 *n* 大于 0，那么控制表达式的值为 **true**。因此，程序会执行如下语句，显示“该值为正。”。

```
System.out.println("该值为正。");
```

另外，如运行示例②所示，如果 *n* 中输入的值小于等于 0，那么程序就不会执行这条语句。因此，画面上**什么都不显示**。

重要 如果仅当某个条件成立时才会执行某条语句，就可使用 **if-then** 语句来实现。

关系运算符

像 > 运算符这样用于判断左右操作数大小关系的运算符称为**关系运算符**（relational operator）。关系运算符有 4 种，如表 3-1 所示。

表 3-1　关系运算符

x < *y*	*x* 小于 *y* 时结果为 **true**，反之为 **false**
x > *y*	*x* 大于 *y* 时结果为 **true**，反之为 **false**
x <= *y*	*x* 小于等于 *y* 时结果为 **true**，反之为 **false**
x >= *y*	*x* 大于等于 *y* 时结果为 **true**，反之为 **false**

请大家注意，<= 运算符和 >= 运算符的等号不可以像 =< 或 => 这样放在左边，< 和 = 的中间也不可以像 < = 这样插入空格。

▶ 由于关系运算符是二元运算符，因此对于类似“变量 *a* 的值是在 1 和 3 之间吗”这样的情况，不可以像下面这样判断。

```
1 <= a <= 3              // 禁止！
```

而应该使用后文中介绍的逻辑与运算符，像下面这样进行判断。

```
a >= 1 && a <= 3         // OK！（通过“a大于等于1”且“a小于等于3”进行判断）
```

if-then-else 语句

在上一个程序中，当读入非正的值时画面上什么都不显示，这让人感觉有点不人性化。下面我们来修改一下程序，当值为非正时，显示“该值为 0 或负。”，程序如代码清单 3-2 所示。

代码清单 3-2　Chap03/PositiveNot.java

```
// 读入的整数值是正值还是非正值呢?

import java.util.Scanner;

class PositiveNot {

   public static void main(String[] args) {
      Scanner stdIn = new Scanner(System.in);

      System.out.print("整数值: ");
      int n = stdIn.nextInt();

      if (n > 0)
         System.out.println("该值为正。");       // n > 0 为 true 时执行
      else
         System.out.println("该值为0或负。");    // n > 0 为 false 时执行
   }
}
```

if-then-else 语句：if（表达式）语句 else 语句

运行示例 1

```
整数值: 15
该值为正。
```

运行示例 2

```
整数值: -20
该值为0或负。
```

本程序中的 `if` 语句是 **if-then-else 语句**，其语法结构如下所示。

- if （ 表达式 ） 语句 else 语句　　**if-then-else 语句**

当然，**else** 是“如果不”的意思。如果控制表达式的值为 **true**，则执行 **else** 前面的**语句**，如果为 **false**，则执行 **else** 后面的**语句**。

因此，根据 *n* 是否为正，程序会执行不同的处理（图 3-2）。

重要 如果希望根据条件的真假而分别执行不同的处理，那么就可使用 **if-then-else** 语句来实现。

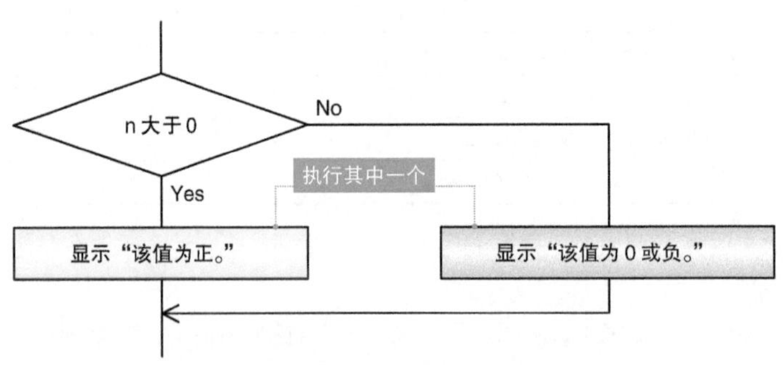

图 3-2　代码清单 3-2 中的 if 语句的流程

我们对 **if-then** 语句和 **if-then-else** 语句进行汇总，得到如图 3-3 所示的 `if` 语句的结构图。

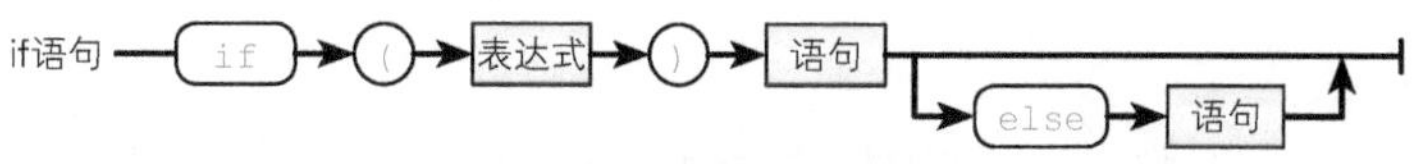

图 3-3　if 语句的结构图

不允许出现违背该语法结构的语句（否则编译时会发生错误），举例如下。

```
if a < b  System.out.println("a小于b。");      // 缺少()
if (c > d) else b = 3;                          // else前面缺少语句
```

专栏 3-1　关于语法结构图

本书中使用的语法结构图都是通过箭头把各个元素连接在一起。

▪ 关于元素

语法结构图中的元素，既有用圆形表示的，也有用方形表示的。

- **圆形**：像“**if**”这样的**关键字**以及“(”这样的**分隔符**（3-3 节）必须照原样书写，不能写成“如果”或“[”。这样的内容就使用圆形来表示
- **方形**：“表达式”或者“语句”在程序中并不能直接写作“表达式”或者“语句”，而是像“*n* > 0”或者“*a* = 0;”这样写成具体的内容。像这种不能直接书写的语法概念的内容就使用方形来表示

▪ 语法结构图的阅读方法

阅读语法结构图时，要沿着箭头的走向阅读，从左边开始，到右边结束。遇到分支点时，可以选择任意分支继续往后阅读。

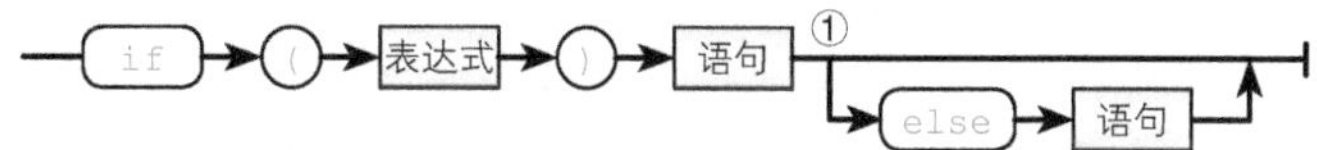

对于分支点①来说，**if** 语句的结构图从左到右的路径有以下两种。

```
if ( 表达式 ) 语句                 … if-then语句
if ( 表达式 ) 语句 else 语句       … if-then-else语句
```

这就是 **if** 语句的格式，或者说语法结构。例如，代码清单 3-1 中的 **if** 语句如下所示。

```
if (n > 0) System.out.println("该值为正。");
if (表达式)          语句
```

代码清单 3-2 中的 **if** 语句如下所示。

```
if (n > 0) System.out.println("…为正。"); else System.out.println("…为0或负。");
if (表达式)          语句                 else          语句
```

它们都是符合语法结构图的格式。

相等运算符

我们来编写一个程序，判断通过键盘输入的两个整数值是否相等，并显示判断结果，程序如代码清单 3-3 所示。

代码清单3-3　　Chap03/Equal.java

```
// 读入的两个整数值相等吗?

import java.util.Scanner;

class Equal {

   public static void main(String[] args) {
      Scanner stdIn = new Scanner(System.in);

      System.out.print("整数a: ");  int a = stdIn.nextInt();
      System.out.print("整数b: ");  int b = stdIn.nextInt();

      if (a == b)
         System.out.println("两个值相等。");
      else
         System.out.println("两个值不相等。");
   }
}
```

运行示例

```
整数a: 15↵
整数b: 15↵
两个值相等。
```

程序中会读入变量 *a* 和 *b* 的值，并判断这两个值是否相等。

if 语句的控制表达式中使用的 **==** 运算符会判断左右两侧的操作数**是否相等**，它和判断两个操作数**是否不相等**的 **!=** 运算符统称为**相等运算符**（equality operator）（表 3-2）。这两个运算符都在条件成立时结果为 **true**，不成立时为 **false**。

表 3-2　相等运算符

x **==** *y*	*x* 和 *y* 相等时结果为 **true**，反之为 **false**
x **!=** *y*	*x* 和 *y* 不相等时结果为 **true**，反之为 **false**

如果使用 **!=** 运算符，本程序中的 **if** 语句就可以像下面这样来实现。请注意，两条语句的顺序交换了。

```
if (a != b)
   System.out.println("两个值不相等。");
else
   System.out.println("两个值相等。");
```

▶ 由于相等运算符是二元运算符，因此对于类似"变量 *a*、变量 *b* 和变量 *c* 的值是否相等"的情况，不可以用表达式 *a* **==** *b* **==** *c* 来判断。
而是需要使用后文中介绍的逻辑与运算符，用 *a* **==** *b* **&&** *b* **==** *c* 来判断。

逻辑非运算符

代码清单 3-4 所示的程序会判断通过键盘输入的值是否为 0。

代码清单 3-4 Chap03/Zero.java

```
// 读入的整数值是0吗?

import java.util.Scanner;

class Zero {

   public static void main(String[] args) {
      Scanner stdIn = new Scanner(System.in);

      System.out.print("整数值: ");
      int n = stdIn.nextInt();

      if (!(n != 0))
         System.out.println("该值是0。");      ←1
      else
         System.out.println("该值不是0。");    ←2
   }
}
```

运行示例 1

```
整数值: 0
该值是0。
```

运行示例 2

```
整数值: 15
该值不是0。
```

一元运算符 **!** 称为**逻辑非运算符**（logical complement operator）。如果操作数的值是 **false**，则结果为 **true**，如果值为 **true**，则结果为 **false**（表 3-3）。

表 3-3 逻辑非运算符

!x	x 为 **false** 时结果为 **true**，x 为 **true** 时结果为 **false**

因此，如果 n 为 0，则执行 1 处，否则执行 2 处。

▶ 判断过程如下所示。

- n 为 0 时：n != 0 为 **false**，因此 !(n != 0) 为 **true**
- n 不为 0 时：n != 0 为 **true**，因此 !(n != 0) 为 **false**

本程序中的 **if** 语句可以像下面这样使用 **!=** 运算符来实现，看起来会更加简洁。请注意，两条语句的顺序交换了。

```
if (n != 0)
   System.out.println("这个值不是0。");
else
   System.out.println("这个值是0。");
```

▶ 当然我们也可以使用相等运算符 ==，程序如下所示。

```
if (n == 0)
   System.out.println("这个值是0。");
else
   System.out.println(" 这个值不是0。");
```

嵌套的 if 语句

代码清单 3-5 所示的程序会判断通过键盘输入的整数值的符号（为正 / 负 /0）。

代码清单3-5　Chap03/Sign.java

```
// 判断读入的整数值的符号（正/负/0）并显示判断结果

import java.util.Scanner;

class Sign {

   public static void main(String[] args) {
      Scanner stdIn = new Scanner(System.in);

      System.out.print("整数值：");
      int n = stdIn.nextInt();

      if (n > 0)
         System.out.println("该值为正。");      ←1
      else if (n < 0)
         System.out.println("该值为负。");      ←2
      else
         System.out.println("该值为0。");       ←3
   }
}
```

运行示例 1

```
整数值：37
该值为正。
```

运行示例 2

```
整数值：-5
该值为负。
```

运行示例 3

```
整数值：0
该值为0。
```

前面介绍过，**if** 语句有如下两种形式。

- if （ 表达式 ） 语句
- if （ 表达式 ） 语句 else 语句

虽然本程序中用到了 **else if**…，但这并不是什么特殊的语法结构。**if** 语句，顾名思义是一种语句，因此 **else** 控制的语句也可以是 **if** 语句。

程序中阴影部分的结构如图 3-4 所示。

图 3-4　嵌套的 if 语句（其 1）

在 **if** 语句中嵌入 **if** 语句，形成了“嵌套”结构。

▶ 图中省略了“**System**.out.”（下文中的图 3-6 和图 3-21 也是如此）。

图 3-5 所示为本程序中的 **if** 语句的流程图。程序会显示“该值为正。”“该值为负。”和“该值为 0。”中的一个。

▶ 也就是说，程序不会不显示任何一个信息，或者显示两个以上的信息。

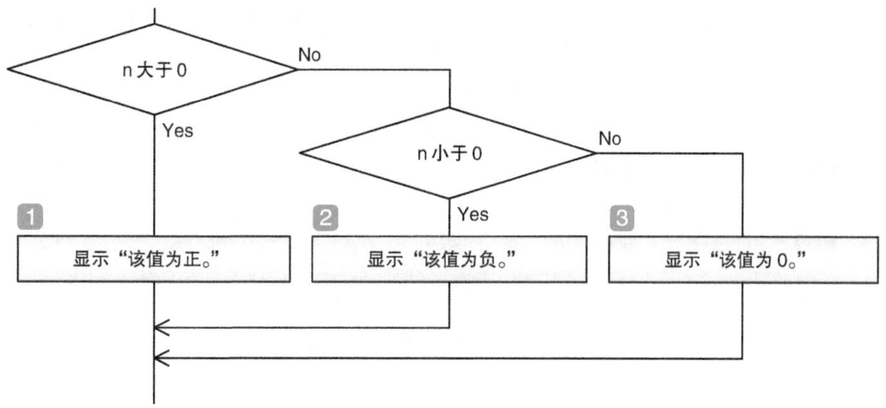

图 3-5　代码清单 3-5 中的 if 语句的流程图

练习 3-1

请编写一段程序，如图所示，读入一个整数值，并显示它的绝对值。

```
整数值：-5
其绝对值是5。
```

练习 3-2

请编写一段程序，如图所示，读入两个整数值，如果后一个是前一个的约数，则显示 "B 是 A 的约数。"，否则显示 "B 不是 A 的约数。"。

```
整数A：12
整数B：4
B是A的约数。
```

练习 3-3

若将代码清单 3-5 中最后的 **else** 修改为 **else if** (*n* == 0)，结果会如何呢？请编写一段程序进行确认。

使用嵌套的 **if** 语句的另一个程序示例如代码清单 3-6 所示。程序读入的整数值如果为正值，则显示它为奇数还是偶数，如果不为正值，则显示错误信息。

代码清单 3-6　　Chap03/EvenOdd.java

```
// 如果读入的整数值为正值，则判断其为偶数还是奇数，并显示判断结果

import java.util.Scanner;

class EvenOdd {

   public static void main(String[] args) {
      Scanner stdIn = new Scanner(System.in);

      System.out.print("整数值：");
      int n = stdIn.nextInt();

      if (n > 0)
         if (n % 2 == 0)
            System.out.println("该值为偶数。");    ←1
         else
            System.out.println("该值为奇数。");    ←2
      else
         System.out.println("输入的不是正值。");    ←3
   }
}
```

运行示例 1

```
整数值：38
该值为偶数。
```

运行示例 2

```
整数值：15
该值为奇数。
```

运行示例 3

```
整数值：0
输入的不是正值。
```

本程序中 `if` 语句的结构如图 3-6 所示。和上一个程序一样，本程序也是在 `if` 语句中嵌套 `if` 语句的结构。

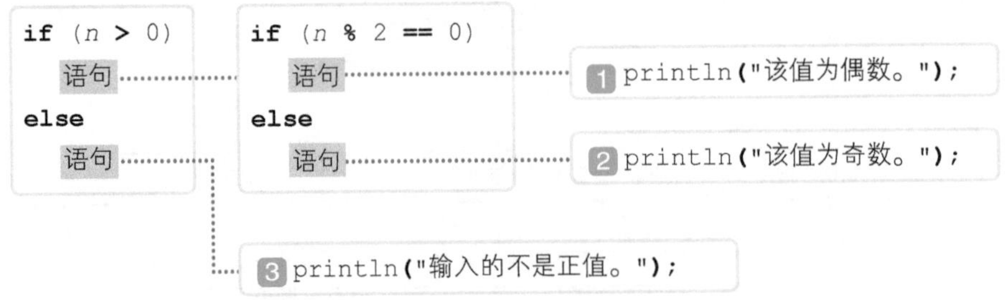

图 3-6 嵌套的 if 语句（其 2）

`if` 语句的流程图如图 3-7 所示。程序会显示“输入的不是正值。”“该值为偶数。”和“该值为奇数。”中的一个。

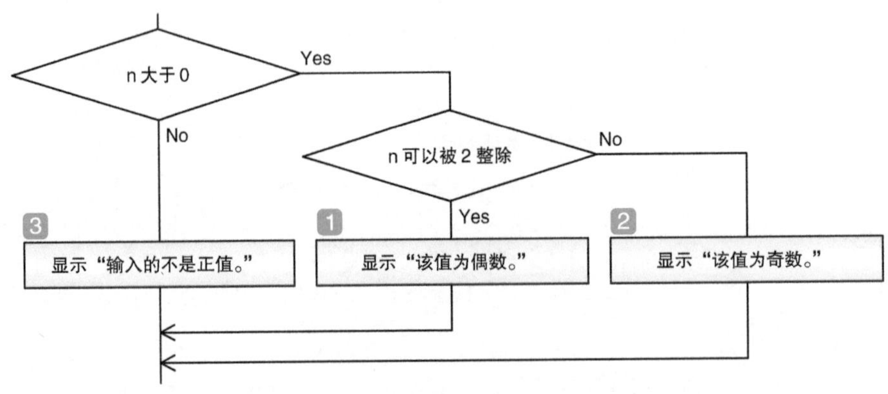

图 3-7 代码清单 3-6 中的 if 语句的流程图

▶ 请注意，本流程图最开始的判断分支“Yes”和“No”与图 3-5 是相反的。

练习 3-4

请编写一段程序，读入两个变量 *a*、*b* 的值，按如下所示的内容显示它们之间的大小关系。

“a 更大。”“b 更大。”“a 和 b 相等。”

练习 3-5

请编写一段程序，读入一个正整数值，如果它可以被 5 整除，则显示“该值可以被 5 整除。”，否则显示“该值不可以被 5 整除。”。

※ 当读入非正值时，显示“输入的不是正值。”。

练习 3-6

请编写一段程序，读入一个正整数值，如果它是 10 的倍数，则显示“该值是 10 的倍数。”，否则显示“该值不是 10 的倍数。”。

※ 当读入非正值时，显示“输入的不是正值。”。

练习 3-7

请编写一段程序，读入一个正整数值，根据其除以 3 得到的值，分别显示“该值可以被 3 整除。”“该值除以 3 余 1。”或“该值除以 3 余 2。”。

※ 当读入非正值时，显示“输入的不是正值。”。

表达式和求值

下面我们来好好研究一下表达式和求值。

表达式

在前面的内容中，我们多次用到**表达式**（expression）这个术语，表达式是下列内容的总称。

- 变量
- 常量
- 把变量和常量用运算符连接起来得到的式子

在这里，我们来思考一下下面这个表达式。

```
abc + 32
```

变量 *abc*、整数常量 32，以及使用 + 运算符将它们连接起来的 *abc* + 32 都是表达式。

接下来，我们再来思考一下下面这个表达式。

```
xyz = abc + 32
```

在这里，*xyz*、*abc*、32、*abc* + 32、*xyz* = *abc* + 32 都是表达式。

一般来说，通过○○运算符连接起来的表达式就称为○○表达式。

例如，通过赋值运算符将 *xyz* 和 *abc* + 32 连接起来的表达式 *xyz* = *abc* + 32 就称为**赋值表达式**（assignment expression）。

求值

表达式中基本上都包含**类型**和**值**，值可以在运行程序时进行确认，确认表达式的值称为**求值**（evaluation）。

求值过程的具体示例如图 3-8 所示。

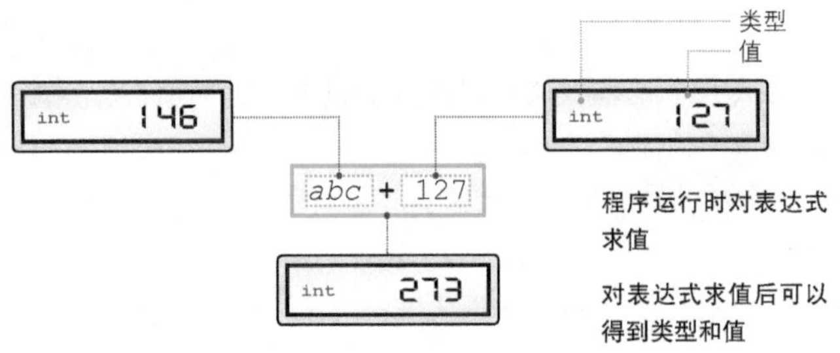

图 3-8 表达式和求值（int + int）

在这里，假设变量 *abc* 是 **int** 型，值为 146。当然，*abc*、127、*abc* + 127 都是表达式。

因为变量 *abc* 的值是 146，所以对各个表达式求值后的值分别为 146、127、273。当然，这三个值的类型都是 **int** 型。

本书中使用类似数字温度计的图来表示求值结果。左边的小字符是**类型**，右边的大字符是**值**。

重要 表达式中包含类型和值，程序运行时会对表达式求值。

另一个示例如图 3-9 所示。**double** 型变量 *fc* 的值为 1.25，这时对各个表达式 7.5、*fc*、7.5 + *fc* 求值后的值分别为 7.5、1.25、8.75。当然，它们都是 **double** 型。

▶ 到目前为止的程序中都是相同类型的变量在进行加减运算或乘除运算，关于不同类型的运算（例如 **int** 型除以 **double** 型等）将在第 5 章介绍。

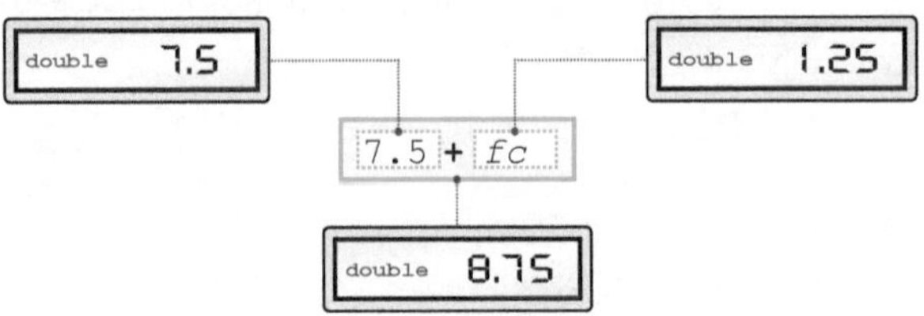

图 3-9 表达式和求值（double + double）

再来看一个示例。如图 3-10 所示，通过 > 运算符比较两个整数的大小。当变量 *n* 的值为 15 时，表达式的求值结果为 **boolean** 型的 **true**。

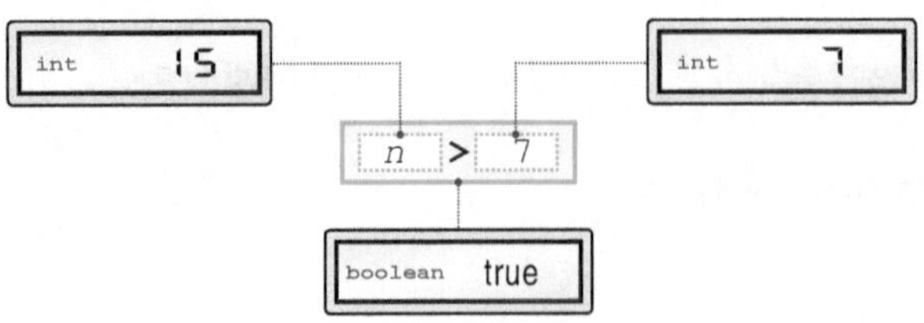

图 3-10 表达式和求值（int > int）

表达式语句和空语句

我们在第 1 章介绍过，原则上语句的末尾必须加上分号。例如，赋值表达式 a = c + 32 加上分号就变成了语句。

```
a = c + 32;              // 表达式语句
```

像这样给表达式加上分号的语句就是**表达式语句**（expression statement）。

另外，即便只有分号，也会被视为语句，这种语句称为**空语句**（empty statement）。

表达式语句和空语句的语法结构图如图 3-11 所示。

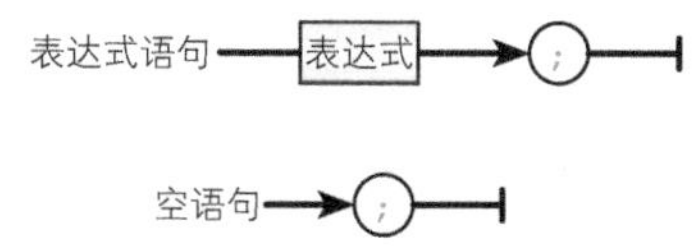

图 3-11　表达式语句和空语句的语法结构图

我们对本章开头的代码清单 3-1 中的 `if` 语句使用空语句进行改写，如下所示（阴影部分是空语句）。

```
if (n > 0)
    System.out.println("该值为正。");
else
    ;                         // 空语句：如果n为非正，则不执行任何操作
```

▶ 使用空语句的程序示例将在 6-1 节中介绍。

如果代码清单 3-1 中的 `if` 语句写成下面这样，结果会如何呢？

```
if (n > 0);  ←—— 可能是键入错误的分号
    System.out.println("该值为正。");
```

无论 n 为何值（正、负或者 0），都会显示“该值为正。”，这是因为 (n > 0) 后面有一条空语句。程序的解释如下所示。

```
if (n > 0) ;                      // if语句：如果n > 0，则执行空语句（不执行任何操作）
System.out.println("该值为正。"); // 该表达式语句的执行与if语句没有关系
```

由此可得到如下教训。

重要　请注意，不要在 `if` 语句的条件 () 之后误加上空语句。

专栏 3-2　关于 if 语句的语法的补充

请看下面的 **if** 语句。关于该 **if** 语句，我们来思考一下语句$_1$和语句$_2$在什么条件下执行。

```
if (a == 1)
   if (b == 1)
      语句1
else
  语句2
```

大家是不是认为这两条语句的执行条件像下面这样？

表 3C-1　条件①

语句	执行条件
语句$_1$	a 为 1，且 b 也为 1 时
语句$_2$	a 不为 1 时

不过，事实并非如此，因为这种 **if** 语句中的 **else** 是**对应离它最近的 if** 的。也就是说，上面的 **if** 语句中的 **else** 并不是对应 **if** (a == 1)，而是对应 **if** (b == 1)。

这么说来是 **if** 语句的缩进“撒了谎”。像下面这样书写就不会混乱了。

```
if (a == 1)
    if (b == 1)
        语句1
    else
        语句2
```

a 为 1 时执行的语句（if 语句）

很明显，这两条语句的执行条件如下所示（请注意，如果 a 的值不为 1，则什么都不执行）。

表 3C-2　条件②

语句	执行条件
语句$_1$	a 为 1，且 b 也为 1 时
语句$_2$	a 为 1，且 b 不为 1 时

如果需要按条件①执行这两条语句，就必须引入后文中介绍的**程序块**，像下面这样来实现。

```
if (a == 1) {
    if (b == 1)
        语句1
} else
        语句2
```

a 为 1 时执行的语句（程序块）

a 不为 1 时执行的语句

逻辑与运算符和逻辑或运算符

我们来创建一个程序，读入整数值，判断它是 0，还是 1 位数值，抑或是 2 位以上的数值，并显示判断结果，程序如代码清单 3-7 所示。

代码清单 3-7 Chap03/DigitsNo1.java

```
// 判断读入的整数值的位数（0/1位/2位以上）

import java.util.Scanner;

class DigitsNo1 {

   public static void main(String[] args) {
      Scanner stdIn = new Scanner(System.in);

      System.out.print("整数值：");
      int n = stdIn.nextInt();

      if (n == 0)                                   // 0
         System.out.println("是0。");
      else if (n >= -9 && n <= 9)                   // 1位
         System.out.println("是1位数值。");
      else                                          // 2位以上
         System.out.println("是2位以上的数值。");
   }
}
```

运行示例 1

```
整数值：0↵
是0。
```

运行示例 2

```
整数值：-3↵
是1位数值。
```

运行示例 3

```
整数值：15↵
是2位以上的数值。
```

逻辑与运算符 &&

阴影部分的控制表达式用于判断读入的值是否是 1 位。

该表达式中使用的 `&&` 运算符就是用于求图 3-12 a 所示的**逻辑与**的**逻辑与运算符**（logical and operator）。对使用该运算符的表达式 *x* `&&` *y* 进行求值，如果 *x* 和 *y* 都是 **true**，则结果为 **true**，否则结果为 **false**。大家可以把它理解为“*x* 并且 *y*”（表 3-4）。

当 *n* 大于等于 -9 **并且**小于等于 9 时，本程序中阴影部分的控制表达式的值为 **true**。

▶ 当 *n* 为 0 时，程序会显示“是 0。”，**if** 语句执行结束。因此，当 *n* 的值为 -9，-8，…，-2，-1，1，2，…，8，9 中的任意一个时，程序会显示“是 1 位数值。”。

a 逻辑与

如果两者都为真，则为真

x	*y*	*x* && *y*
true	true	true
true	false	false
false	true	false
false	false	false

b 逻辑或

如果一个为真，则为真

x	*y*	*x* || *y*
true	true	true
true	false	true
false	true	true
false	false	false

图 3-12 逻辑与和逻辑或的真值表

逻辑或运算符 ||

`||` 运算符是用于求**逻辑或**的**逻辑或运算符**（logical or operator）（图 3-12 b ）。

使用该运算符的程序如代码清单 3-8 所示。程序会判断读入的值是否是 2 位以上，并显示判断结果。

代码清单3-8 Chap03/DigitsNo2.java

```
// 判断读入的整数值的位数（是否是2位以上）

import java.util.Scanner;

class DigitsNo2 {

   public static void main(String[] args) {
      Scanner stdIn = new Scanner(System.in);

      System.out.print("整数值：");
      int n = stdIn.nextInt();

      if (n <= -10 || n >= 10)                          // 2位以上
         System.out.println("是2位以上的数值。");
      else                                               // 不足2位
         System.out.println("是不足2位的数值。");
   }
}
```

运行示例 1

```
整数值：-25⏎
是2位以上的数值。
```

运行示例 2

```
整数值：5⏎
是不足2位的数值。
```

如表3-4所示，对表达式 x || y 进行求值，如果 x 和 y 中有一个为 **true**，则结果为 **true**，否则结果为 **false**。其含义近似于“x 或者 y”。

▶ 我们平时说“我或者他会去”的时候，表示“我”和“他”中只有一个会去。但是对于 || 运算符来说，表达的却是至少有一个即可的意思，请大家特别注意。

因此，仅当变量 n 的值小于等于 -10 **或者**大于等于 10 时，阴影部分的控制表达式的值为 **true**，程序会显示“是2位以上的数值。”。

逻辑或运算符 || 是两个竖线符号，请不要误认为是大写字母 I 或小写字母 l。

表3-4 逻辑与运算符和逻辑或运算符

x && y	x 和 y 都为 **true** 时结果为 **true**，否则结果为 **false**
x || y	x 和 y 中有一个为 **true** 时结果为 **true**，否则结果为 **false**

▶ 对 && 运算符来说，如果 x 的值为 **false**，那么便不再对 y 进行求值。而对 || 运算符来说，如果 x 的值为 **true**，那么便不再对 y 进行求值（参见“短路求值”）。

*

另外，使用第7章中介绍的 ^ 运算符，可以判断**逻辑异或**（两者中是否只有一个为 **true**）（7-2节）。

判断季节

我们来创建一个程序，使用逻辑与运算符和逻辑或运算符，根据1~12月的月份值来判断季节，程序如代码清单3-9所示。

代码清单3-9 Chap03/Season.java

```
// 显示读入的月份所处的季节

import java.util.Scanner;

class Season {

   public static void main(String[] args) {
      Scanner stdIn = new Scanner(System.in);
```

运行示例 1

```
计算季节。
请输入月份：3⏎
这是春天。
```

运行示例 2

```
计算季节。
请输入月份：7⏎
这是夏天。
```

```
        System.out.print("计算季节。\n请输入月份：");
        int month = stdIn.nextInt();

        if (month >= 3 && month <= 5)                        // 3月·4月·5月
            System.out.println("这是春天。");
        else if (month >= 6 && month <= 8)                   // 6月·7月·8月
            System.out.println("这是夏天。");
        else if (month >= 9 && month <= 11)                  // 9月·10月·11月
            System.out.println("这是秋天。");
        else if (month == 12 || month == 1 || month == 2)    // 12月·1月·2月
            System.out.println("这是冬天。");
    }
}
```

■ 判断春天、夏天、秋天

判断春天、夏天、秋天时使用了逻辑与运算符 `&&`，要领如下。

- *month* 大于等于 3　并且　*month* 小于等于 5　… 春天
- *month* 大于等于 6　并且　*month* 小于等于 8　… 夏天
- *month* 大于等于 9　并且　*month* 小于等于 11　… 秋天

▶ 由于关系运算符是二元运算符，因此例如在判断“是否是春天”时，不可以像下面这样来实现。

```
3 <= month <= 5            // 错误
```

■ 判断冬天

用于判断冬天的阴影部分用了两个逻辑或运算符 `||`。

与表达式 *a* + *b* + *c* 会被看作（*a* + *b*）+ *c* 一样，*a* || *b* || *c* 也会被看作（*a* || *b*）|| *c*。因此，*a*、*b*、*c* 中只要有一个为 **true**，那么 *a* || *b* || *c* 的值就为 **true**。

▶ 例如，如果 *month* 为 1，则表达式 *month* == 12 || *month* == 1 的值就为 **true**。因此，阴影部分整体就变成了 **true** 和 *month* == 2 的逻辑或运算，结果也为 **true**。

短路求值

假设变量 *month* 的值为 2。**if** 语句中首先会判断季节是否是“春天”，表达式如下所示。

```
month >= 3 && month <= 5
```

左操作数 *month* >= 3 是 **false**，因此程序无需确认右操作数的表达式 *month* <= 5，就可以知道表达式整体为 **false**（不是春天）。

因此，**如果 && 运算符的左操作数的值为 false，则无需对右操作数进行求值。**

|| 运算符也是如此。我们来看一下判断季节是否是“冬天”的表达式。

```
month == 12 || month == 1 || month == 2
```

如果 *month* 的值为 12，则程序无需确认 1 月或 2 月的可能性，就可以知道表达式整体为 **true**（是冬天）。

因此，**如果 `||` 运算符的左操作数的值为 `true`，则无需对右操作数进行求值**。

▶ 假设 *month* 的值为 12。在表达式 *month* == 12 || *month* == 1 中，由于左操作数是 **true**，因此无需确认右操作数，就可以判断结果为 **true**。因此，阴影部分整体就变成了 **true** 和 *month* == 2 的逻辑或运算 **true** || *month* == 2。由于这个表达式的左操作数也为 **true**，因此无需确认右操作数，就可以判断结果为 **true**。

当逻辑运算表达式整体的值只通过左操作数的值就可以确定时，将不再对右操作数进行求值，这称为**短路求值**（short circuit evaluation）。

重要 逻辑与运算符 && 和逻辑或运算符 || 在进行求值时执行短路求值。

▶ 关于逻辑运算的短路求值，**专栏 4-2** 中将会详细介绍。
与运算符 && 和 || 非常相似的还有运算符 & 和 |。运算符 & 用于求逻辑与，运算符 | 用于求逻辑或。不过，& 和 | 的运算中不会执行短路求值。因此，一般来说，& 和 | 很少用于逻辑运算，而是用于按位进行的逻辑运算。详细内容将在第 7 章进行介绍。

练习 3-8

请编写一段程序，根据通过键盘输入的分数来判断优 / 良 / 及格 / 不及格，并显示判断结果。判断的标准如下。

0 ～ 59 → 不及格 / 60 ～ 69 → 及格 / 70 ～ 79 → 良 / 80 ～ 100 → 优

条件运算符

代码清单 3-10 所示的程序会读入两个值，并显示其中较小的值。

代码清单 3-10 Chap03/Min2.java

```
// 显示读入的两个整数值中较小的值（其1：if语句）

import java.util.Scanner;

class Min2 {

   public static void main(String[] args) {
      Scanner stdIn = new Scanner(System.in);

      System.out.print("整数a: ");  int a = stdIn.nextInt();
      System.out.print("整数b: ");  int b = stdIn.nextInt();

      int min;      // 较小的值
      if (a < b)
         min = a;
      else
         min = b;

      System.out.println("较小的值是" + min + "。");
   }
}
```

运行示例 1

```
整数a: 29
整数b: 52
较小的值是29。
```

运行示例 2

```
整数a: 31
整数b: 15
较小的值是15。
```

程序会对变量 *a*、*b* 中读入的值进行比较，如果 *a* 比 *b* 小，则将 *a* 赋给变量 *min*，否则将 *b* 赋给变量 *min*。因此，当 **if** 语句执行结束时，变量 *min* 中保存的是较小的值。

▶ 如果 *a* 和 *b* 的值相等，则赋给变量 *min* 的是 *b*。

条件运算符

本程序不使用 **if** 语句也可以实现，如代码清单 3-11 所示。

代码清单 3-11 Chap03/Min2Cond.java

```java
// 显示读入的两个整数值中较小的值（其2：条件运算符）

import java.util.Scanner;

class Min2Cond {

   public static void main(String[] args) {
      Scanner stdIn = new Scanner(System.in);

      System.out.print("整数a："); int a = stdIn.nextInt();
      System.out.print("整数b："); int b = stdIn.nextInt();

      int min = a < b ? a : b;      // 较小的值
      System.out.println("较小的值是" + min + "。");
   }
}
```

运行示例

```
整数a：29↵
整数b：52↵
较小的值是29。
```

阴影部分使用的是表 3-5 所示的**条件运算符**（conditional operator）。

▶ 条件运算符是唯一一个三元运算符。

表 3-5 条件运算符

x ? *y* : *z*	*x* 为 **true** 时结果为 *y* 的值，否则结果为 *z* 的值

▶ 如果 *x* 的值为 **true**，则无需对 *z* 求值，如果为 **false**，则无需对 *y* 求值。

对使用了该运算符的**条件表达式**（conditional expression）进行求值的情形如图 3-13 所示。如果 *a* 比 *b* 小，则将 *a* 的值赋给变量 *min*，否则将 *b* 的值赋给变量 *min*。

条件表达式看起来像是 **if** 语句的压缩，Java 程序偏爱使用条件表达式。

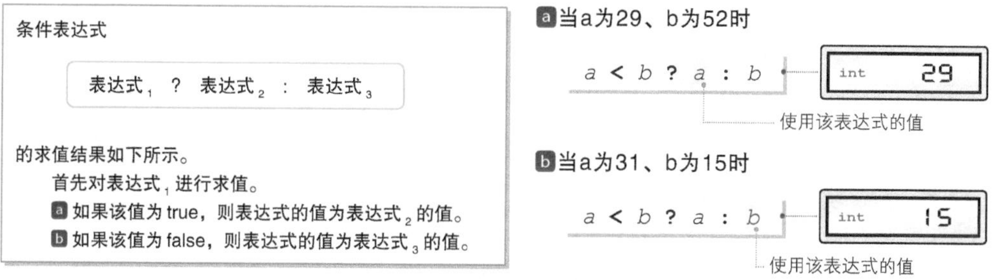

图 3-13 条件表达式的求值

另外，还可以像下面这样，在调用 println 的括号中加上求较小值的表达式，这样就无需使用变量 *min* 了。

```
System.out.println("较小的值是" + (a < b ? a : b) + "。");
```

练习 3-9

请编写一段程序，读入两个实数值，并显示其中较大的值。

练习 3-10

请编写一段程序，读入两个整数值，并显示它们的差值。

练习 3-11

如图，请编写一段程序，读入两个整数值，如果它们的差值小于等于 10，则显示“它们的差值小于等于 10。”，否则显示“它们的差值大于等于 11。”。

```
整数A：4
整数B：12
它们的差值小于等于10。
```

三个值中的最大值

代码清单 3-12 所示的程序会在三个变量 *a*、*b*、*c* 中读入整数值，并显示它们中的最大值。

代码清单3-12　　Chap03/Max3.java

```
// 计算三个整数值中的最大值

import java.util.Scanner;

class Max3 {

   public static void main(String[] args) {
      Scanner stdIn = new Scanner(System.in);

      System.out.print("整数a: ");  int a = stdIn.nextInt();
      System.out.print("整数b: ");  int b = stdIn.nextInt();
      System.out.print("整数c: ");  int c = stdIn.nextInt();

1     int max = a;
2     if (b > max) max = b;
3     if (c > max) max = c;

      System.out.println("最大值是" + max + "。");
   }
}
```

运行示例

```
整数a：1
整数b：3
整数c：2
最大值是3。
```

计算三个值中的最大值的步骤如下所示。

1 将 *max* 初始化为 *a* 的值。
2 如果 *b* 的值大于 *max*，则将 *b* 的值赋给变量 *max*。
3 如果 *c* 的值大于 *max*，则将 *c* 的值赋给变量 *max*。

像这样定义“处理流程”的规则称为**算法**（algorithm）。计算三个值中最大值的算法的流程图如图 3-14 所示。

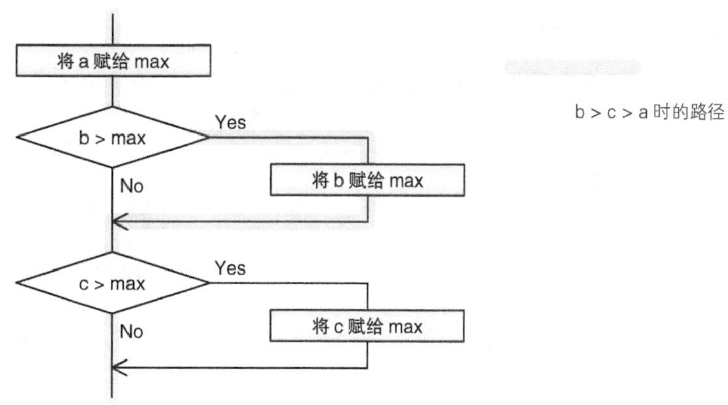

图 3-14 计算三个值中最大值的流程图

如运行示例所示，当输入 1、3、2，分别赋给变量 *a*、*b*、*c* 时，程序的流程沿着流程图中的蓝色线路前进。此时，变量 *max* 将发生如图 3-15a所示的变化。

我们再来设想一下其他值，然后跟着流程图进行计算。例如，当变量 *a*、*b*、*c* 的值为 1、2、3 或者 3、2、1 时，也可以正确计算出最大值。当然，当三个值都是 5、5、5，或者有两个值相等，如 1、3、1 时，同样能正确计算出最大值。

	a	b	c	d	e
	a = 1 b = 3 c = 2	a = 1 b = 2 c = 3	a = 3 b = 2 c = 1	a = 5 b = 5 c = 5	a = 1 b = 3 c = 1
	max	max	max	max	max
`int max = a;`	1	1	3	5	1
`if (b > max) max = b;`	3	2	3	5	3
`if (c > max) max = c;`	3	3	3	5	3

图 3-15 计算三个值中最大值的过程中，变量 max 的变化

“算法”这个术语在 JIS X0001 中的定义如下。

> 是解决问题的方案，是一系列定义明确、有序并且数量有限的规则集合。

当然，即便算法的描述清晰，但如果根据变量的值的不同，有时可以解决问题，有时又无法解决问题的话，也不算是正确的算法。

练习 3-12

请编写一段程序，计算通过键盘输入的三个整数值中的最小值并显示结果。

练习 3-13

请编写一段程序，计算通过键盘输入的三个整数值中的中间值并显示结果。

※ 例如，2、3、1 的中间值是 2，1、2、1 的中间值是 1，3、3、3 的中间值是 3。

程序块

我们来计算一下读入的两个整数值中较小的值和较大的值，程序如代码清单 3-13 所示。

代码清单 3-13　Chap03/MinMax.java

```
// 计算两个整数值中较小的值和较大的值

import java.util.Scanner;

class MinMax {

   public static void main(String[] args) {
      Scanner stdIn = new Scanner(System.in);

      System.out.print("整数a: ");  int a = stdIn.nextInt();
      System.out.print("整数b: ");  int b = stdIn.nextInt();

      int min, max;        // 较小的值/较大的值

      if (a < b) {         // 如果a小于b
         min = a;          // 1
         max = b;
      } else {             // 否则
         min = b;          // 2
         max = a;
      }

      System.out.println("较小的值是" + min + "。");
      System.out.println("较大的值是" + max + "。");
   }
}
```

运行示例 1

```
整数a: 32
整数b: 15
较小的值是15。
较大的值是32。
```

运行示例 2

```
整数a: 5
整数b: 10
较小的值是5。
较大的值是10。
```

对于本程序中的 **if** 语句，如果 *a* 小于 *b*，则执行 1 的部分。

```
{ min = a; max = b; }
```

否则执行 2 的部分。

```
{ min = b; max = a; }
```

这两部分的语句都用大括号“{}”括了起来，像这样用 {} 括起来的并排书写的语句称为**程序块**（block）。

程序块的语法结构图如图 3-16 所示。{} 中的语句个数没有限制，0 个也可以。因此，以下这些全都属于程序块。

```
{ }                                                   { }
{ System.out.print("ABC"); }                          { 语句 }
{ x = 15;  System.out.print("ABC"); }                 { 语句 语句 }
{ x = 15;  y = 30;  System.out.print("ABC"); }        { 语句 语句 语句 }
```

▶ 关于语法结构图的阅读方法，请参见专栏 3-5。

程序块 → { → 语句 → }

图 3-16 程序块的语法结构图

程序块在结构上**可以看作是单一的语句**。因此，本程序中的 **if** 语句也可以解释成下面这样。

```
if (a < b) { min = a; max = b; } else { min = b; max = a; }
if (表达式)         语句          else         语句
```

现在我们来回忆一下 **if** 语句的语法结构，如下所示。

```
if  ( 表达式 ) 语句
if  ( 表达式 ) 语句 else 语句
```

也就是说，**if** 语句控制的语句**只有一个**（**else** 后面也**只有一个**），所以本程序中的 **if** 语句完全符合这样的语法结构。

重要 在需要单一语句的地方，如果一定要使用多个语句，可以把它们组合成程序块来实现。

我们来验证一下，如果删掉 **if** 语句中的两个 {} 会出现什么情况。

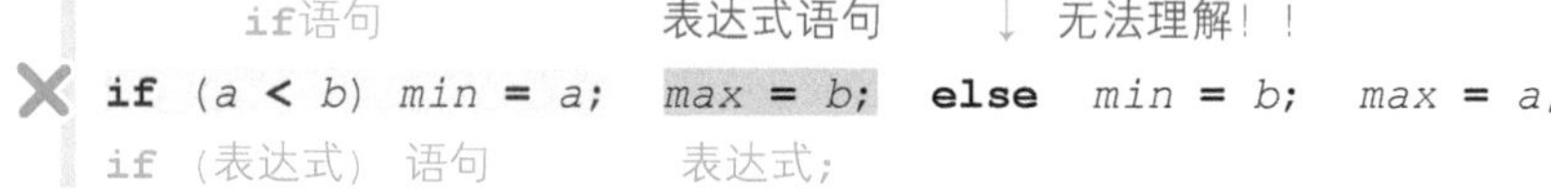

被视为 **if** 语句的是蓝色阴影部分，后面的 *max* = *b*; 则是表达式语句，**else** 不与 **if** 对应。因此，编译时会出现错误。

*

另外，一条语句用 {} 括起来也是程序块，据此，代码清单 3-10 中的 **if** 语句也可以像右边这样来实现。

```
if (a < b) {
    min = a;
} else {
    min = b;
}
```

▶ 这种样式（一条语句时也用 {} 括起来）的优点是，无需随着语句的增加或减少而添加或删除 {}。不过，本书中为了节约程序的提示空间，尽可能采取没有 {} 的样式。

专栏 3-3 程序块和语句

本书中介绍的一些语法结构图省略了语法规则的细节，程序块中的“语句”只限于被称为**程序块语句**（block statement）的语句。程序块语句不仅包含一般的“语句”，还包含“局部变量的声明语句”和“类声明”。

两个值的排序

代码清单 3-14 所示的程序会读入两个整数值并赋给变量 *a*、*b*，然后按升序（从小到大的顺序），即像 *a* ≤ *b* 这样进行**排序**（sort）。

▶ 本程序是对两个值进行**升序排序**。若不按从小到大的顺序，而是按从大到小的顺序进行排序，则称为**降序排序**。

代码清单3-14 Chap03/Sort2.java

```
// 将两个变量按升序（从小到大的顺序）进行排序

import java.util.Scanner;

class Sort2 {

   public static void main(String[] args) {
      Scanner stdIn = new Scanner(System.in);

      System.out.print("变量a：");
      int a = stdIn.nextInt();

      System.out.print("变量b：");
      int b = stdIn.nextInt();

      if (a > b) {     // 如果a大于b
         int t = a;    // 交换它们的值
         a = b;
         b = t;
      }

      System.out.println("排序成a≤b。");
      System.out.println("变量a是" + a + "。");
      System.out.println("变量b是" + b + "。");
   }
}
```

运行示例 1

```
变量a：57
变量b：13
排序成a≤b。
变量a是13。
变量b是57。
```

运行示例 2

```
变量a：0
变量b：1
排序成a≤b。
变量a是0。
变量b是1。
```

排序的步骤如下。

- 当 *a* 的值大于 *b* 时 … 交换 *a* 和 *b* 的值
- 当 *a* 的值小于等于 *b* 时 … 什么都不做（保持原样即可）

阴影部分的程序块交换了 *a* 和 *b* 的值。程序块的第一行中声明了变量 *t*，该变量是交换两个变量的值时所需的中间变量。

像这种在程序块中声明的变量只可以在该程序块中使用。Java 中采用如下基本方针。

重 要 只在程序块中使用的变量可以在该程序块中进行声明。

两个值的交换

程序块中**两个值的交换**步骤如下。

1. 将 *a* 的值保存到 *t* 中。
2. 将 *b* 的值赋给 *a*。
3. 将 *t* 中保存的 *a* 的原始值赋给 *b*。

通过这三个步骤，就完成了 *a* 和 *b* 的值的交换。

变量 *a* 为 57、*b* 为 13 时的交换情形如图 3-17 所示。交换后，*a* 变为 13、*b* 变为 57。

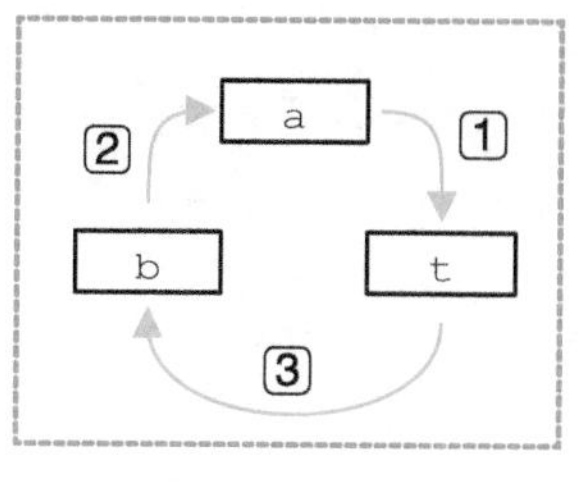

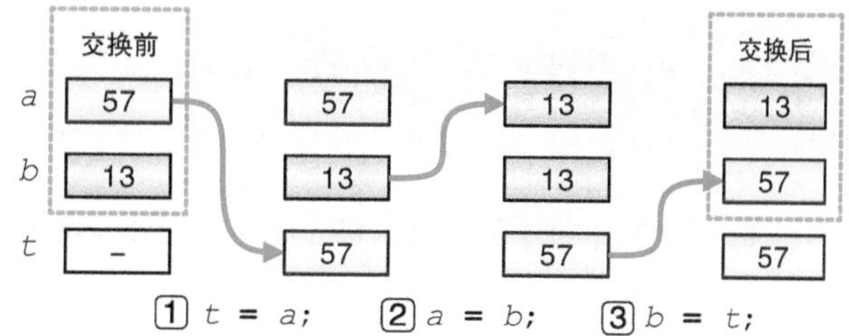

图 3-17　两个值的交换步骤

▶ 不可以像下面这样交换两个值。

a = *b*;

b = *a*;

如果这样操作，变量 *a* 和 *b* 的值就都会变为 *b* 的原始值。

练习 3-14

请编写一段程序，和代码清单 3-13 一样，读入两个整数值，显示其中较小的值和较大的值。不过，如果两个整数值相等，则如图所示，显示"两个值相等。"。

```
整数a：12
整数b：12
两个值相等。
```

练习 3-15

请编写一段程序，对读入的两个整数值按降序（从大到小的顺序）进行排序。

练习 3-16

请编写一段程序，对读入的三个整数值按升序（从小到大的顺序）进行排序。

3-2 switch 语句

if 语句根据某个条件的判断结果，将程序的流程分为两个分支，而本节介绍的 switch 语句则将程序流程分为多个分支。

switch 语句

代码清单 3-15 所示的程序会根据键盘输入的值显示对应的猜拳手势，值为 0 显示 " 石头 "，值为 1 显示 " 剪刀 "，值为 2 显示 " 布 "。

代码清单3-15 Chap03/FingerFlashing1.java

```
// 根据读入的值显示对应的猜拳手势（其1：if语句）

import java.util.Scanner;

class FingerFlashing1 {

   public static void main(String[] args) {
      Scanner stdIn = new Scanner(System.in);

      System.out.print("请选择手势（0…石头/1…剪刀/2…布）：");
      int hand = stdIn.nextInt();

      if (hand == 0)
         System.out.println("石头");
      else if (hand == 1)
         System.out.println("剪刀");
      else if (hand == 2)
         System.out.println("布");
   }
}
```

if 语句

运行示例

```
请选择手势（0…石头/1…剪刀/2…布）：0
石头
```

本程序中的 **if** 语句根据 *hand* 的值进行分支。编写程序时需要多次键入 *hand* 的值（这中间可能会键入错误），而且，阅读程序时需要仔细查看每一个 **if** 语句的控制表达式。

*

switch 语句（switch statement）能让这样的分支更简洁。**switch** 语句正如其名，就像一个“切换开关”，根据某个表达式的值将程序的流程分为多个分支。使用 **switch** 语句改写后的程序如代码清单 3-16 所示。

图 3-18 是 **switch** 语句的语法结构图。另外，用括号括起来的用于判断的控制表达式必须为**整型**。

▶ 具体来说，必须是 **char**、**byte**、**short**、**int**、**Character**、**Byte**、**Short**、**Integer**、枚举类型中的一种。另外，从 Java SE 7 开始，除了整型之外，也可以是字符串类型。

代码清单3-16 Chap03/FingerFlashing2.java

```
// 根据读入的值显示对应的猜拳手势（其2：switch语句）

import java.util.Scanner;

class FingerFlashing2 {

   public static void main(String[] args) {
      Scanner stdIn = new Scanner(System.in);

      System.out.print("请选择手势（0…石头/1…剪刀/2…布）：");
      int hand = stdIn.nextInt();

      switch (hand) {
       case 0: System.out.println("石头"); break;
       case 1: System.out.println("剪刀"); break;
       case 2: System.out.println("布");   break;
      }
   }
}
```

switch 语句

运行示例

```
请选择手势（0…石头/1…剪刀/2…布）：1
剪刀
```

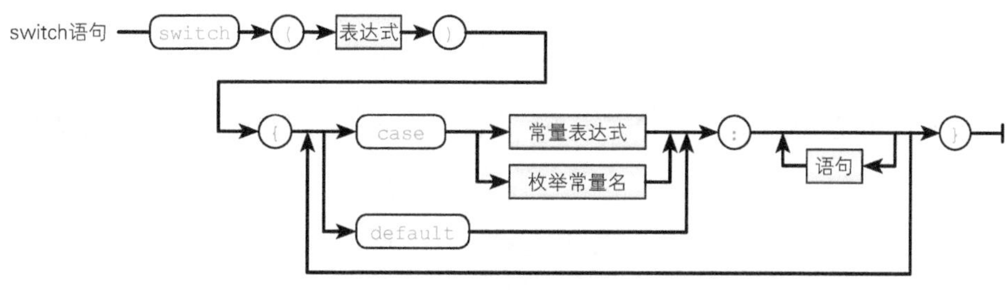

本语法结构图中的“语句”是程序块语句

图 3-18　switch 语句的语法结构图

标签

当程序流程走到 **switch** 语句的地方时，首先会对括号中的控制表达式进行求值，然后根据求值结果决定程序流程要转向 **switch** 语句中的哪个分支。如果控制表达式 *hand* 的值为 1，则程序流程会一下子转向如下所示的标识。

```
case 1:                 // 表示hand为1时的跳转位置的标签
```

像 **case** 1：这样用来表示程序跳转位置的标识称为**标签**（label）。**case** 和 1 之间必须要有空格，而 1 和冒号之间有没有空格都可以。

▶ 不同的标签不可以持有相同的值。而且，标签的值必须是常量，不可以是变量。另外，从 Java SE 7 开始，标签的值也可以使用字符串常量。

程序流程跳转到标签后，会依次执行标签后面的各语句。因此，如果 *hand* 为 1，程序会首先执行如下语句（图 3-19）。

```
System.out.println("剪刀");      // hand为1时执行的语句
```

这样一来，画面上就会显示 " 剪刀 "。

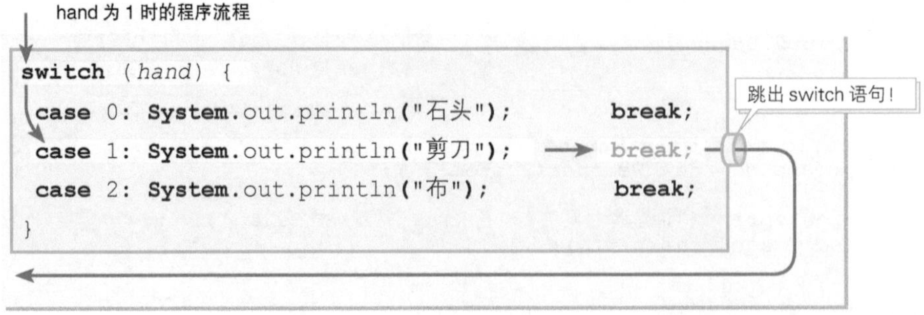

图 3-19　switch 语句中程序的流程和 break 语句的动作

break 语句

当程序执行到如下所示的名为 **break 语句**（break statement）的语句时，**switch** 语句会结束执行。

```
break;                          // break语句：跳出switch语句
```

所谓 break，就是"打破""跳出"的意思。当执行 **break** 语句时，程序流程会跳出包围它的 **switch** 语句。

重要　当执行 **break** 语句时，程序流程会跳出 **switch** 语句。

因此，当 *hand* 的值为 1 时，画面上只会显示 " 剪刀 "，后面用于显示 " 布 " 的语句不会被执行。当然，如果 *hand* 的值为 0，则只显示 " 石头 "，如果值为 2，则只显示 " 布 "。

▶ 通过 **break** 语句跳出后，**switch** 语句后面的语句会被执行。在本程序中，因为 **switch** 语句后面并没有语句，所以程序也就将结束运行。

另外，如果 *hand* 的值是 0，1，2 以外的值，由于没有与其一致的标签，因此 **switch** 语句实际上是被跳过了（什么都不显示）。

break 语句的语法结构图如图 3-20 所示。

▶ **break** 后面有标识符（3-3 节）的程序示例将在 4-5 节进行介绍。

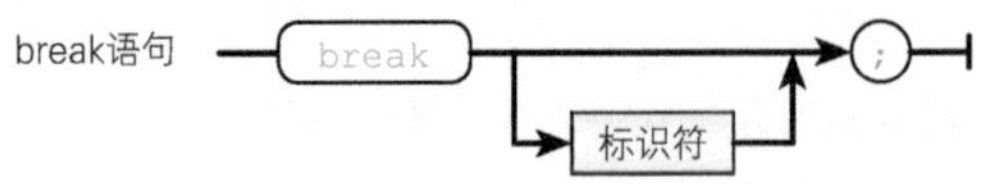

图 3-20　break 语句的语法结构图

▪ 最后的 case 部分中的 break 语句

我们来看一下 **case** 2。显示 " 布 " 的处理后面有一个 **break** 语句。如果把这个 **break** 语句删掉，程序的运行并不会有什么变化（因为不管有没有 **break** 语句，**switch** 都会结束）。那么，这个 **break** 语句的作用是什么呢？

假如猜拳的手势中增加一个值为 3 的"包"，变成 4 种。这时，**switch** 语句则变成了下面这样。

```
switch (hand) {
 case 0: System.out.println("石头");    break;
 case 1: System.out.println("剪刀");    break;
 case 2: System.out.println("布");      break;
 case 3: System.out.println("包");      break;
}
```

黑色阴影部分是新增加的代码。毫无疑问，现在的 **switch** 语句中，蓝色阴影部分的 **break** 语句就不能省略了。

如果修改之前的程序中没有蓝色阴影部分的 **break** 语句，那么有可能会出现如下错误。

> 在添加标签时忘记添加所需的 **break** 语句。

由此可以知道，最后的 **break** 是为了在添加标签时更准确、更方便地修改程序。

> **重 要** 最后一个 case 部分的结尾也要加上 **break** 语句。

*

我们来进一步理解一下 **switch** 语句中的标签和 **break** 语句的作用，程序示例如代码清单 3-17 所示。我们先来运行一下程序。

▶ 如运行示例所示，我们可以输入各种值。

代码清单 3-17　　Chap03/SwitchBreak.java

```
// 进一步理解switch语句和break语句的作用

import java.util.Scanner;

class SwitchBreak {

   public static void main(String[] args) {
      Scanner stdIn = new Scanner(System.in);

      System.out.print("整数: ");
      int n = stdIn.nextInt();

      switch (n) {
       case 0 : System.out.print("A");
                System.out.print("B");
                break;
       case 2 : System.out.print("C");
       case 5 : System.out.print("D");
                break;
       case 6 :
       case 7 : System.out.print("E");
                break;
       default: System.out.print("F");
                break;
      }
      System.out.println();
   }
}
```

运行示例 1
```
整数: 0
AB
```

运行示例 2
```
整数: 2
CD
```

运行示例 3
```
整数: 5
D
```

运行示例 4
```
整数: 6
E
```

运行示例 5
```
整数: 7
E
```

运行示例 6
```
整数: 8
F
```

default 标签

这次的 **switch** 语句中有如下标签，而在之前的程序中则没有。

```
default:        // 表示与任何一个标签都不一致时的跳转位置的标签
```

当用于分支的控制表达式的值与任何一个 **case** 后的值都不一致时，程序流程就会跳转到 **default** 标签。

因此，本程序的 **switch** 语句的处理流程如图 3-21 所示。

从图中可以看出，在没有 **break** 语句的地方，程序流程会“掉落”至下一条语句。

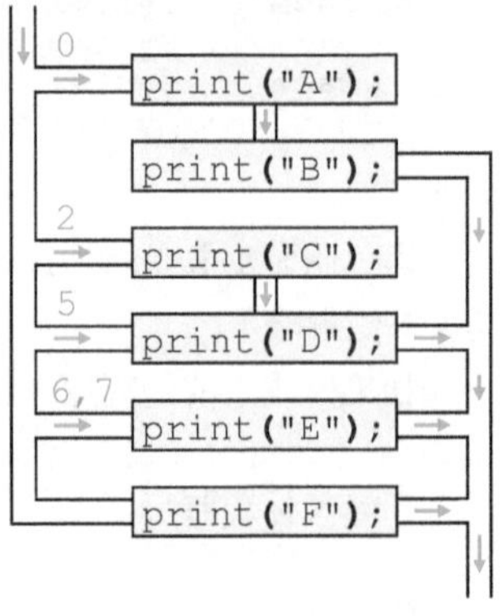

图 3-21　switch 语句的流程

*

如果改变本程序的 **switch** 语句中的标签顺序，运行结果将发生变化。

使用 **switch** 语句时，我们需要考虑标签的顺序。

选择语句

if 语句和 **switch** 语句的共同点是对程序流程进行分支，这两种语句统称为**选择语句**（selection statement）。

对于使用 **if** 语句和 **switch** 语句都可以实现的分支，建议使用 **switch** 语句，程序一般更容易阅读。我们结合图 3-22 所示的两段代码（程序的一部分）来思考这一点。

```
if (p == 1)
    c = 10;
else if (p == 2)
    c = 20;
else if (p == 3)
    c = 50;
else if (q == 4)
    c = 80;
```

```
// 对左侧if语句进行改写后的switch语句

switch (p) {
 case 1  : c = 10;  break;
 case 2  : c = 20;  break;
 case 3  : c = 50;  break;
 default : if (q == 4) c = 80; break;
}
```

图 3-22　实现同样功能的 if 语句和 switch 语句

我们先来仔细阅读一下 **if** 语句。前三个 **if** 用于判断 *p* 的值，最后一个 **if** 用于判断 *q* 的值。当 *p* 不是 1、2、3 中任何一个，并且 *q* 为 4 时，80 会赋给变量 *c*。

在连续的 **if** 语句中，实现分支操作的比较对象**并不限于单一的表达式**。可能有人会把最后一个判断看成 **if** (*p* == 4) 或者书写的时候写成 **if** (*p* == 4)。

从这一点来看，**switch** 语句的格式更加清晰，阅读程序的人很少会遇到上述问题。

> **重要**　通过单一表达式的值来控制程序流程分支时，通常，使用 **switch** 语句的效果要比使用 **if** 语句更好。

练习 3-17

请编写一段程序，生成 0、1、2 中的任意一个随机数，如果为 0，则显示 " 石头 "，如果为 1，则显示 " 剪刀 "，如果为 2，则显示 " 布 "。

练习 3-18

请编写一段程序，读入表示月份的整数值 1~12，并显示该月份所对应的季节。

3-3 关键字、标识符、运算符

本章中，我们介绍了表达式语句、if 语句、switch 语句，同时还介绍了众多运算符。本节我们来介绍一下包含运算符在内的程序构成元素。

关键字

if 或 **else** 等词都具有特殊的意义，这样的词称为**关键字**（keyword），编程人员不可以将其作为变量等的名称。Java 的关键字有 50 个，如表 3-6 所示。

表 3-6 关键字一览表

abstract	assert	boolean	break	byte	case
catch	char	class	const	continue	default
do	double	else	enum	extends	final
finally	float	for	goto	if	implements
import	instanceof	int	interface	long	native
new	package	private	protected	public	return
short	static	strictfp	super	switch	synchronized
this	throw	throws	transient	try	void
volatile	while				

▶ const 和 goto 是预留的关键字，实际上并不可以使用。

虽然 **true**、**false**、**null** 并不是正规的关键字，但也遵循关键字的规则。

分隔符

关键字就像一种“单词”，用来分隔这些单词的符号就是**分隔符**（separator）。分隔符有 9 个，如表 3-7 所示。

表 3-7 分隔符一览表

[	]	(	)	{	}	,	:	.

▶ 分隔符也称为“分离符”。

标识符

所谓**标识符**（identifier）就是赋给变量、标签（第 4 章）、方法（第 7 章）、类（第 8 章）等的名称。虽然这些名称可以随便起，但必须遵守如下规则。

- **标识符的第 1 个字符必须是如下所示的字符之一**

▫ 所谓的字符（包含 $ 和 _）

- **标识符的第 2 个及其之后的字符必须是如下所示的字符之一**

▫ 所谓的字符（包含 $ 和 _）
▫ 数字

请记住从第 2 个字符开始才可以使用数字。此外，关键字及 **true**、**false**、**null** 都不可以用作标识符。

▶ $ 是 java 编译器在创建字节码时内部用到的字符，建议不要在源程序中使用。

Java 中使用的是 Unicode 字符编码体系，“所谓的字符”并不仅仅是字母，还包含汉字等。

▶ 关于 Unicode 将在第 15 章进行介绍。

*

合法的标识符示例和非法的标识符示例如下所示。

▪ 合法的标识符示例

```
v       v1      va      $x      $1      _1
壹      整数    If      iF      X天     X1000
```

▪ 非法的标识符示例

```
1       12      9801    1$      \1      !!
if      #911    -x      {x}     #if     0-1-2
```

▶ 变量名等标识符也可以使用汉字或拼音。不过，由于使用其他语言的人无法理解，因此不建议使用汉字或拼音。

常量

整数常量、浮点型常量、字符串常量等也是构成程序的一种元素。

▶ 整数常量和浮点型常量的语法将在第 5 章进行介绍。

运算符

本章中介绍了很多**运算符**（operator）。Java 中可以使用的所有运算符如表 3-8 所示。

表 3-8 所有运算符一览表

优先级	运算符	格式	名称	结合性
1	[ ]	x[y]	索引运算符	左
	( )	$x(arg_{opt})$	方法调用运算符	
	.	x.y	成员访问运算符	
	++	x++	后置递增运算符	
	--	x--	后置递减运算符	
2	++	++x	前置递增运算符	右
	--	--x	前置递减运算符	
	+	+x	一元 + 运算符	
	-	-x	一元 - 运算符	
	!	!x	逻辑非运算符	
	~	~x	按位取反运算符	
3	**new**	**new**	**new** 运算符	左
	( )	( )	造型运算符	
4	*	x * y	乘除运算符	左
	/	x / y		
	%	x % y		
5	+	x + y	加减运算符	左
	-	x - y		
6	<<	x << y	移位运算符	左
	>>	x >> y		
	>>>	x >>> y		
7	<	x < y	关系运算符	左
	>	x > y		
	<=	x <= y		
	>=	x >= y		
	instanceof	x **instanceof** y	**instanceof** 运算符	左
8	==	x == y	相等运算符	左
	!=	x != y		
9	&	x & y	按位与运算符	左
10	^	x ^ y	按位异或运算符	左
11	|	x | y	按位或运算符	左
12	&&	x && y	逻辑与运算符	左

（续）

优先级	运算符	格式	名称	结合性
13	`||`	*x* `||` *y*	逻辑或运算符	左
14	`? :`	*x* `?` *y* `:` *z*	条件运算符	左
15	`=`	*x* `=` *y*	简单赋值运算符	右
	`*=`	*x* `*=` *y*	复合赋值运算符	
	`/=`	*x* `/=` *y*		
	`%=`	*x* `%=` *y*		
	`+=`	*x* `+=` *y*		
	`-=`	*x* `-=` *y*		
	`<<=`	*x* `<<=` *y*		
	`>>=`	*x* `>>=` *y*		
	`>>>=`	*x* `>>>=` *y*		
	`&=`	*x* `&=` *y*		
	`^=`	*x* `^=` *y*		
	`|=`	*x* `|=` *y*		

优先级

运算符一览表中前面部分记述的是**优先级**（precedence）高的运算符。例如，执行乘除运算的 `*` 和 `/` 比执行加减运算的 `+` 和 `-` 的优先级高，这与我们日常生活中使用的计算规则相同。因此，*a* `+` *b* `*` *c* 并不会解释为 `(`*a* `+` *b*`)` `*` *c*，而会解释为 *a* `+` `(`*b* `*` *c*`)`。尽管 `+` 在前面（左边），但后面（右边）的 `*` 运算会优先执行。

如果拼接字符串时使用的运算符比 `+` 运算符的优先级低，则需要使用括号，举例如下。

```
// 因为*比+的优先级高，所以不需要括号
System.out.print(a * b + "\n");

// 因为?:比+的优先级低，所以需要括号
System.out.print((a > b ? a : b) + "\n");
```

▶ 即使表达式中使用了优先级比 `+` 高的运算符，使用括号括起来也更容易阅读。因此，还是尽可能使用括号括起来。

结合性

结合性（associativity）用来表示当优先级相同的运算符连续出现时，左右运算哪个先执行。即，如果二元运算符用○来表示，那么当表达式 *a* ○ *b* ○ *c* 被如下解释时，则为左结合运算符。

(*a* ○ *b*) ○ *c*	左结合

当表达式 *a* ○ *b* ○ *c* 被如下解释时，则为右结合运算符。

```
a ○ (b ○ c)                              右结合
```

例如，执行减法运算的二元 - 运算符就是左结合。

```
5 - 3 - 1  →  (5 - 3) - 1        // 二元 - 运算符是左结合
```

如果是右结合，则解释为 `5 - (3 - 1)`，运算结果也将大不同。

赋值表达式的求值

原则上，表达式都可以进行求值，因此，赋值表达式也可以求值。请务必记住如下内容。

重要 对赋值表达式进行求值，可以得到赋值后的左操作数的类型和值。

例如，如果变量 *x* 是 **int** 型，赋值表达式 *x* **=** 2 的求值结果就是赋值后的左操作数 *x* 的类型和值，即“**int** 型的 2”。

这里假设变量 *a* 和 *b* 都是 **int** 型，我们来思考一下下面这个表达式（图 3-23）。

```
a = b = 1  →   a = (b = 1)              // 赋值运算符 = 是右结合
```

首先，根据赋值表达式 *b* **=** 1，将 1 赋给 *b*（图 3-23 ①）。然后，将赋值表达式 *b* = 1 的值（赋值后的 *b* 值）“**int** 型的 1”赋给 *a*（图 3-23 ②）。

最终，*a* 和 *b* 都被赋值为 1。

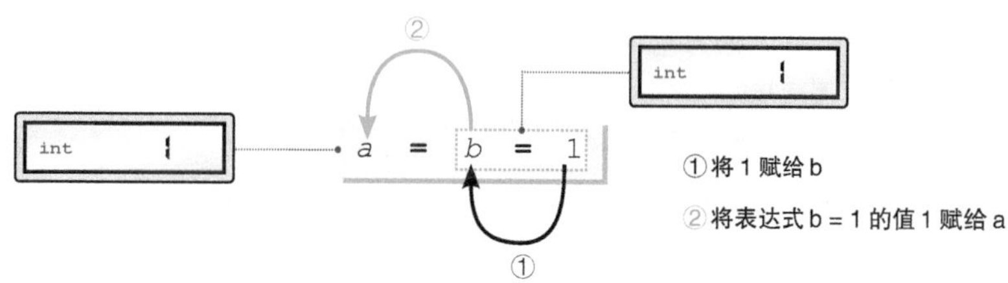

图 3-23 赋值表达式的求值

专栏 3-4 赋值和初始化

前面介绍过，可以通过赋值表达式 `a = b = 1`，将 1 赋给变量 a 和 b，但这并不可以用在初始化声明中。因此，如果想通过下面的声明将 a 和 b 这两个变量初始化为 0，就会发生编译错误。

```
int a = b = 0;    // 错误
```

我们可以使用逗号分隔，对每个变量分别赋予初始值，像下面这样进行声明。

```
int a = 0, b = 0;
```

或者像下面这样分成两行进行声明。

```
int a = 0;
int b = 0;
```

专栏 3-5 语法结构图的阅读方法

为了熟悉语法结构图，我们来理解一下图 3C-1 所示的 4 个具体示例。

Ⓐ 有从开头一直到末尾结束的线路，和从分支点向下，经过“语句”的线路。
表示“0 条语句或 1 条语句”。

Ⓑ 与Ⓐ一样，有一条从开头一直到末尾结束的线路。此外，可以从分支点向下，经过“语句”返回到开头。返回之后，可以一直到末尾结束，也可以再次从分支点通过“语句”返回开头。
表示“0 条语句以上、任意条数的语句”。

Ⓒ 与Ⓐ相同。
表示“0 条语句或 1 条语句”。

Ⓓ 从开头到末尾之间存在“语句”。此外，从分支点向下可以返回到开头。返回之后，可以再次通过“语句”到末尾结束，也可以再次从分支点返回到开头。
表示“1 条语句以上、任意条数的语句”。

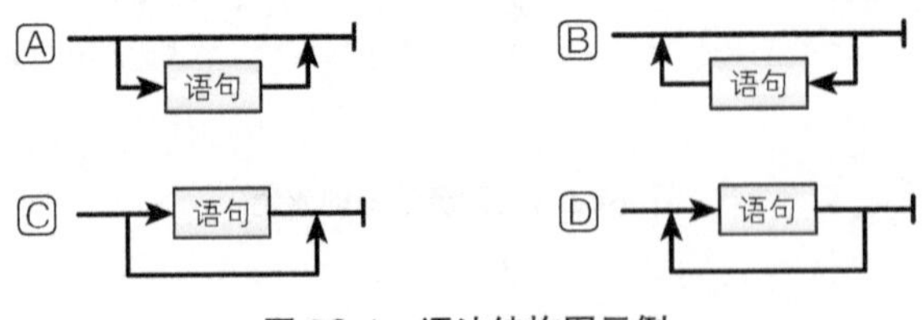

图 3C-1 语法结构图示例

小结

- 所谓**表达式**，就是“变量”“常量”“通过运算符将变量和常量连接起来的式子”。
- 表达式包含**类型**和**值**，它们在程序运行时通过**求值**获得。
- 给**表达式**加上分号的语句是**表达式语句**。只有分号的语句是**空语句**。
- 用大括号“{}”将任意数量的语句括起来的语句是**程序块**。原则上，只在程序块中使用的变量在程序块中进行声明。
- 如果仅当某个条件成立时才执行某条语句，可以使用 if-then 语句来实现。如果要根据条件的真假而执行不同的处理，可以使用 if-then-else 来实现。两者统称为 **if 语句**。
- 如果通过某个单一表达式的值将程序流程进行分支，最好使用 **switch 语句**。分支跳转的位置是**标签**。如果没有与控制表达式的值相等的标签，则跳转到 **default 标签**。
- 当 `switch` 语句中的 **break 语句**被执行时，`switch` 语句的执行将会终止。
- 各运算符的**优先级**和**结合性**是不同的。
- **优先级**高的运算符比优先级低的运算符先执行。当优先级相同的运算符连续出现时，根据**结合性**，执行左运算或右运算。
- **关系运算符**、**相等运算符**、**逻辑非运算符**可以生成**布尔型**的 `true`（真）或者 `false`（假）。
- 使用**逻辑与运算符**和**逻辑或运算符**的运算中会执行**短路求值**。所谓短路求值，就是当表达式整体的值通过左操作数的值就可以确定时，将不再对右操作数进行求值。
- 当对赋值表达式进行求值时，可以得到赋值后的左操作数的类型和值。
- `if` 或 `else` 等词都具有特殊的含义，称为**关键字**。
- 赋给变量和方法等的名称称为**标识符**。
- 所谓**算法**，就是“解决问题的方案，是一系列定义明确、有序并且数量有限的规则集合”。

● if 语句（if-then 语句）

```
if （表达式）
    语句
```

如果表达式的值为 true，则执行语句

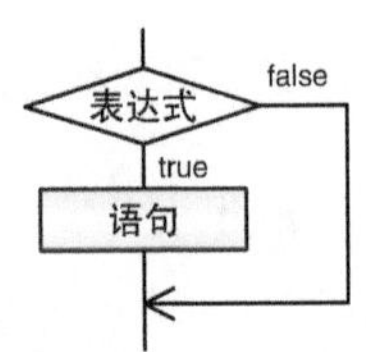

● if 语句（if-then-else 语句）

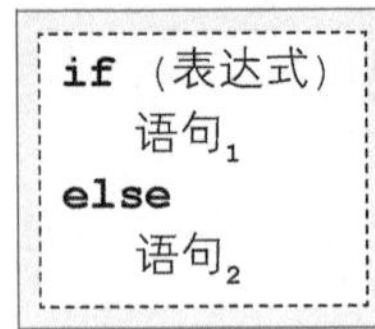

如果表达式的值为 true，则执行语句$_1$，如果为 false，则执行语句$_2$

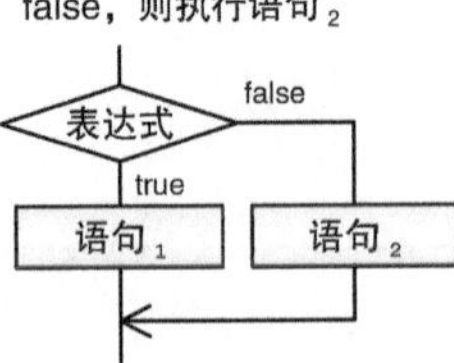

● switch 语句

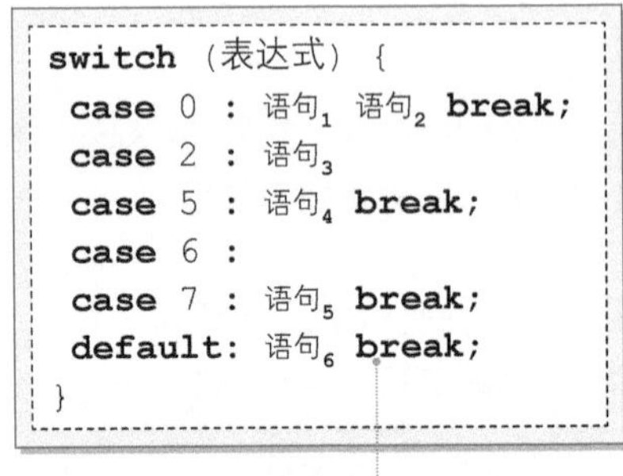

● break 语句

当执行该语句时，switch 语句将结束运行

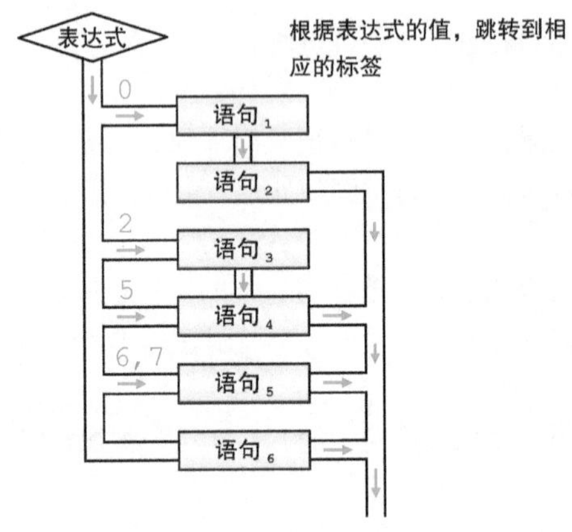

根据表达式的值，跳转到相应的标签

● 程序块

```
{ 语句 语句 … }
```

用 { } 括起来的任意条数的语句

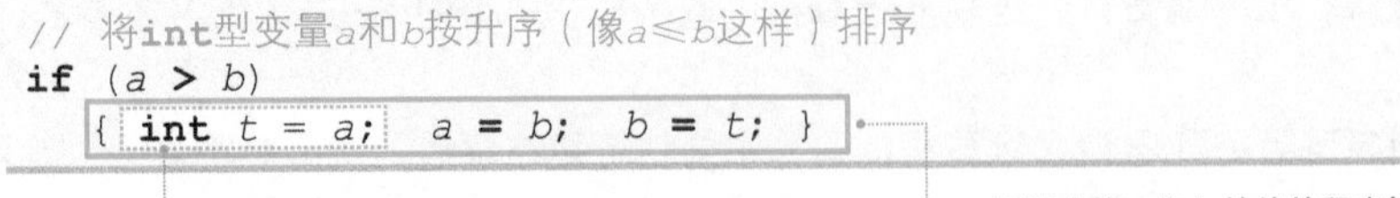

// 将int型变量a和b按升序（像a≤b这样）排序
if (a > b)
{ int t = a; a = b; b = t; }

只在程序块中使用的变量在程序块中声明

用于交换 a 和 b 的值的程序块

表达式中包含类型和值。
它们通过“求值”获得

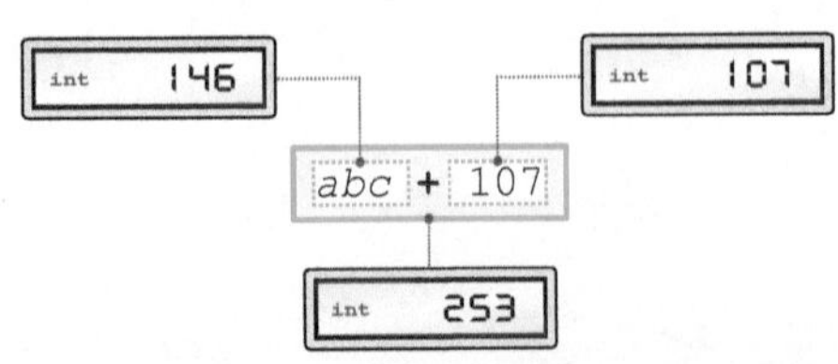

关系运算符	x < y	x > y
	x <= y	x >= y
相等运算符	x == y	x != y
逻辑非运算符	!x	
逻辑运算符	x && y	x || y
条件运算符	x ? y : z	

第 4 章

程序流程之循环

本章将介绍程序流程的循环方法。

- do 语句
- while 语句
- for 语句
- break 语句和 continue 语句
- 带标签的语句
- 表达式的求值顺序
- 字符常量
- 流程图
- 多重循环
- 递增运算符、递减运算符
- 复合赋值运算符

4-1 do 语句

程序中的处理并不是只执行一次，而是可以循环执行很多次。本节将介绍实现循环执行的 do 语句。

do 语句

在上一章介绍的显示输入月份所处的季节的程序（代码清单 3-9）中，输入和显示只可执行一次。我们来扩展一下这个程序，使其可以按照我们的意愿重复输入并显示很多次，程序如代码清单 4-1 所示。

代码清单 4-1　　Chap04/Season.java

```
// 显示输入的月份所处的季节

import java.util.Scanner;

class Season {

   public static void main(String[] args) {
      Scanner stdIn = new Scanner(System.in);

      int retry;        // 要重复一次吗?

      do {
         System.out.print("计算季节。\n请输入月份：");
         int month = stdIn.nextInt();

         if (month >= 3 && month <= 5)                      // 3月·4月·5月
            System.out.println("这是春天。");
         else if (month >= 6 && month <= 8)                 // 6月·7月·8月
            System.out.println("这是夏天。");
         else if (month >= 9 && month <= 11)                // 9月·10月·11月
            System.out.println("这是秋天。");
         else if (month == 12 || month == 1 || month == 2)// 12月·1月·2月
            System.out.println("这是冬天。");

         System.out.print("要重复一次吗？  1…Yes / 0…No：");
         retry = stdIn.nextInt();
      } while (retry == 1);
   }
}
```

do 语句

do 语句中循环执行的循环体

运行示例

```
计算季节。
请输入月份：10
这是秋天。
要重复一次吗？  1…Yes / 0…No：1
计算季节。
请输入月份：6
这是夏天。
要重复一次吗？  1…Yes / 0…No：0
```

main 方法中的大部分（黑色阴影部分）代码都被 **do** 和 **while** 括起来了。用 **do** 和 **while** 括起来的语句称为 do **语句**（do statement），其语法结构如图 4-1 所示。

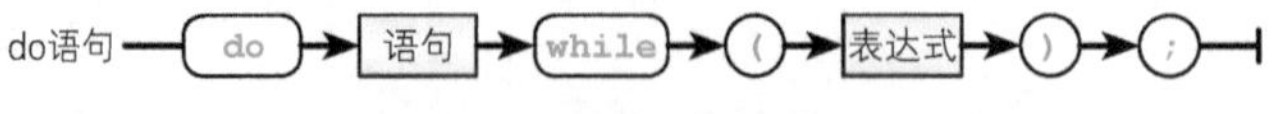

图 4-1　do 语句的语法结构图

如图 4-2 所示，**do** 是“执行”的意思，**while** 则是“在……的期间”的意思。只要括号中表达式（控制表达式）的值为 **true**，**do** 语句就会重复执行**语句**。因此，本程序中 **do** 语句的流程就如图中所示的那样。

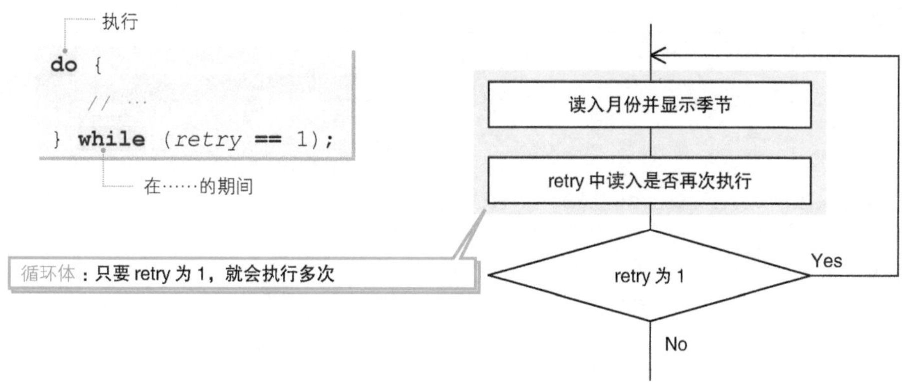

图 4-2　代码清单 4-1 中 do 语句的流程图

由于“重复”称为**循环**（loop），因此本书中将作为循环对象的 do 语句称为**循环体**（loop body）。

▶ 随后介绍的 while 语句和 for 语句作为循环对象，也被称为循环体。

本程序中 do 语句的循环体是蓝色阴影部分的程序块。该程序块的内容和代码清单 3-9 基本相同，用于读入月份并显示季节。

*

我们来看一下用于判断 do 语句是否继续循环的控制表达式。

```
retry == 1                // retry为1吗?
```

如果变量 *retry* 中读入的数值为 1，则该控制表达式的值为 **true**。因此，循环体程序块会再次执行。

▶ 当判断为 true 时，程序流程就会返回程序块的开头重新执行。

当变量 *retry* 中读入 1 以外的数值时，控制表达式的值为 **false**，do 语句将结束执行。

练习 4-1

请编写一段程序，对代码清单 3-5 的程序（判断读入的整数值的符号）进行修改，使其可以按照我们的意愿任意循环输入整数值并显示整数值的符号。

读入指定范围内的值

上一章中介绍的代码清单 3-16 的程序会根据输入的值 0、1、2，显示对应的猜拳手势“石头”“剪刀”“布”。当运行该程序时，如果输入 0、1、2 以外的值，程序**什么都不会显示**。

通过使用 do 语句，就可以限制为只接受 0、1、2 作为读入的值。改写后的程序如代码清单 4-2 所示。

代码清单 4-2 Chap04/FingerFlashing.java

```
// 根据读入的值显示对应的猜拳手势（只接受0、1、2）

import java.util.Scanner;

class FingerFlashing {

   public static void main(String[] args) {
      Scanner stdIn = new Scanner(System.in);

      int hand;

      do {
         System.out.print("请选择手势（0…石头/1…剪刀/2…布）：");
         hand = stdIn.nextInt();
      } while (hand < 0 || hand > 2);
      ──────────────────── do 语句结束时 hand 为 0、1、2 中的一个值
      switch (hand) {
       case 0: System.out.println("石头"); break;
       case 1: System.out.println("剪刀"); break;
       case 2: System.out.println("布");   break;
      }
   }
}
```

运行示例

```
请选择手势（0…石头/1…剪刀/2…布）：3
请选择手势（0…石头/1…剪刀/2…布）：-1
请选择手势（0…石头/1…剪刀/2…布）：1
剪刀
```

我们先来运行一下程序。当表示手势的值中输入 3 或 -1 等“**不正确的值**”时，程序会提示再次输入。

*

本程序中 do 语句的控制表达式如下所示。

```
hand < 0 || hand > 2        // hand是否在0~2的范围之外?
```

如果变量 *hand* 的值是不正确的值（小于 0 **或者**大于 2 的值），则该表达式的值为 **true**。

因此，如果 *hand* 是 0、1、2 以外的值，循环体程序块就会循环执行，程序会再次显示如下内容，提示输入相应的值。

```
请选择手势（0…石头/1…剪刀/2…布）：
```

do 语句的程序流程图如图 4-3 所示。

do 语句结束时，*hand* 的值一定是 0、1、2 中的一个。

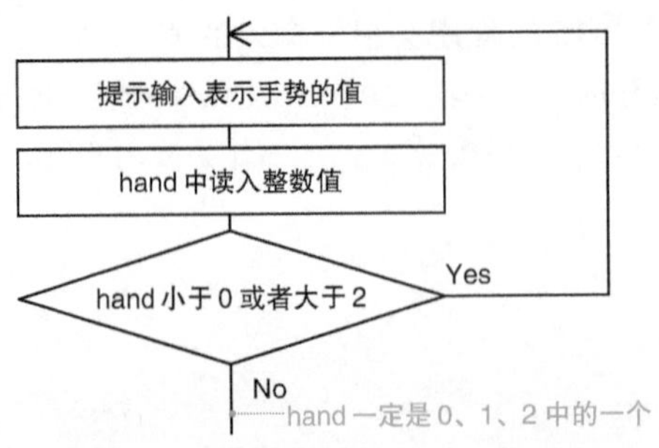

图 4-3 代码清单 4-2 中 do 语句的流程图

*

switch 语句会根据变量 *hand* 的值显示对应的猜拳手势，这部分与代码清单 3-16 相同。

专栏 4-1 德·摩根定律和循环

代码清单 4-2 中 **do** 语句的控制表达式如下所示。

```
1 hand < 0 || hand > 2        // 继续条件
```

如果该表达式用逻辑非运算符 **!** 进行改写，则如下所示。

```
2 !(hand >= 0 && hand <= 2) // 结束条件的取反
```

不管哪一种情况，对于 **do** 语句，只要 *hand* 的值不正确（正确的值为大于等于 0 且小于等于 2），程序就会循环执行。

对“对各个条件取反，并交换逻辑与和逻辑或的表达式”取反后与原先的条件相同，这称为**德·摩根定律**。该定律的通用表示形式如下。

- *x* **&&** *y* 和 **!(!***x* **||** **!***y*) 相等
- *x* **||** *y* 和 **!(!***x* **&&** **!***y*) 相等

表达式 1 是表示循环继续的“**继续条件**”，表达式 2 则是循环结束的“**结束条件**”**的取反**，即如图 4C-1 所示。

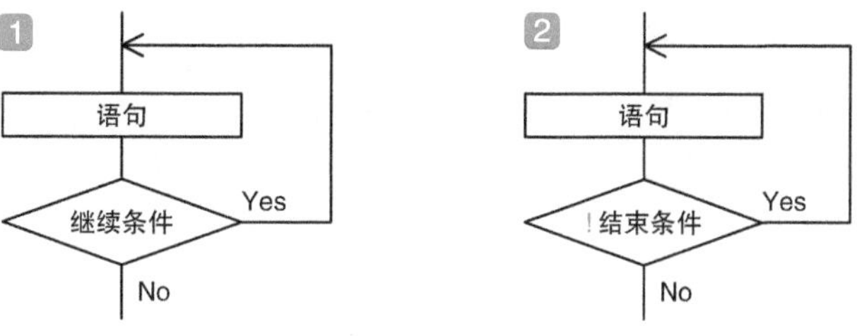

图 4C-1　do 语句的循环

猜数字游戏

让我们应用前面所学的随机数（第 2 章）、**if** 语句（第 3 章）、**do** 语句，来编写一个**猜数字游戏**，程序如代码清单 4-3 所示。

变量 *no* 是“目标数字”，该值为 0 到 99 之间的随机数。

代码清单4-3 Chap04/Kazuate.java

```
// 猜数字游戏（目标数字范围为0~99）

import java.util.Random;
import java.util.Scanner;

class Kazuate {

   public static void main(String[] args) {
      Random rand = new Random();
      Scanner stdIn = new Scanner(System.in);

      int no = rand.nextInt(100);  // 目标数字：生成一个0~99的随机数

      System.out.println("猜数字游戏开始！！");
      System.out.println("请猜一个0~99的数字。");

      int x;                       // 玩家输入的数字
      do {
         System.out.print("是多少呢：");      ―1
         x = stdIn.nextInt();

         if (x > no)
            System.out.println("比这个数字小哟。");   ―2
         else if (x < no)
            System.out.println("比这个数字大哟。");
      } while (x != no);   ―如果未猜中，则循环

      System.out.println("回答正确。");
   }
}
```

运行示例

```
猜数字游戏开始！！
请猜一个0~99的数字。
是多少呢：50↵
比这个数字大哟。
是多少呢：75↵
比这个数字小哟。
是多少呢：62↵
回答正确。
```

我们对照着图 4-4 所示的流程图和程序来理解一下。

1 "是多少呢："提示输入数值，变量 x 用于读入数值。

2 如果读入的 x 的值大于 no，则显示"比这个数字小哟。"。如果 x 的值小于 no，则显示"比这个数字大哟。"。

▶ 此时，如果 x 和 no 的值相等，则什么都不显示。

然后判断是否循环执行 do 语句，用于判断的控制表达式如下。

```
x != no        // 读入的x与目标数字no不相等吗？
```

因此，当读入的 x 的值与目标数字 no **不相等时**，程序就会循环执行 **do** 语句。

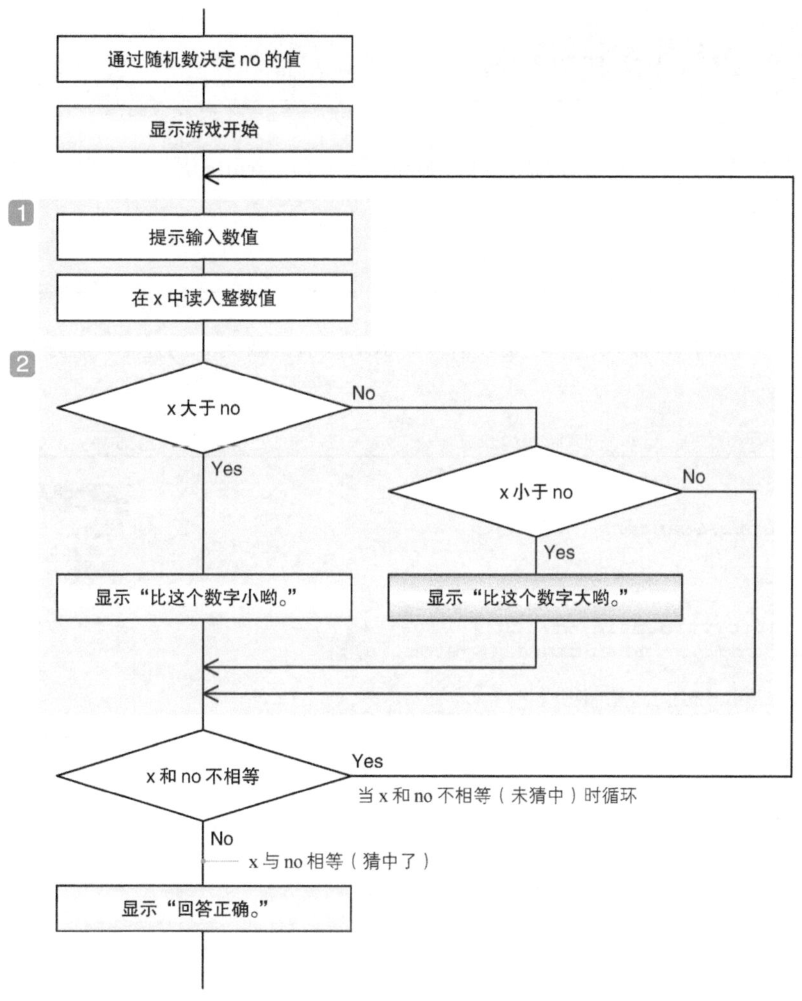

图 4-4　代码清单 4-3 的流程图

如果猜中数字（读入的 *x* 与目标数字 *no* 相等），**do** 语句就会结束，程序显示“回答正确。”，并结束运行。

练习 4-2

请编写一个“猜数字游戏”，目标数字为 2 位的整数值（10~99）。

练习 4-3

请编写一段程序，如图所示，读入两个整数值，将位于这两个数值之间的所有整数（包括这两个数值）按从小到大的顺序显示出来。

```
整数A：37
整数B：28
28 29 30 31 32 33 34 35 36 37
```

4-2 while 语句

当某个条件成立时，并非只有 do 语句可以循环执行处理，while 语句也可以实现循环处理。本节将介绍 while 语句。

while 语句

我们来创建一个程序，读入一个正整数值，显示从该值倒数到 0 的过程，程序如代码清单 4-4 所示。

代码清单 4-4　　Chap04/CountDown1.java

```
// 从某一正整数值倒数到0（其1）

import java.util.Scanner;

class CountDown1 {

   public static void main(String[] args) {
      Scanner stdIn = new Scanner(System.in);

      System.out.println("倒数。");
      int x;
      do {
         System.out.print("正整数值：");
         x = stdIn.nextInt();
      } while (x <= 0);

      while (x >= 0) {
         System.out.println(x);       // 显示x的值
         x--;                         // x的值递减（值减少1）
      }
   }
}
```

1：do 语句结束时 x 一定是正值

2：while 语句

运行示例

```
倒数。
正整数值：-10↵
正整数值：5↵
5
4
3
2
1
0
```

我们先来看一下 1 的 do 语句。只要 x 中读入的值小于等于 0，do 语句就会循环执行，因此，当 do 语句结束时，x 一定是正值。

*

2 的部分会显示从变量 x 中读入的值倒数到 0 的过程。此处并不是 do 语句，而是 while 语句（while statement），它的语法结构如图 4-5 所示。

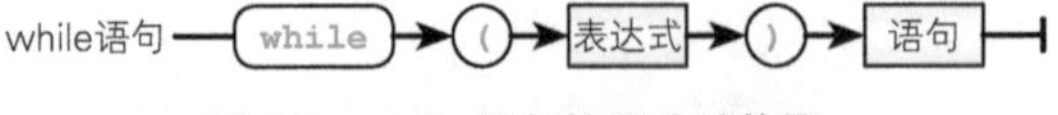

图 4-5　while 语句的语法结构图

while 语句会在表达式（控制表达式）的值为 true 时循环执行语句。因此，本程序中 while 语句的流程如图 4-6 所示。

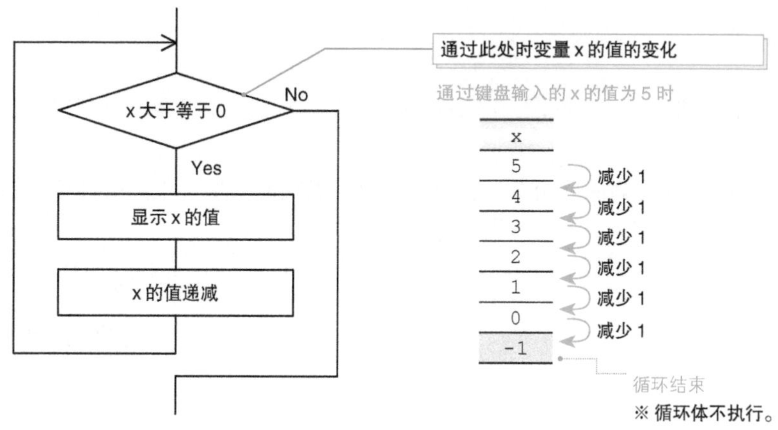

图 4-6　代码清单 4-4 中 while 语句的流程图

递增运算符和递减运算符

倒数操作中使用了使变量的值减 1 的运算符 `--`。

后置递增运算符和后置递减运算符

递减运算符 `--` 是一元运算符，能够使操作数的值递减（值只减少 1）。

例如，如果 *x* 的值为 `5`，通过 *x*`--` 的操作，*x* 的值会更新为 `4`。

因此，**`while`** 语句会在 *x* 大于等于 `0` 时循环执行如下所示的循环体。

- 显示 *x* 的值
- *x* 的值递减

这样一来，*x* 的值倒数到 0 的过程就显示了出来。

由图 4-6 可知，当 *x* 的值显示为 `0` 时，减 1 后变为 `-1`，这时 **`while`** 语句就结束了。因此，虽然画面上显示的最后一个数值是 `0`，但 **`while`** 语句结束时 *x* 的值并不是 `0`，而是 `-1`。

▶ decrement（递减）本意是“减少”，并没有“减少 1”的意思，后者是计算机领域特有的用法。

练习 4-4

请编写一段程序，确认在代码清单 4-4 中的 **`while`** 语句结束时 *x* 的值会变为 `-1`。

*

与 `--` 运算符相反，**`++`** 运算符能够使操作数的值递增（只增加 1），二者的概要如表 4-1 所示。

表 4-1　后置递增运算符和后置递减运算符

x++	*x* 的值递增（增加 1），结果是递增前的值
x--	*x* 的值递减（减少 1），结果是递减前的值

如表 4-1 所示，表达式 *x*`++` 的结果是递增**前**的值。当 *x* 的值为 `5` 时，我们来思考一下下面这个赋值的结果。

```
y = x++;        // 赋给y的是递增前的x的值
```

如图 4-7 a 所示，表达式 x++ 的求值结果是递增**前**的值。因此，赋给 y 的值为 5（赋值结束后 x 的值变为 6）。

关于求值和操作数的值更新的时间点，递减运算符也是如此。表达式 x-- 的值是递减**前**的值。

利用这一点，上一个程序可以简化为代码清单 4-5 这样。

代码清单 4-5　　Chap04/CountDown2.java

```
// 从某一正整数值倒数到0（其2）

import java.util.Scanner;

class CountDown2 {

   public static void main(String[] args) {
      Scanner stdIn = new Scanner(System.in);

      System.out.println("倒数。");
      int x;
      do {
         System.out.print("正整数值：");
         x = stdIn.nextInt();
      } while (x <= 0);

      while (x >= 0)
         System.out.println(x--);  // 显示x的值并递减
   }
}
```

与代码清单 4-4 中的 while 语句等价

运行示例

```
倒数。
正整数值：-10
正整数值：5
5
4
3
2
1
0
```

例如，当 x 的值为 5 时，下面这条语句会显示 5（因为表达式 x-- 的结果是递减**前**的值）。因此，显示 5 之后，x 的值递减为 4。

```
System.out.println(x--);      // 显示x的值并递减
```

后置递增运算符（postfix increment operator）和**后置递减运算符**（postfix decrement operator）的**后置**这个名称源于运算符位于操作数的后面（右边）。

前置递增运算符和前置递减运算符

运算符 ++ 和 -- 还有**前置**版本，即运算符位于操作数的前面（左边）的**前置递增运算符**（prefix increment operator）和**前置递减运算符**（prefix decrement operator）。其概要如表 4-2 所示。

表 4-2　前置递增运算符和前置递减运算符

++x	x 的值递增（增加 1），结果是递增后的值
--x	x 的值递减（减少 1），结果是递减后的值

如表 4-2 所示，表达式 ++x 和 --x 的结果分别是递增**后**和递减**后**的值。当 x 的值为 5 时，我们来思考一下下面这个赋值的结果。

```
y = ++x;        // 赋给y的是递增后的x的值
```

如图 4-7 b 所示，表达式 ++x 的求值结果是递增**后**的值。因此，赋给 y 的值为 6（赋值结束后 x 的值也为 6）。

重要 应用了后置（前置）递增运算符 / 递减运算符的表达式的求值结果是递增 / 递减前（后）的值。

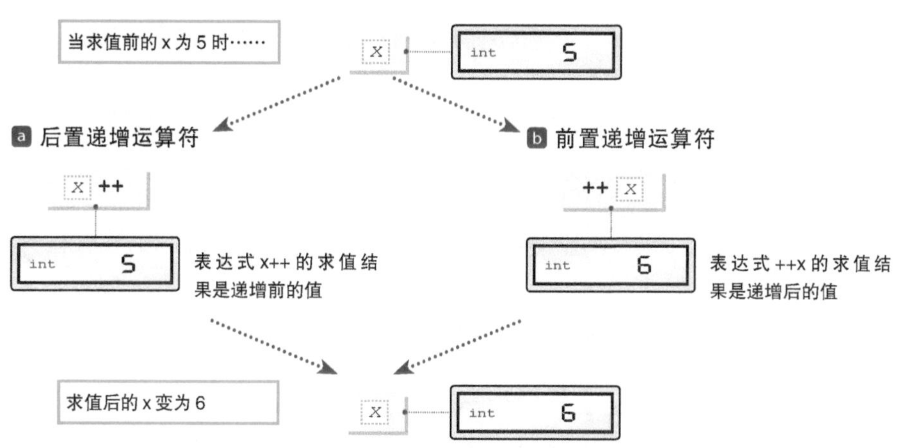

图 4-7 应用了递增运算符的表达式的求值

表达式的求值顺序

二元运算符的左操作数会比右操作数先进行求值。我们使用代码清单 4-6 的程序来验证一下。

代码清单 4-6 Chap04/EvaluationOrder.java

```
// 确认表达式的求值顺序是左→右

class EvaluationOrder {

   public static void main(String[] args) {
      int a = 3;
      int x = (a++) * (2 + a);
      System.out.println("a = " + a);
      System.out.println("x = " + x);
   }
}
```

运行结果

```
a = 4
x = 18
```

我们来看一下阴影部分。首先执行左操作数（a++）的求值，然后再执行右操作数（2 + a）的求值，最后通过 * 执行乘法运算。因此，该表达式的运算顺序如下。

1 对表达式 a++ 进行求值，求值结果是递增前的 3。求值结束后，a 的值递增为 4。
2 对表达式 2 + a 进行求值，求值结果为 6。a 的值不发生变化。
3 乘法运算 3 * 6 的结果是 18，将该值赋给 x。

因此，最终显示的值是 a 为 4，x 为 18。

舍弃表达式的值

我们再来看一下代码清单 4-4。**while** 语句如下所示。

```
while (x >= 0) {
    System.out.println(x);      // 显示x的值
    x--;                        // x的值递减（值减少1）
}
```

这个程序通过后置递减运算符 -- 对变量 x 的值进行了递减（如果变量 x 的值为 5，则该表达式的值为递减前的 5）。

在这里需要注意的是，并没有使用表达式 x-- 的值，这是因为运算的结果可以忽略。

重 要 运算结果也可以舍弃掉，不使用。

在舍弃表达式的值的程序中，不管使用前置格式的运算符，还是使用后置格式的运算符，得到的结果都是一样的。

▶ 当然，在不舍弃表达式的值的程序中，得到的结果是不一样的（练习 4-5）。

练习 4-5

请讨论一下如果将代码清单 4-5 中的 x-- 改为 --x，会得到什么样的输出结果。请编写程序来确认运行结果。

专栏 4-2　短路求值和程序的运行结果

在上一章中，我们介绍过 && 运算符和 || 运算符执行的是**短路求值**。所谓短路求值，就是当逻辑运算表达式整体的值只通过左操作数的值就可以确定时，将不再判断右操作数的值（3-1 节）。

短路求值会影响程序的运行结果，这里我们来思考一下下面这条 **if** 语句。

```
if (a == 5 && ++b > 3) c = 5;
```

如果变量 *a* 的值不为 5，则会省略对右操作数 ++*b* > 3 的求值。因此，变量值会发生如下变化。

- 当 *a* 的值为 5 时　　… *b* 递增
- 当 *a* 的值不为 5 时 … *b* 不递增

下面的程序示例也会影响程序的运行结果。

```
x = (a == 5) ? b++ : c++;
```

如果变量 *a* 的值为 5，则将 *b* 的值赋给 *x*，否则将 *c* 的值赋给 *x*。此时的情形如下所示。

- 当 *a* 的值为 5 时　　… *b* 递增，*c* 不递增
- 当 *a* 的值不为 5 时 … *b* 不递增，*c* 递增

我们再来看一个示例。

```
x = (a == 5) ? (b = 3) : (c = 4);
```

赋值的执行情况如下所示。

- 当 *a* 的值为 5 时 … 首先将 3 赋给 *b*，
  然后将赋值表达式 *b* = 3 的值 3 赋给 *x*
  ※ 不对 *c* 赋值。
- 当 *a* 的值不为 5 时 … 首先将 4 赋给 *c*。
  然后将赋值表达式 *c* = 4 的值 4 赋给 *x*
  ※ 不对 *b* 赋值。

※ 请大家回忆一下，当对赋值表达式进行求值时，可以得到赋值后的左操作数的类型和值（3-3 节）。

字符常量

我们来创建一个程序，组合使用 **while** 语句和 **++** 运算符，如代码清单 4-7 所示，程序会连续显示通过键盘输入的数值个星号 *。

代码清单 4-7 Chap04/PutAsterisk1.java

```
// 显示所读入的数值个*（其1）

import java.util.Scanner;

class PutAsterisk1 {

   public static void main(String[] args) {
      Scanner stdIn = new Scanner(System.in);

      System.out.print("要显示多少个*呢：");
      int n = stdIn.nextInt();

      int i = 0;
      while (i < n) {
         System.out.print('*');
         i++;
      }
      System.out.println();
   }
}
```

运行示例 1
```
要显示多少个*呢：12
************
```

运行示例 2
```
要显示多少个*呢：-5

```
输出换行符

本程序的阴影部分会在画面上输出 `'*'`。像这样用单引号将单个字符括起来的表达式就是**字符常量**（character literal）。

字符常量与字符串常量不同，请不要混淆。

- 字符常量 `'*'` … 表示单个字符 *，类型为 **char**
- 字符串常量 `"*"` … 表示仅由字符 * 组成的字符序列，类型为 **String**

▶ 在本程序中，即使输出字符串常量 `"*"`，也会得到相同的结果。

重要 单个字符通过用单引号括起来的字符常量来表示。

while 语句中，随着初始化为 0 的变量 *i* 值的递增，'*' 也会同时显示出来。显示出第 1 个 '*' 后，递增后的 *i* 值为 1，显示出第 2 个 '*' 后，递增后的 *i* 值为 2。

显示完第 *n* 个后，递增后的 *i* 值与 *n* 相等，此时 **while** 语句的循环结束。

*

另外，由于执行递增的表达式 *i*++ 的值被舍弃了，因此，即使将该表达式改为 ++*i*，也会得到相同的结果。

本程序也可以像代码清单 4-8 这样来实现，不同的是阴影部分。

代码清单 4-8　Chap04/PutAsterisk2.java

```
// 显示所读入的数值个*（其2）

import java.util.Scanner;

class PutAsterisk2 {

   public static void main(String[] args) {
      Scanner stdIn = new Scanner(System.in);

      System.out.print("要显示多少个*呢：");
      int n = stdIn.nextInt();

      int i = 1;
      while (i <= n) {
         System.out.print('*');
         i++;
      }
      System.out.println();
   }
}
```

运行示例 1
```
要显示多少个*呢：12
************
```

运行示例 2
```
要显示多少个*呢：-5

```
输出换行符

i 值从 1 开始递增，当 *i* 值小于等于 *n* 时，**while** 语句循环执行，因此循环次数变成 *n* 次。

▶ **while** 语句结束时，*i* 的值在代码清单 4-7 中变为 *n*，在代码清单 4-8 中则变为 *n* + 1。

这两个程序中的 **while** 语句都会循环执行处理 *n* 次。图 4-8 总结了使用 **while** 语句实现"*n* 次循环"的模式，如下所示。

a
```
i = 0;
while (i < n) {
   语句
   i++;
}
```

b
```
i = 1;
while (i <= n) {
   语句
   i++;
}
```

c
```
while (n-- > 0)
   语句
```

d
```
while (--n >= 0)
   语句
```

图 4-8　使用 while 语句实现 n 次循环

大家可以把这些模式作为"公式"来记忆。不过，c 和 d 的 **while** 语句只限于在 *n* 值可以被改写的情形下使用。

▶ 像 c 和 d 这种情形的程序示例将在第 7 章进行介绍（代码清单 7-6）。

while 语句和 do 语句

我们来运行一下代码清单 4-8 所示的程序，像运行示例②那样输入负值或 0。此时，程序一个星号都不显示（只输出换行符）。

例如，如果 *n* 中读入的值为 -5，由于 **while** 语句的控制表达式 *i* < *n* 的值为 **false**，因此**循环体一次都不会执行**。这是 **while** 语句不同于 **do** 语句的一大特点。

> **重要** do 语句至少会执行一次循环体，而 while 语句则可能一次都不执行。

如图 4-9 所示，关于判断是否执行循环的时间点，**while** 语句和 **do** 语句完全不同。

- **do** 语句 … 循环判断首：执行循环体后再进行判断
- **while** 语句 … 判断循环首：执行循坏体前先进行判断

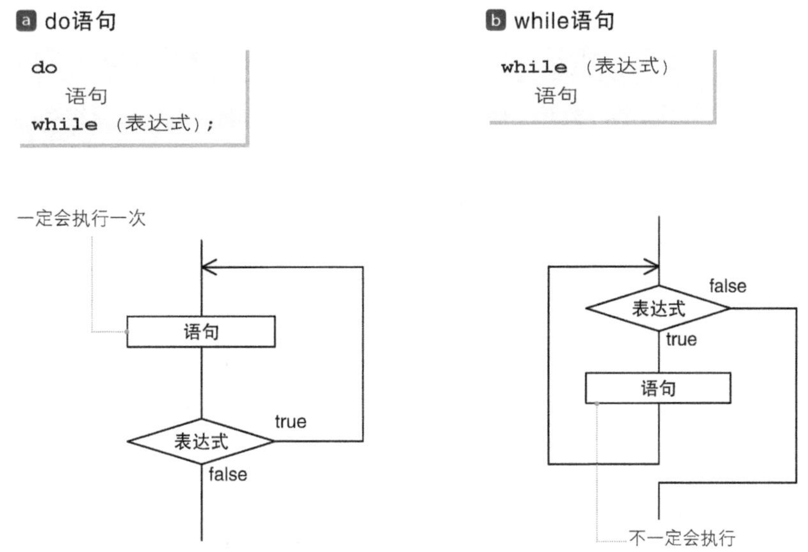

图 4-9　循环判断首的 do 语句和判断循环首的 while 语句

不过，**while** 语句和 **do** 语句的共同点是都使用关键字 **while**。因此，有时难以分清程序中的 **while** 到底是“**do** 语句的一部分”，还是“**while** 语句的一部分”。

图 4-10ⓐ所示的程序就是一个具体的示例。

首先将 0 赋给变量 *x*。然后，**do** 语句会将 *x* 的值递增到 5。之后的 **while** 语句会一边递减 *x* 的值一边将其显示出来。

a do语句的循环体是单条语句

```
x = 0;
do
  x++;
while (x < 5);
while (x >= 0)
  System.out.println(--x);
```

难以分清这两个 while 是：

- do 语句的while
- 还是while 语句的while

将do语句的循环体用{}括起来，使之成为程序块

b do语句的循环体是程序块

```
x = 0;
do {
  x++;
} while (x < 5);
while (x >= 0)
  System.out.println(--x);
```

根据行的开头就可以区分 do 语句和 while 语句

- 如果开头是},则是do 语句
- 如果开头不是},则是while 语句

图 4-10　do 语句和 while 语句

用 {} 将 **do** 语句的循环体括起来使之成为程序块后，程序就变成图 4-10 b 这样。如此一来，只看行的开头就可以分清 **do** 语句和 **while** 语句了。

- } **while** … 行的开头有 }　→　**do** 语句的一部分
- **while** … 行的开头没有 }　→　**while** 语句的一部分

其实如果 **do** 语句、**while** 语句、（随后介绍的）**for** 语句的循环体是单条语句的话，也无需特意写成程序块。

话虽如此，但就 **do** 语句来说，即使循环体是单条语句，加上 {} 也会使程序更容易阅读。

重要　do 语句的循环体即使是单条语句，加上 {} 写成程序块也会使程序更容易阅读。

练习 4-6

请分别改写代码清单 4-7 和代码清单 4-8，如果读入的值小于 1，则不输出换行符。

练习 4-7

请编写一段程序，显示读入的数值个符号。* 和 + 交叉显示。

```
要显示多少个呢：15
*+*+*+*+*+*+*+*
```

复合赋值运算符

代码清单 4-9 所示的程序会逆序显示读入的正整数值。例如，当输入 1254 时，显示 4521。

代码清单4-9 Chap04/ReverseNo.java

```
// 逆序显示读入的正整数值

import java.util.Scanner;

class ReverseNo {

   public static void main(String[] args) {
      Scanner stdIn = new Scanner(System.in);

      System.out.println("逆序显示正整数值。");
      int x;
      do {
         System.out.print("正整数值：");
         x = stdIn.nextInt();
      } while (x <= 0);

      System.out.print("倒过来读是");
      while (x > 0) {
         System.out.print(x % 10); // 显示x的最低位      ←1
         x /= 10;                  // x除以10           ←2
      }
      System.out.println("。");
   }
}
```

运行示例

```
逆序显示正整数值。
正整数值：-5
正整数值：1254
倒过来读是4521。
```

数值的反转

while 语句的循环体中会执行如下两个操作。我们参照着图 4-11 来理解。

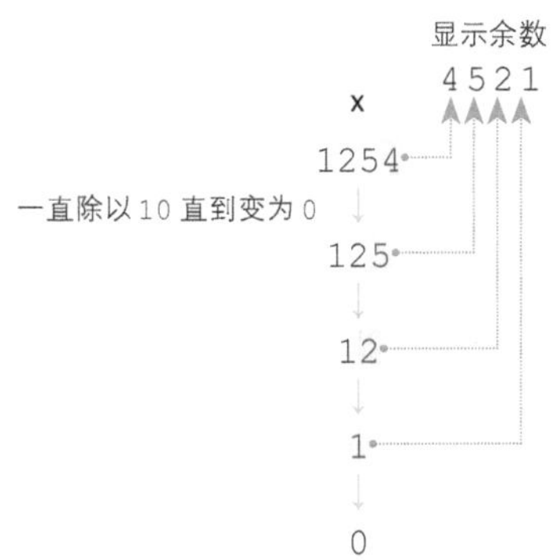

图 4-11 变量 x 的变化与显示

1 显示 x 的最低位

显示 x 的最低位的值，即 x % 10。例如，如果 x 为 1254，则显示它除以 10 的余数 4。

2 x 除以 10

显示数值后，执行 x 除以 10 的操作。

```
x /= 10;          // x除以10
```

这里首次出现的运算符 /= 表示左操作数的值除以右操作数的值。例如，如果 *x* 为 1254，那么结果就为 125（由于是整数之间的运算，因此会舍弃余数）。

*

循环执行上面的处理，当 *x* 的值变为 0 时，**while** 语句就会结束执行。

Java 中提供了在运算符 *、/、%、+、-、<<、>>、>>>、&、^、| 的后面加上 = 的运算符。如果原来的运算符用 @ 表示，那么表达式 *a* @= *b* 和 *a* = *a* @ *b* 的作用是一样的。

这些运算符会执行**运算**和**赋值**两个操作，因此称为**复合赋值运算符**（compound assignment operator），其一览表如表 4-3 所示。

表 4-3 复合赋值运算符一览表

*=	/=	%=	+=	-=	<<=	>>=	>>>=	&=	^=	|=

► 不可以在运算符的中间插入空格，写成 + = 或者 >> = 等。所有的运算符在赋值后都可以得到左操作数的类型和值，这与简单赋值运算符是一样的（3-3 节）。
运算符 <<、>>、>>>、&、^、| 将在第 7 章进行介绍。

x 除以 10 的运算也可以像下面这样，使用 / 和 = 这两个运算符来实现。

```
x = x / 10;          // x除以10（将x除以10的商赋给x）
```

不过，使用复合赋值运算符有下面这些好处。

▪ 简洁表述要执行的运算

与“将 *x* 除以 10 的商赋给 *x*”相比，“*x* 除以 10”的表述更加简洁，也更容易让我们接受。

▪ 左边的变量名只书写一次

当变量名比较长，或者表达式使用了（后面的章节中将介绍的）数组或类，比较复杂时，使用复合赋值运算符能够降低键入错误的风险，增强程序的易读性。

▪ 左边的求值只执行一次

使用复合赋值运算符的最大好处就是**左边的求值只执行一次**。

尤其是在比较复杂的程序中，这种好处更加明显。例如，在下面这条语句中，*i* 的值只递增一次。

```
comp.memory[vec[++i]] += 10;          // i递增后再加10
```

如果不使用复合赋值运算符来实现，代码就会像下面这样变得很长。

```
++i;                                          // 先递增i
comp.memory[vec[i]] = comp.memory[vec[i]] + 10;    // 然后再加10
```

► 这里使用的 [] 运算符和 . 运算符将分别在第 6 章和第 8 章进行介绍。

计算整数的和

使用复合赋值运算符的另一个程序示例如代码清单 4-10 所示，程序会计算 1 到 n 的和。例如，如果通过键盘输入的整数值 n 为 5，那么要计算的就是 1 + 2 + 3 + 4 + 5 的值。

代码清单 4-10 Chap04/SumUp.java

```
// 计算1到n的和

import java.util.Scanner;

class SumUp {

   public static void main(String[] args) {
      Scanner stdIn = new Scanner(System.in);

      System.out.println("计算1到n的和。");
      int n;
      do {
         System.out.print("n的值: ");
         n = stdIn.nextInt();
      } while (n <= 0);

      int sum = 0;                 // 合计         ─1
      int i = 1;

      while (i <= n) {
         sum += i;                 // 将sum加上i   ─2
         i++;                      // 递增i的值
      }
      System.out.println("1到" + n + "的和是" + sum + "。");
   }
}
```

运行示例

```
计算1到n的和。
n的值: 5↵
1到5的和是15。
```

求和部分的流程图如图 4-12 所示。我们来理解一下程序和流程图中的1和2的部分。

1的部分是求和的前期准备。将用于保存和的变量 sum 初始化为 0，将用于控制循环的变量 i 初始化为 1。

2的部分负责在变量 i 的值小于等于 n 时，循环执行蓝色阴影部分的语句。由于 i 的值是逐一递增的，因此循环会执行 n 次。

当程序流程通过用于判断 i 是否小于等于 n 的控制表达式 i <= n（流程图中的菱形部分）时，变量 i 和 sum 值的变化如图中的表所示，我们对照着程序和表来理解一下。

► 表中所示为当 n 为 5 时变量 i 和 sum 的值的变化情形。

第一次通过控制表达式时，变量 i 和 sum 的值是1中设置的值。之后，每次执行循环时，变量 i 的值都会递增 1。

变量 sum 中保存的值是“前面所有数值的和”，变量 i 中保存的值是“下次要加的值”。

例如，当 i 为 5 时，sum 的值 10 是“1 到 4 的和”（即在加上变量 i 的值 5 之前的值）。

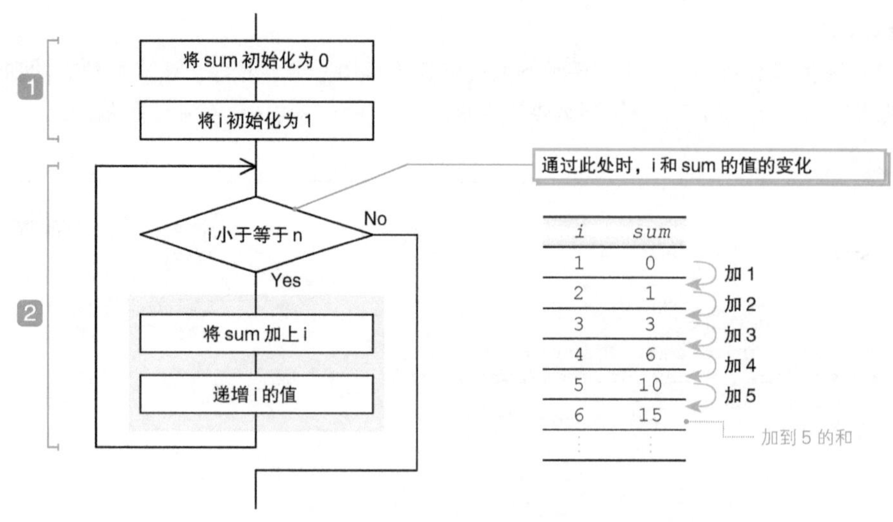

图 4-12　计算 1 到 n 的和的流程图

*

另外，当 *i* 的值超过 *n* 时，**while** 语句会结束循环，因此，*i* 最终的值不是 *n*，而是 *n* + 1。

▶ 如表所示，当 *n* 为 5 时，**while** 语句结束时 *i* 的值变为 6，*sum* 为 15。

练习 4-8

请编写一段程序，如图所示，读入正整数值，然后输出它的位数。

```
整数值：1254↵
该值为4位。
```

练习 4-9

请编写一段程序，如图所示，读入正整数值 *n*，然后计算 1 到 *n* 的积。

```
n的值：5↵
1到5的积为120。
```

4-3 for 语句

本节将介绍控制判断循环首的 for 语句。实现固定次数的循环时，for 语句比 while 语句更加简洁。

for 语句

我们在前面（4-2 节）介绍了代码清单 4-7 的程序，该程序会显示读入的数值个星号 *。下面对该程序进行改写，不使用 **while** 语句，而使用 for **语句**（for statement）。程序如代码清单 4-11 所示。

▶ for 有“……的时候”的意思。

代码清单 4-11 Chap04/PutAsteriskFor.java

```
// 显示读入的数值个*

import java.util.Scanner;

class PutAsteriskFor {

   public static void main(String[] args) {
      Scanner stdIn = new Scanner(System.in);

      System.out.print("要显示多少个*呢：");
      int n = stdIn.nextInt();

      for (int i = 0; i < n; i++)
         System.out.print('*');
      System.out.println();
   }
}
```

运行示例

```
要显示多少个*呢：12
************
```

另解 Chap04/PutAsteriskFor2.java

```
for (int i = 1; i <= n; i++)
   System.out.print('*');
```

程序比使用 **while** 语句时要短。图 4-13 是 **for** 语句的语法结构图。也就是说，**for** 后面的括号中包含由分号隔开的三部分Ⓐ、Ⓑ、Ⓒ。

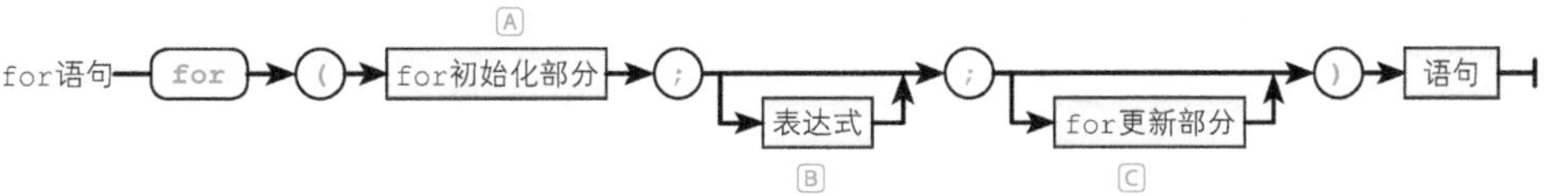

图 4-13 for 语句的语法结构图

语法结构有些复杂，大家可能会觉得有点难。不过，当你熟悉了 **for** 语句之后，就会发现它比 **while** 语句更直观，更容易理解。总之，**for** 语句比 **while** 语句更简短。

本程序中的 **for** 语句是从 **while** 语句改写而来的。**for** 语句和 **while** 语句可以互相替换，图 4-14 中所示的 **for** 语句和 **while** 语句基本相同。

```
for ( A; B ; C)
   语句
```

基本相同

```
A;
while ( B ) {
   语句
   C;
}
```

图 4-14 for 语句和 while 语句

for 语句的程序流程如下所示。

- 首先对被称为**预处理**的Ⓐ部分进行求值并执行
- 只要表示**继续条件**的Ⓑ部分的控制表达式为 **true**，就执行**语句**
- 执行完**语句**之后，对**收尾处理**或“**下次循环的准备**”的Ⓒ部分进行求值并执行

本程序中的 **for** 语句可以如下解读。

> 将变量 *i* 从 0 开始每次递增 1，同时循环执行 *n* 次循环体。

一开始初始化为 0 的变量 *i* 会递增 *n* 次（图 4-15）。另外，该 **for** 语句也可以像“另解”那样实现。

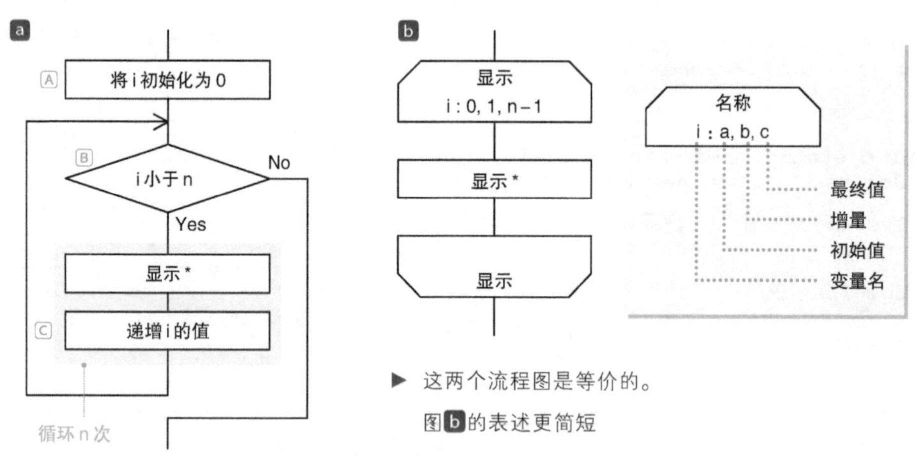

图 4-15　代码清单 4-11 中 for 语句的流程图

我们来介绍一下 **for** 语句各部分的详细规则。

Ⓐ for 初始化部分

Ⓐ部分可以声明变量（本程序也是如此）。

另外，在这里声明的变量**只可以在该 for 语句中**使用。当在不同的 **for** 语句中使用相同名称的变量时，需要像下面这样**分别在各个 for 语句中进行声明**。

```
for (int i = 0; i < n; i++)
    System.out.print('*');

for (int i = 0; i < n; i++)
    System.out.print('+');
```

需要分别在各个 for 语句中声明变量 i

▶ “每次书写 **for** 语句时都必须声明变量太繁琐了”的说法实际上是没有道理的。我们来讨论一下，假如Ⓐ部分中声明的变量要在该 **for** 语句之外使用，结果会怎么样。此时，上面的程序可以像下面这样书写。

```
for (int i = 0; i < n; i++)        // 声明i，将其初始化为0
    System.out.print('*');
for (i = 0; i < n; i++)            // 将0赋给i
    System.out.print('+');
```

在这里，我们试着删掉第一个 **for** 语句。由于变量 *i* 的声明没有了，因此第二个 **for** 语句的赋值 *i* = 0; 必须修改为声明 **int** *i* = 0;。

并排的 **for** 语句看上去很整齐，能够确保声明变量，修改程序时也容易分别对应，这些都是分别在各个 **for** 语句中声明变量的语法规格的好处。

如果需要声明多个变量，可以使用逗号隔开（与一般的声明相同）。另外，如果Ⓐ部分中没有需要执行的内容，可以省略。

Ⓑ表达式（控制表达式）

Ⓑ部分也可以省略。当省略Ⓑ部分时，用于继续循环的判断会始终被视为 **true**。因此，（只要循环体中不执行之后将介绍到的 **break** 语句和 **return** 语句等）该循环就会成为永远执行的**无限循环**。

Ⓒ for 更新部分

Ⓒ部分中也可以存在用逗号隔开的多个表达式。

另外，如果没有需要执行的内容，Ⓒ部分也可以省略。

专栏 4-3 为什么控制循环语句的变量是 i 或 j

很多程序员在控制 **for** 语句等循环语句时都会使用变量 *i* 或 *j*。

其历史可以追溯到用于技术计算的编程语言 FORTRAN 的早期。在 FORTRAN 语言中，原则上变量就是实数，只有变量名首字母是 I, J, …, N 的变量会自动被视为整数。因此，循环的控制变量使用 I、J 等是最简单的方法。

流程图

在这里，我们来介绍一下流程图及其符号。**流程图**（flowchart）是以图的形式来表示问题的定义、分析和解法。下面是基本的术语和符号。

▪ 程序流程图（program flowchart）

程序流程图由如下所示的符号组成。

- 表示实际执行的运算的符号
- 表示控制流程的线符号
- 便于理解及创建程序流程图的特殊符号

▪ 数据（data）

表示未指定媒介的数据。

▪ 过程（process）

表示各种类型的处理功能。例如，表示定义为改变信息的值、格式、位置的运算或者运算群的运行，或者决定后续流向中的一个流向的运算或者运算群的运行。

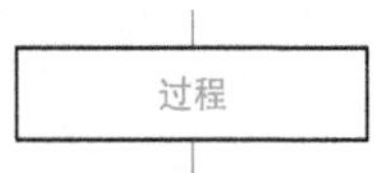

▪ 预定义处理（predefined process）

表示子程序或者模块等在其他地方定义的由一个以上的运算或者命令群组成的处理。

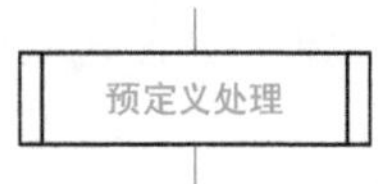

▪ 判定（decision）

拥有一个入口和几个可选择的出口，表示根据符号中定义的条件的值来选择唯一一个出口的判定功能，或者开关形式的功能。

预计的求值结果书写在表示路径的线附近。

▪ 循环界限（loop limit）

由两部分组成，表示循环的开始和结束。符号中的两部分拥有相同的名称。

循环的开始界限符号（判断循环首的情况下）或者循环的结束界限符号（循环判断首的情况下）中会记述初始化、增量、结束条件。

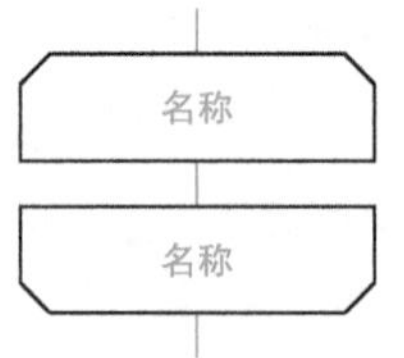

▪ 线（line）

表示控制流程。

当需要明确显示流程方向时，必须加上箭头。另外，无需明确显示流程方向时，为了便于阅读，也可以加上箭头。

▪ 终结符（terminator）

表示通往外部环境的出口，或者从外部环境进来的入口。例如，表示程序流程的开始或者结束。

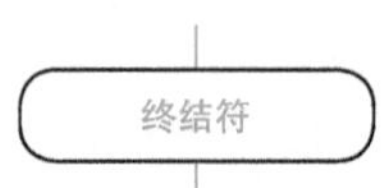

除此之外，还存在并发处理及虚线等符号。

下面我们使用 **for** 语句来编写一些程序。

▪ 列举奇数

我们先来创建一个程序，读入整数值，然后显示该整数值以下的正奇数 1、3、5……程序如代码清单 4-12 所示。

代码清单 4-12 Chap04/OddNo.java

```
// 显示读入的整数值以下的奇数
import java.util.Scanner;
class OddNo {

  public static void main(String[] args) {
    Scanner stdIn = new Scanner(System.in);
```

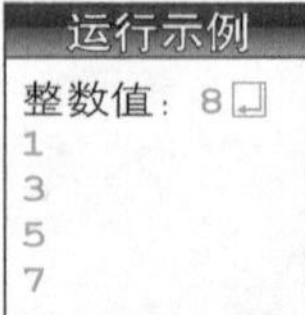

```
        System.out.print("整数值: ");
        int n = stdIn.nextInt();

        for (int i = 1; i <= n; i += 2)
            System.out.println(i);
    }
}
```

Ⓒ部分（for 更新部分）的 i += 2 中使用的是在左操作数上加上右操作数的值的复合赋值运算符（4-2 节）。由于变量 i 加上的是 2，因此每次循环时 i 的值都增加 2。

▪ 列举约数

接下来，我们创建一个程序，显示读入的整数值的所有约数，程序如代码清单 4-13 所示。

代码清单 4-13　　Chap04/Measure.java

```
// 显示读入的整数值的所有约数

import java.util.Scanner;

class Measure {

    public static void main(String[] args) {
        Scanner stdIn = new Scanner(System.in);

        System.out.print("整数值: ");
        int n = stdIn.nextInt();

        for (int i = 1; i <= n; i++)
            if (n % i == 0)              // 如果能整除
                System.out.println(i);   // 显示
    }
}
```

运行示例

```
整数值: 12
1
2
3
4
6
12
```

首先，在变量 n 中读入整数值。

在接下来的 for 语句中，变量 i 的值从 1 递增到 n。如果 n 除以 i 的余数为 0（如果 n 能被 i 整除），则可以判断 i 是 n 的约数，并显示 i 的值。

▶ 如运行示例所示，如果 n 为 12，那么 for 语句中的 i 则从 1 循环到 12。

▪ 同时控制多个变量

在前面的程序中，for 语句都是基于一个变量的值来控制循环。for 语句中也可以同时控制多个变量，程序示例如代码清单 4-14 所示。

代码清单 4-14　　Chap04/For2Var.java

```
// 显示读入的整数值与1、2……的差值

import java.util.Scanner;

class For2Var {

    public static void main(String[] args) {
        Scanner stdIn = new Scanner(System.in);

        System.out.print("整数值: ");
        int n = stdIn.nextInt();

        for (int i = 1, j = n - 1; i <= n; i++, j--)
            System.out.println(i + " " + j);
    }
}
```

运行示例

```
整数值: 4
1 3
2 2
3 1
4 0
```

在本程序中，Ⓐ部分中声明了两个变量 *i* 和 *j*，这两个变量的值在Ⓒ部分中进行了更新。

▶ **for** 语句的Ⓐ部分（**for** 初始化部分）和Ⓒ部分（**for** 更新部分）中，多个并排的声明和语句可以使用逗号分隔。

我们来看一下程序的流程。首先在 *n* 中读入整数值。

for 语句的Ⓐ部分是变量的声明，声明了两个变量 *i* 和 *j*，并将其分别初始化为 1 和 *n* - 1。

▶ 在运行示例中，由于 *n* 为 4，因此变量 *j* 被初始化为 3。

Ⓒ部分中，随着 *i* 值的递增，*j* 值不断递减，因此 *i* 值会每次增加 1，*j* 值则每次减少 1。

在这个过程中，循环体中会并排显示如下两个值。

> *i* 的值
> *j* 的值（*n* 与 *i* 的差值）

根据Ⓑ部分的判断，当 *i* **<=** *n* 不成立时，循环将结束。

我们来思考一下下面的代码。看上去似乎该 **for** 语句要显示变量 *n* 个 '-'，但不管 *n* 为何值，显示的 '-' **只有一个**。大家知道为什么吗？

```
for (int i = 0; i < n; i++);
   System.out.print('-');
```

这是由 *i*++) 后面的分号造成的，它表示空语句（3-1 节）。也就是说，上面的代码的解释如下。

```
for (int i = 0; i < n; i++) ;        // for语句：执行n次空语句的循环体
System.out.print('-');               // for语句结束后，只执行一次的表达式语句
```

当然，并不只是 **for** 语句这样，**while** 语句也同样会出现这样的错误，请大家务必注意。

重要 请注意，不要在 **for** 语句和 **while** 语句的括号后面误加上空语句。

▶ 实际上，与此相同的教训已经在 **if** 语句的示例中介绍过了（3-1 节）。

循环语句

do 语句、**while** 语句和 **for** 语句统称为**循环语句**（iteration statement）。

▶ 本章介绍的 **for** 语句是 "**基本 for 语句**"。关于另一种 **for** 语句，即 "**扩展 for 语句**"，将在第 6 章进行介绍。

专栏 4-4 无限循环

当循环语句的控制表达式为 **true** 时，该循环就成为了**无限循环**（不会结束的循环）。程序示例如图 4C-2 所示。

```
do {
   // ...
} while (true);
```

```
while (true) {
   // ...
}
```

```
for ( ; ; ) {
   // ...
}
```

图 4C-2 无限循环

请大家回忆一下，当省略 **for** 语句的Ⓑ部分中的控制表达式时，会被视为 **true**（当然，也可以明确书写 **true**）。

另外，为了强制中断、结束无限循环，我们需要使用 4-5 节中介绍的 **break** 语句。

练习 4-10

请改写代码清单 4-11，当读入的值小于 1 时不输出换行符。

练习 4-11

请用 **for** 语句来实现将正整数值倒数到 0 的代码清单 4-4。

练习 4-12

请编写一段程序，与练习 4-11 相反，从 0 数到正整数值。

练习 4-13

请用 **for** 语句来实现计算 1 到 *n* 的和的代码清单 4-10。

练习 4-14

请改写练习 4-13 的程序，像图中这样显示“表达式”。

```
n的值：5↵
1 + 2 + 3 + 4 + 5 = 15
```

练习 4-15

请编写一段程序，显示身高和标准体重的对应表。显示的身高范围（开始值、结束值、增量）需要作为整数值读入。

※ 标准体重的计算公式为（身高 − 100）× 0.9。

```
从多少cm开始：150↵
到多少cm结束：190↵
每次增量多少cm：5↵
身高    标准体重
150     45
155     49.5
… 以下省略 …
```

练习 4-16

请改写显示读入的数值个 * 的代码清单 4-11，每显示 5 个就换行。

```
要显示多少个*呢：12↵
*****
*****
**
```

练习 4-17

请改写显示读入的整数值的所有约数的代码清单 4-13，在显示完约数之后，显示约数的个数。

```
整数值：4↵
1
2
4
约数有3个。
```

练习 4-18

请编写一段程序，如图所示，显示 1 到 *n* 的整数值的平方。

```
n的值：3↵
1的平方是1
2的平方是4
3的平方是9
```

4-4 多重循环

当循环语句的循环体作为循环语句时，可以执行二重、三重循环。像这样的循环就是多重循环。

九九乘法表

前面的程序执行的都是简单的循环。其实，**循环中还可以再执行循环**。

这样的循环，根据嵌套深度分别称为二重循环、三重循环……统称为**多重循环**。

我们来创建一个使用二重循环的程序示例，显示九九乘法表，如代码清单 4-15 所示。

代码清单 4-15　Chap04/MultiTable.java

```
// 显示九九乘法表

class MultiTable {

    public static void main(String[] args) {
        for (int i = 1; i <= 9; i++) {
            for (int j = 1; j <= 9; j++) {
                if (i * j < 10)
                    System.out.print("  ");   // 2 个空格
                else
                    System.out.print(" ");    // 1 个空格
                System.out.print(i * j);
            }
            System.out.println();
        }
    }
}
```

运行结果

```
  1  2  3  4  5  6  7  8  9
  2  4  6  8 10 12 14 16 18
  3  6  9 12 15 18 21 24 27
  4  8 12 16 20 24 28 32 36
  5 10 15 20 25 30 35 40 45
  6 12 18 24 30 36 42 48 54
  7 14 21 28 35 42 49 56 63
  8 16 24 32 40 48 56 64 72
  9 18 27 36 45 54 63 72 81
```

执行显示操作的阴影部分的流程图如图 4-16 所示。另外，右边的图表示变量 *i* 和 *j* 值的变化。

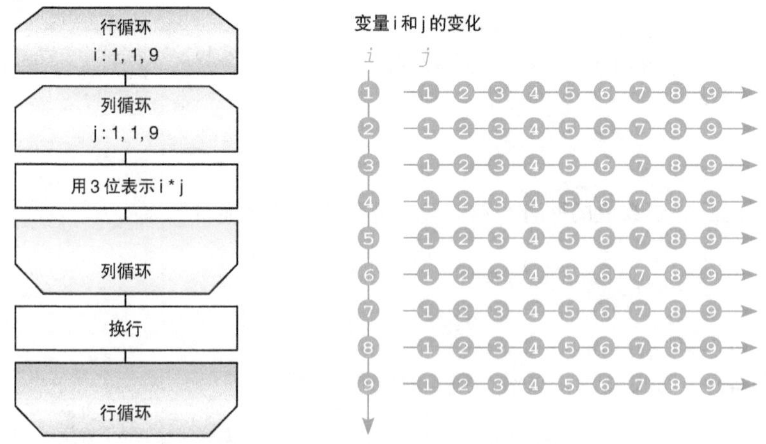

图 4-16　显示九九乘法表的二重循环的程序流程

外层的 `for` 语句（行循环）中，*i* 的值从 1 递增到 9，其循环对应表的第 1 行、第 2 行……第 9 行，这是**纵向循环**。

各行中执行的**内层 `for` 语句（列循环）**中，*j* 的值从 1 递增到 9，这是各行中的**横向循环**。

变量 *i* 的值从 1 递增到 9 的行循环会循环执行 9 次。在每一次的循环中，变量 *j* 的值从 1 递增到 9 的列循环会循环执行 9 次。列循环结束后输出换行，准备输出下一行。

因此，该二重循环中执行的处理如下。

- 当 *i* 为 1 时：*j* 从 1 递增到 9，同时显示 1 * *j*，然后换行
- 当 *i* 为 2 时：*j* 从 1 递增到 9，同时显示 2 * *j*，然后换行
- 当 *i* 为 1 时：*j* 从 1 递增到 9，同时显示 3 * *j*，然后换行

…中略…

- 当 *i* 为 9 时：*j* 从 1 递增到 9，同时显示 9 * *j*，然后换行

程序中白框内的 **if** 语句用于调整数值间的空白，具体输出如下。

- 显示的值小于 10（即 1 位）　　… 在数值前面显示 2 个空格
- 显示的值大于等于 10（即 2 位）… 在数值前面显示 1 个空格

因此，以第 2 行为例，程序会如图 4-17 那样进行显示。

▶ 如果使用 **System**.out.printf 方法，程序会更简洁。相关内容我们将在 4-6 节中进行介绍。

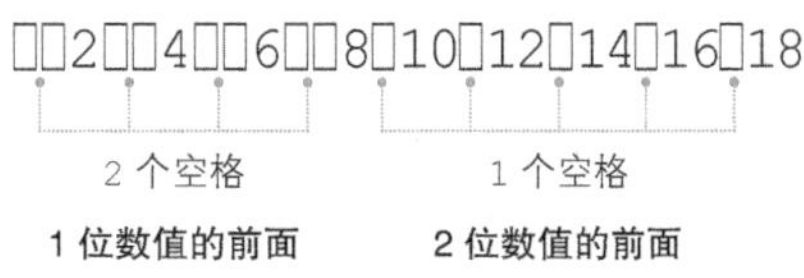

图 4-17　用于使数值对齐显示的空格

直角三角形的显示

接下来，我们使用二重循环，通过排列符号字符来显示三角形或长方形。代码清单 4-16 所示的程序会显示一个直角在左下方的三角形。

代码清单 4-16　　Chap04/IsoscelesTriangle.java

```
// 显示直角在左下方的三角形

import java.util.Scanner;

class IsoscelesTriangle {

   public static void main(String[] args) {
      Scanner stdIn = new Scanner(System.in);

      System.out.println("显示直角在左下方的三角形。");
      System.out.print("层数：");
      int n = stdIn.nextInt();

      for (int i = 1; i <= n; i++) {
         for (int j = 1; j <= i; j++)
            System.out.print('*');
         System.out.println();
      }
   }
}
```

运行示例

```
显示直角在左下方
的三角形。
层数：5
*
**
***
****
*****
```

阴影部分负责显示直角三角形，其流程图如图 4-18 所示。右边的图表示变量 *i* 和 *j* 值的变化。

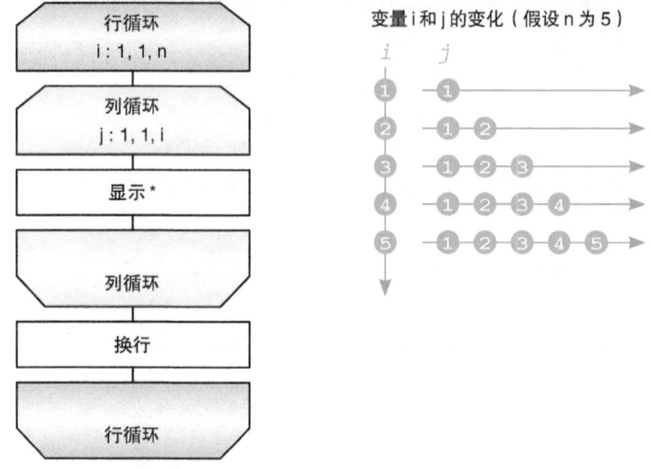

图 4-18　显示直角三角形的二重循环的程序流程

如运行示例所示，我们以 *n* 值为 5 时的情形为例，来思考一下处理的执行方式。

外层的 `for` 语句（行循环）中，变量 *i* 的值从 1 递增到 *n*（即 5）。这是对应三角形各行的**纵向循环**。

各行中执行的**内层 `for` 语句（列循环）**中，变量 *j* 的值从 1 递增到 *i*，同时进行显示。这是各行中的**横向循环**。

因此，该二重循环的运行如下。

- 当 *i* 为 1 时：*j* 从 1 递增到 1，同时显示 *，然后换行　*
- 当 *i* 为 2 时：*j* 从 1 递增到 2，同时显示 *，然后换行　**
- 当 *i* 为 3 时：*j* 从 1 递增到 3，同时显示 *，然后换行　***
- 当 *i* 为 4 时：*j* 从 1 递增到 4，同时显示 *，然后换行　****
- 当 *i* 为 5 时：*j* 从 1 递增到 5，同时显示 *，然后换行　*****

将三角形从上往下依次作为第 1 行～第 *n* 行，第 *i* 行显示 *i* 个 `'*'`，最后一行即第 *n* 行则显示 *n* 个 `'*'`。

练习 4-19

请修改求季节的代码清单 4-1，当读入的月份是 1 ～ 12 以外的值时，提示再次输入（变成 **do** 语句中嵌入 **do** 语句的二重循环）。

练习 4-20

请编写一段程序，显示 *n* 层的正方形。图中所示为 *n* 为 3 时的运行结果。

```
***
***
***
```

练习 4-21

代码清单 4-16 的程序显示了直角在左下方的直角三角形。请分别编写显示直角在左上方、右下方、右上方的直角三角形的程序。

练习 4-22

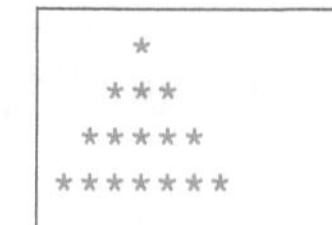

请编写一段程序，显示 *n* 层的金字塔（图中是 4 层的示例）。

第 *i* 行显示 `(i - 1) * 2 + 1` 个 `'*'`，最后一行即第 *n* 行显示 `(n - 1) * 2 + 1` 个 `'*'`。

练习 4-23

```
   1
  222
 33333
4444444
```

请编写一段程序，显示 *n* 层的数字金字塔（图中是 4 层的示例）。

第 *i* 行显示 `i % 10`。

4-5 break 语句和 continue 语句

本节将介绍 break 语句和 continue 语句，利用这些语句可以改变循环语句的程序流程。

break 语句

代码清单 4-17 所示的程序会显示读入的整数的合计值。

首先在变量 *n* 中读入整数的个数。然后，在 **for** 语句的 *n* 次循环中，在读入 *n* 个整数的同时进行加法运算。不过，**如果读入的值为 0，则输入结束**。

代码清单 4-17 Chap04/SumBreak1.java

```
// 对读入的整数进行加法运算（输入0的话就结束）

import java.util.Scanner;

class SumBreak1 {

   public static void main(String[] args) {
      Scanner stdIn = new Scanner(System.in);

      System.out.println("对整数进行加法运算。");
      System.out.print("要相加多少个整数：");
      int n = stdIn.nextInt();  // 要相加的个数

      int sum = 0; // 合计值
      for (int i = 0; i < n; i++) {
         System.out.print("整数（以0结束）：");
         int t = stdIn.nextInt();
 1 →     if (t == 0) break;   // 跳出for语句
         sum += t;
      }
 2 →  System.out.println("合计值为" + sum + "。");
   }
}
```

运行示例 1

```
对整数进行加法运算。
要相加多少个整数：2
整数（以0结束）：15
整数（以0结束）：37
合计值为52。
```

运行示例 2

```
对整数进行加法运算。
要相加多少个整数：5
整数（以0结束）：82
整数（以0结束）：45
整数（以0结束）：0
合计值为127。
```

1 处的阴影部分使用了 **break** 语句。循环语句（**do** 语句、**while** 语句、**for** 语句）中执行 **break** 语句后会强制中断、结束该循环语句（图 4-19）。

▶ 正如上一章介绍的，break 就是“打破”“跳出”的意思（3-2 节）。

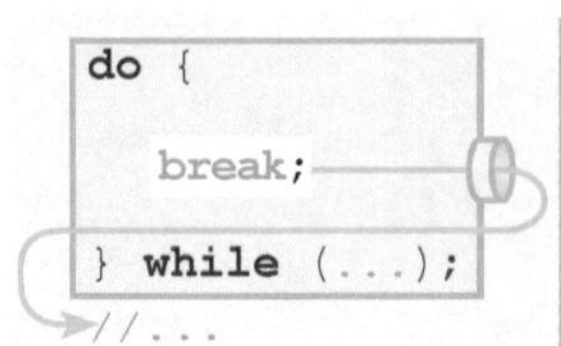

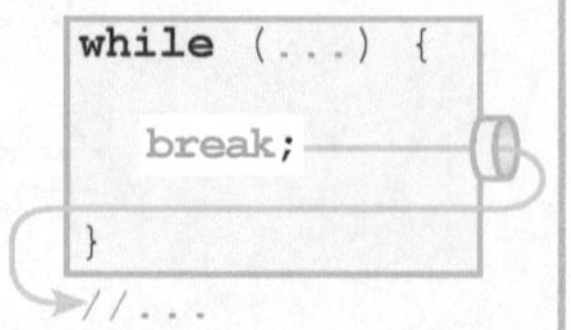

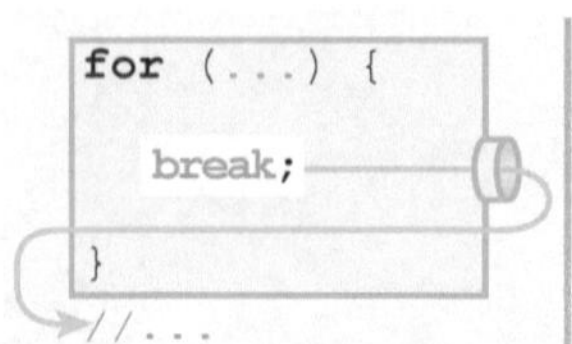

图 4-19 循环语句中 break 语句的动作

因此，如果变量 *t* 中读入的值为 0，则 **for** 语句会结束运行，程序流程跳转到 2 处。

▶ 当多重循环中执行 **break** 语句时，会中断直接包含该 **break** 语句的循环。直接跳出多重循环的外层的循环语句的方法将在后文中介绍。

代码清单 4-18 是另外一个使用 **break** 语句的程序示例。与前一个程序的相同点是都对读入的整数进行加法运算，不同点在于本程序是在合计值不超过 1000 的范围内进行读入和加法运算。

代码清单 4-18　Chap04/SumBreak2.java

```
// 对读入的整数进行加法运算（在合计值不超过1000的范围内进行加法运算）

import java.util.Scanner;

class SumBreak2 {

   public static void main(String[] args) {
      Scanner stdIn = new Scanner(System.in);

      System.out.println("对整数进行加法运算。");
      System.out.print("要相加多少个整数：");
      int n = stdIn.nextInt();  // 要相加的个数

      int sum = 0; // 合计值
      for (int i = 0; i < n; i++) {
         System.out.print("整数：");
         int t = stdIn.nextInt();
         if (sum + t > 1000) {
            System.out.println("合计值超过了1000。");
            System.out.println("最后一个数值被忽略。");
            break;
         }
         sum += t;
      }
      System.out.print("合计值为" + sum + "。");
   }
}
```

运行示例

```
对整数进行加法运算。
要相加多少个整数：5
整数：127
整数：534
整数：392
合计值超过了1000。
最后一个数值被忽略。
合计值为661。
```

运行示例中读入了 3 个整数。由于加上第 3 个整数 392 后，合计值超过了 1000，因此读入被中断了（执行阴影部分，结束 **for** 语句）。*sum* 中保存的是最先读入的 2 个值的合计值。

练习 4-24

请编写一段程序，判断读入的正整数值是否是质数。所谓质数，就是不可以被大于等于 2 且小于 *n* 中的任何一个数整除的整数 *n*。

continue 语句

与 **break** 语句形成鲜明对比的是 continue **语句**（continue statement），其语法结构如图 4-20 所示。

▶ continue 是表示“继续”的意思。

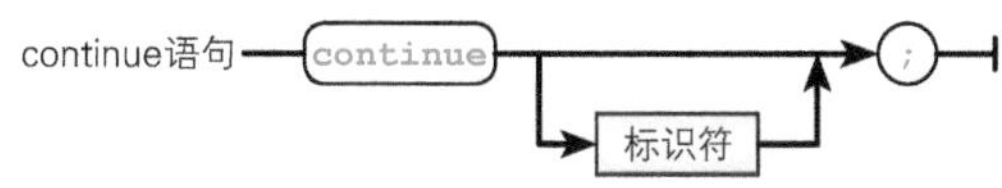

图 4-20　continue 语句的语法结构图

执行 **continue** 语句后，**循环体的剩余部分会被跳过**，程序流程直接跳到循环体的末尾。图 4-21 总结了各循环语句中 **continue** 语句的动作。

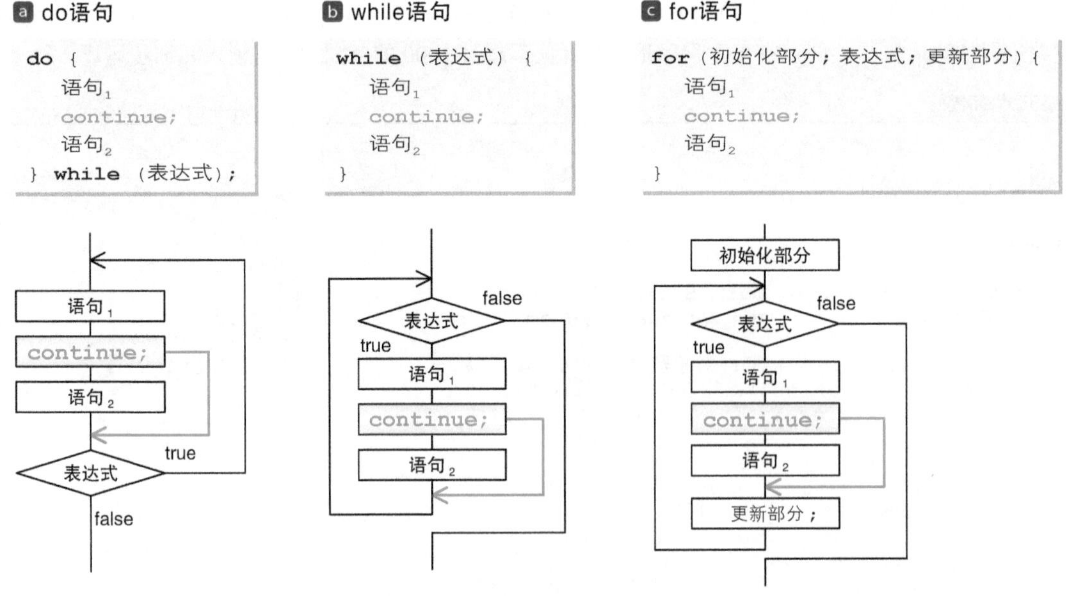

图 4-21 continue 语句的动作

也就是说，执行 `continue` 语句后，程序流程变为下面这样。

▪ do 语句和 while 语句

跳过 `continue` 语句后面的**语句**$_2$的执行，对**表达式**（控制表达式）进行求值以判断循环是否继续。

▪ for 语句

跳过 `continue` 语句后面的**语句**$_2$的执行，对用于准备下次循环的**更新部分**进行求值并执行，然后对**表达式**（控制表达式）进行求值。

*

使用 `continue` 语句的程序示例如代码清单 4-19 所示。与前面的程序一样，对读入的整数进行加法运算。不过，这里**只对 0 以上的值进行加法运算**。

如果变量 `t` 中读入的值小于 `0`，则显示 “不对负值进行加法运算。”，然后执行 `continue` 语句。因此，执行加法运算的阴影部分会被跳过。

代码清单 4-19 Chap04/SumContinue.java

```
// 对读入的整数进行加法运算（不对负值进行加法运算）

import java.util.Scanner;

class SumContinue {

   public static void main(String[] args) {
      Scanner stdIn = new Scanner(System.in);

      System.out.println("对整数进行加法运算。");
      System.out.print("要相加多少个整数：");
      int n = stdIn.nextInt();      // 要相加的个数

      int sum = 0;         // 合计值
      for (int i = 0; i < n; i++) {
         System.out.print("整数：");
         int t = stdIn.nextInt();
         if (t < 0) {
            System.out.println("不对负值进行加法运算。");
            continue;
         }
         sum += t;     当t为负时不执行
      }
      System.out.println("合计值为" + sum + "。");
   }
}
```

运行示例

```
对整数进行加法运算。
要相加多少个整数：3
整数：2
整数：-5
不对负值进行加法运算。
整数：13
合计值为15。
```

▶ 请注意，虽然负数不作为加法运算的对象，但会被计入读入的个数（也就是说，程序会读入包含负数在内的 n 个整数）。

练习 4-25

请改写代码清单 4-17 和代码清单 4-18 的程序，不仅计算合计值，还计算平均值。

练习 4-26

请改写代码清单 4-19 的程序，不仅计算合计值，还计算平均值。另外，读入的负数的个数要排除在计算平均值时的分母之外。

带标签的 break 语句

到目前为止，我们介绍了将 `break` 语句和 `continue` 语句应用于一重循环的程序示例。在运行多重循环的过程中，若想一下子跳出外层循环，或者强制继续循环，需要使用**带标签的 break 语句**和**带标签的 continue 语句**。

代码清单 4-20 是使用带标签的 `break` 语句的程序示例。

代码清单4-20 Chap04/SumGroup1.java

```
// 对读入的整数组进行加法运算（5个整数×10组）

import java.util.Scanner;

class SumGroup1 {

   public static void main(String[] args) {
      Scanner stdIn = new Scanner(System.in);

      System.out.println("对整数进行加法运算。");
      int total = 0;      // 所有组的合计值

   Outer:
      for (int i = 1; i <= 10; i++) {
         System.out.println("■第" + i + "组");
         int sum = 0; // 每组的小计值
      Inner:
         for (int j = 0; j < 5; j++) {
            System.out.print("整数：");
            int t = stdIn.nextInt();
            if (t == 99999)
               break Outer;   ←1
            else if (t == 88888)
               break Inner;   ←2
            sum += t;
         }
         System.out.println("小计值为" + sum + "。\n");
         total += sum;
      }
      System.out.println("\n合计值为" + total + "。");
   }
}
```

运行示例

```
对整数进行加法运算。
■第1组
整数：175↵
整数：634↵
整数：394↵
整数：88888↵
小计值为1203。

■第2组
整数：555↵
整数：777↵
整数：88888↵
小计值为1332。

■第3组
整数：99999↵

合计值为2535。
```

程序会计算由5个整数构成的组的合计值，共10组。本应一共读入50个整数，但是也可以输入如下内容，中断读入。

1 当输入 99999 时，整体输入结束。
2 当输入 88888 时，当前正在输入的组的输入结束。

*

程序整体是一个二重 **for** 语句。外层的 **for** 语句中带有 *Outer* 标签，内层的 **for** 语句中带有 *Inner* 标签。

带有标签的语句称为**标签语句**（labeled statement），其语法结构图如图4-22所示。

▶ “标签”一词在3-2节中进行过介绍。

图 4-22 标签语句的语法结构图

当程序流程遇到带标签的 **break** 语句时，持有该标签的循环语句将结束执行。

因此，本程序中 **break** 语句的运行如图4-23所示。

1 当执行 **break** 语句时，带有 *Outer*: 标签的 **for** 语句的执行中断。
2 当执行 **break** 语句时，带有 *Inner*: 标签的 **for** 语句的执行中断。

```
Outer:
  for (int i = 1; i <= 10; i++) {
    System.out.println("■第" + i + "组");
    int sum = 0; // 每组的小计值
  Inner:
    for (int j = 0; j < 5; j++) {
      System.out.print("整数: ");
      int t = stdIn.nextInt();
      if (t == 99999)
    1   break Outer;
      else if (t == 88888)
    2   break Inner;
      sum += t;
    }
    System.out.println("小计值为" + sum + "。\n");
    total += sum;
  }
```

跳出带有 Outer 标签的 for 语句！！
跳出带有 Inner 标签的 for 语句！！

图 4-23　带标签的 break 语句和多重循环

另外，2也可以改写为下面这样。

```
break;
```

这是因为不带标签的 **break** 语句会跳出直接包含它的循环语句。

带标签的 continue 语句

如果不需要计算每组的小计值，上一个程序就变得简单了。对其改写后的程序如代码清单 4-21 所示。

代码清单 4-21　Chap04/SumGroup2.java

```
// 对读入的整数组进行加法运算（5个整数×10组）

import java.util.Scanner;

class SumGroup2 {

  public static void main(String[] args) {
    Scanner stdIn = new Scanner(System.in);

    System.out.println("对整数进行加法运算。");
    int total = 0;       // 所有组的合计值

  Outer:
    for (int i = 1; i <= 10; i++) {
      System.out.println("■第" + i + "组");

      for (int j = 0; j < 5; j++) {
        System.out.print("整数: ");
        int t = stdIn.nextInt();
        if (t == 99999)
          break Outer;          ← 1
        else if (t == 88888)
          continue Outer;       ← 2
        total += t;
      }
    }
    System.out.println("\n合计值为" + total + "。");
  }
}
```

运行示例

```
对整数进行加法运算。
■第1组
整数: 175
整数: 634
整数: 394
整数: 88888
■第2组
整数: 555
整数: 777
整数: 88888
■第3组
整数: 99999

合计值为2535。
```

本程序的1处与上一个程序相同，2处是带标签的 **continue** 语句。执行该 **continue** 语句后，带有 *Outer*: 标签的 **for** 语句会前进到下一次循环（首先根据 **for** 语句的更新部分 *i*++ 的求值和执行，递增变量 *i* 的值，然后前进到下一次循环）。

练习 4-27

请编写一段程序，对代码清单 4-3 中猜数字游戏的玩家可以输入的次数进行限制。当在限制次数内未猜中时，显示正确答案，结束游戏。

专栏 4-5 break 语句和 continue 语句

break 语句和 **continue** 语句分别有带标签的和不带标签的语句，总共有 4 种。我们来理解一下各自的使用情况。

▪ continue 语句

带标签和不带标签的 **continue** 语句都限定在循环语句中使用。

▪ break 语句

带标签和不带标签的 **break** 语句的使用环境是不一样的。

▫ 不带标签的 break 语句

只可用在 **switch** 语句和循环语句（**do** 语句、**while** 语句、**for** 语句）中。当不带标签的 **break** 语句未包含在 **switch** 语句或循环语句中时，会发生编译错误。

▫ 带标签的 break 语句

即便不是在 **switch** 语句或循环语句中，只要是在带标签的语句之中，就可使用带标签的 **break** 语句。程序示例如代码清单 4C-1 所示。

代码清单 4C-1 chap04/Absolute.java

```
// 计算负整数的绝对值（带标签的break语句的使用示例）

import java.util.Scanner;

class Absolute {

   public static void main(String[] args) {
      Scanner stdIn = new Scanner(System.in);

      a: {
            System.out.print("负整数: ");
            int t = stdIn.nextInt();
            if (t >= 0) break a;
            t = -t;
            System.out.println("绝对值是" + t + "。");
         }
      }
}
```

运行示例1

```
负整数: -3
绝对值是3。
```

运行示例2

```
负整数: 5
```

如果变量 *t* 中读入的不是负值，则根据 **break** 语句的动作，带有 *a* 标签的程序块 {} 将结束执行。也就是说，负责计算并显示绝对值的阴影部分的执行被跳过了。

4-6 printf 方法

本节将介绍用于在画面上进行显示的 printf 方法。使用该方法，可以指定位数等输出格式。

printf 方法

下面是输出九九乘法表的代码清单 4-15 的程序中的一段代码。阴影部分的 `if` 语句是为了对齐显示数值而不得不使用的手段。

```
for (int i = 1; i <= 9; i++) {
   for (int j = 1; j <= 9; j++) {
      if (i * j < 10)                    2 个空格
         System.out.print("  ");
      else                               1 个空格
         System.out.print(" ");
      System.out.print(i * j);
   }
   System.out.println();
}
```

如果使用 `System.out.printf` 方法来控制在画面上进行显示的基数或位数等格式，程序就会更加简洁，如代码清单 4-22 所示。

代码清单 4-22　　Chap04/MultiTablePrintf.java

```
// 显示九九乘法表（使用System.out.printf）

class MultiTablePrintf {

   public static void main(String[] args) {
      for (int i = 1; i <= 9; i++) {
         for (int j = 1; j <= 9; j++)
            System.out.printf("%3d", i * j);
         System.out.println();
      }
   }
}
```

运行结果

```
  1  2  3  4  5  6  7  8  9
  2  4  6  8 10 12 14 16 18
  3  6  9 12 15 18 21 24 27
  4  8 12 16 20 24 28 32 36
  5 10 15 20 25 30 35 40 45
  6 12 18 24 30 36 42 48 54
  7 14 21 28 35 42 49 56 63
  8 16 24 32 40 48 56 64 72
  9 18 27 36 45 54 63 72 81
```

本程序中 `printf` 方法的动作如图 4-24 所示。`"%3d"` 是指定如下格式的格式字符串。字符 `%` 表示格式指定的开始，`d` 是表示“十进制数”的 decimal 的首字母。

> 逗号后面的整数值至少按 3 位宽的十进制数进行显示。

因此，如果 `i * j` 的值为 `1`，则显示“□□1”，如果值为 `15`，则显示“□15”（□是空格）。

```
System.out.printf("%3d", i * j);
```

至少按 3 位宽的十进制数进行显示！！

图 4-24　printf 方法的动作（其 1）

这里说的并不是“按 3 位”，而是“至少按 3 位”，这是因为当要输出的数值超出指定位数时，该数值的**所有位**都会被输出。我们通过代码清单 4-23 的程序来确认一下。

代码清单 4-23 Chap04/PrintfWidth.java

```
// 各种位数的整数都至少按3位进行显示

class PrintfWidth {

   public static void main(String[] args) {
      System.out.printf("%3d\n", 1);
      System.out.printf("%3d\n", 12);
      System.out.printf("%3d\n", 123);
      System.out.printf("%3d\n", 1234);
      System.out.printf("%3d\n", 12345);
   }
}
```

运行结果

```
  1  ┐
 12  │ 3位
123  ┘
1234  ← 4位
12345 ← 5位
```

接下来是代码清单 4-24，我们先来运行一下。

代码清单 4-24 Chap04/PrintfDecimal.java

```
// 使用System.out.printf输出整数值

class PrintfDecimal {

   public static void main(String[] args) {
      int x = 57;
      int y = 135;
      System.out.printf("x = %3d\n", x);
      System.out.printf("y = %3d\n", y);
   }
}
```

运行结果

```
x =  57
y = 135
```

从图 4-25 中可以看出，格式字符串以外的字符会直接显示在画面上。

```
System.out.printf("x = %3d\n", x);
                  x = 57
```

格式字符串以外的字符会直接显示

图 4-25 prinf 方法的运行（其 2）

我们使用 `printf` 方法来显示通过键盘输入的整数值和实数值，程序示例如代码清单 4-25 所示。

代码清单 4-25 Chap04/DecimalFloat.java

```
// 显示读入的整数值和实数值

import java.util.Scanner;

class DecimalFloat {

   public static void main(String[] args) {
      Scanner stdIn = new Scanner(System.in);

      System.out.print("整数x: ");
      int x = stdIn.nextInt();

      System.out.print("实数y: ");
      double y = stdIn.nextDouble();

      System.out.printf("x =%3d  y =%6.2f\n", x, y);
   }
}
```

运行示例

```
整数x: 35
实数y: 53.2
x = 35  y = 53.20
```

本程序中执行了两个数值的格式化输出，具体如图 4-26 所示。当输出多个表达式的值时，第二个及其之后的参数使用逗号隔开。两个变量的显示操作如下。

- 整数 *x* …至少按 3 位十进制数进行显示
- 实数 *y* …整体至少按 6 位、小数部分按 2 位进行显示。**f** 是表示“浮点数”的 floating-point 的首字母

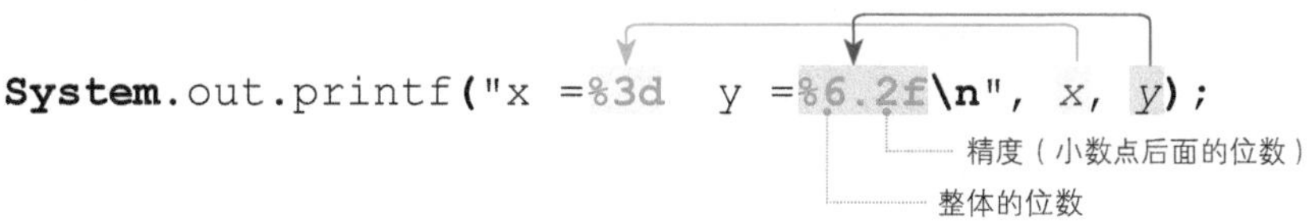

图 4-26　printf 方法的动作（其 3）

字符 % 是格式指定的首字符。因此，当要输出字符 % 本身时，需要书写为 %%，示例如下。

```
int x = 5;
int y = 2;

System.out.printf("x / y = %d\n", x / y);
System.out.printf("x %% y = %d\n", x % y);
```

```
x / y = 2
x % y = 1
```

阴影部分的两个字符 %% 只会显示为一个 %。

除了 %d 和 %f 之外，还可以指定很多其他格式。基本格式如表 4-4 所示。

表 4-4　格式字符串

转换字符	说明
%d	输出十进制数
%o	输出八进制数
%x	输出十六进制数（a ~ f 是小写字母）
%X	输出十六进制数（A ~ F 是大写字母）
%c	输出字符
%f	输出小数点格式
%s	输出字符串

使用这些格式的程序示例如代码清单 4-26 所示。

代码清单4-26 Chap04/PrintfTester.java

```
// System.out.printf的测试程序

class PrintfTester {

   public static void main(String[] args) {
      System.out.printf("%d\n",  12345);  // 十进制数
      System.out.printf("%3d\n", 12345);  // 至少3位
      System.out.printf("%7d\n", 12345);  // 至少7位
      System.out.println();

      System.out.printf("%5d\n",  123); // 至少5位
      System.out.printf("%05d\n", 123); // 至少5位
      System.out.println();

      System.out.printf("%d\n", 13579); // 十进制数
      System.out.printf("%o\n", 13579); // 八进制数
      System.out.printf("%x\n", 13579); // 十六进制数（小写字母）
      System.out.printf("%X\n", 13579); // 十六进制数（大写字母）
      System.out.println();

      System.out.printf("%f\n",    123.45);  // 浮点数
      System.out.printf("%15f\n",  123.45);  // 整体15位
      System.out.printf("%9.2f\n", 123.45);  // 整体9位、小数部分2位
      System.out.println();

      System.out.printf("XYZ\n");             // 字符串（无转换）
      System.out.printf("%s\n",   "ABCDE");  // 字符串
      System.out.printf("%3s\n",  "ABCDE");  // 至少3位
      System.out.printf("%10s\n", "ABCDE");  // 至少10位
      System.out.println();
   }
}
```

运行结果

```
12345
12345
  12345

  123
00123

13579
32413
350b
350B

123.450000
     123.450000
   123.45

XYZ
ABCDE
ABCDE
     ABCDE
```

阴影部分的 0（"%05d" 中的 0）表示空白部分不是用空格而是用 0 来填充。

从运行结果也可以看出，显示的是 00123。

printf 方法的功能非常多，如果要讲解其所有内容，就会多达几十页，详细内容请参考 JDK 文档。

▶ 关于文档的阅读方法，我们将在**专栏 9-5** 中进行介绍。

小结

- **循环**分为在循环对象的处理执行之后判断循环是否继续的**循环判断首**，和处理执行之前判断循环是否继续的**判断循环首**。

- **循环判断首**可以通过 do **语句**来实现。

- **判断循环首**可以通过 while **语句**和 for **语句**来实现。`while` 语句和 `for` 语句可以互相转换。

- `do` 语句、`while` 语句和 `for` 语句统称为**循环语句**。作为循环对象的语句称为**循环体**。

- 循环判断首的 `do` 语句中，循环体一定会执行一次。

- 判断循环首的 `while` 语句和 `for` 语句中，循环体可能一次都不执行。

- 循环语句的循环体也可以是循环语句。这种结构的循环语句称为**多重循环**。

- break **语句**用于中断 `switch` 语句和循环语句的执行。**带标签的** break **语句**可以中断带标签的任意语句的执行。

- continue **语句**和**带标签的** continue **语句**会跳过循环体中尚未执行的部分，前进到下一次循环。

- 当对使用了前置**递增运算符** / **递减运算符**的表达式进行求值时，可以得到操作数递增 / 递减（值只增加 / 减少 1）后的值。

- 当对使用了后置**递增运算符** / **递减运算符**的表达式进行求值时，可以得到操作数递增 / 递减（值只增加 / 减少 1）前的值。

- 在使用二元运算符的运算中，首先对左操作数进行求值，然后对右操作数进行求值，最后进行运算。

- 用单引号将一个字符括起来的 `'X'` 就是**字符常量**。

- **复合赋值运算符会**执行运算和赋值这两个操作。左操作数只求值一次。

- 使用 `System.out.printf` 方法可以按指定格式显示数值或字符串。

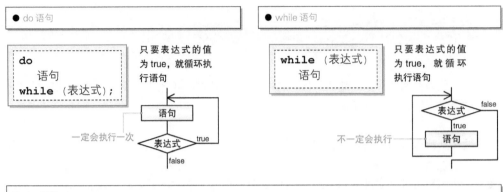

● do 语句

```
do
    语句
while （表达式）;
```

只要表达式的值为 true，就循环执行语句

● while 语句

```
while （表达式）
    语句
```

只要表达式的值为 true，就循环执行语句

● for 语句

```
for （初始化部分；表达式；更新部分）
    语句
```

初始化部分只会进行一次求值和执行。
只要表达式的值为 true，就循环执行“执行语句，对更新部分求值并执行”的处理

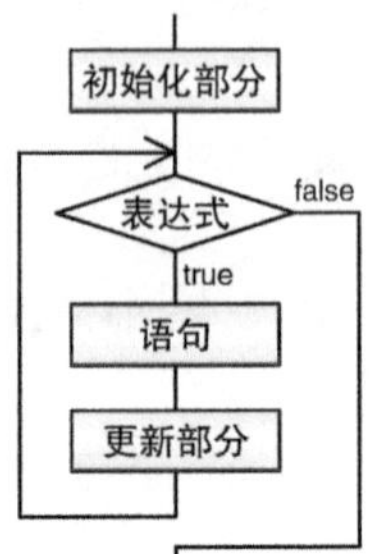

Chap04/Abc.java

```
import java.util.Scanner;

class Abc {

   public static void main(String[] args) {
      Scanner stdIn = new Scanner(System.in);

      int x;
      do {                                         // do 语句
         System.out.print("正整数: ");
         x = stdIn.nextInt();
      } while (x <= 0);

      int y = x;
      int z = x;
      while (y >= 0)                               // while 语句
         System.out.printf("%5d%5d\n", y--, ++z);

      System.out.println("长宽为整数、面积为" + x +
                         "的长方形的长和宽为: ");
      for (int i = 1; i < x; i++) {                // for 语句
         if (i * i > x) break;         // break语句
         if (x % i != 0) continue;     // continue语句
         System.out.printf("%d × %d\n", i, x / i);
      }

      for (int i = 1; i <= 5; i++) {               // 多重循环
         for (int j = 1; j <= 5; j++)
            System.out.print('*');
         System.out.println();
      }
   }
}
```

运行示例

```
正整数: 0↵
正整数: -5↵
正整数: 32↵
   32   33
   31   34
   30   35
   …中略…
    2   63
    1   64
    0   65
长宽为整数、面积为32
的长方形的长和宽为:
1 × 32
2 × 16
4 × 8
*****
*****
*****
*****
*****
```

第 5 章

基本类型和运算

本章将介绍基本类型和运算。

- □ 基本类型和引用类型
- □ 整型和整数常量
- □ 浮点型和浮点型常量
- □ 布尔型（boolean 型）和布尔型常量
- □ 运算和类型
- □ 运算和计算精度
- □ 类型转换
- □ 造型运算符
- □ 基本类型的放大转换、缩小转换
- □ 转义字符
- □ 字符串和布尔型的拼接

5-1 基本类型

在前面介绍的程序中，我们使用了多种类型的变量和常量。Java 中可以处理的类型分为基本类型和引用类型。本节将介绍基本类型。

基本类型

在前面 4 章的程序中主要使用了 `int` 型、`double` 型、`String` 型的变量和常数（常量）。

第 2 章也简单介绍过，Java 中可以处理多种**类型**（type）。图 5-1 是类型的一览表。

Java 中可以使用的类型大致可分为**基本类型**（primitive type）和**引用类型**（reference type）。

▶ primitive 的意思是“基本的”“原始的”“最初的”。

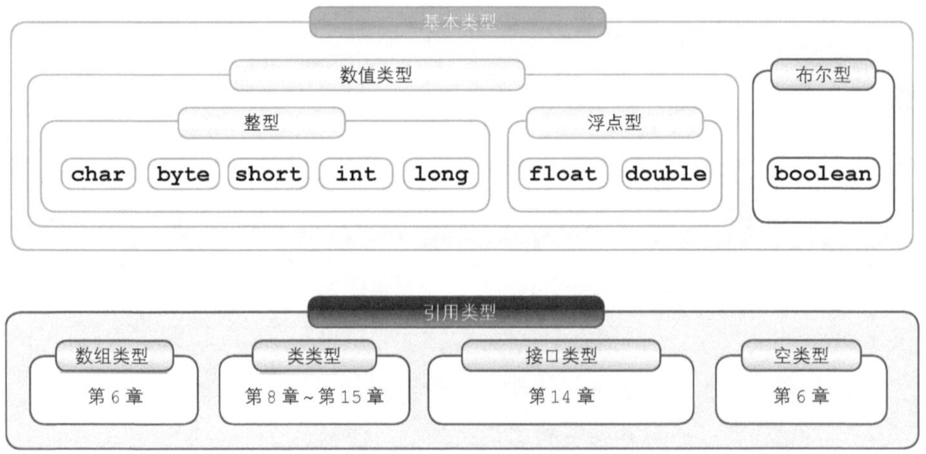

图 5-1 Java 中可以使用的类型

本章将介绍基本类型，基本类型大致也分为两类。

▪ 数值类型（numeric type）

分为表示整数的 5 种**整型**和表示实数的 2 种**浮点型**。

▪ 布尔型（boolean type）

布尔型用来表示布尔值，表示真和假这两个值。

▶ 表示字符串的 `String` 型不是基本类型，而是类类型。我们将在第 15 章进行介绍。

类型和位

正如我们在第 2 章中介绍的那样，变量可以通过类型来创建。例如，下面声明的 *x* 就是 `int` 型。

```
int x;                    // int型变量
```

另外，表示整数常数的整数常量也是 **int** 型。

```
32                          // int型的整数常量
```

假设变量 *x* 的值为 15，对表达式 *x* 的求值如图 5-2 a所示。另外，对表达式 32 的求值如图 5-2 b所示。

▶ 左边的小字符表示“类型”，右边的较大字符表示“值”。

图 5-2 表达式的求值

另外，对下面执行 *x* 和 32 的加法运算的表达式进行求值，可以得到 **int** 型的值 47。

```
x + 32                      // int型之间进行加法运算的表达式（int型）
```

虽然表达式中存在类型和值，但在存储空间中的**内部表示**（数值在计算机内存中的表示方式）则根据不同的类型而有所不同。

不管哪种类型，它们的内部表示都是数据单元**位**（bit）的集合，该数据单元可取值 0 或者 1。

▶ bit 是 binary digit（二进制数字）的缩写。如图 5-3 所示，位相当于只能表示 0 和 1 的二进制数的 1 位。

图 5-3 位

例如，**int** 型的变量或 **int** 型的整数常量的内部如图 5-4 所示，由 32 个位组成。

接下来我们也会介绍到，表示数值的位的个数及各个位的含义根据类型的不同而有所不同。

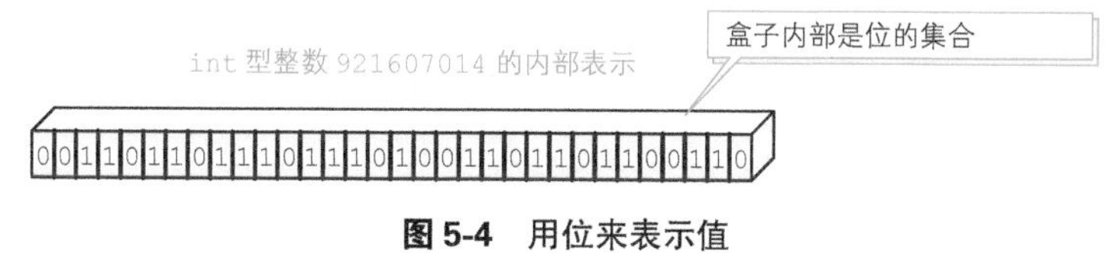

图 5-4 用位来表示值

整型

整型（integral type）是表示**一定范围内连续的整数**的类型，可分为下述 5 种类型。

char	byte	short	int	long

这些类型无法表示有小数部分的实数。

图 5-5 汇总了这些类型可以表示的数值范围和位数。

例如，**int** 型的表示范围为 -2147483648 ~ 2147483647。因此，**int** 型的变量、常量和表达式就是表示该范围内的某一个数值（比如 12 或 537 等）。

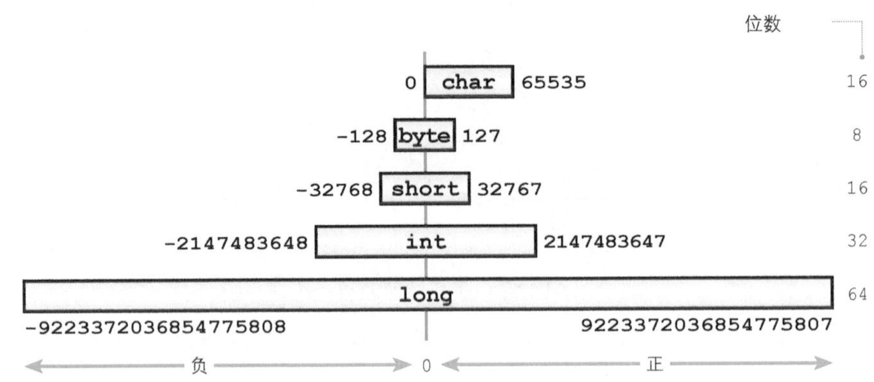

图 5-5 整型可以表示的数值范围和位数

我们先来简单看一下各个类型。

▪ char 型

该类型用来表示字符。如图 5-5 所示，该类型只能表示非负的值，这一点与其他整型有着本质的不同。这是一种表示 0 和正值的**无符号整型**。

▶ 关于 **char** 型的详细内容将在第 15 章进行介绍。

▪ byte 型 /short 型 /int 型 /long 型

这些类型用来表示整数，是表示负值、0、正值的**有符号整型**。

各类型可以表示的值不同，是因为它们的构成位数不同。位数为 n 的类型可以表示 -2^{n-1} ~ $2^{n-1}-1$ 的 2^n 个整数。

在这些类型中，位数越多，表示的范围也就越大。表 5-1 中总结了各类型的用途。

表 5-1 整型的性质和用途

类型	性质和用途
byte	1 字节（8 位）的整数。用来表示 1 字节的数据
short	短整数。在只能获取较小的值，想节约存储空间时使用
int	整型中最基本的类型。通常用来表示整数
long	长整数。用来表示 **int** 型无法表示的较大值

专栏 5-1 可应用于整型操作数的运算符

可应用于整型操作数的运算符如下。

▪ 比较运算符

运算的结果是布尔型的值。

- 关系运算符 `<` `<=` `>` `>=`
- 相等运算符 `==` `!=`

▪ 数值运算符

运算的结果是 **int** 型或者 **long** 型的值。

- 一元符号运算符 `+` `-`
- 乘除运算符 `*` `/` `%`
- 加减运算符 `+` `-`
- 递增运算符 `++`（前置和后置）
- 递减运算符 `--`（前置和后置）
- 移位运算符 `<<` `>>` `>>>`
- 按位取反运算符 `~`
- 按位运算符 `&` `|` `^`
- 条件运算符 `?:`

▪ 造型运算符 ()

将整型的值转换为指定的任意数值类型的值。

▪ 字符串拼接运算符 +

当一个是 **String** 型操作数，另一个是整型操作数时，将整型操作数转换为十进制数格式的 **String** 后，再拼接为字符串。

整数常量

我们来详细介绍一下表示整型常数的**整数常量**（integer literal）。整数常量具有多样性。

- 不仅可以表示十进制数，还可以表示八进制数和十六进制数（**专栏 5-2**）
- 存在 **int** 型、**long** 型的整数常量

也就是说，整数常量分为下述 6 种类型。

- 十进制整数常量（**int** 型 /**long** 型）
- 八进制整数常量（**int** 型 /**long** 型）
- 十六进制整数常量（**int** 型 /**long** 型）

整数常量可以表示的数值范围如表 5-2 和表 5-3 所示，整数常量的语法结构图如图 5-6 所示。

▶ 整数常量中不包含符号。例如，不存在表示负数 -10 的整数常量。-10 是对整数常量 10 应用了一元 - 运算符后的表达式。

表 5-2　十进制整数常量可以表示的最小值和最大值

类型	最小值	最大值	一元 - 运算符的操作数的最大值
int	0	2147483647	2147483648
long	0	9223372036854775807**L**	9223372036854775808**L**

▶ 2147483648 只有在应用了一元 - 运算符，变成 -2147483648 时，才会被看作 **int** 型（否则，需要在 2147483648 后面加上 **L** 变为 **long** 型）。9223372036854775808**L** 只在应用了一元 - 运算符的情形下使用。

表 5-3　八进制整数常量、十六进制整数常量可以表示的最小值和最大值

	类型	最小值	最大值
八进制整数常量	**int**	020000000000	017777777777
	long	01000000000000000000000**L**	0777777777777777777777**L**
十六进制整数常量	**int**	0x80000000	0x7fffffff
	long	0x8000000000000000**L**	0x7fffffffffffffff**L**

▶ 八进制、十六进制的最小值、最大值用十进制整数常量来表示的话，如下所示。

int 型：-2147483648 ~ 2147483647

long 型：-9223372036854775808**L** ~ 9223372036854775807**L**

▪ 整型后缀

整数常量基本上都是 **int** 型，但在整数常量的末尾加上被称为**整型后缀**（integer type suffix）的 **l** 或者 **L** 后，就变成了 **long** 型。

例如，5 是 **int** 型，5**L** 则是 **long** 型。

▶ 小写字母 **l** 和数字 **1** 很容易混淆，推荐使用大写字母 **L**。

专栏 5-2　关于基数

十进制数是以 10 为基数的数，八进制数是以 8 为基数的数，十六进制数则是以 16 为基数的数。下面我们来简单介绍一下各基数。

▪ 十进制数

十进制数使用以下 10 个数字来表示数。

0　1　2　3　4　5　6　7　8　9

如果这些数字都用完了，就进位为 10。2 位数是从 10 到 99。然后，再进位为 100，如下所示。

1 位　…　表示 0 到 9 的 10 个数

~2 位 … 表示 0 到 99 的 100 个数
~3 位 … 表示 0 到 999 的 1000 个数

十进制数的每一位都是 10 的指数幂，按从低到高的顺序依次是 10^0, 10^1, 10^2，…。例如 1234 可以解释为下面这样。

$1234 = 1 \times 10^3 + 2 \times 10^2 + 3 \times 10^1 + 4 \times 10^0$

※10^0 是 1（无论是 2^0 还是 8^0，它们的 0 次幂都是 1）。

▪ 八进制数

八进制数使用以下 8 个数字来表示数。

0　1　2　3　4　5　6　7

如果这些数字都用完了，就进位为 10，接下来的数字就是 11。2 位数是从 10 到 77。2 位数字用完后，接下来进位为 100，如下所示

1 位 … 表示 0 到 7 的 8 个数
~2 位 … 表示 0 到 77 的 64 个数
~3 位 … 表示 0 到 777 的 512 个数

八进制数的每一位都是 8 的指数幂，按从低到高的顺序依次是 8^0, 8^1, 8^2, …。例如 5306（整数常量中表示为 05306）可以解释为下面这样。

$5306 = 5 \times 8^3 + 3 \times 8^2 + 0 \times 8^1 + 6 \times 8^0$

用十进制数表示就是 2758。

▪ 十六进制数

十六进制数使用以下 16 个数字来表示数。

0　1　2　3　4　5　6　7　8　9　A　B　C　D　E　F

从头开始依次对应十进制数的 0 ~ 15（**A** ~ **F** 也可以是小写字母）。

如果这些数字都用完了，就进位为 10。2 位数是从 10 到 FF，然后再进位为 100。

十六进制数的每一位都是 16 的指数幂，按从低到高的顺序依次是 16^0, 16^1, 16^2, …。例如 12A0（整数常量中表示为 0x12A0）可以解释为下面这样。

$12A0 = 1 \times 16^3 + 2 \times 16^2 + 10 \times 16^1 + 0 \times 16^0$

用十进制数表示就是 4768。

▪ 十进制整数常量

之前用过的 `10` 或 `57` 等整数常量是用我们平时使用的十进制数来表示的，称为**十进制整数常量**（decimal integer literal）。

▪ 八进制整数常量

八进制整数常量（octal integer literal）为了区别于十进制整数常量，会在开头加上 `0`，以 2 位以上的格式来表示。下面两个整数常量看似相同，但实际上它们的值完全不同。

- `13` … 十进制整数常量（在十进制数中为 13）
- `013` … 八进制整数常量（在十进制数中为 11）

▪ 十六进制整数常量

十六进制整数常量（hexadecimal integer literal）以 `0x` 或 `0X` 开头。另外，`A~F` 不区分大小写，示例如下。

- `0xC` … 十六进制整数常量（在十进制数中为 12）
- `0x13` … 十六进制整数常量（在十进制数中为 19）

▶ 从 Java SE 8 开始，也可以使用**二进制整数常量**。二进制数以 `0b` 或 `0B` 开头。
而且，整数常量的任意位置都可以用下划线隔开。例如，`32767` 可以表示为 `32_767`。

十进制整数常量 `13`、八进制整数常量 `013`、十六进制整数常量 `0x13` 的值用十进制数来表示的程序如代码清单 5-1 所示。

代码清单 5-1 Chap05/DecOctHexLiteral.java

```
// 整数常量（十进制/八进制/十六进制）

class DecOctHexLiteral {

   public static void main(String[] args) {
      int a = 13;      // 十进制数的13
      int b = 013;     // 八进制数的13
      int c = 0x13;    // 十六进制数的13

      System.out.println("a = " + a);
      System.out.println("b = " + b);
      System.out.println("c = " + c);
   }
}
```

运行结果

```
a = 13
b = 11
c = 19
```

▶ 如果使用 `System.out.printf` 方法，就可以很容易地表示八进制数和十六进制数（4-6 节）。例如，变量 *a* 的值可以像下面这样用十进制数、八进制数、十六进制数来表示。

```
System.out.printf("a = %d\n", a);      // 用十进制数表示
System.out.printf("a = %o\n", a);      // 用八进制数表示
System.out.printf("a = %x\n", a);      // 用十六进制数表示
```

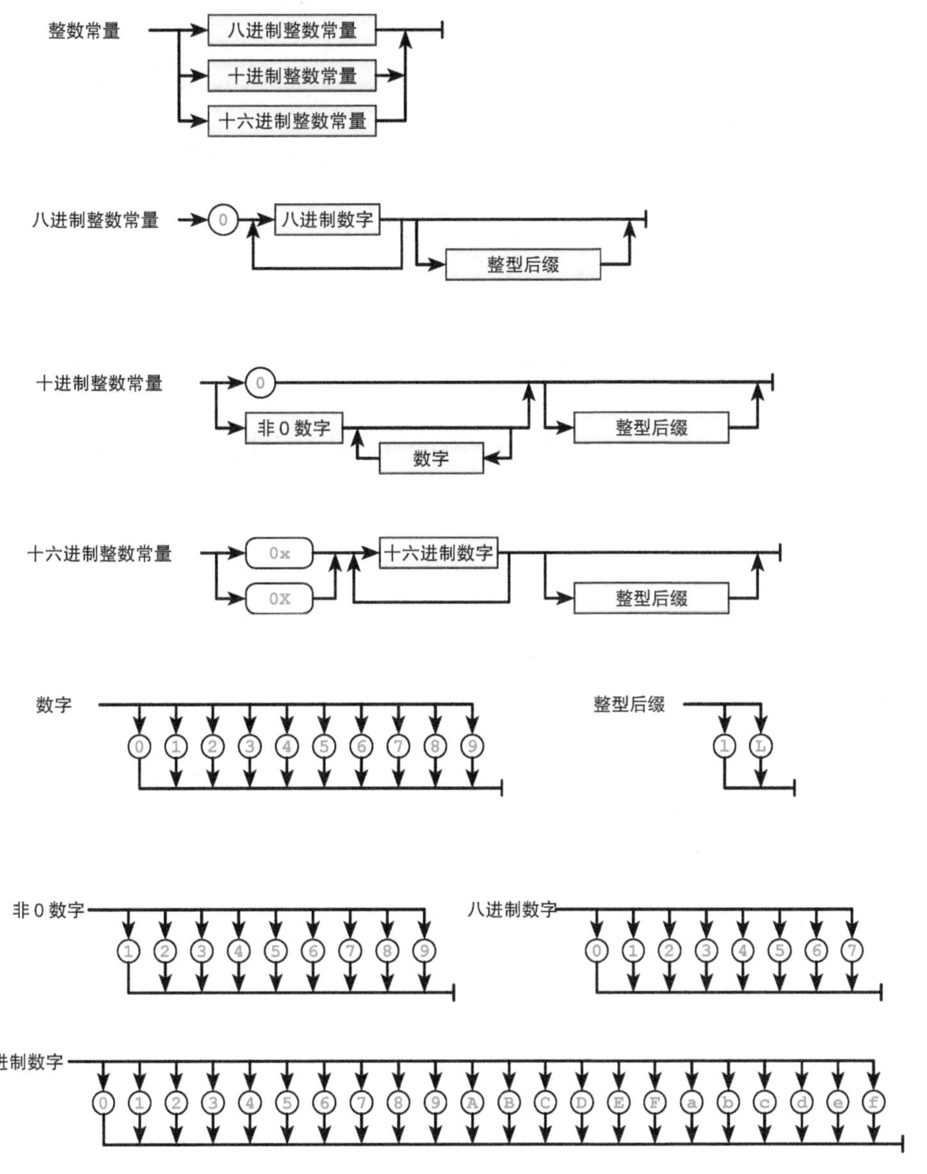

图 5-6　整数常量的语法结构图

练习 5-1

请编写一段程序，用八进制数和十六进制数来显示读入的十进制整数。

```
整数：27
用八进制数表示为33。
用十六进制数表示为1b。
```

整数的内部

数值是通过位序列表示的。这里我们来介绍一下 **byte** 型、**short** 型、**int** 型、**long** 型数值的内部表示。

▪ 符号位

整型数值的位表示形式如图 5-7 所示。在这里，n 位整数的各个位从最低位（右边）开始依次称为 $B_0, B_1, B_2, \cdots, B_{n-1}$（图中所示为 n 为 32 的 **int** 型示例）。

最高位的 B_{n-1} 表示数值的“**符号**”（如果为 **int** 型，则是 B_{31}）。如果值为负，则最高位为 1，否则为 0。

而除去符号位之外的剩余位就用来表示具体数值。

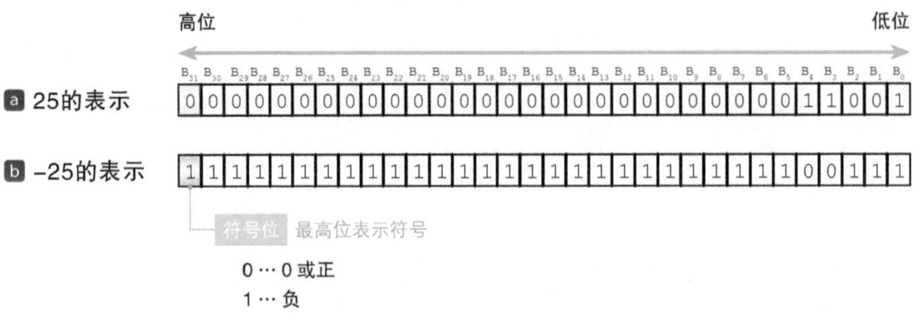

图 5-7　int 型整数值 25 和 -25 的内部

▪ 非负值

非负值的各个位对应其二进制的表示。例如，十进制数 25 用二进制数表示为 11001，如图 5-7a 所示，高位中的各个位用 0 填充，为 00000000000000000000000000011001。

▶ 由于各类型的位数不同，因此如果是由 8 位构成的 **byte** 类型，则整数数值 25 的内部表示为 00011001。

▪ 负值

负值是通过**补码表示**（专栏 5-3）的形式来表示的。图 5-7b 所示为 -25 的内部表示。

*

32 位 **int** 型的数值及其内部位的表示如图 5-8 所示。

▶ 通过程序也可以操作位。关于这一点，我们将在第 7 章介绍。

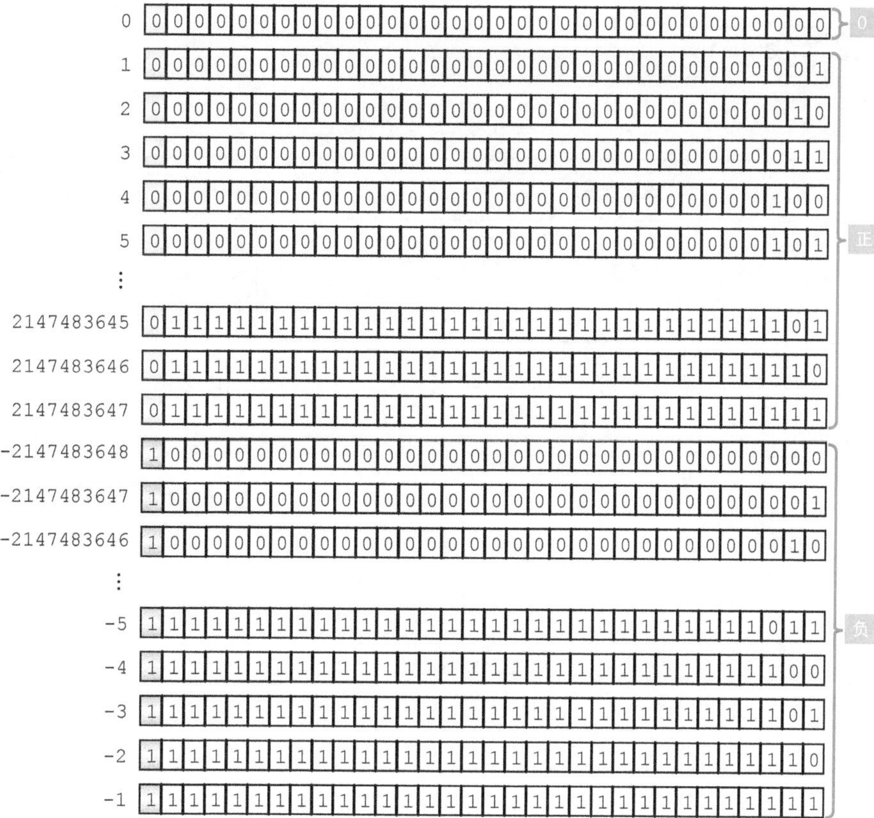

图 5-8 int 型的内部

专栏 5-3 补码表示

我们将正数的所有位都取反后得到的数称为**一补数**。一补数加 1 后得到的数就是**补码**。因此，如果将正数的所有位都取反再加 1，就可以得到该数值的符号取反后的位构成。

图 5C-1 所示为由 **short** 型的 5 求 -5 的步骤。

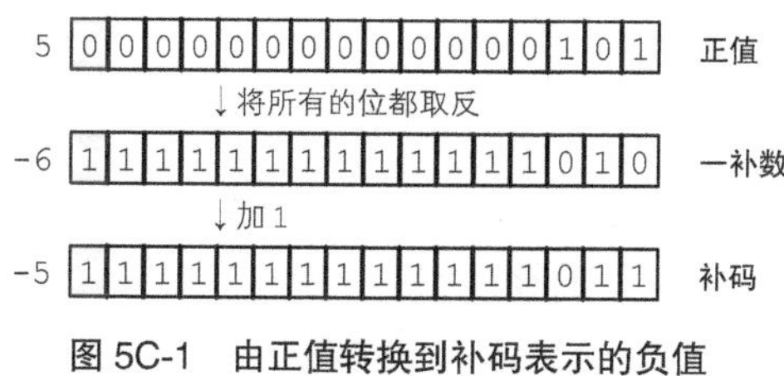

图 5C-1 由正值转换到补码表示的负值

浮点型

浮点型（floating-point type）表示具有小数部分的实数。它有以下两种类型，特征如表 5-4 所示。

```
float　　double
```

表 5-4　浮点型的特性

类型	格式	表示范围	精度	位数 (符号 / 指数 / 尾数)
float	IEEE754 格式	±3.40282347E+38 ~ ±1.40239846E-45	约 6 ~ 7 位	32 (1 / 8 / 23)
double	IEEE754 格式	±1.79769313486231507E+378 ~ ±4.94065645841246544E-324	约 15 位	64 (1 / 11 / 52)

代码清单 5-2 所示的程序会对这两种类型的变量赋入数值并显示该数值。

代码清单 5-2　Chap05/FloatDouble.java

```
// 感受一下float型和double型的精度是有限的

class FloatDouble {

   public static void main(String[] args) {
      float  a = 123456789;
      double b = 1234567890123456789L;

      System.out.println("a = " + a);
      System.out.println("b = " + b);
   }
}
```

运行结果

```
a = 1.23456792E8
b = 1.23456789012345677E18
```

▶ 显示的 E 是表示 10 的指数幂的数学符号。例如，*a* 显示为 1.23456792E8，但它的值实际上是 1.23456792×10^8。

通过运行结果可以发现，赋给变量的**值并没有被正确显示**。这是因为与整型表示一定范围内的连续的整数不同，浮点型的表示范围是由**长度**和**精度**共同决定的。

比如：

```
能够表示长度为 12 位，精度为 6 位的数字
```

这里我们以下面这个数值为例进行思考。

```
1234567890　　　…　　a
```

这个数值有 10 位，长度在 12 位的表示范围之内。不过，它在精度为 6 位时无法正确表示。因此，将左数第 7 位四舍五入，得到下面的值。

```
1234570000　　　…　　b
```

用科学计数法表示 b 的数值，如图 5-9 所示。

在这里，我们将 1.23457 称为**尾数**，将 9 称为**指数**。**尾数的位数就相当于“精度”，指数的值则相当于“长度”**。

尾数　　指数

1.23457×10^9

图 5-9　浮点数和尾数、指数

到目前为止我们都是以十进制数为例进行了思考，但实际上尾数部分和指数部分都是用二进制数表示的。因此，在诸如长度或精度为 6 位的情况下，并不能用十进制整数准确无误地表示浮点数（专栏 5-4）。

浮点数的内部表示如图 5-10 所示。**float** 型和 **double** 型的指数部分和尾数部分的位数是不同的（各部分的位数如表 5-4 所示）。

▶ 类型名称 **float** 来源于**浮点数**（floating-point），而 **double** 的类型名称则来源于其精度大约是 **float** 型的 2 倍（double precision）。

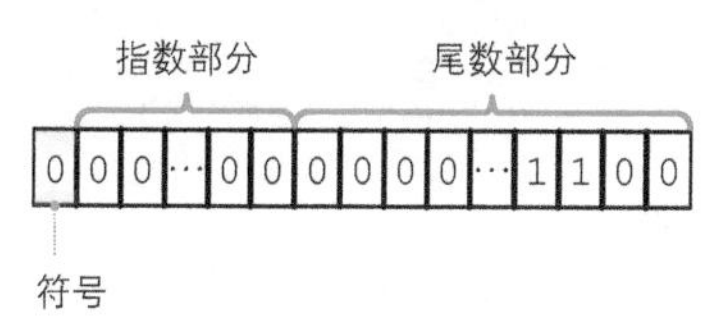

图 5-10 浮点数的内部

练习 5-2

请编写一段程序，显示 **float** 型的变量和 **double** 型的变量中读入的值。

▶ **float** 型的读入使用 `nextFloat()`（第 2 章“小结”）。

```
变量x为float型，变量y为double型。
x : 0.12345678901234567890⏎
y : 0.12345678901234567890⏎
x = 0.12345679
y = 0.12345678901234568
```

专栏 5-4 具有小数部分的二进制数

二进制数的各个位都是 2 的指数幂。因此，二进制数中小数点以后的位与十进制数的对应关系如表 5C-1 所示。

表 5C-1 二进制数和十进制数

二进制数	十进制数	
0.1	0.5	※ 2 的 -1 次幂
0.01	0.25	※ 2 的 -2 次幂
0.001	0.125	※ 2 的 -3 次幂
0.0001	0.0625	※ 2 的 -4 次幂
⋮	⋮	

0.5, 0.25, 0.125 等值的和以外的数值无法用一定位数的二进制数来表示，示例如下。

▪ 能够用一定位数表示的示例

十进制数 0.75 = 二进制数 0.11

※ 0.75 是 0.5 和 0.25 的和。

▪ 无法用一定位数表示的示例

十进制数 0.1 = 二进制数 0.00011001…

浮点型常量

我们将诸如 57.3 这样的常数称为**浮点型常量**（floating-point literal）（2-2 节）。浮点型常量的语法结构图如图 5-11 所示。

可以使用**浮点型后缀**（float type suffix）来指定类型。**f** 和 **F** 用来指定 **float** 型，**d** 和 **D** 用来指

定 **double** 型，未指定类型时会被视为 **double** 型。因此，我们可以像下面这样，用不同的类型来表示同一个值。

```
80.0        // double型
80.0D       // double型
80.0F       // float型
```

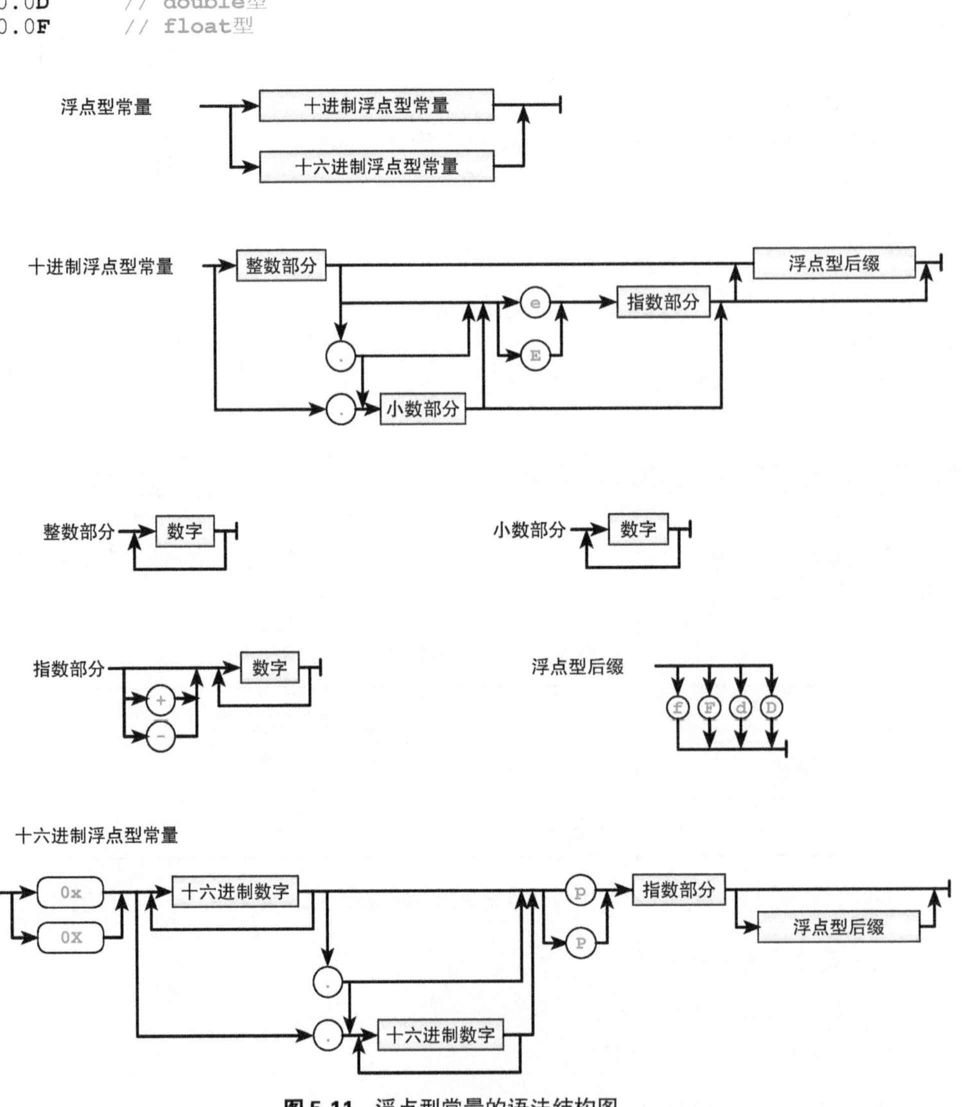

图 5-11 浮点型常量的语法结构图

如语法结构图所示，我们可以使用科学计数法来表示指数，示例如下。

```
1.23E4      // 1.23×10⁴
80.0E-5     // 80.0×10⁻⁵
```

另外，我们可以省略整数部分或小数部分，但不可以将所有部分都省略。让我们对照着语法结构图来理解，下面是几个示例。

```
.5          // 0.5
10.         // 10.0
.5f         // float型的0.5
1           // 错误（会被看作int型的整数常量）
1D          // 1.0
```

▶ 如果小数点和小数部分都省略了，则整数部分不可以省略。

从语法结构图中可以看出，浮点型常量可以用十进制和十六进制来表示。请注意，不可以用八进制来表示。

▶ 与整数常量一样，从 Java SE 8 开始，浮点型常量中间也可以插入下划线。

专栏 5-5 可应用于浮点型操作数的运算符

可应用于浮点型操作数的运算符如下。

▪ 比较运算符

运算的结果为布尔型的值。

▫ 关系运算符　`<`　`<=`　`>`　`>=`

▫ 相等运算符　`==`　`!=`

▪ 数值运算符

运算的结果为 **float** 型或者 **double** 型的值。

▫ 一元符号运算符　`+`　`-`

▫ 乘除运算符　`*`　`/`　`%`

▫ 加减运算符　`+`　`-`

▫ 递增运算符　`++`（前置和后置）

▫ 递减运算符　`--`（前置和后置）

▫ 条件运算符　`?:`

▪ 造型运算符 ()

将浮点型的值转换为指定的任意数值类型的值。

▪ 字符串拼接运算符 +

当一个是 **String** 型操作数，另一个是浮点型操作数时，在将浮点型操作数转换为十进制数格式的 **String** 后，再拼接为字符串。

布尔型（boolean 型）

第 3 章也简单介绍过表示布尔值的**布尔型**（**boolean** 型）。布尔型有表示真的 **true** 和表示假的 **false** 这两个值。

下面的情形中只可以使用布尔型。

- **if** 语句的控制表达式（用来判断条件的表达式）
- **do** 语句、**while** 语句、**for** 语句的控制表达式（用来判断是否继续循环的表达式）
- 条件运算符 **?:** 的第 1 操作数

▶ 在这些情形中，除了 **boolean** 型之外，还可以使用包装类（专栏 15-7）的 **Boolean** 型。

布尔型常量

我们已经介绍过，表示布尔型数值的 **false** 和 **true** 称为**布尔型常量**。布尔型常量的语法结构图如图 5-12 所示。

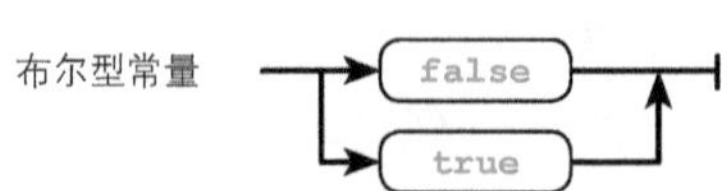

图 5-12　布尔型常量的语法结构图

第 3 章中介绍过，关系运算符、相等运算符、逻辑非运算符的结果都是布尔型的值。我们来创建一个程序验证一下，如代码清单 5-3 所示。

代码清单 5-3　　Chap05/BooleanTester.java

```
// 显示关系运算符、相等运算符、逻辑非运算符的结果值

import java.util.Scanner;

class BooleanTester {

   public static void main(String[] args) {
      Scanner stdIn = new Scanner(System.in);

      System.out.print("整数a: "); int a = stdIn.nextInt();
      System.out.print("整数b: "); int b = stdIn.nextInt();

      System.out.println("a <  b   = " + (a <  b));
      System.out.println("a <= b   = " + (a <= b));
      System.out.println("a >  b   = " + (a >  b));
      System.out.println("a >= b   = " + (a >= b));
      System.out.println("a == b   = " + (a == b));
      System.out.println("a != b   = " + (a != b));
      System.out.println("!(a==0)  = " + !(a == 0));
      System.out.println("!(b==0)  = " + !(b == 0));
   }
}
```

运行示例

```
整数a: 0
整数b: 9
a <  b   = true
a <= b   = true
a >  b   = false
a >= b   = false
a == b   = false
a != b   = true
!(a==0)  = false
!(b==0)  = true
```

从运行结果可以看出，用于判断的各个表达式的值都显示为“true”或者“false”。

专栏 5-6　可应用于布尔型操作数的运算符

毋庸多言，**boolean** 型的值不可以进行加法、减法、除法等运算。可应用于 **boolean** 型操作数的运算符数量有限，如下所示。

▫ 相等运算符	**==**	**!=**	
▫ 逻辑非运算符	**!**		
▫ 逻辑运算符	**&**	**^**	**|**
▫ 逻辑与运算符、逻辑或运算符	**&&**		**||**
▫ 条件运算符	**?:**		
▫ 字符串拼接运算符	**+**		

在“字符串 + 数值”和“数值 + 字符串”的运算中，数值会先转换为字符串之后再进行拼接（2-1 节）。同样，在“字符串 + 布尔值”和“布尔值 + 字符串”的运算中，布尔型的值会先转换为 "true" 或者 "false" 字符串之后再进行拼接。

重要 当执行“字符串 + 布尔值”和“布尔值 + 字符串”的运算时，布尔型的值会先转换为 "true" 或者 "false" 字符串之后再进行拼接。

我们以 *a* < *b* 为 **true** 的情况为例，来介绍字符串拼接的过程，如图 5-13 所示。

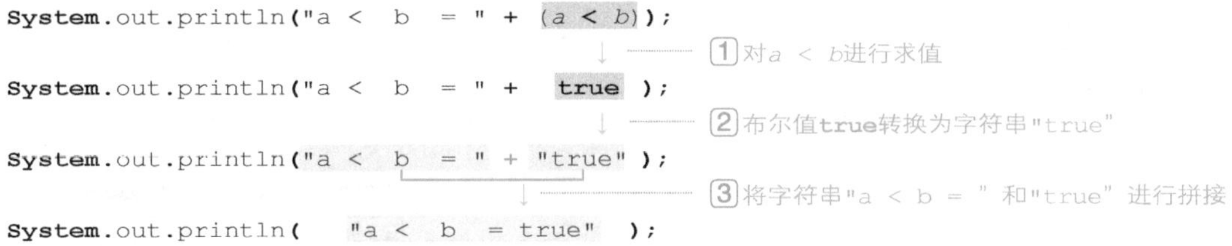

```
System.out.println("a < b = " + (a < b));
                                 ↓ ──── ①对a < b进行求值
System.out.println("a < b = " +  true );
                                 ↓ ──── ②布尔值true转换为字符串"true"
System.out.println("a < b = " + "true" );
                           ↓ ──── ③将字符串"a < b = "和"true"进行拼接
System.out.println(   "a < b = true"   );
```

图 5-13 字符串拼接的过程（代码清单 5-3）

练习 5-3

请编写一段程序，将 **true** 和 **false** 赋给布尔型变量，并显示它的值。

5-2 运算和类型

第 2 章中介绍过，整数除以整数时，得到的商和余数也都是整数。那如果是实数又会怎么样呢？本节将介绍运算和类型的相关内容。

运算和类型

我们来创建一个程序，读入两个整数值，并显示它们的平均值，如代码清单 5-4 所示。

代码清单 5-4　　Chap05/Average1.java

```
// 计算两个整数值的实数平均值（错误）

import java.util.Scanner;

class Average1 {

   public static void main(String[] args) {
      Scanner stdIn = new Scanner(System.in);

      System.out.println("计算整数值x和y的平均值。");
      System.out.print("x的值：");   int x = stdIn.nextInt();
      System.out.print("y的值：");   int y = stdIn.nextInt();

      double ave = (x + y) / 2;                          // 平均值
      System.out.println("x和y的平均值为" + ave + "。");   // 显示
   }
}
```

运行示例

```
计算整数值x和y的平均值。
x的值：7
y的值：8
x和y的平均值为7.0。
```

不是 7.5

保存平均值的变量是阴影部分声明的 **double** 型变量 *ave*。虽然平均值被存入了能表示实数的 **double** 型变量 *ave* 中，但在运行示例中，7 和 8 的平均值并不是 7.5，而是 7.0。

我们来思考一下原因。首先来看一下变量 *ave* 的初始值 (*x* + *y*) / 2。由于表达式 *x* + *y* 是 **int** + **int**，因此它的结果是 **int** 型。然后再除以 2 的运算是 **int** / **int**，所以如图 5-14ⓐ所示，结果也为 **int** 型。

▶ 我们在 2-1 节中介绍过，整数 / 整数的运算中会舍弃小数部分。

初始值 (*x* + *y*) / 2 的值是舍弃小数部分后的整数值。虽然变量 *ave* 是 **double** 型，但由于存入该变量中的原始值并没有小数部分，因此 *ave* 也就没有小数部分的值。

ⓐ int / int的运算

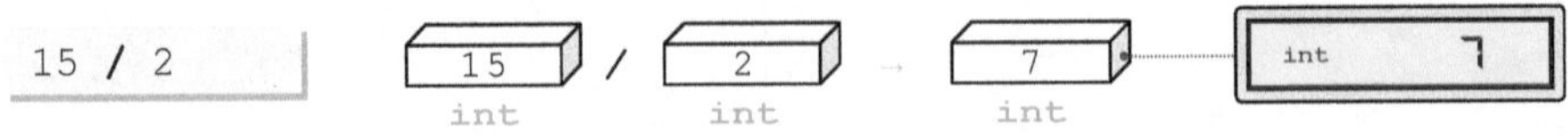

ⓑ double / double的运算

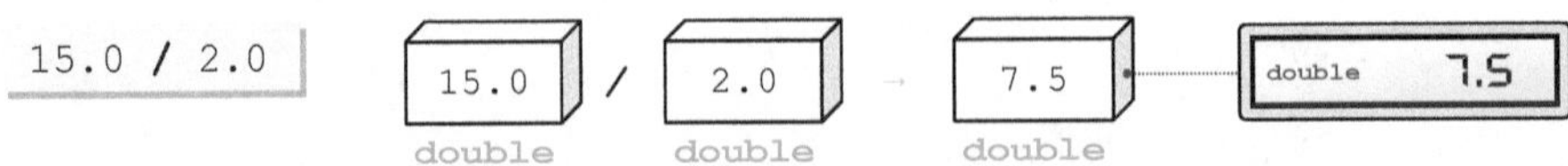

图 5-14　相同类型之间的算术运算

另外，图 5-14ⓑ是 **double** 型之间的除法运算，运算结果为 **double** 型。

像这样，**int** 型之间的算术运算、**double** 型之间的算术运算得到的值的类型与操作数相同。如图 5-15 所示，如果运算中 **int** 型和 **double** 型混在一起，运算结果会是什么类型呢？

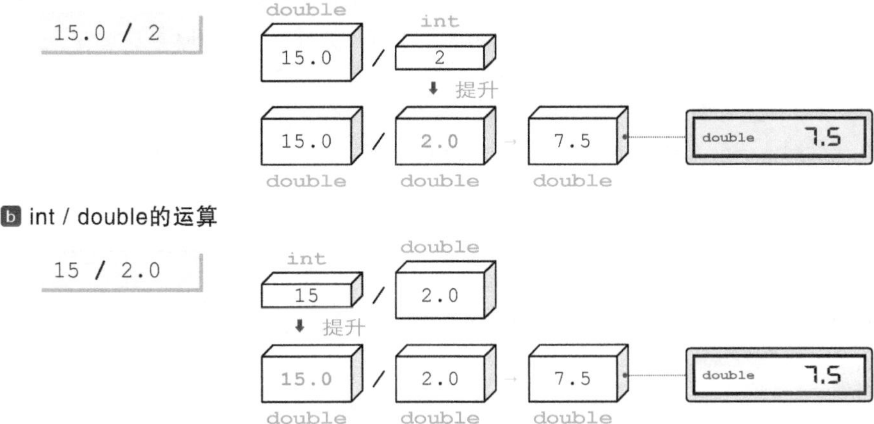

b int / double的运算

15 / 2.0

int double 15 / 2.0 ⬇ 提升 15.0 / 2.0 → 7.5 double 7.5 double double double

图 5-15 int 型和 double 型混在一起的算术运算

在这样的运算中会默认执行被称为**双目数值提升**（binary numerical promotion）的**类型转换**（type conversion）。在执行运算之前，**int** 型操作数的值会先被提升为 **double** 型，**int** 型的 2 会转换为 **double** 型的 2.0。

最终，两个操作数都变成了 **double** 型，因此a和b的运算结果都为 **double** 型。

我们使用代码清单 5-5 的程序来确认一下上述内容。

代码清单5-5 Chap05/Quotient.java

```
// 计算两个数值的商

class Quotient {

   public static void main(String[] args) {
      System.out.println("15    / 2   = " + 15   / 2  );
      System.out.println("15.0 / 2.0 = " + 15.0 / 2.0);
      System.out.println("15.0 / 2   = " + 15.0 / 2  );
      System.out.println("15    / 2.0 = " + 15   / 2.0);
   }
}
```

运行示例

```
15   / 2   = 7
15.0 / 2.0 = 7.5
15.0 / 2   = 7.5
15   / 2.0 = 7.5
```

int / int 的运算可以得到 **int** 型的结果，但除此之外的运算结果都是 **double** 型。

*

不仅本程序中执行的 / 运算可以应用双目数值提升，+ 或 - 等运算中也会应用。因此，我们可以像下面这样进行理解。

重要 当进行算术运算的操作数的类型不同时，较小类型的操作数会先转换为较大（容量大）类型之后再进行运算。

这里所谓“大”并不是表示物理上的大。**double** 型会保存小数点以后的部分，在这一点上，它比 **int** 型“充裕”。

具体来说，双目数值提升的类型转换规则如下。

- 若有一个操作数为 **double** 型，则将另一个操作数转换为 **double** 型
- 否则，若有一个操作数为 **float** 型，则将另一个操作数转换为 **float** 型
- 否则，若有一个操作数为 **long** 型，则将另一个操作数转换为 **long** 型
- 否则，将两个操作数都转换为 **int** 型

我们现在已经明白，在计算包含小数部分的平均值时，“整数 / 整数”的运算是不正确的，必须要像下面这样来操作。

重要 在计算数值除法中商的实数值时，必须至少有一个操作数为浮点型。

我们来改良一下程序，计算实数平均值，如代码清单 5-6 所示。

代码清单 5-6　Chap05/Average2.java

```
// 计算两个整数值的实数平均值（用2.0来除合计值）

import java.util.Scanner;

class Average2 {

   public static void main(String[] args) {
      Scanner stdIn = new Scanner(System.in);

      System.out.println("计算整数值x和y的平均值。");
      System.out.print("x的值：");   int x = stdIn.nextInt();
      System.out.print("y的值：");   int y = stdIn.nextInt();

      double ave = (x + y) / 2.0;                          // 平均值
      System.out.println("x和y的平均值为" + ave + "。");     // 显示
   }
}
```

运行示例

```
计算整数值x和y的平均值。
x的值：7
y的值：8
x和y的平均值为7.5。
```

我们来看一下阴影部分中计算平均值的表达式。

最先执行的运算是用括号括起来的 x + y。这是 **int + int**，运算结果也是 **int** 型。而作为除数的浮点型常量 2.0 是 **double** 型。

因此，阴影部分的整体运算是下面这样。

```
int / double                // 整数除以实数
```

该运算可以得到 **double** 型的结果。在运行结果中，程序显示 7 和 8 的平均值为 7.5。

练习 5-4

请编写一段程序，显示读入的三个整数值的合计值和平均值。平均值用实数显示。

造型运算符

我们在计算平均值时，一般想的并不是“除以 2.0”，而是“除以 2”。

我们来修改一下程序，暂且将两个整数的和转换为实数，然后再除以 2 来计算平均值，如代码清单 5-7 所示。

代码清单 5-7 Chap05/Average3.java

```
// 计算两个整数值的实数平均值（使用造型运算符）

import java.util.Scanner;

class Average3 {

   public static void main(String[] args) {
      Scanner stdIn = new Scanner(System.in);

      System.out.println("计算整数值x和y的平均值。");
      System.out.print("x的值："); int x = stdIn.nextInt();
      System.out.print("y的值："); int y = stdIn.nextInt();

      double ave = (double)(x + y) / 2;                   // 平均值
      System.out.println("x和y的平均值为" + ave + "。");    // 显示
   }
}
```

运行示例

```
计算整数值x和y的平均值。
x的值：7
y的值：8
x和y的平均值7.5。
```

阴影部分计算平均值的表达式和上一个程序中的不一样。运算符 / 的左操作数表达式 **(double)**(*x* + *y*) 的通用格式如下。这种格式是第一次出现。

（ 类型 ）表达式

该表达式用来将**表达式**的值转换为指定**类型**的值。

例如，**(int)**5.7 会舍弃 **double** 型的浮点型常量值 5.7 中小数点以后的部分，得到 **int** 型的 5。

又如，**(double)**5 会将 **int** 型的整数常量值 5 转换为 **double** 型的浮点型的值 5.0。

这里执行的类型转换称为**造型**（cast）。另外，括号并不是用来优先执行运算的符号（分隔符），而是一种被称为**造型运算符**（cast operator）的运算符（表 5-5）。

表 5-5 造型运算符

(类型)*x*	得到将 *x* 转换为指定类型后的值

▶ 括号还可以用作方法调用运算符（第 7 章）。

▶ 英语单词 cast 有很多意思，作为及物动词的 cast 有“扮演角色”“投掷”“翻过来”“计算”“弯曲”“拧”等意思。

在本程序计算平均值的过程中，首先通过下面的造型，将 *x* + *y* 的值转换为 **double** 型表示的值。

```
(double)(x + y)
```

如图 5-16 所示，如果 *x* + *y* 为 15，那么该造型表达式的值为 **double** 型的 15.0。

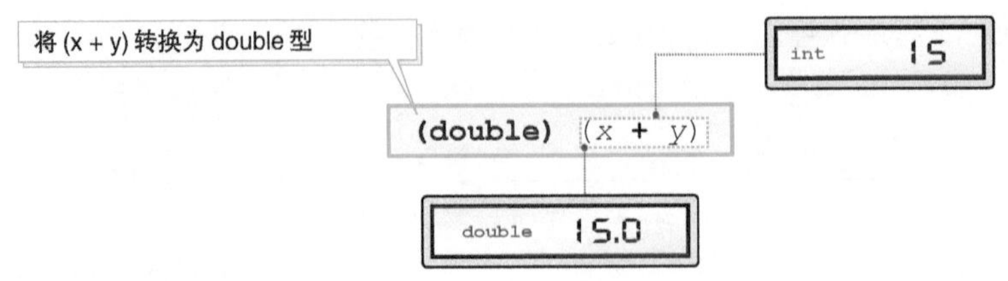

图 5-16 造型表达式的求值

由于表达式 (x + y) 的值被转换为了 **double** 型，因此计算平均值的运算变为下面这样。

```
double / int                    // 实数除以整数
```

该运算可以得到 **double** 型的结果，因此，如果 x + y 为 15，那么程序阴影部分的表达式的值为 7.5。

练习 5-5

请编写一段程序，显示读入的三个整数值的合计值和平均值。使用造型运算符计算平均值，用实数显示。

专栏 5-7 造型的应用范围

有的造型会在编译时发生错误。

例如，不可以将基本型转换为引用类型（第 6 章、第 8 章），也不可以在整数、浮点数和 **boolean** 型之间进行类型转换。

基本类型的缩小转换

在上一个程序中，为了将 **int** 型的值按 **double** 型取出，我们使用了造型运算符。关于逆向转换，我们通过以下代码来思考一下。

```
   int a;
1  a = 10.0;           // 错误
2  a = (int)10.0;      // OK
```

编译该代码时，1会发生错误，必须像2那样进行类型转换。

我们参照着图 5-17 来思考一下原因。

如图a所示，如果赋值的原始值为 10.0，由于该值在 **int** 型的表示范围之内，因此应该可以进行赋值。

另外，如图b所示，如果赋值的原始值为 10000000000.0，由于该值超过了 **int** 型的表示范围，因此应该不可以进行赋值（因为数值会溢出容器）。

byte　short　int　long　float　double

小 ←——→ 大

a 赋入int型可以表示的值

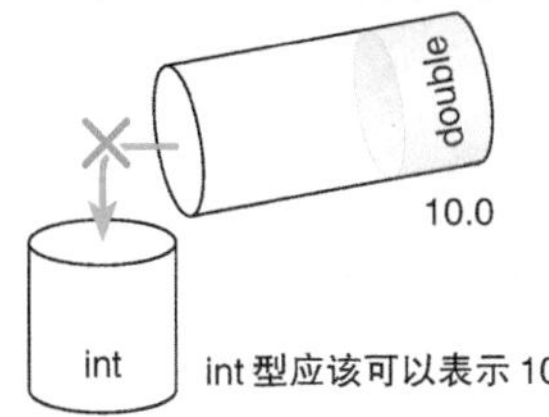

b 赋入int型无法表示的值

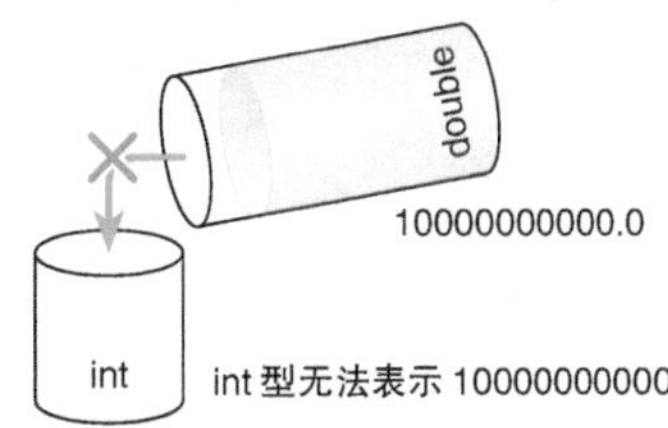

图 5-17　向较小的类型中赋值

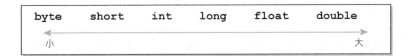

虽说如此，但如果每次在赋值时都要判断赋值的原始值是否在赋值目标的类型可以表示的范围之内，程序会变得很庞大，运行速度也会很慢。

因此，**double** 型的值是不允许赋给 **int** 型的（与被赋的值无关，不管是 10.0 还是 10000000000.0 都不允许）。

所以，不可以直接向较小的类型赋值，必须进行类型转换。

重要 向较小的类型赋值时，必须进行类型转换。

下面的 22 种转换被称为**基本类型的缩小转换**（narrowing primitive conversion）。

- 从 **short** 到 **byte**、**char** 的转换
- 从 **char** 到 **byte**、**short** 的转换
- 从 **int** 到 **byte**、**short**、**char** 的转换
- 从 **long** 到 **byte**、**short**、**char**、**int** 的转换
- 从 **float** 到 **byte**、**short**、**char**、**int**、**long** 的转换
- 从 **double** 到 **byte**、**short**、**char**、**int**、**long**、**float** 的转换

原则上，缩小转换中必须使用造型。转换过程中，有时数值的“长度”信息或“精度”会丢失。

常量的赋值、常量的初始化

虽说在基本类型的缩小转换中，原则上必须使用造型，但也有例外，比如下面的示例。

```
byte a = 0;             // OK
a = 5;                  // OK
short b = 53;           // OK
```

我们已经介绍过，没有整型后缀 l 或 L 的整数常量是 **int** 型。因此，对于 **byte** 型或 **short** 型，当赋入 **int** 型的 0、5 或 53 时，应该需要造型。但因为有以下规则，不进行造型也不会发生编译错误。

> 当赋值的右边表达式或初始值为 **byte**、**short**、**char**、**int** 型的常量表达式，赋值目标或初始化目标的变量类型是 **byte**、**short**、**char**，常量表达式的值可以用变量类型来表示时，基本类型的缩小转换会自动执行（无需造型）。

请注意，**只有常量表达式**才可以无需造型就能赋值。如果是变量的话，必须使用造型。

```
short a = 1;                // OK
byte b = a;                 // 错误
```

此外，对于浮点型，也不存在这样的规则。因此，对于 **float** 型变量，不可以不造型就赋入 **double** 型的常量值，示例如下。

```
float a = 3.14;             // 错误：3.14是double型
float b = (float)3.14;      // OK
float c = 3.14f;            // OK：3.14f是float型
```

基本类型的放大转换

与前面介绍的缩小转换相反的转换称为**基本类型的放大转换**（widening primitive conversion），有下述 19 种。

- 从 **byte** 到 **short**、**int**、**long**、**float**、**double** 的转换
- 从 **short** 到 **int**、**long**、**float**、**double** 的转换
- 从 **char** 到 **int**、**long**、**float**、**double** 的转换
- 从 **int** 到 **long**、**float**、**double** 的转换
- 从 **long** 到 **float**、**double** 的转换
- 从 **float** 到 **double** 的转换

放大转换在赋值或初期化时会自动执行。如下面的示例所示，**与缩小转换不同，放大转换并不需要造型**。

```
int a = '5';                // OK
long b = a;                 // OK
double c = 3.14f;           // OK
```

在基本类型的放大转换中，数值的“长度”信息原则上并不会丢失（专栏 5-8）。但在下面的转换中，“精度”有时会丢失。

- 从 **int** 或 **long** 的值到 **float** 的转换
- 从 **long** 的值到 **double** 的转换

此时，浮点数的转换结果是最接近的近似整数值。

丢失精度的放大转换的示例如代码清单 5-8 所示。

代码清单 5-8 Chap05/IntegralToFloat.java

```
// 从整型到浮点型的转换（丢失精度的示例）

class IntegralToFloat {

    public static void main(String[] args) {
        int  a = 123456789;
        long b = 1234567890123456789L;

        System.out.println("        a = " +         a);
        System.out.println("(float) a = " + (float) a);

        System.out.println("        b = " +          b);
        System.out.println("(double)b = " + (double) b);
    }
}
```

运行结果

```
        a = 123456789
(float) a = 1.23456792E8
        b = 1234567890123456789
(double)b = 1.23456789012345677E18
```

从运行结果中可以看出，在从 **int** 到 **float** 的转换过程和从 **long** 到 **double** 的转换过程中，精度信息丢失了。

基本类型的放大转换和缩小转换

下面的转换分为基本类型的放大转换和缩小转换两个步骤。

从 **byte** 到 **char** 的转换

首先，通过基本类型的放大转换，将 **byte** 转换为 **int**，然后，通过基本类型的缩小转换，将 **int** 转换为 **char**。

专栏 5-8 strictfp 和 FP 精确表达式

浮点数的内部十分复杂，因此在所有的运行环境中浮点数的运算结果并不一定会完全一致。这是因为如果只使用符合 IEEE 754 格式的精确数值进行运算，硬件资源就无法被充分使用，运算会非常耗时。

▶ 例如，在 Intel 的 CPU 中，浮点数内部是以 80 位进行运算的，程序利用这一点进行高速运算。

为了得到在所有的运行环境中都相同的运算结果，需要特殊的声明，即指定类声明（第 8 章）、接口声明（第 14 章）、方法声明（第 7 章）中的 **strictfp** 关键字。例如，在类声明中指定 **strictfp** 关键字的情形如下所示。

```
// 将类ABC中的所有浮点表达式都变成浮点精确
strictfp class ABC {
    // ...
}
```

这样声明的类（或接口）中，所有的浮点表达式都会变成**浮点精确**（FP-strict）。这样就能确保得到在所有运行环境中都相同的运算结果。

在浮点精确的情况下，在从 **float** 到 **double** 的放大转换中，转换前后的数值长度并不会改变。

而如果不是浮点精确的话，转换后的数值长度相关的信息就有可能会丢失。

另外，如果只有类中某些特定的方法需要浮点精确，那么可以给这些方法加上 **strictfp**。

```
// 将方法f中的所有浮点表达式都变成浮点精确
strictfp void f() {
  // ...
}
```

即使类、接口、方法中不加 **strictfp**，0.0 或 3.14 等**常量表达式**（只有常量表达式）也能保证一定是浮点精确。

*

在一般的计算中，并不会像这样需要浮点精确，只有在必须执行符合 IEEE 754 格式的精确运算时，才会指定浮点精确。

循环的控制

我们来思考一下代码清单 5-9。该程序显示了 **float** 型变量 x 的值以 0.001 为单位从 0.0 递增至 1.0 的每一步结果，并在最后显示了它们的合计值。

代码清单 5-9　　Chap05/FloatSum1.java

```
// 以0.001为单位从0.0递增至1.0，并显示合计值（用float控制循环）

class FloatSum1 {

   public static void main(String[] args) {
      float sum = 0.0F;

      for (float x = 0.0F; x <= 1.0F; x += 0.001F) {
         System.out.println("x = " + x);
         sum += x;
      }
      System.out.println("sum = " + sum);
   }
}
```

运行结果

```
x = 0.0
x = 0.0010
x = 0.0020
x = 0.0030
 … 中略 …
x = 0.9979907
x = 0.9989907
x = 0.9999907
sum = 500.49667
```

请注意，x 最后的值并不是 1.0，而是 0.9999907。这是因为浮点数**表示时无法保证每一位都不发生数据丢失**（5-1 节）。因此，**x 中累积了 1000 个误差**（图 5-18 a）。

*

如果 **for** 语句修改为下面这样会怎么样呢？

```
for (float x = 0.0F; x != 1.0F; x += 0.001F) {        // 代码清单5-9[修改]
```

x 的值也不会完全变为 1.0。因此，如图 5-18 b 所示，**for** 语句会跳过 1.0 继续循环下去。

a 代码清单 5-9

```
x = 0.0
x = 0.0010
x = 0.0020
x = 0.0030
 … 中略 …
x = 0.9979907
x = 0.9989907
x = 0.9999907
sum = 500.49667
```

误差累积

b 代码清单 5-9[修改]

```
x = 0.0
x = 0.0010
x = 0.0020
x = 0.0030
 … 中略 …
x = 0.9979907
x = 0.9989907
x = 0.9999907
x = 1.0009907
x = 1.0019908
x = 1.0029908
x = 1.0039909
 … 以下省略 …
```

x 不会变成 1.0，循环会一直执行下去

c 代码清单 5-10

```
x = 0.0
x = 0.0010
x = 0.0020
x = 0.0030
 … 中略 …
x = 0.998
x = 0.999
x = 1.0
sum = 500.49997
```

虽有误差但不累积

图 5-18 代码清单 5-9 的循环和代码清单 5-10 的循环比较

改写后的程序使用整数控制循环，如代码清单 5-10 所示。

代码清单5-10 Chap05/FloatSum2.java

```java
// 以0.001为单位从0.0递增至1.0，并显示合计值（用int控制循环）

class FloatSum2 {

   public static void main(String[] args) {
      float sum = 0.0F;

      for (int i = 0; i <= 1000; i++) {
         float x = (float)i / 1000;
         System.out.println("x = " + x);
         sum += x;
      }
      System.out.println("sum = " + sum);
   }
}
```

运行结果

```
x = 0.0
x = 0.0010
x = 0.0020
x = 0.0030
 … 中略 …
x = 0.998
x = 0.999
x = 1.0
sum = 500.49997
```

在 **for** 语句中，变量 *i* 的值从 0 递增到 1000。每次循环时，都会将 *i* 除以 1000 的值赋给 *x*。这种写法也无法保证 *x* 能准确无误地表示实数值。但由于每次循环时都会重新计算 *x* 的值，因此不会像代码清单 5-9 那样累积误差。

得到的合计值也只是近似于实际值。

重要 循环判断的基准所使用的变量应为整数，不要用浮点数。

练习 5-6

请编写一段程序，并排显示下面两种情形。

- 像代码清单 5-9 那样，**float** 型变量以 0.001 为单位从 0.0 递增至 1.0 的情形
- 像代码清单 5-10 那样，**int** 型变量从 0 递增到 1000 的值再除以 1000 的情形

```
  float          int
----------------------
0.0000000     0.0000000
0.0010000     0.0010000
0.0020000     0.0020000
   … 中略 …
0.9989907     0.9990000
0.9999907     1.0000000
```

练习 5-7

请编写一段程序，以 0.001 为单位显示从 0.0 到 1.0 的值及其平方值。

5-3 转义字符

本节将大致介绍一下用来表示换行符等的转义字符。

转义字符

我们在第 1 章中已经介绍过表示换行符的 **\n**。用开头是反斜杠 **** 的字符序列来表示单个字符的写法称为**转义字符**（escape sequence）（1-2 节）。

转义字符用在字符常量和字符串常量中。表 5-6 是转义字符一览表。

表 5-6 转义字符和 Unicode 转义

▪ 转义字符（escape sequence）			
\b	退格符（backspace）	显示位置移到前一个位置	\u0008
\f	换页符（form feed）	换页并移到下一页页首	\u000c
\n	换行符（new line）	换行并移到下一行行首	\u000a
\r	回车符（carriage return）	移到当前行的行首	\u000d
\t	水平制表符（horizontal tab）	跳到下一个水平制表位置	\u0009
\"	字符 "	双引号	\u0022
\'	字符 '	单引号	\u0027
\\	字符 \	反斜杠	\u005C
ooo	*ooo* 为八进制数	与八进制数 *ooo* 相对应的字符	
▪ Unicode 转义（Unicode escape）			
\u*hhhh*	*hhhh* 为十六进制数	与十六进制数 *hhhh* 相对应的字符	

▶ 右侧的蓝色一栏是 Unicode 转义的写法。关于 Unicode，我们将在第 15 章进行介绍。

虽然转义字符 **\n** 或 **\173** 看起来是多个字符，但它们最终表示的只是单个字符。

▶ 本书中用加粗字符来表示转义字符。

▪ \b…退格符

当输出退格符 **\b** 时，当前显示位置会移动到**该行中的前一个位置**。

▶ 如果输出目标是控制台画面，则所谓的当前显示位置就是指光标位置。当前显示位置为行首时的退格输出结果并未作规定，这是因为在很多环境中，光标无法返回到前一行（上一行）。

▪ \f…换页符

当输出换页符 **\f** 时，当前显示位置会移动到**下一逻辑页的页首**。在一般的环境中，即使向控制台画面上输出换页符，也不会执行任何操作。

当输出到打印机换页时会使用换页符。

▪ \n…换行符

当输出换行符 **\n** 时，当前显示位置会移动到**下一行的行首**。

▪ \r…回车符

当输出回车符 **\r** 时，当前显示位置会移动到**当前行的行首**。

当向画面上输出换行符 **\n** 时，可以改写已经显示的字符。代码清单 5-11 的程序会先显示字母 A 到 Z，然后通过回车符将光标返回到当前行的行首，再显示 "12345"。

代码清单5-11　Chap05/CarriageReturn.java

```
// 通过输出回车符来改写已经显示的字符串

class CarriageReturn {

   public static void main(String[] args) {
      System.out.print("ABCDEFGHIJKLMNOPQRSTUVWXYZ");
      System.out.println("\r12345");
   }
}
```

运行结果

```
12345FGHIJKLMNOPQRSTUVWXYZ
```

将 ABCDE 替换为 12345

▪ \t…水平制表符

当输出水平制表符 **\t** 时，当前显示位置会移动到该行**下一水平制表位置**。另外，当前显示位置是该行的最后一个水平制表位置，或者超过最后一个水平制表位置时的动作未作规定。

输出水平制表符的程序示例如代码清单 5-12 所示。

代码清单5-12　Chap05/HorizontalTab.java

```
// 输出水平制表符

class HorizontalTab {

   public static void main(String[] args) {
      System.out.println("ABC\t123");
   }
}
```

运行结果

```
ABC      123
```

水平制表符的位置取决于 OS 等的环境。

▶ 因此，运行时 ABC 和 123 之间显示的空白宽度取决于运行环境。

▪ \" 和 \'…双引号和单引号

表示引号 " 和 ' 的转义字符是 \" 和 \'。如下所示，在字符串常量中使用引号和在字符常量中使用引号时需要稍加注意。

▪ 字符串常量中的写法

· **双引号**

必须使用转义字符 \" 来表示。因此，表示字符串 XY"Z 的字符串常量的写法为 "XY\"Z"。

· **单引号**

可以直接用 '，也可以用转义字符 \'。

表示 3 个字符 ABC 的字符串常量 "ABC"，和表示 5 个字符 "ABC" 的字符串常量 "\"ABC\"" 的对比如图 5-19 所示。

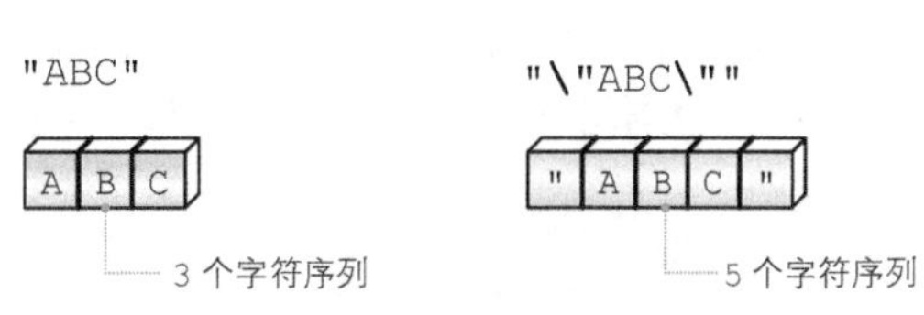

图 5-19　字符串常量和双引号

▪ 字符常量中的写法

· **双引号**

可以直接用 "，也可以用转义字符 \"。

· **单引号**

必须使用转义字符 \' 来表示。因此，表示单引号的字符常量为 '\''（''' 是错误的）。

表示字符 A 的字符常量 'A'，和表示字符 ' 的字符常量 '\'' 的对比如图 5-20 所示。

图 5-20　字符常量和单引号

我们来创建一个程序，显示使用了转义字符 \" 和 \' 的字符串常量和字符常量，如代码清单 5-13 所示。

代码清单 5-13　　Chap05/Quotation.java

```
// 转义字符\"和\'的使用示例

class Quotation {

   public static void main(String[] args) {
      System.out.println("关于字符串常量和字符常量。");

      System.out.println("用双引号括起来的\"ABC\"为字符串常量。");

      System.out.print("用单引号括起来的");
      System.out.print('\'');
      System.out.println("A'为字符常量。");
   }
}
```

运行结果

```
关于字符串常量和字符常量。
用双引号括起来的"ABC"为字符串常量。
用单引号括起来的'A'为字符常量。
```

▪ \\…反斜杠

反斜杠字符 \ 的写法是使用转义字符 \\。下面是显示反斜杠字符的程序。

```
System.out.println("\\");       // 显示1个反斜杠
System.out.println("\\\\");     // 显示2个反斜杠
```

```
\
\\
```

连续的两个字符 \\ 会输出一个 \。

▶ 注意：在某些语言的 MS-Windows 中，并不使用**反斜杠 **，而是使用**货币符号 ¥**（1-2 节）。在使用货币符号的环境中，上面的程序如下所示。

```
System.out.println("¥¥");      // 显示一个货币符号（反斜杠）
System.out.println("¥¥¥¥");    // 显示两个货币符号（反斜杠）
```

▪ 八进制转义字符

八进制转义字符用来表示八进制数编码的字符，可以指定的数值范围为 0~377。

例如，数字字符 '0' 的字符编码是十进制数 48，采用八进制转义字符则为 '\60'（15-1 节）。

另外，八进制数 0~377 的范围内可以表示字母、数字和一部分符号，但不可以表示汉字。

*

关于字符编码和 Unicode 扩展，我们将在第 15 章进行介绍。

小结

- Java 中可以使用的类型分为**基本类型**和**引用类型**。
- 基本类型分为**数值类型**和**布尔型**。数值类型又分为**整型**和**浮点型**。
- 类型不同，表示数值的位也有所不同。
- 整型是表示一定范围内连续的整数的类型。整型分为 **char** 型、**byte** 型、**short** 型、**int** 型、**long** 型。
- **char** 型以外的整型是表示负值、0、正值的**有符号整型**。其内部通过**补码表示的**形式来表示。
- **整数常量**是 **int** 型，但如果加上整型后缀 **L** 或 **l**，就变成了 **long** 型。如果开头是 0x 或 0X，则为**十六进制整数常量**，如果开头是 0 并且是 2 位以上，则为**八进制整数常量**，否则便为**十进制整数常量**。
- 浮点型由符号、指数、尾数构成，长度和精度存在一定限制。浮点型分为 **float** 型和 **double** 型。
- **浮点型常量**是 **double** 型，但如果加上整型后缀 **F** 或 **f**，就变成了 **float** 型。如果开头是 0x 或 0X，则为**十六进制浮点型常量**，否则便为**十进制浮点型常量**。
- 如果使用浮点型变量来控制循环，就会累积误差，应该使用整型变量。
- 表示真或假的是**布尔型**（**boolean** 型）。表示真的布尔型常量为 **true**，表示假的布尔型常量为 **false**。

数值类型可以表示的数值范围

整型	**char** 型	0	~	65535
	byte 型	-128	~	127
	short 型	-32768	~	32767
	int 型	-2147483648	~	2147483647
	long 型	-9223372036854775808	~	9223372036854775807
浮点型	**float** 型	±3.40282347E+38	~	±1.40239846E-45
	double 型	±1.79769313486231507E+378	~	±4.94065645841246544E-324

- 当执行“字符串 + **boolean** 型值”或者“**boolean** 型值 + 字符串”的运算时，**boolean** 型的值会先转换为 "true" 或者 "false" 字符串之后再进行拼接。

- 二元算术运算中会对操作数进行**双目数值提升**。

- 使用**造型运算符 ( )** 可以将操作数的值转换为任意类型的值。

- **基本类型的缩小转换**中，除了常量之外，原则上都必须进行显式类型转换。而**基本类型的放大转换**会自动执行，无需造型。

- **转义字符**以开头为字符 \ 的字符序列来表示单个字符。存在 **\b**、**\f**、**\n** 等转义字符。

int / int → int
double / double → double
double / int → double
int / double → double

Chap05/Abc.java

```java
import java.util.Scanner;

class Abc {

   public static void main(String[] args) {
      Scanner stdIn = new Scanner(System.in);

      System.out.println("15   / 2   = " + 15   / 2  );
      System.out.println("15.0 / 2.0 = " + 15.0 / 2.0);
      System.out.println("15.0 / 2   = " + 15.0 / 2  );
      System.out.println("15   / 2.0 = " + 15   / 2.0);

      System.out.print("变量x: "); int x = stdIn.nextInt();
      System.out.print("变量y: "); int y = stdIn.nextInt();

      boolean eq = (x == y);
      System.out.println("它们" +
                         (eq ? "相等。" : "不相等。"));

      System.out.println("平均值为" +
                         (double)(x + y) / 2 + "。");

      for (int i = 0; i <= 1000; i++)
         System.out.printf("x = %6.5f\n", (float)i / 1000);

      System.out.println("\"ABC\"为字符串常量。");

      for (int i = 0; i <= 3; i++) {
         for (int j = 0; j <= i; j++)
            System.out.print('\\');
         System.out.println();
      }
   }
}
```


运行示例

```
15   / 2   = 7
15.0 / 2.0 = 7.5
15.0 / 2   = 7.5
15   / 2.0 = 7.5
变量x: 7
变量y: 8
它们不相等。
平均值为7.5。
x = 0.00000
x = 0.00100
x = 0.00200
  …中略…
x = 0.99900
x = 1.00000
"ABC"为字符串常量。
\
\\
\\\
\\\\
```

第 6 章 数组

本章将介绍相同类型的变量集合——数组。

- □ 数组和多维数组
- □ 构成元素和索引
- □ 使用 new 运算符创建对象
- □ 数组变量和引用
- □ 空引用和 null
- □ 默认值
- □ 数组的遍历和扩展 for 语句
- □ 线性查找算法
- □ 垃圾回收

6-1 数组

如果将分散的相同类型的变量集中起来，就比较容易管理。为此，我们可以使用本节介绍的数组。

数组

我们来创建一个程序，统计学生的考试分数。代码清单 6-1 所示的程序中输入 5 名学生的分数后，会计算他们的总分和平均分。

代码清单 6-1 Chap06/PointSumAve.java

```
// 读入分数并显示总分和平均分

import java.util.Scanner;

class PointSumAve {

   public static void main(String[] args) {
      Scanner stdIn = new Scanner(System.in);

      int sum = 0;     // 总分
      System.out.println("请输入5名学生的分数。");

      System.out.print("1号的分数：");
      int yamane = stdIn.nextInt();
      sum += yamane;

      System.out.print("2号的分数：");
      int takada = stdIn.nextInt();
      sum += takada;

      System.out.print("3号的分数：");
      int kawachi = stdIn.nextInt();
      sum += kawachi;

      System.out.print("4号的分数：");
      int koga = stdIn.nextInt();
      sum += koga;

      System.out.print("5号的分数：");
      int tozuka = stdIn.nextInt();
      sum += tozuka;

      System.out.println("总分为" + sum + "分。");
      System.out.println("平均分为" + (double)sum / 5 + "分。");
   }
}
```

重复几乎相同的处理

为了用实数计算而进行的类型转换

运行示例

```
请输入5名学生的分数。
1号的分数：32
2号的分数：68
3号的分数：72
4号的分数：54
5号的分数：92
总分为318分。
平均分为63.6分。
```

如图 6-1 所示，程序中分别为每个学生的分数创建了一个变量。如果学生人数非常多，不用说变量名的管理，光是注意变量名不键入错误就已经够麻烦了。

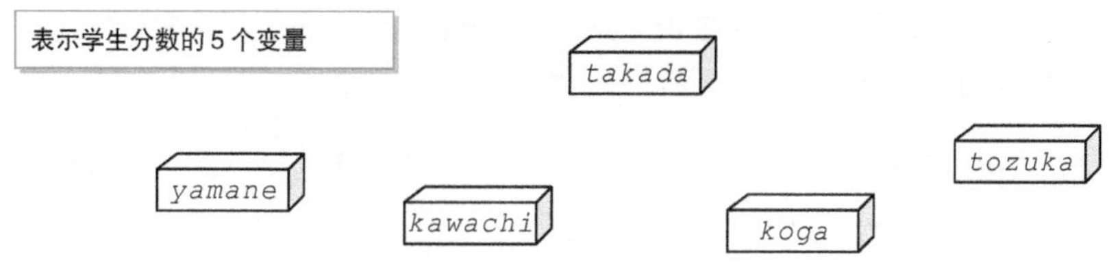

图 6-1 分散定义的变量

除此之外，还存在其他问题。虽然变量名和编号不同，但它们的处理几乎相同，导致阴影部分重复进行了 5 次如下几乎相同的处理。

- 提示输入分数
- 将通过键盘输入的分数保存到变量中
- 将读入的分数加到 *sum* 上

如果能够像学号那样为每个学生的分数指定“号码”就方便多了。我们可以使用被称为**数组**（array）的数据结构来实现这一功能。

如图 6-2 所示，数组不是分散处理各个变量，而是将变量集中起来进行管理。

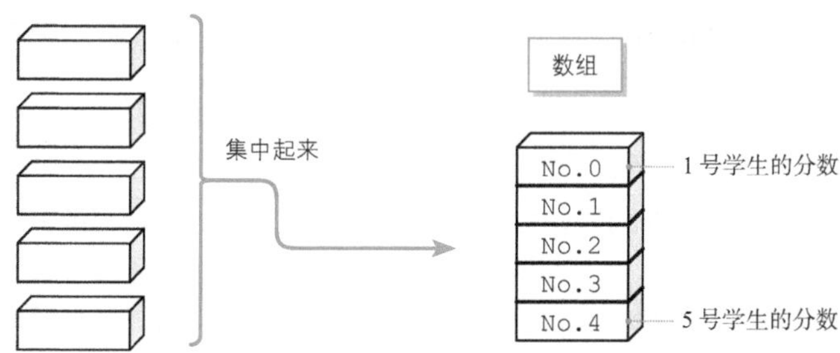

图 6-2 数组的样子

为了识别数组中的各个变量，需要使用类似于运动员背后的号码牌那样的号码，但数组中的号码不可以像运动员的号码那样随意选择，而是从 0 开始的连续编号。

*

数组是由相同类型的变量作为**构成元素**（component）呈直线状连续排列而成的。各个构成元素的类型就是**构成元素类型**（component type），可以为任意类型。由于考试分数为整数，因此，我们先以构成元素类型为 `int` 型的数组为例进行介绍。

▪ 数组变量的声明

和普通的变量一样，数组也需要在使用之前进行声明，如下所示。

```
a int[] a;          构成元素类型为 int 型的数组的声明
b int a[];
```

由于数组的类型名为 `int[]` 型，因此本书统一采用 a 的形式（**专栏 6-1**）。

通过该声明创建的 *a* 是被称为**数组变量**（array variable）的特殊变量。数组变量并不是数组的主体。我们参照着图 6-3 进行理解。

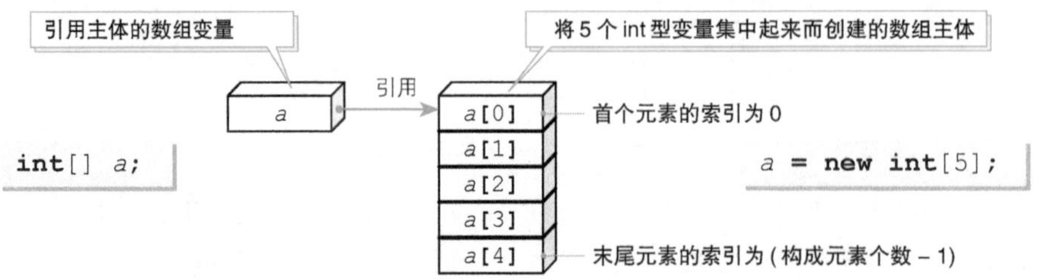

图 6-3　数组变量和数组主体

▪ 数组主体的创建

数组主体有别于数组变量，需要另外创建。这里考虑的学生人数是 5 名，因此我们来创建一个构成元素为 5 个的数组主体，如下所示。

```
new int[5]          创建构成元素类型为 int 型、构成元素为 5 个的数组主体
```

创建的数组主体需要与数组变量关联起来，我们通过如下所示的赋值进行关联。

```
a = new int[5];          // a引用构成元素个数为5的数组（赋给a）
```

这样一来，在创建数组主体的同时，变量 *a* 也**引用**了该数组。数组变量引用数组主体是用数组变量指向数组主体的箭头来表示的。

另外，如果将创建数组主体的表达式作为声明数组变量时的初始值，程序会更简洁，如下所示。

```
int[] a = new int[5];       // a引用构成元素个数为5的数组（a的初始化）
```

这样，我们就将变量 *a* 初始化为引用所创建的数组主体。

重 要　数组主体通过 **new** 来创建。数组变量是引用数组主体的变量。

▪ 构成元素的访问

对数组主体中的各个构成元素的**访问**（读写）是通过将相当于号码的**索引**（index）赋入 **[ ]** 中进行的，如下所示。

```
数组变量名 [ 索引 ]
```

索引是表示**从首个构成元素开始的第几个构成元素**的 `int` 型整数值（表 6-1）。

由于首个构成元素的索引是 0，因此各个构成元素从开头开始，可以按照 *a*[0]、*a*[1]、*a*[2]、*a*[3]、*a*[4] 的顺序进行访问。

▶ 构成元素为 *n* 个的数组中，构成元素依次为 *a*[0]，*a*[1]，…，*a*[*n*-1]。请注意，不存在 *a*[*n*] 这个构成元素。

表 6-1 索引运算符

x[*y*]	访问数组变量 *x* 引用的数组主体中从开头开始的第 *y* 个构成元素

数组 *a* 中的各个构成元素都是 **int** 型变量。因此，我们可以对数组中的各个构成元素任意赋入或取出数值。

重要 数组 *a* 中从开头开始的第 *i* 个构成元素可以通过 *a*[*i*] 进行访问。

▶ 使用 **new** 创建数组主体时，如果构成元素个数指定为负值，或者访问不存在的元素（比如本程序中的 *a*[-1] 或 *a*[5]），程序就会发生运行时错误（第 16 章）。

专栏 6-1 数组变量的声明形式

前面我们介绍了数组变量可以使用下面的形式进行声明。

ⓐ **int**[] *a*;

ⓑ **int** *a*[];

绝大多数情况下大家都更偏向使用ⓐ，原因如下。

①能够一目了然地看出 *a* 的类型不是 "**int** 型"，而是 "**int** 数组类型"（**int**[] 型）。

②返回数组的方法声明中，必须使用ⓐ（但为了与早期的 Java 程序相兼容，ⓑ形式也暂且可以使用。详细内容参见第 7 章）。

```
int[] genArray(int a, int b) { /* 必须使用这种形式 */ }
int genArray(int a, int b)[] { /* 这种形式只用于兼容的情况 */ }
```

另外，**int**、[、] 都是独立的单词，因此它们中间可以加入空格或制表符。

数组的构成元素

我们先通过一个简单的程序来熟悉一下数组。代码清单 6-2 所示的程序会创建一个构成元素类型为 **int** 型的数组，并对构成元素进行赋值和显示。

代码清单 6-2 Chap06/IntArray1.java

```
// 构成元素类型为int型的数组（构成元素个数为5：使用new来创建数组主体）

class IntArray1 {

  public static void main(String[] args) {
    int[] a = new int[5];    // 数组的声明

    a[1] = 37;               // 将37赋给a[1]
    a[2] = 51;               // 将51赋给a[2]
    a[4] = a[1] * 2;         // 将74赋给a[4]

    // 显示全部元素的值
    System.out.println("a[" + 0 + "] = " + a[0]);
    System.out.println("a[" + 1 + "] = " + a[1]);
    System.out.println("a[" + 2 + "] = " + a[2]);
    System.out.println("a[" + 3 + "] = " + a[3]);
    System.out.println("a[" + 4 + "] = " + a[4]);
  }
}
```

（图注：1 指向数组的声明；2 指向赋值语句；3 指向显示语句；“索引”指向 a[0] 中的 0；“构成元素的值”指向 a[4]。）

运行结果

```
a[0] = 0
a[1] = 37
a[2] = 51
a[3] = 0
a[4] = 74
```

1 是数组变量的声明。此处会创建一个构成元素类型为 `int` 型、构成元素个数为 5 的数组，并将数组变量 *a* 初始化为引用该数组。

2 将 37、51、*a*[1] * 2 分别赋给三个构成元素 *a*[1]、*a*[2]、*a*[4]。

▶ 取出 *a*[1] 的值（求值），可以得到 `int` 型的 37，然后将其乘以 2 的积 74 赋给 *a*[4]。

赋值后的数组如图 6-4 所示（图中省略了数组变量，只介绍了数组主体）。左边的蓝色数值表示索引，盒子中的数值表示各个构成元素的值。

3 将显示所有构成元素的值。

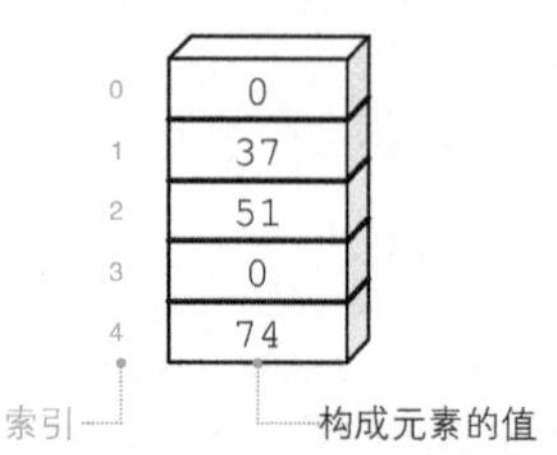

图 6-4 数组的索引和构成元素的值

默认值

仔细查看运行结果就会发现，未赋值的 *a*[0] 和 *a*[3] 的值都是 0。这是因为数组的构成元素会自动初始化为 0。这一点与一般的变量有很大的不同，请大家牢记。

重要 数组的构成元素即使未明确进行初始化，也会被初始化为 0。

我们将构成元素被初始化的值称为**默认值**（default value）。表 6-2 中汇总了各个类型的默认值。

▶ 不只是数组的构成元素，**实例变量**（第 8 章）和**类变量**（第 10 章）也会初始化为表中所示的默认值。

表 6-2 各个类型的默认值

类型	默认值
byte	0，即 (byte)0
short	0，即 (short)0
int	0
long	0，即 0L
float	0，即 0.0f
double	0，即 0.0d
char	空字符，即 '\u0000'
boolean	假，即 false
引用类型	空引用，即 null

▶ 关于空引用和 **null**，我们将在后面的“引用类型和对象”部分进行介绍。

一般来说，构成元素类型为 Type 的数组称为“**Type 型（的）数组**”。本程序中的数组 *a* 就是“**int** 型数组”。

如果构成元素类型为 **double** 型，则称为“**double** 型数组”。构成元素个数为 7 的 **double** 型数组的声明如下。

```
double[] c = new double[7];  // 构成元素类型为double型、构成元素个数为7
```

另外，后文中我们将构成元素称为“元素”，将构成元素个数称为“元素个数”。

▶ 从语法定义上来说，构成元素和元素、构成元素个数和元素个数是不一样的，但在本节介绍的数组（一维数组）中其本质含义可以视为是相同的。详细内容将在下一节进行介绍。

练习 6-1

请编写一段程序，创建一个元素类型为 **double** 型、元素个数为 5 的数组，并显示其全部元素的值。

获取元素个数

接下来我们介绍一下代码清单 6-3 所示的程序。该程序会创建一个元素类型为 **int** 型、元素个数为 5 的数组，从头开始依次赋入 1、2、3、4、5 并显示。

代码清单 6-3 chap06/IntArray2.java

```
// 将1、2、3、4、5赋给数组中的各元素并显示

class IntArray2 {

   public static void main(String[] args) {
      int[] a = new int[5];   // 数组的声明

      for (int i = 0; i < a.length; i++)
         a[i] = i + 1;

      for (int i = 0; i < a.length; i++)
         System.out.println("a[" + i + "] = " + a[i]);
   }
}
```

运行结果

```
a[0] = 1
a[1] = 2
a[2] = 3
a[3] = 4
a[4] = 5
```

程序中两个 **for** 语句的控制表达式（阴影部分）使用了如下形式的表达式。

```
数组变量名 .length
```

该表达式用来获取数组的**元素个数**。另外，数组的元素个数也称为**长度**（length）。

重要 数组长度 = 元素个数可以使用“数组变量名 .length”来获取。

在本程序中，*a*.length 的值为 5。

前面介绍过数组变量引用数组主体的内容，稍微严谨一点的表示如图 6-5 所示。数组变量引用成套的数组主体和表示长度的 length。

那么，我们先来看一下第一个 **for** 语句。变量 *i* 从 0 开始递增，执行 5 次循环。

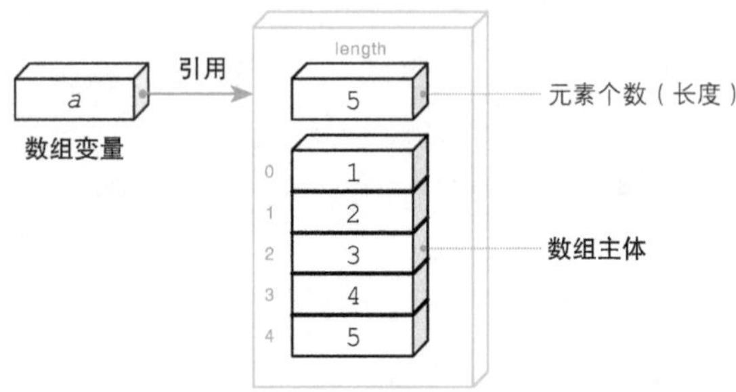

图 6-5 数组变量、数组主体和 length

我们将该 **for** 语句的流程展开，如下所示。

```
▪ i 为 0 时 a[0] = 0 + 1;    // 将 1 赋给 a[0]
▪ i 为 1 时 a[1] = 1 + 1;    // 将 2 赋给 a[1]
▪ i 为 2 时 a[2] = 2 + 1;    // 将 3 赋给 a[2]
▪ i 为 3 时 a[3] = 3 + 1;    // 将 4 赋给 a[3]
▪ i 为 4 时 a[4] = 4 + 1;    // 将 5 赋给 a[4]
```

可以看出，**for** 语句将索引加 1 后的值赋给了数组中的各个元素。

第二个 **for** 语句也执行了 5 次循环。该 **for** 语句负责显示数组 *a* 中全部元素的值。如图 6-6 所示，它等同于代码清单 6-2 的 3 的部分。

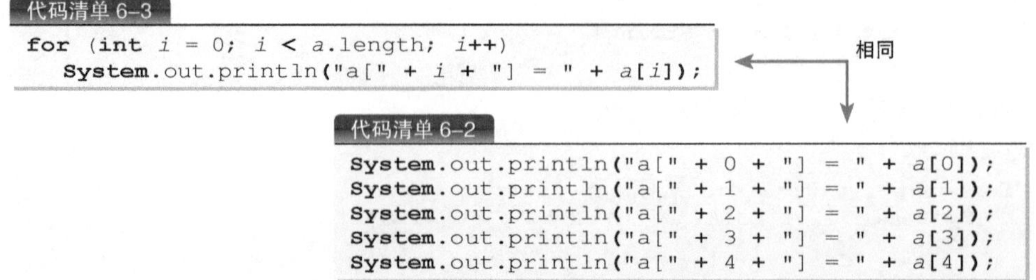
代码清单 6-3

```
for (int i = 0; i < a.length; i++)
   System.out.println("a[" + i + "] = " + a[i]);
```


代码清单 6-2

```
System.out.println("a[" + 0 + "] = " + a[0]);
System.out.println("a[" + 1 + "] = " + a[1]);
System.out.println("a[" + 2 + "] = " + a[2]);
System.out.println("a[" + 3 + "] = " + a[3]);
System.out.println("a[" + 4 + "] = " + a[4]);
```

图 6-6 显示数组中全部元素的值

练习 6-2

请编写一段程序，从头开始依次为元素类型为 **int** 型、元素个数为 5 的数组元素赋值 5、4、3、2、1，并进行显示。

练习 6-3

请编写一段程序，从头开始依次为元素类型为 **double** 型、元素个数为 5 的数组元素赋值 1.1、2.2、3.3、4.4、5.5，并进行显示。

专栏 6-2 数组元数个数 length 的类型

表示数组元素个数的 length 不是 **int** 型，而是 **final int** 型。因此，我们不可以给 length 赋值。也就是说，不可以像下面这样随意改变数组的元素个数（编译时会发生错误）。

```
a.length = 10;    // 错误
```

读入数组元素的值

前面的程序中数组的元素个数都是常数，现在我们来创建一个程序，通过键盘输入数组的元素个数和各个元素的值。这样一来，就可以在程序运行时自由决定数组的元素个数和各个元素的值了。

创建的程序如代码清单 6-4 所示。

代码清单 6-4 Chap06/IntArrayScan.java

```
// 读入数组中全部元素的值并显示

import java.util.Scanner;

class IntArrayScan {

   public static void main(String[] args) {
      Scanner stdIn = new Scanner(System.in);

      System.out.print("元素个数: ");
1     int n = stdIn.nextInt();            // 读入元素个数
2     int[] a = new int[n];               // 创建数组

      for (int i = 0; i < n; i++) {
3        System.out.print("a[" + i + "] = ");
         a[i] = stdIn.nextInt();
      }

4     for (int i = 0; i < n; i++)
         System.out.println("a[" + i + "] = " + a[i]);
   }
}
```

运行示例

```
元素个数: 5
a[0] = 5
a[1] = 7
a[2] = 8
a[3] = 2
a[4] = 9
a[0] = 5
a[1] = 7
a[2] = 8
a[3] = 2
a[4] = 9
```

程序的流程如下。

1 将数组的元素个数读入到变量 *n* 中。

2 是数组的声明。在创建元素个数为 *n* 的数组主体的同时将数组变量 *a* 初始化为引用该数组。

③ 中使用 **for** 语句，将 *i* 从 0 递增到 *n* - 1，同时将值读入到数组的元素 *a*[*i*] 中。最终，数组 *a* 的全部元素中都读入了值。

④ 用于显示全部元素的值。

▶ ③和④的 **for** 语句的控制表达式 *i* < *n* 也可以写成 *i* < *a*.length。

显示柱形图

接下来，我们在全部元素中赋入随机数值。代码清单 6-5 所示的程序会将 1~10 的随机数赋给数组的全部元素并显示。

▶ 表达式 *rand*.nextInt(10) 会生成 0~9 的随机数（2-2 节）。

代码清单6-5 Chap06/IntArrayRand.java

```
// 将随机数赋给数组中的全部元素，并显示为横向柱形图

import java.util.Random;
import java.util.Scanner;

class IntArrayRand {

   public static void main(String[] args) {
      Random rand = new Random();
      Scanner stdIn = new Scanner(System.in);

      System.out.print("元素个数：");
      int n = stdIn.nextInt();              // 读入元素个数
      int[] a = new int[n];                 // 创建数组

      for (int i = 0; i < n; i++)
         a[i] = 1 + rand.nextInt(10); // 1~10的随机数

      for (int i = 0; i < n; i++) {
         System.out.print("a[" + i + "] : ");
         for (int j = 0; j < a[i]; j++)
            System.out.print('*');          ①
         System.out.println();              ②
      }
   }
}
```

运行示例

```
元素个数：8
a[0] : ****
a[1] : ********
a[2] : ******
a[3] : *********
a[4] : ******
a[5] : ********
a[6] : ******
a[7] : *
```

第一个 **for** 语句将 1~10 的随机数赋给数组 *a* 中的全部元素。

第二个 **for** 语句（阴影部分）使用符号 * 排列成的柱形图来显示元素的值。为此，需要将变量 *i* 的值从 0 递增到 *n* - 1，同时循环执行 *n* 次下述处理。

① 的 **for** 语句根据循环次数 *a*[*i*] 显示 *a*[*i*] 个 *。例如，如果 *a*[*i*] 的值为 5，则显示“*****”。

② 用于执行换行。

练习 6-4

请编写一段程序，改写代码清单 6-5，像图中那样显示为纵向柱形图。

最下面一行显示索引除以 10 的余数。

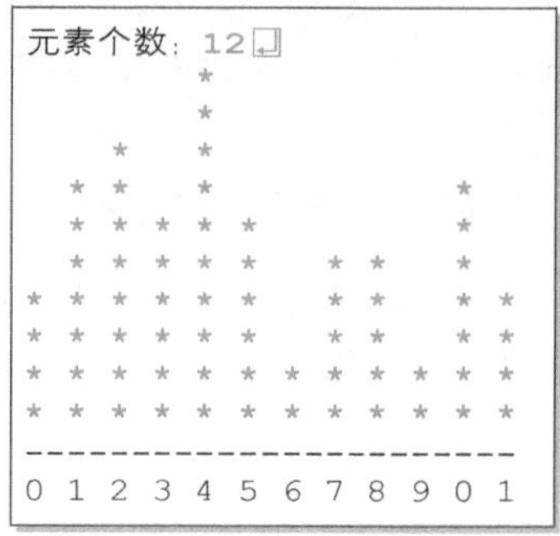

数组的初始化和赋值

虽说数组中的全部元素都会初始化为默认值 0，但如果事先知道各个元素中要赋入的值，我们就应该对其进行显式初始化。

我们来改写代码清单 6-3，对数组主体中的各个元素进行初始化，如代码清单 6-6 所示。

代码清单6-6　　Chap06/IntArrayInit.java

```
// 将数组中的各个元素初始化为1、2、3、4、5，并进行显示

class IntArrayInit {

   public static void main(String[] args) {
      int[] a = {1, 2, 3, 4, 5};

      for (int i = 0; i < a.length; i++)
         System.out.println("a[" + i + "] = " + a[i]);
   }
}
```

运行结果

```
a[0] = 1
a[1] = 2
a[2] = 3
a[3] = 4
a[4] = 5
```

数组的初始值就是那些在大括号中的、用逗号分隔并逐一赋给各个元素的值。创建的数组中的元素个数会根据初始值的个数自动进行设定。

本程序中（尽管没有显式使用 **new**）会创建一个元素个数为 5 的数组，从头开始依次将各个元素初始化为 1、2、3、4、5。

重要 数组的初始化就是将各个元素的初始值○、△、□用逗号分隔，并用大括号括起来，变成 { ○ , △ , □ } 的形式。

另外，不可以像下面这样赋入初始值。

```
int[] a;
//...
a = {1, 2, 3, 4, 5};                 // 错误
```

正确写法如下。

```
int[] a;
//...
a = new int[]{1, 2, 3, 4, 5};      // OK
```

这是因为使用 **new** 运算符创建数组时，“**new 元素类型** []”的后面可以加上初始值。

此时，**new** 运算符会创建一个元素个数为 5、元素的值从头开始依次为 {1, 2, 3, 4, 5} 的 **int** 型数组，并**创建该数组的引用**。由于该引用会赋给数组变量 *a*，因此 *a* 就会引用创建的数组。

使用数组处理成绩

我们对本章开头的代码清单 6-1 中的成绩处理程序进行修改，使用数组来完成同样的功能，如代码清单 6-7 所示。

代码清单6-7 Chap06/PointSumAveArray.java

```
// 读入分数并显示总分和平均分（使用数组的版本）

import java.util.Scanner;

class PointSumAveArray {

   public static void main(String[] args) {
      Scanner stdIn = new Scanner(System.in);
      int sum = 0;                        // 总分
      final int ninzu = 5;                // 人数          ←1
      int[] tensu = new int[ninzu];       // 分数

      System.out.println(请输入" + ninzu + "名学生的分数。");
      for (int i = 0; i < ninzu; i++) {
         System.out.print((i + 1) + "号的分数：");     ←2
         tensu[i] = stdIn.nextInt();      // 读入tensu[i]
         sum += tensu[i];                 // 将tensu[i]加到sum上
      }

      System.out.println("总分为" + sum + "分。");
      System.out.println("平均分为" + (double)sum / ninzu + "分。");
   }
}
```

运行示例

```
请输入5名学生的分数。
1号的分数：32
2号的分数：68
3号的分数：72
4号的分数：54
5号的分数：92
总分为318分。
平均分为63.6分。
```

1中，学生人数并不是整数常量 5，而是用 **final** 变量 *ninzu* 表示。因此，即使人数发生变化，也只要修改 *ninzu* 的初始值 5 就可以了（2-2 节）。

重要 如果数组的元素个数是已知的常数，则可以使用 **final** 变量来表示这个值。

2中，数组的索引是从 0 开始的数值。而我们在数东西时，都是像“1 个”“2 个”这样从 1 开始的。本程序中，在提示输入分数时，将索引的值加 1，然后显示“* 号的分数：”。

▶ 例如，当 *i* 为 0 时，显示“1 号的分数：”，*i* 为 1 时显示“2 号的分数：”。

练习 6-5

请编写一段程序，读入数组的元素个数和各个元素的值，并像图中那样显示各个元素的值。

显示形式与初始值的形式相同，即各个元素的值用逗号隔开，并用大括号括起来。

```
元素个数：3
a[0] = 5
a[1] = 7
a[2] = 8
a = {5, 7, 8}
```

计算数组元素中的最大值

我们来思考一下计算数组元素中的最大值的方法。如果数组的元素个数为 3，那么三个元素 a[0]、a[1]、a[2] 中最大值的计算方法如下。

```
max = a[0];                          // 计算a[0] ~ a[2]中的最大值
if (a[1] > max) max = a[1];
if (a[2] > max) max = a[2];
```

虽然变量名不一样，但与计算三个值中最大值的方法（3-1 节）是完全相同的。当然，如果元素个数为 4，则计算方法如下。

```
max = a[0];                          // 计算a[0] ~ a[3]中的最大值
if (a[1] > max) max = a[1];
if (a[2] > max) max = a[2];
if (a[3] > max) max = a[3];
```

首先将首个元素 a[0] 的值赋给 max（不管数组中有多少个元素），然后，在多次执行 if 语句的过程中，根据比较结果更新 max 的值。如果元素个数为 n，则 if 语句只需要执行 n - 1 次。

因此，计算数组 a 中最大值的程序如下所示。

```
max = a[0];                              ―― 1
for (int i = 1; i < a.length; i++)       ┐ 2
   if (a[i] > max) max = a[i];           ┘
```

图 6-7 是计算元素个数为 5 的数组中元素最大值的过程。

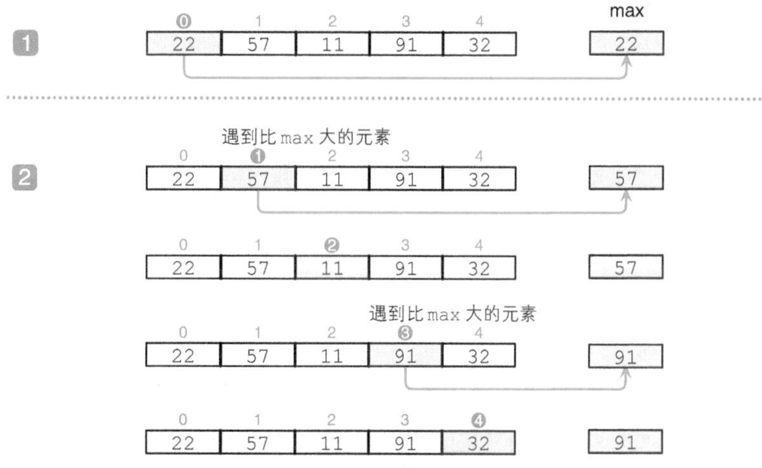

图 6-7　计算数组中元素最大值的步骤

图中●内的数值是正在查看的元素的索引。查看元素时从头开始逐个后移。

► 本书中，数组有时纵向书写，有时横向书写。当元素纵向排列时，索引较小的元素在上方，当横向排列时，索引较小的元素在左边。

1处查看 a[0]，2处的 for 语句依次查看从 a[1] 直至末尾的元素。

像这样逐个依次访问数组元素的操作称为**遍历**（traverse）。这是编程中的基础术语，请牢记。

重要 逐个依次访问数组元素的操作称为“遍历”。

在遍历过程中，当 **if** 语句成立（查看的元素值大于当时的最大值 *max*）时，则将 *a*[*i*] 的值赋给 *max*。当遍历结束时，数组 *a* 中的最大元素值就保存到了 *max* 中。

*

代码清单 6-8 所示的程序会通过键盘输入分数，并计算它们中的最高分。阴影部分是计算最高分（数组 *tensu* 中元素的最大值）的代码段。

代码清单 6-8 Chap06/HighScore.java

```
// 读入分数并显示最高分

import java.util.Scanner;

class HighScore {

   public static void main(String[] args) {
      Scanner stdIn = new Scanner(System.in);
      final int ninzu = 5;              // 人数
      int[] tensu = new int[ninzu];     // 分数

      System.out.println("请输入" + ninzu + "名学生的分数。");
      for (int i = 0; i < ninzu; i++) {
         System.out.print((i + 1) + "号的分数：");
         tensu[i] = stdIn.nextInt();   // 读入tensu[i]
      }

      int max = tensu[0];
      for (int i = 1; i < tensu.length; i++)
         if (tensu[i] > max) max = tensu[i];

      System.out.println("最高分为" + max + "分。");
   }
}
```

运行示例

```
请输入5名学生的分数。
1号的分数：22↵
2号的分数：57↵
3号的分数：11↵
4号的分数：91↵
5号的分数：32↵
最高分为91分。
```

练习 6-6

请编写一段程序，显示考试分数的总分、平均分、最高分、最低分。人数和分数通过键盘输入。

线性查找

我们来创建一个程序，检查数组的元素中是否包含某个值，如果包含的话，则确认该元素的索引。像这样确认具有某个值的元素是否存在的操作称为**查找**（search），查找的值则称为**键**（key）。

查找是通过从头开始依次遍历数组中的元素来实现的。如果遇到与查找的键值相同的元素，则查找成功。这就是被称为**线性查找**（linear search）或**顺序查找**（sequential search）的算法。

我们以下面的数组 *a* 为例来思考一下具体的查找步骤。

22	57	11	32	91	68	70

从该数组中线性查找值为 32 的元素的过程如图 6-8 所示。图中●内的数值是遍历数组的过程中查看的元素索引。

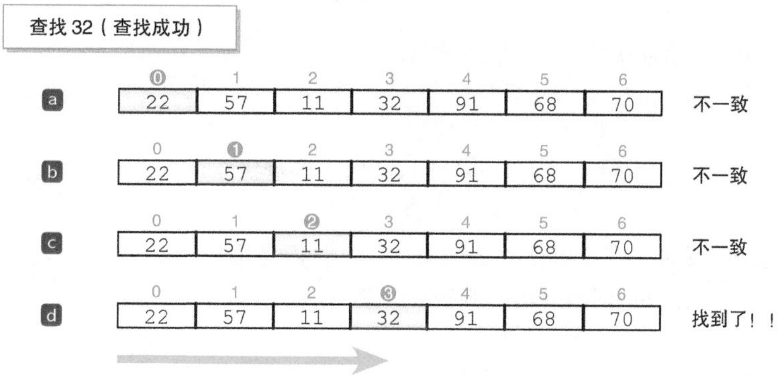

查找 32（查找成功）

a 22 57 11 32 91 68 70 不一致

b 22 57 11 32 91 68 70 不一致

c 22 57 11 32 91 68 70 不一致

d 22 57 11 32 91 68 70 找到了！！

图 6-8　线性查找（查找成功的示例）

查找过程如下。

- a 查看第 1 个元素 22。不是目标数值。
- b 查看第 2 个元素 57。不是目标数值。
- c 查看第 3 个元素 11。不是目标数值。
- d 查看第 4 个元素 32。由于是目标数值，因此**查找成功**。

由此可知，数组中存在与目标键值相同的元素，为第 4 个元素 *a*[3]。

数组中不一定存在与键值相同的值。例如，当从上面这个数组中查找 35 时就会失败，如图 6-9 所示。

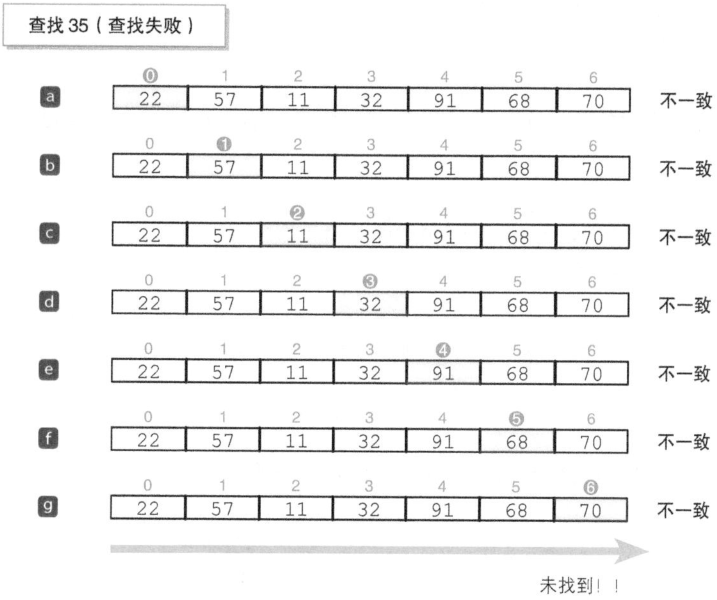

查找 35（查找失败）

a 22 57 11 32 91 68 70 不一致

b 22 57 11 32 91 68 70 不一致

c 22 57 11 32 91 68 70 不一致

d 22 57 11 32 91 68 70 不一致

e 22 57 11 32 91 68 70 不一致

f 22 57 11 32 91 68 70 不一致

g 22 57 11 32 91 68 70 不一致

未找到！！

图 6-9　线性查找（查找失败的示例）

从查找成功和查找失败的示例中可以看出，查找结束的条件并不是一个，而是两个。下面的条件无论哪一个成立，查找都会结束。

> ①超过末尾（或到达末尾）也未找到要查找的键值。
> ②找到了与要查找的键值相同的元素。

当条件①成立时，则**查找失败**，而当条件②成立时，则**查找成功**。

*

当对这两个条件取反时，则不再是查找结束的条件，而是用来判断是否继续查找的继续条件。也就是说，当下面这两个条件同时成立时，则查找继续。

> ①的取反：还未超过末尾（或未到达末尾）。
> ②的取反：还未找到与要查找的键值相同的元素。

因此，从元素个数为 *n* 的数组 *a* 中查找与 *key* 值相等的元素的程序如下所示。

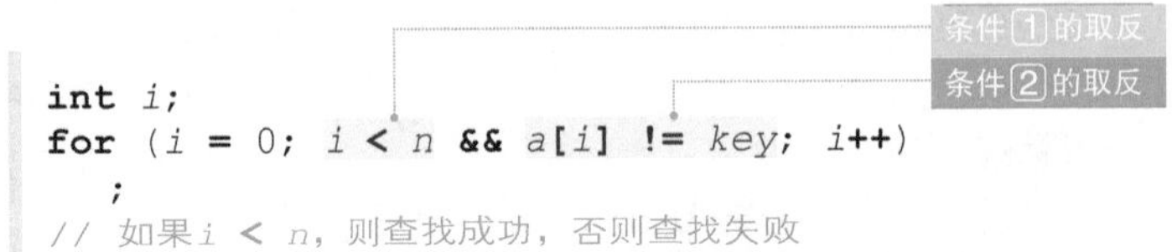


```
int i;
for (i = 0; i < n && a[i] != key; i++)
    ;
// 如果i < n，则查找成功，否则查找失败
```

该 **for** 语句会从头开始依次遍历数组。当条件①的取反和条件②的取反这两者同时成立时，**for** 语句会循环执行。另外，由于每次循环并不执行任何操作，因此循环体就是一条空语句（3-1 节）。

▶ 请注意，变量 *i* 并不是在 **for** 语句中声明的，而是在 **for** 语句之前声明的。这是因为在 **for** 语句执行结束后，还需要确认 *i* 的值。

*

无论条件①和条件②中的哪一个成立，循环都会结束。然后再根据 *i* 值判断查找是否成功。

▪ 查找失败…i 和 n 相等

条件①成立（即 *i* < *n* 不成立），**for** 语句结束。由于全部元素已遍历完毕，因此查找失败。

▪ 查找成功…i 小于 n

查看的元素 `a[i]` 与 *key* 值相同，条件②成立（即 `a[i] != key` 不成立），**for** 语句结束，此时查找成功。

*

另外，如果使用 **break** 语句来改写上面的程序，则如下所示。

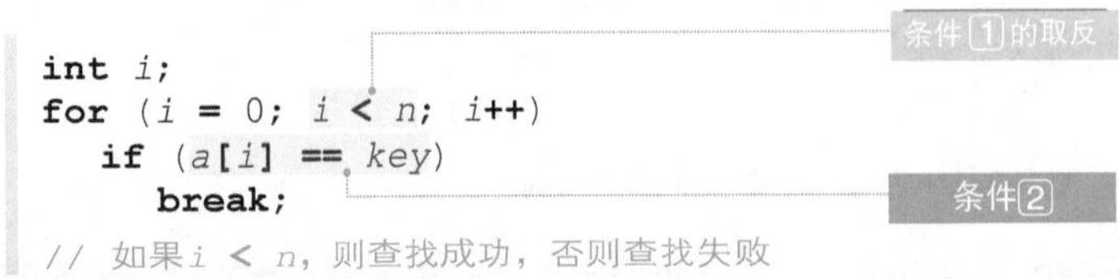


```
int i;
for (i = 0; i < n; i++)
    if (a[i] == key)
        break;
// 如果i < n，则查找成功，否则查找失败
```

实现线性查找的程序示例如代码清单 6-9 所示。

首先，创建一个元素个数为 12 的数组 *a*，给所有的元素都赋上 0~9 的随机数，并显示它们的值。然后，通过键盘将要查找的值输入到 *key* 中。

阴影部分负责执行线性查找和判断查找是否成功。

当 **for** 语句结束时，如果 *i* 的值小于 *n*，则**查找成功**。为了看到索引 *i* 的值，程序会显示“该元素是 a[*i*]。”。

另外，如果 *i* 的值为 *n*，则**查找失败**，程序会显示“该元素不存在。”。

代码清单6-9 Chap06/LinearSearch.java

```
// 线性查找

import java.util.Random;
import java.util.Scanner;

class LinearSearch {

   public static void main(String[] args) {
      Random rand = new Random();
      Scanner stdIn = new Scanner(System.in);

      final int n = 12;          // 元素个数
      int[] a = new int[n];      // 声明数组

      for (int j = 0; j < n; j++)
         a[j] = rand.nextInt(10);

      System.out.print("数组a中全部元素的值\n{ ");
      for (int j = 0; j < n; j++)
         System.out.print(a[j] + " ");
      System.out.println("}");

      System.out.print("要查找的数值：");
      int key = stdIn.nextInt();

      int i;                                          线性查找
      for (i = 0; i < n; i++)
         if (a[i] == key)
            break;

      if (i < n)                            // 查找成功
         System.out.println("该元素是a[" + i + "]。");
      else                                  // 查找失败
         System.out.println("该元素不存在。");
   }
}
```

运行示例1

```
数组a中全部元素的值
{ 7 5 4 3 8 2 0 3 9 8 6 7 }
要查找的数值：8
该元素是a[4]。
```

运行示例2

```
数组a中全部元素的值
{ 8 4 7 5 7 4 2 5 1 6 3 0 }
要查找的数值：9
该元素不存在。
```

在线性查找算法中，当存在多个与键值相同的元素时，找到的是**它们当中最开头的元素**。运行示例1就是如此（与要查找的数值 8 相同的元素有 *a*[4] 和 *a*[9]，找到的是位于前面的 *a*[4]）。

▶ 不知道大家有没有注意到，线性查找部分的 **for** 语句中控制循环的变量是“*i*”，而其他的 **for** 语句（将生成的随机数赋给各个元素的 **for** 语句、显示全部元素值的 **for** 语句）中使用的是“*j*”。

如果将变量名 *j* 修改为 *i*，则会发生编译错误。这是因为与 **for** 语句中声明的变量名相同的变量，不可以在同一个方法中 **for** 语句以外的其他地方进行声明。

练习 6-7

代码清单 6-9 的程序在存在多个与要查找的键值相同的元素时，找到的是最开头的元素。请编写一段程序，将其修改为找到的是最末尾的元素。

扩展 for 语句

在前面介绍的程序中，当操作数组时，基本上一定会使用 `for` 语句，这些 `for` 语句都是**基本 for 语句**（4-3 节）。

如果使用另一种 `for` 语句——**扩展 for 语句**（enhanced for statement），就可以非常简洁地实现数组的遍历。程序示例如代码清单 6-10 所示，程序会计算并显示数组中全部元素的总和。

代码清单6-10 Chap06/ArraySumForIn.java

```java
// 计算并显示数组中全部元素的总和

class ArraySumForIn {

   public static void main(String[] args) {
      double[] a = { 1.0, 2.0, 3.0, 4.0, 5.0 };

      for (int i = 0; i < a.length; i++)
         System.out.println("a[" + i + "] = " + a[i]);

      double sum = 0; // 总和
      for (double i : a)        // 扩展for语句
         sum += i;

      System.out.println("全部元素的总和为" + sum + "。");
   }
}
```

运行结果

```
a[0] = 1.0
a[1] = 2.0
a[2] = 3.0
a[3] = 4.0
a[4] = 5.0
全部元素的总和为15.0。
```

阴影部分就是扩展 `for` 语句。括号中的冒号是“……中的”的意思，可以将其读作英文的“in”。

▶ 正因为如此，扩展 `for` 语句也被称为“for-in 语句”或“for-each 语句”。

该 `for` 语句可以像下面这样理解。

> 逐一遍历数组 *a* 从开头到末尾的每一个元素。循环体中，当前正在查看的元素用 *i* 来表示。

也就是说，如图 6-10 所示，变量 *i* 并不是表示“索引”的 `int` 型整数数值，而是表示 `double` 型的“**遍历过程中正在查看的元素**”。

使用扩展 `for` 语句的好处如下。

- 省去了确认数组长度（元素个数）的操作
- 可以使用与迭代器相同的方法来执行遍历

▶ 由于“迭代器”的内容已经超出了入门书的范围，因此本书中不会对其进行介绍。

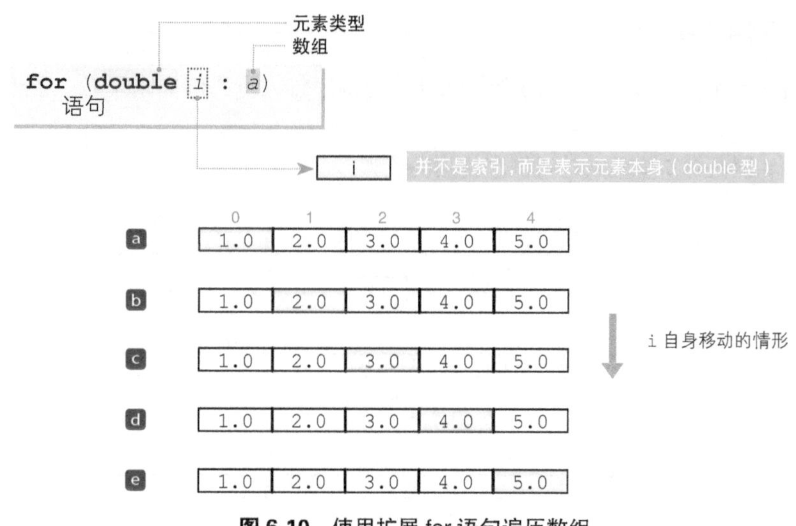

图 6-10 使用扩展 for 语句遍历数组

重要 如果在遍历数组全部元素的过程中不需要索引的值，则可以使用扩展 **for** 语句来实现遍历。

练习 6-8

请编写一段程序，计算 **double** 型数组中全部元素的合计值和平均值。元素个数和全部元素的值都通过键盘输入。

专栏 6-3 使用扩展 for 语句遍历多维数组

扩展 **for** 语句也适用于下一节中将要介绍的“多维数组”。在这里，我们来思考一下二维数组的应用示例。代码清单 6C-1 是显示二维数组中全部元素值的程序的一部分。

代码清单 6C-1　Chap06/ForIn2DArray.java

```
double[][] a = {{1.0, 2.0}, {3.0, 4.0, 5.0}, {6.0, 7.0}};

for (double[] i : a) {                          1
   for (double j : i) {                         2
      System.out.printf("%5.1f", j);
   }
   System.out.println();
}
```

运行结果

```
  1.0  2.0
  3.0  4.0  5.0
  6.0  7.0
```

二维数组的构成元素类型是一维数组（6-2 节）。因此，在 1 处的用来遍历数组 *a* 的扩展 **for** 语句中，构成元素 *i* 的类型为 **double**[] 型。

内层 2 处的 **for** 语句会遍历 **double**[] 型的一维数组 *i*。数组 *i* 的构成元素 *j* 的类型为 **double** 型。

对数组进行倒序排列

我们来创建一个程序，对数组中的全部元素进行倒序排列。我们先来思考一下实现该程序的算法。

请看图 6-11，这是对 7 个元素进行倒序排列的步骤。

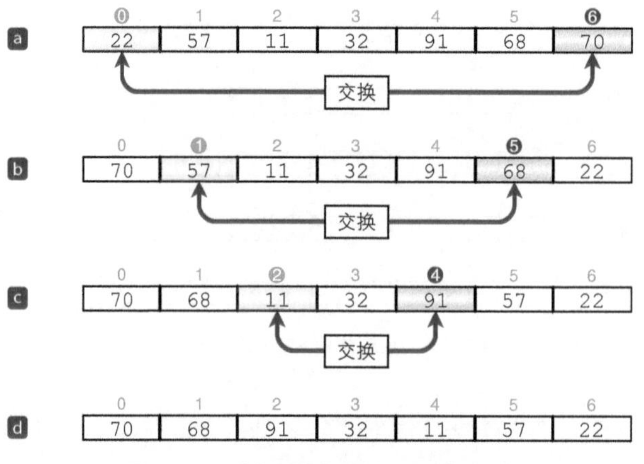

图 6-11 对数组进行倒序排列的步骤

首先，如图a所示，交换首个元素 a[0] 与末尾元素 a[6] 的值。然后，如图b和图c所示，循环执行各自内侧的一个元素值的交换。

一般来说，如果元素个数为 *n*，则交换次数为 *n* / 2。这里的余数会舍弃掉，这是因为当元素个数为奇数时，中间的元素无需进行交换。

▶ 在“整数 / 整数”的运算中，正好可以得到舍弃余数的整数部分（当然，元素个数为 7 时的交换次数是 7 / 2，即 3）。

如果用变量 *i* 的值从 0、1、……的递增来表示a→b→……的处理，那么要交换的元素的索引则如下所示。

- 左边元素的索引（图中●中的值）… *i*　　0 → 1 → 2
- 右边元素的索引（图中●中的值）… *n* - *i* - 1　　6 → 5 → 4

因此，将元素个数为 *n* 的数组元素进行倒序排列的算法概要如下所示。

```
for (int i = 0; i < n / 2; i++)
   交换a[i]和a[n - i - 1]。
```

基于该算法创建的程序如代码清单 6-11 所示。程序会将 10~99 的随机数赋给数组的全部元素，然后对元素进行倒序排列并显示。

代码清单6-11 Chap06/ReverseArray.java

```
// 对数组中的元素进行倒序排列并显示
import java.util.Random;
import java.util.Scanner;

class ReverseArray {

   public static void main(String[] args) {
      Random rand = new Random();
      Scanner stdIn = new Scanner(System.in);

      System.out.print("元素个数：");
      int n = stdIn.nextInt();       // 读入元素个数
      int[] a = new int[n];          // 声明数组

      for (int i = 0; i < n; i++) {
         a[i] = 10 + rand.nextInt(90);
         System.out.println("a[" + i + "] = " + a[i]);
      }

      for (int i = 0; i < n / 2; i++) {
         int t = a[i];
         a[i] = a[n - i - 1];        // 交换a[i]和a[n - i - 1]
         a[n - i - 1] = t;
      }

      System.out.println("元素的倒序排列执行完毕。");
      for (int i = 0; i < n; i++)
         System.out.println("a[" + i + "] = " + a[i]);
   }
}
```

运行示例

```
元素个数：7
a[0] = 22
a[1] = 57
a[2] = 11
a[3] = 32
a[4] = 91
a[5] = 68
a[6] = 70
元素的倒序排列执行完毕。
a[0] = 70
a[1] = 68
a[2] = 91
a[3] = 32
a[4] = 11
a[5] = 57
a[6] = 22
```

阴影部分负责对数组进行倒序排列。该 **for** 语句的循环次数为 *n* / 2 次。循环体的程序块中会执行 *a*[*i*] 和 *a*[*n* - *i* - 1] 的交换。

► 关于两个值的交换，我们已经在第 3 章（3-1 节）中介绍过了。

练习 6-9

请编写一段程序，创建一个元素类型为 **int** 型的数组，将 1~10 的随机数赋给数组的全部元素（赋入大于等于 1 小于等于 10 的数值）。元素个数通过键盘输入。

练习 6-10

请对练习 6-9 的程序进行改进，使得连续元素的值不相等。例如，不要出现 {1, 3, 5, 5, 3, 2} 这样的情况。

练习 6-11

请对练习 6-9 的程序进行改进，使得元素的值都不相等。例如，不要出现 {1, 3, 5, 6, 1, 2} 这样的情况（数组中的元素个数小于等于 10）。

练习 6-12

请编写一段程序，将数组中的元素随机排列（按随机顺序进行混合）。

数组的复制

我们来将某个数组中全部元素的值完全复制到另外一个数组中。这样创建的（预期的）程序如代码清单 6-12 所示。

代码清单6-12 Chap06/AssignArray.java

```
// 数组的赋值（错误）

class AssignArray {

   public static void main(String[] args) {
      int[] a = {1, 2, 3, 4, 5};
      int[] b = {6, 5, 4, 3, 2, 1, 0};

      System.out.print("a = ");         // 显示数组a中的全部元素
      for (int i = 0; i < a.length; i++)
         System.out.print(a[i] + " ");
      System.out.println();

      System.out.print("b = ");         // 显示数组b中的全部元素
      for (int i = 0; i < b.length; i++)
         System.out.print(b[i] + " ");
      System.out.println();

 1—  b = a;                       // 将数组a复制到b（？）

 2—  a[0] = 10;                   // 改写数组a[0]的值

      System.out.println("将a赋给了b。 ");
      System.out.print("a = ");         // 显示数组a中的全部元素
      for (int i = 0; i < a.length; i++)
         System.out.print(a[i] + " ");
      System.out.println();

      System.out.print("b = ");         // 显示数组b中的全部元素
      for (int i = 0; i < b.length; i++)
         System.out.print(b[i] + " ");
      System.out.println();
   }
}
```

运行结果

```
a = 1 2 3 4 5
b = 6 5 4 3 2 1 0
将a赋给了b。
a = 10 2 3 4 5
b = 10 2 3 4 5
```

a 是元数个数为 5 的数组，*b* 是元素个数为 7 的数组。数组 *a* 为 {1, 2, 3, 4, 5}，1 执行 *b* = *a* 的赋值操作。接下来的 2 将 10 写入到 *a*[0] 中，因此，结果应该是数组 *a* 变成 {10, 2, 3, 4, 5}，数组 *b* 变成 {1, 2, 3, 4, 5}。

但从运行结果可以看出，*a* 和 *b* 都变成了 {10, 2, 3, 4, 5}，该运行结果表明了如下内容。

- 赋值后的数组 *a* 和 *b* 变成了同一个数组
  换言之：赋值后的数组变量 *a* 和 *b* 引用了同一个数组主体

使用赋值运算符 = 进行数组变量的赋值，**并不会复制全部元素**，赋值运算符的动作如图 6-12 所示。

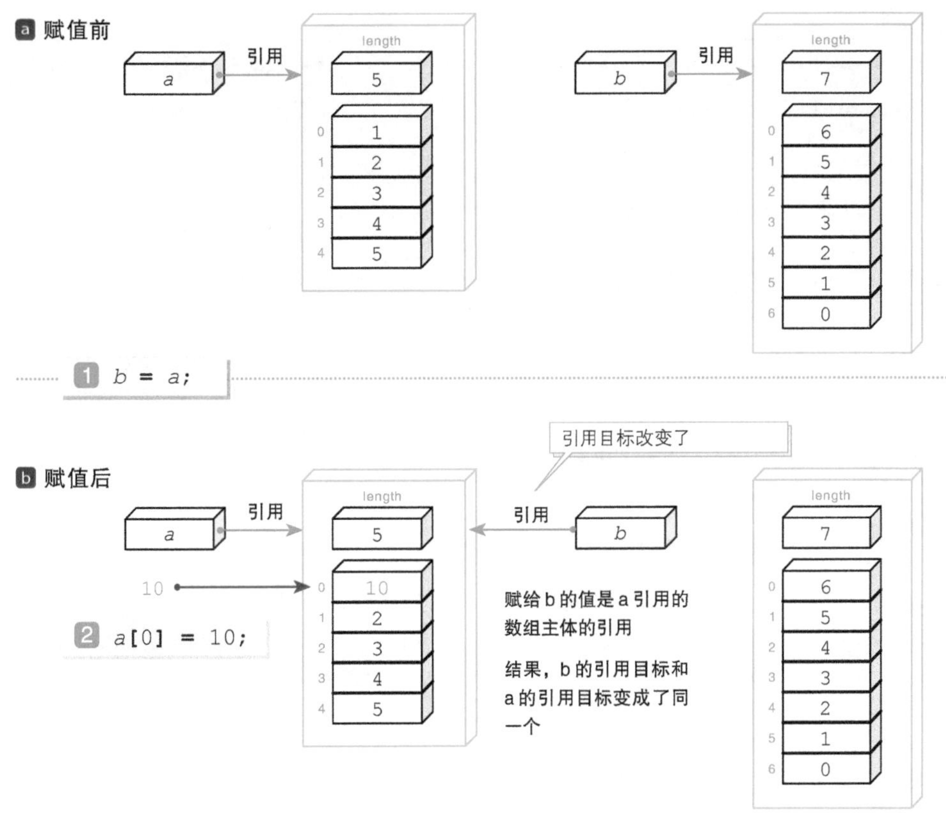

图 6-12　数组变量的赋值

赋值操作 *b* = *a* 是将 *a* 的引用目标赋给 *b*。由于是**引用目标的复制**，因此赋值的最终结果就变成了数组变量 *b* 引用数组 *a* 的主体。

重 要　即使用赋值运算符对数组赋值，也不会复制全部元素的值，只是改变了引用目标而已。

专栏 6-4　数组变量和相等运算符

我们已经知道，使用赋值运算符 = 并不是赋入数组主体，而是赋入引用数组主体的数组变量的值（引用目标）。同样，相等运算符的 **==** 和 **!=** 的运算对象也不是“数组主体”，而是“数组变量”。例如，*a* **==** *b* 并不是判断“数组 *a* 和 *b* 中的全部元素值是否相等”，而是确认“数组变量 *a* 和 *b* 是否引用了相同的数组主体”。

数组的复制

复制数组时，需要使用循环语句逐一复制全部元素。像这样实现数组复制的程序示例如代码清单 6-13 所示。

代码清单6-13 Chap06/CopyArray.java

```
// 复制并显示数组中的全部元素

import java.util.Scanner;

class CopyArray {

   public static void main(String[] args) {
      Scanner stdIn = new Scanner(System.in);

      System.out.print("元素个数: ");
      int n = stdIn.nextInt();          // 读入元素个数
      int[] a = new int[n];
      int[] b = new int[n];

      for (int i = 0; i < n; i++) {   // 数组a中读入数值
         System.out.print("a[" + i + "] = ");
         a[i] = stdIn.nextInt();
      }

      for (int i = 0; i < n; i++)      // 将数组a中的全部元素复制到b中
         b[i] = a[i];

      System.out.println("已经将a中的全部元素复制到了b中。");

      for (int i = 0; i < n; i++)      // 显示数组b
         System.out.println("b[" + i + "] = " + b[i]);
   }
}
```

运行示例

```
元素个数: 5
a[0] = 42
a[1] = 35
a[2] = 85
a[3] = 2
a[4] = -7
已经将a中的全部元素复制到了b中。
b[0] = 42
b[1] = 35
b[2] = 85
b[3] = 2
b[4] = -7
```

在本程序中，首先将元素个数读入到 *n* 中，然后创建两个数组 *a*、*b*（这两个数组中的元素个数都为 *n*）。

*

阴影部分的 **for** 语句负责执行数组的复制。如图 6-13 所示，数组 *a* 中全部元素的值都赋给了数组 *b* 中相同索引的元素。

for 语句开始执行时，变量 *i* 的值为 0。因此，如图 6-13 a 所示，通过循环体 `b[i] = a[i];` 将 `a[0]` 的值赋给 `b[0]`。

在 **for** 语句的作用下，变量 *i* 的值递增为 1，然后如图 b 所示，将 `a[1]` 的值赋给 `b[1]`。

像这样，在 **for** 语句的作用下，随着变量 *i* 的值每次递增 1，循环执行元素的赋值操作，这样就将数组 *a* 复制到了 *b* 中。

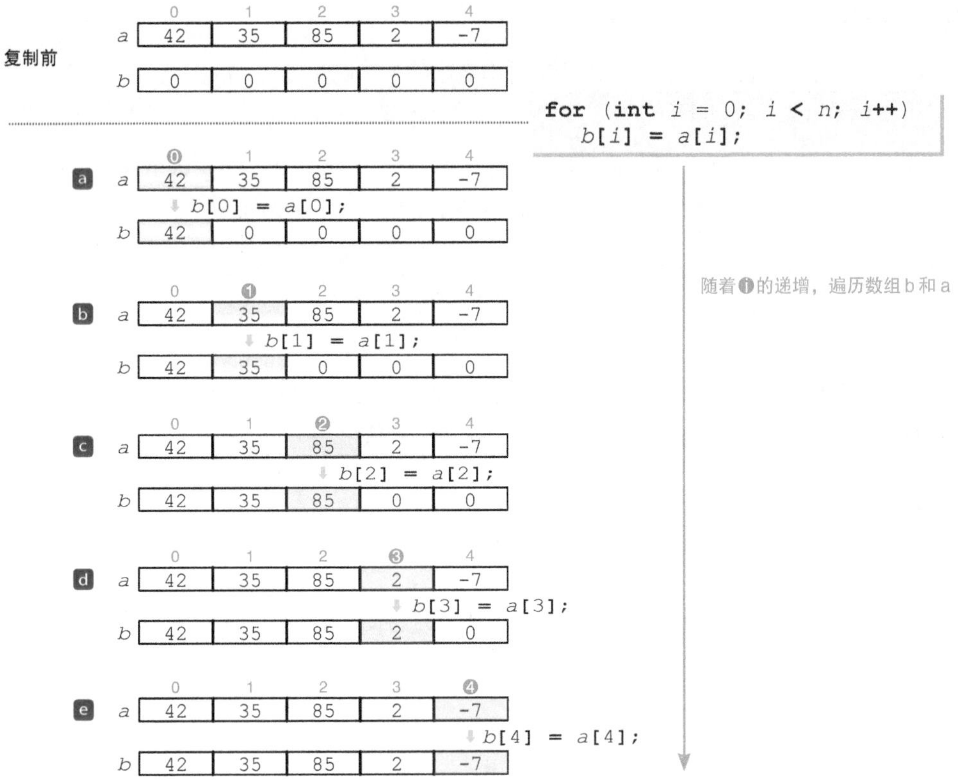

复制前

	0	1	2	3	4
a	42	35	85	2	-7
b	0	0	0	0	0

```
for (int i = 0; i < n; i++)
    b[i] = a[i];
```

随着❶的递增，遍历数组b和a

a

	0	1	2	3	4
a	42	35	85	2	-7
b	42	0	0	0	0

b[0] = a[0];

b

	0	1	2	3	4
a	42	35	85	2	-7
b	42	35	0	0	0

b[1] = a[1];

c

	0	1	2	3	4
a	42	35	85	2	-7
b	42	35	85	0	0

b[2] = a[2];

d

	0	1	2	3	4
a	42	35	85	2	-7
b	42	35	85	2	0

b[3] = a[3];

e

	0	1	2	3	4
a	42	35	85	2	-7
b	42	35	85	2	-7

b[4] = a[4];

图 6-13 数组的复制

练习 6-13

请编写一段程序，将数组 *a* 中的全部元素倒序复制到数组 *b* 中。另外，可以假定这两个数组中的元素个数相同。

专栏 6-5 元素个数不同的数组的复制

代码清单 6-13 的程序示例中，复制源和复制目标中的元素个数相等。当元素个数不相等时，就不可以简单复制全部元素的值。

需要将复制目标中的元素个数修改为与复制源中的元素个数相等之后，再复制全部元素的值，如下所示。

```
if (a.length != b.length)                 // 如果数组a和b的元素个数不相等
  b = new int[a.length];                  // 重新创建一个与a中的元素个数相等的数组

for (int i = 0; i < a.length; i++)        // 将数组a中的全部元素复制到b中
  b[i] = a[i];
```

字符串数组

字符串可以用 **String** 型来表示，因此字符串数组的类型就是 **String**[] 型。

▶ 关于 **String** 型，我们将在第 15 章中介绍。这里只简单介绍字符串数组的声明方法和使用方法。

我们先来思考一下表示猜拳手势的 "石头"、"剪刀"、"布" 这三个字符串数组。创建一个元素类型为 **String** 型、元素个数为 3 的数组，将字符串赋给各个元素就可以了，如下所示。

```
String[] hands = new String[3];
hands[0] = "石头";
hands[1] = "剪刀";
hands[2] = "布";
```

String 型数组的声明方法和使用方法与 **int** 型和 **double** 型完全相同。另外，如果像下面这样进行声明，创建数组时就可以**初始化**各个元素（不用再**赋值**）。

```
String[] hands = {"石头", "剪刀", "布"};
```

*

我们来创建一个程序，使用字符串数组来学习表示月份的英语单词，如代码清单 6-14 所示。

代码清单6-14　Chap06/MonthCAI.java

```
// 学习表示月份的英语单词的程序

import java.util.Random;
import java.util.Scanner;

class MonthCAI {

   public static void main(String[] args) {
      Random rand = new Random();
      Scanner stdIn = new Scanner(System.in);
      String[] monthString = {
         "January", "February", "March", "April", "May", "June", "July",
         "August", "September", "October", "November", "December"
      };

      int month = rand.nextInt(12);   // 目标月份：0~11的随机数
      System.out.println("题目是" + monthString[month]);

      while (true) {
         System.out.print("是几月呢：");
         int m = stdIn.nextInt();

         if (m == month + 1) break;
         System.out.println("回答错误。");
      }
      System.out.println("回答正确。");
   }
}
```

标注：1 → 生成目标月份并显示题目；2 → 读取输入；3 → 判断是否正确。

运行示例

```
题目是August
是几月呢：7↵
回答错误。
是几月呢：6↵
回答错误。
是几月呢：8↵
回答正确。
```

程序非常简短。首先显示一个随机选择的月份的单词（例如 "August"），然后回答这是哪个月份。

除了使用字符串数组这一部分不同之外，其他部分基本上和第 4 章创建的“猜数字游戏”（4-1 节）的结构相同。

1处生成 0~11 的随机数作为题目中的月份值，并显示该值对应的字符串。例如，如果随机生成的 *month* 为 7，则显示 *monthString*[7]，即 "August"。

2处提示输入答案，将月份值读入到 *m* 中。

3中，如果读入的答案 *m* 与 *month* 加 1 后的值相等，则回答正确，使用 **break** 语句强制中止、结束 **while** 语句。最后，显示“回答正确。”，程序结束。

▶ 在判断回答是否正确时，*month* 加 1 是为了弥补生成的随机数 0~11 与通过键盘键入的 1~12 的数值差。

另外，当回答错误时，显示“回答错误。”。

由于判断 **while** 语句是否继续循环的控制表达式是 **true**，因此该 **while** 语句在回答正确之前会无限循环下去。

练习 6-14

请编写一段英语单词学习程序，根据显示的月份数值 1~12，输入其英语表达。

- 使用随机数生成月份值作为题目
- 学习者可以根据个人意愿循环操作
- 不连续出现同一个月份的题目

判断字符串 *s1* 和 *s2* 是否相等（所有的字符都相等）可以使用 *s1*.equals(*s2*)（15-2 节）。

```
请输入月份的英语表达。
另外，首字母大写，之后的字母都小写。
6月: June
回答正确。再来一次?  1…Yes / 0…No: 1
5月: March
回答错误。
5月: May
回答正确。再来一次?  1…Yes / 0…No: 0
```

练习 6-15

请编写一段英语单词学习程序，根据显示的星期，输入其英语表达。

- 使用随机数生成星期作为题目
- 学习者可以根据个人意愿循环操作
- 不连续出现同一个星期的题目

```
请用小写输入英文的星期名。
星期三: wednesday
回答正确。再来一次?  1…Yes / 0…No: 1
星期一: monday
回答正确。再来一次?  1…Yes / 0…No: 0
```

引用类型和对象

我们来运行一下代码清单 6-15 所示的程序。程序显示的并不是数组元素的值，而是**数组变量本身的值**。

代码清单6-15 Chap06/PrintArray.java

```
// 显示数组变量的值

class PrintArray {

  public static void main(String[] args) {
1   int[] a = new int[5];
2   System.out.println("a = " + a);

3   a = null;
4   System.out.println("a = " + a);
  }
}
```

运行结果

```
a = [I@ca0b6
a = null
```

引用类型和对象

1是数组的声明。使用 `new` 创建的数组主体与一般的变量不同，它是在程序运行时创建的，因此会被动态分配存储空间。

数组主体与一般变量的性质不同，被称为**对象**（object）。

用于指向对象的变量的类型就是**引用类型**（reference type）。数组变量的类型是**数组类型**（array type），这是引用类型的一种（5-1 节）。

▶ 数组主体和类类型的实例统称为对象。详细内容将在第 8 章中介绍。

接下来的2中显示数组变量 *a* 的值“`[I@ca0b6`”。输出数组变量时，会显示特殊的字符序列（详细内容将在专栏 12-3 中介绍）。

空类型和空引用、空常量

3处将 `null` 赋给数组变量 *a*。`null` 是被称为**空常量**（null literal）的一种常量。

被赋入空常量的 *a* 就是**空引用**（null reference）。空引用是表示**什么都不引用**的一种特殊引用，其类型就是**空类型**（null type）。如图 6-14 所示，本书中使用黑色盒子来表示变为空引用的变量。

重要 空常量 `null` 表示什么都不引用的“空引用”。

接下来的4中显示变量 *a* 的值。运行结果说明了如下内容。

重要 当输出空引用时，会显示 `null`。

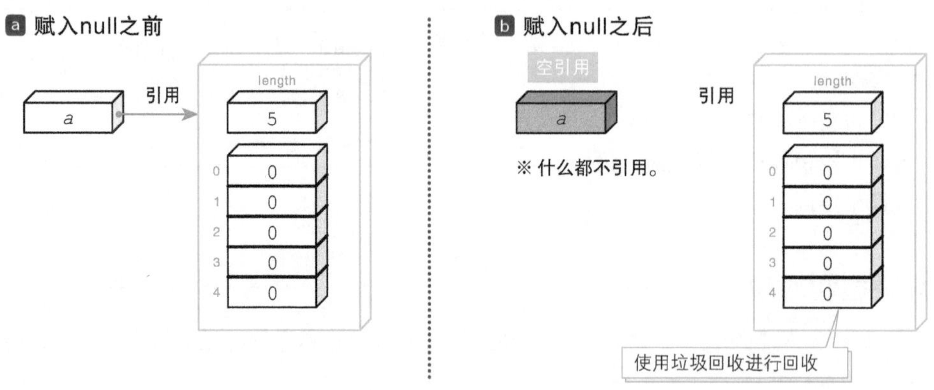

图 6-14 空引用和垃圾回收

垃圾回收

对于数组变量，当（像本程序这样）赋入 `null`，或者（像代码清单 6-12 那样）赋入其他数组主体的引用时，数组主体将不再被任何变量引用，变为**垃圾**。垃圾残留会导致存储空间不足，因此，不再被任何变量引用的对象所占用的空间会被自动**释放**，以便能够再次使用。

像这样，释放不再需要的对象空间，以便能够再次使用的处理称为**垃圾回收**（garbage collection）。

▶ garbage collection 直译为“垃圾收集”。

final 数组

数组变量还可以像下面这样声明为 **final** 变量。

```
final int[] a = new int[5];
```

变成 **final**（值不可以被改写）的是数组 *a* 的**引用目标**，而各个元素的值可以被改写，即像下面这样。

```
a[0] = 10;              // OK
a = null;               // 错误
a = new int[10];        // 错误
```

如果将数组变量声明为 **final**，就可以防止误赋入 **null**，或者赋入其他数组主体的引用。

6-2 多维数组

上一节介绍了构成元素呈线性排列的数组。本节要介绍的多维数组是一种构成元素本身就是数组的结构复杂的数组。

多维数组

前面介绍的数组的全部构成元素都是呈直线状连续排列的。实际上，还可以创建一种多层结构的数组，其构成元素本身就是数组。

构成元素类型为数组的数组就是**二维数组**，构成元素类型为二维数组的数组则为**三维数组**。与上一节中介绍的数组（一维数组）有所不同，它们被称为**多维数组**（multidimensional array）。

▶ 从 Java 的语法定义上来说，多维数组是不存在的（指的是构成元素类型为数组的数组）。本书中为了方便说明，使用了“多维数组”这一术语。

二维数组

首先，我们来思考一下多维数组中最简单的结构，即“**int** 型的二维数组”。该二维数组的原形如下所示。

> 以“构成元素类型为 **int** 型的数组”作为构成元素类型的数组

该数组的类型为 **int**[][] 型，可以使用下述的a、b、c任一形式进行声明，本书中统一使用a形式。

```
a int[][] x;
b int[] x[];     以“构成元素类型为 int 型的数组”作为构成元素类型的数组的声明
c int x[][];
```

我们来思考一个具体示例，创建下面这个数组。

> 以“构成元素类型为 **int** 型、元素个数为 4 的数组”作为构成元素类型、元素个数为 2 的数组

若在声明的同时创建主体，则数组变量的声明如下所示。

```
int[][] x = new int[2][4];
```

通过该声明创建的数组 *x* 如图 6-15 所示。二维数组中的各个元素通过使用两个方括号的 *a*[*i*][*j*] 形式的表达式进行访问。当然，所有索引的开头数值都是 0，末尾数值则为数组的元素个数减 1。

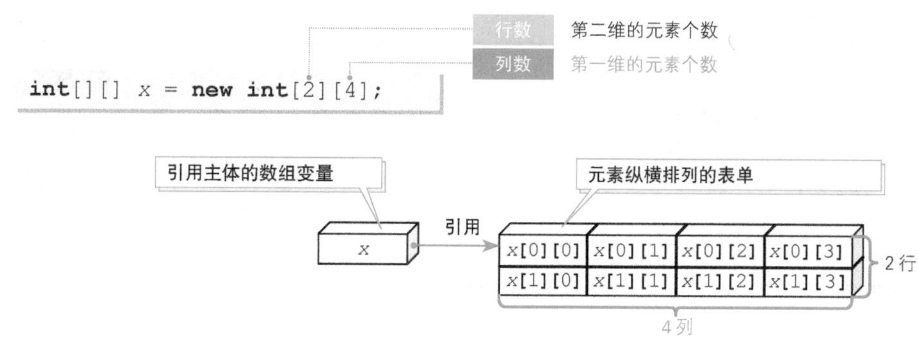

图 6-15 二维数组

如图所示，二维数组就是类似于元素纵横排列的“表单”的形式。因此，该数组就表示为“2 行 4 列”的二维数组。

三维数组

接下来介绍三维数组。例如，**long** 型的三维数组的类型就是 **long**[][][] 型。在这里，我们来思考一下下面这个数组。

```
long[][][] y = new long[2][3][4];
```

这里声明的 *y* 的类型如下所示。

> 以“构成元素类型为‘构成元素类型为 **long** 型、元素个数为 4 的数组’、元素个数为 3 的数组”作为构成元素类型、元素个数为 2 的数组

二维数组 *x* 和三维数组 *y* 的构成元素类型分别如下所示。

- *x*…构成元素类型为 **int** 型、元素个数为 4 的数组
- *y*…构成元素类型为“构成元素类型为 **long** 型、元素个数为 4 的数组”、元素个数为 3 的数组

如果将这两个数组中的元素展开到无法再展开的程度（非数组），则数组 *x* 为 **int** 型、数组 *y* 为 **long** 型。像这样的类型称为**元素类型**（element type），元素类型级别的构成元素则称为**元素**（element），而全部元素的个数就是**元素个数**。

▶ 例如，二维数组 *x* 中，*x*[0]、*x*[1] 为构成元素，*x*[0][0], *x*[0][1], …, *x*[1][3] 则为元素。另外，在一维数组中，实际上可以视为构成元素 = 元素、构成元素类型 = 元素类型。

三维数组 *y* 的构成元素为 *y*[0] 和 *y*[1]，而各个元素则使用 3 个索引来表示，即 *y*[0][0][0]，*y*[0][0][1]，*y*[0][0][2]，…，*y*[1][2][3]。

程序示例

代码清单 6-16 所示的程序会创建一个二维数组，其全部元素中赋入 0~99 的随机数。

代码清单 6-16 Chap06/Array2D.java

```
// 创建一个二维数组，其全部元素中赋入随机数

import java.util.Random;
import java.util.Scanner;

class Array2D {

   public static void main(String[] args) {
      Random rand = new Random();
      Scanner stdIn = new Scanner(System.in);

      System.out.print("行数: ");
      int h = stdIn.nextInt();      // 读入行数

      System.out.print("列数: ");
      int w = stdIn.nextInt();      // 读入列数

      int[][] x = new int[h][w];                                        ←1

      for (int i = 0; i < h; i++)
         for (int j = 0; j < w; j++) {
            x[i][j] = rand.nextInt(100);                                 ←2
            System.out.println("x[" + i + "][" + j + "] = " + x[i][j]);
         }
   }
}
```

运行示例

```
行数: 2
列数: 4
x[0][0] = 72
x[0][1] = 68
x[0][2] = 6
x[0][3] = 6
x[1][0] = 59
x[1][1] = 5
x[1][2] = 18
x[1][3] = 59
```

数组的行数 h 和列数 w 都是通过键盘输入的。1处的声明创建数组，2处的二重循环中将随机数赋给全部元素，并显示出它们的值。

▶ 运行示例中创建的是一个 2 行 4 列的数组。

*

另外一个程序示例如代码清单 6-17 所示，程序会计算并显示两个矩阵的和。

a、b、c 都是 2 行 3 列的数组，并赋上了初始值。因此，数组 a 和 b 会像图 6-16 那样对各个元素进行初始化。

▶ 多维数组中的初始值是大括号中嵌套大括号的结构，这将在下文中进行介绍。

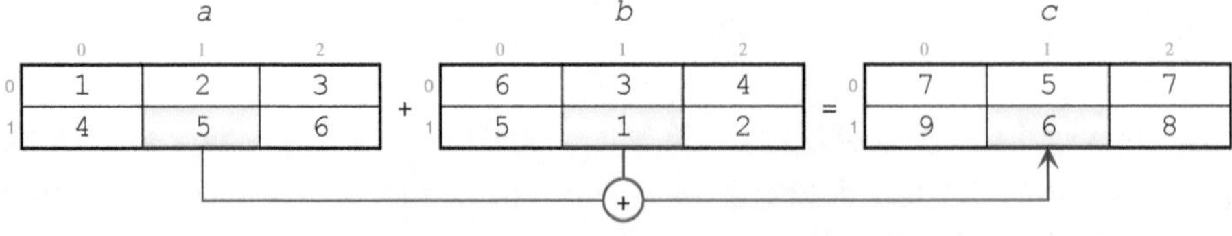

图 6-16 2 行 3 列矩阵的加法运算

代码清单6-17 Chap06/Matrix.java

```
// 对2行3列的矩阵进行加法运算

class Matrix {

   public static void main(String[] args) {
      int[][] a = { {1, 2, 3}, {4, 5, 6} };
      int[][] b = { {6, 3, 4}, {5, 1, 2} };
      int[][] c = { {0, 0, 0}, {0, 0, 0} };

      for (int i = 0; i < 2; i++)
         for (int j = 0; j < 3; j++)
            c[i][j] = a[i][j] + b[i][j];

      System.out.println("矩阵a"); // 显示矩阵a中元素的值
      for (int i = 0; i < 2; i++) {
         for (int j = 0; j < 3; j++)
            System.out.printf("%3d", a[i][j]);
         System.out.println();
      }

      System.out.println("矩阵b"); // 显示矩阵b中元素的值
      for (int i = 0; i < 2; i++) {
         for (int j = 0; j < 3; j++)
            System.out.printf("%3d", b[i][j]);
         System.out.println();
      }

      System.out.println("矩阵c"); // 显示矩阵c中元素的值
      for (int i = 0; i < 2; i++) {
         for (int j = 0; j < 3; j++)
            System.out.printf("%3d", c[i][j]);
         System.out.println();
      }
   }
}
```

将a和b的和赋给c

运行结果

```
矩阵a
  1  2  3
  4  5  6
矩阵b
  6  3  4
  5  1  2
矩阵c
  7  5  7
  9  6  8
```

阴影部分负责执行矩阵的加法运算。循环将 `a[i][j]` 和 `b[i][j]` 相加后的值赋给 `c[i][j]`，即循环执行将 *a* 和 *b* 中索引相同的两个元素的和赋给 *c* 中相同索引的元素的处理。

▶ 图中蓝色部分是将 `a[1][1]` 和 `b[1][1]` 的和赋给 `c[1][1]` 的情形，所有元素都会被执行类似的操作。

练习 6-16

请编写一段程序，计算 4 行 3 列矩阵和 3 行 4 列矩阵的积。各个元素的值通过键盘输入。

练习 6-17

请编写一段程序，读入 6 名学生的 2 科（语文、数学）成绩，并计算每科的平均分及每名学生的平均分。

多维数组的内部

在熟悉了多维数组的处理之后，我们来详细介绍一下多维数组的内部。最开始介绍的 2 行 4 列数组的声明如下所示。

```
int[][] x = new int[2][4];
```

该声明中，在声明了二维数组 x 的数组变量的同时，也创建了数组主体。如果将数组变量的声明和主体的创建分开执行，则程序如下所示。

```
1 int[][] x;
2 x = new int[2][];
3 x[0] = new int[4];
4 x[1] = new int[4];
```

实际上是将声明及处理分成了 4 个步骤，这表明二维数组的内部结构非常复杂。我们参照着图 6-17 进行理解。

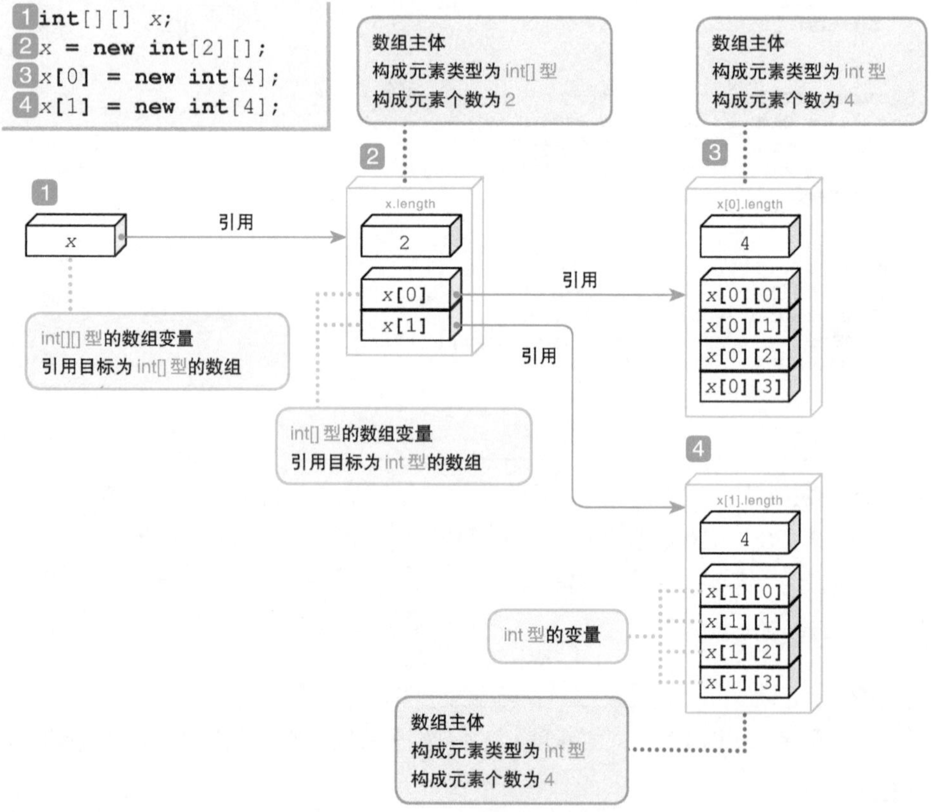

图 6-17 二维数组的物理结构

1 是二维数组 x 的声明。`int[][]` 型的 x 并不是数组主体，而是数组变量。

2 在创建数组主体的同时，将其赋给 x 进行引用。这里创建的是如下所示的数组。

> 构成元素类型为 `int[]` 型、构成元素个数为 2 的数组

由于创建的数组是由 x 引用的，因此访问其各个元素的表达式为 `x[0]`、`x[1]`。

另外，可以使用 x.length 获取该数组的构成元素个数 2。

3 处在创建数组主体的同时，将其赋给 x[0] 进行引用。这里创建的是如下所示的数组。

> 构成元素类型为 **int** 型、构成元素个数为 4 的数组

由于创建的数组是由 x[0] 引用的，因此访问其各个元素的表达式为 x[0][0]、x[0][1]、x[0][2]、x[0][3]。

另外，可以使用 x[0].length 获取该数组的构成元素个数 4。

4 处在创建数组主体的同时，将其赋给 x[1] 进行引用。这里创建的是如下所示的数组。

> 构成元素类型为 **int** 型、构成元素个数为 4 的数组

由于创建的数组是由 x[1] 引用的，因此访问其各个元素的表达式为 x[1][0]、x[1][1]、x[1][2]、x[1][3]。

另外，可以使用 x[1].length 获取该数组的构成元素个数 4。

*

对于 x，构成元素为 **int**[] 型的 x[0] 和 x[1]，共 2 个。而元素为 **int** 型的 x[0][0], x[0][1], ⋯, x[1][3]，共 8 个。

需要注意的是，行数不同的元素的存储位置不是连续的。例如，存储空间中 x[0][3] 的后面紧接着的并不是 x[1][0]。

专栏 6-6 多维数组的声明形式

我们来思考一下下面的声明。大家都知道 x 和 y 的类型吗?

```
int[] x, y[];
```

正确答案是，x 为一维数组 **int**[] 型，y 为二维数组 **int**[][] 型。大家应该尽量避免这么复杂的声明，而应像下面这样简洁明了地进行声明。

```
int[] x;          // x是int[]型的数组（一维数组）
int[][] y;        // y是int[][]型的数组（二维数组）
```

不规则二维数组的内部

前面介绍的数组 x 的构成元素 x[0]、x[1] 是互相独立的数组变量，因此，它们引用的数组中的元素个数也无需相同。如果创建的各个数组中的元素个数不一样的话，就是不规则数组。

代码清单 6-18 所示的程序中会创建一个不规则二维数组。

代码清单 6-18　　Chap06/UnevennessArray.java

```java
// 不规则二维数组

class UnevennessArray {

   public static void main(String[] args) {
      int[][] c;
      c = new int[3][];
      c[0] = new int[5];
      c[1] = new int[3];
      c[2] = new int[4];

      for (int i = 0; i < c.length; i++) {
         for (int j = 0; j < c[i].length; j++)
            System.out.printf("%3d", c[i][j]);
         System.out.println();
      }
   }
}
```

运行结果

```
  0  0  0  0  0
  0  0  0
  0  0  0  0
```

程序中数组 *c* 的逻辑结构如图 6-18 a所示，而物理结构则如图 6-18 b所示。

a 数组主体的逻辑结构

5 列	c[0][0]	c[0][1]	c[0][2]	c[0][3]	c[0][4]
3 列	c[1][0]	c[1][1]	c[1][2]		
4 列	c[2][0]	c[2][1]	c[2][2]	c[2][3]	

每行的列数不同的表单

b 物理结构

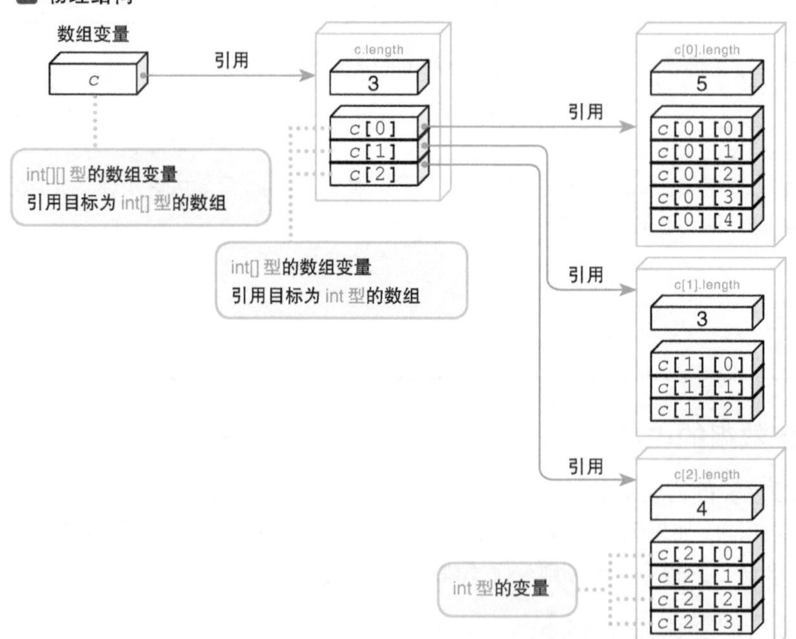

图 6-18　不规则二维数组

变量 *c* 引用的是如下所示的数组。

- *c* … 构成元素类型为 **int**[] 型、构成元素个数为 3 的数组

而各个构成元素 *c*[0]、*c*[1]、*c*[2] 引用的则是如下所示的数组。

- *c*[0] … 构成元素类型为 **int** 型、构成元素个数为 5 的数组
- *c*[1] … 构成元素类型为 **int** 型、构成元素个数为 3 的数组
- *c*[2] … 构成元素类型为 **int** 型、构成元素个数为 4 的数组

*

如图所示，数组 *c* 中的行数和元素个数使用下面的表达式进行计算。

- 行数 … *c*.length
- 各行的列数 … *c*[0].length、*c*[1].length、*c*[2].length

▶ 我们从不规则数组的示例中也可以看出，Java 中可以使用的多维数组并不是严格意义上的多维数组。

另外，程序中的阴影部分如果像下面这样进行声明，则会变得更加简洁。

```
int[][] c = {new int[5], new int[3], new int[4]};
```

由于初始值赋了 3 个，因此数组 *c* 的元素个数会自动设定为 3。而其构成元素 *c*[0]、*c*[1]、*c*[2] 则分别初始化为构成元素个数为 5 的 **int** 型数组的引用、构成元素个数为 3 的 **int** 型数组的引用、构成元素个数为 4 的 **int** 型数组的引用。

练习 6-18

请改写代码清单 6-18 的程序，通过键盘输入行数、各行的列数、各个元素的值。

初始值

在代码清单 6-17 所示的程序中，数组 *a* 中被赋入了初始值。该初始值如果像下面这样纵横排列进行声明的话，会更加容易阅读。

```
int[][] a = {
    {1, 2, 3},        // 第0行元素的初始值
    {4, 5, 6},        // 第1行元素的初始值
};
```

在这里，阴影部分的逗号让人感觉是不需要的，当然这个逗号有没有都没关系。

特意在末尾加上一个多余的逗号有如下好处。

▪ 初始值纵向排列看起来更整齐

包含最后一行在内，所有行的最后一个字符都是逗号，看上去更整齐、美观。

▪ 更易于增加或删除整行的初始值

例如，像下面这样增加一行时，可以防止发生忘加逗号的错误（不会漏写阴影部分的逗号）。

```
int[][] a = {
   {1, 2, 3},        // 第0行元素的初始值
   {4, 5, 6},        // 第1行元素的初始值
   {7, 8, 9},        // 第2行元素的初始值    ← 增加这一行
};
```

末尾多余的逗号是允许存在的，因此初始值的语法结构比较复杂。图 6-19 是初始值的语法结构图。

如该语法结构图所示，一维数组的声明中也可以加上多余的逗号。

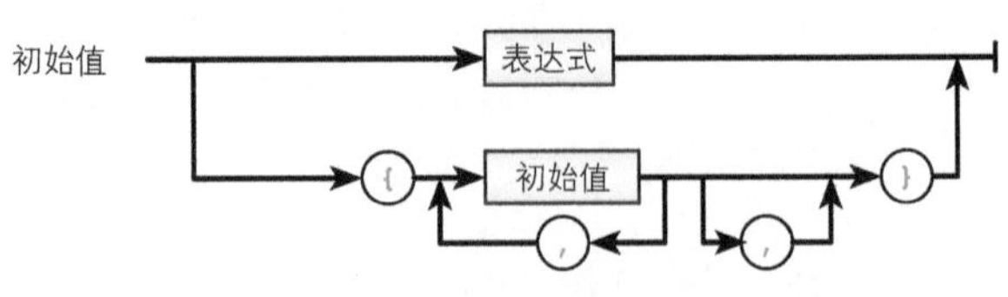

图 6-19　初始值的语法结构图

```
int d[3] = {1, 2, 3,};        // 最后一个元素的后面也可以加上逗号
```

一维数组中多余的逗号在声明字符串数组时也是有效的。例如，6-1 节中介绍的表示猜拳手势的字符串数组也可以像右边这样进行声明。

该示例充分体现了末尾有逗号的好处。

```
String[] hands = {
   "石头",
   "剪刀",
   "布",
};
```

*

当二维数组的声明中省略了元素个数时，各数组的元素个数会根据内层大括号中的初始值进行设定。因此，与代码清单 6-18 中元素个数相同的不规则数组可以像图 6-20 这样进行声明。

```
int[][] c = {
   {10, 11, 12, 13, 14},   // 第0行元素的初始值
   {15, 16, 17},           // 第1行元素的初始值
   {18, 19, 20, 21},       // 第2行元素的初始值
};
```

	0	1	2	3	4
0	10	11	12	13	14
1	15	16	17		
2	18	19	20	21	

图 6-20　二维数组中元素的初始化

练习 6-19

请编写一段程序，读入班级数、各班级的人数、全体的分数，计算总分和平均分。分别显示班级和全体的总分和平均分。

```
班级数: 2↵

1班的人数: 3↵
1班1号的分数: 50↵
1班2号的分数: 63↵
1班3号的分数: 72↵

2班的人数: 2↵
2班1号的分数: 79↵
2班2号的分数: 43↵

  班   |  总分  平均分
-------+-------------
  1班  |  185   61.7
  2班  |  122   61.0
-------+-------------
  合计 |  307   61.4
```

小结

- **数组**是相同类型的变量的集合。各个变量是**构成元素**，变量的类型是**构成元素类型**。构成元素本身为数组的数组称为**多维数组**。

- **数组主体**是使用 `new` 运算符，在程序运行时动态创建的**对象**。**数组变量**引用该数组主体。

- 用于访问数组 *a* 中各个构成元素的表达式是对数组变量运用**索引运算符**的 `a[i]`。方括号中的**索引**是从 0 开始连续编号的 `int` 型整数数值。

- 数组中各个构成元素如果没有进行显式初始化，则会初始化为**默认值** 0。

- 数组的初始化是将各个构成元素的初始值○、△、□用大括号括起来的 {○,△,□,} 形式。最后一个逗号可以省略。当为多维数组时，则使用嵌套结构。

- 数组的构成元素个数可以使用"数组变量名 `.length`"来获取。元素的遍历可以通过**基本 for 语句**和**扩展 for 语句**来执行。

- 使用赋值运算符 = 对数组变量进行赋值时，复制的是引用目标，而不是元素。

- 对于 `final` 声明的数组，引用目标不可以被改写（元素的值可以修改）。

- 不引用任何对象的引用是**空引用**，表示空引用的**空常量**是 `null`。

- 不再被任何变量引用的对象所占用的空间会通过**垃圾回收**自动进行回收，可以再次被使用。

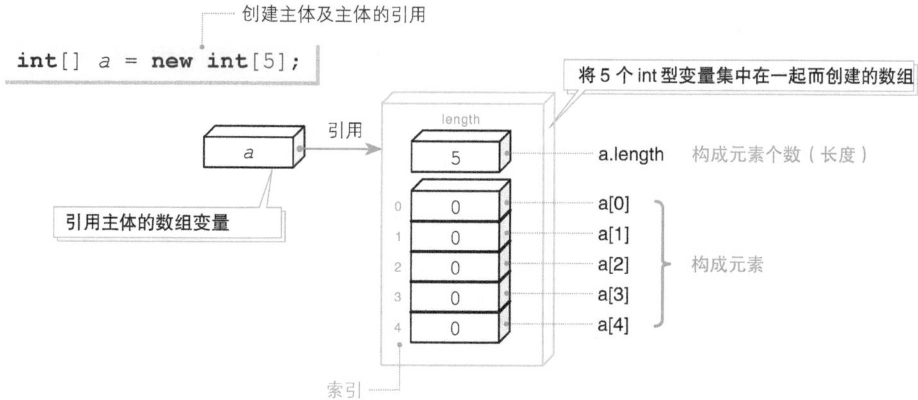

Chap06/Abct.java

```java
import java.util.Scanner;

class Abc {

   public static void main(String[] args) {
      Scanner stdIn = new Scanner(System.in);

      // 将全部元素初始化为默认值0
      int[] a = new int[5];

      // 显式初始化
      int[] b = {1, 2, 3, 4, 5};

      for (int i = 0; i < a.length; i++)
         System.out.println("a[" + i + "] = " + a[i]);

      for (int i = 0; i < b.length; i++)
         System.out.println("b[" + i + "] = " + b[i]);

      // 数组a的全部元素中读入数值
      for (int i = 0; i < a.length; i++) {
         System.out.print("a[" + i + "] = ");
         a[i] = stdIn.nextInt();
      }

      // 计算数组a中全部元素的总和
      int sum = 0;

      for (int i : a)
         sum += i;

      System.out.println("a的总和 = " + sum);

      // 2行4列的二维数组
      int[][] c = new int[2][4];

      System.out.println("数组c");
      for (int i = 0; i < c.length; i++) {
         for (int j = 0; j < c[i].length; j++)
            System.out.printf("%3d", c[i][j]);
         System.out.println();
      }

      // 每行的列数不同的二维数组
      int[][] d = {
         new int[5], new int[3], new int[4]
      };

      System.out.println("数组d");
      for (int i = 0; i < d.length; i++) {
         int j = 0;
         for ( ; j < d[i].length; j++)
            System.out.printf("%3d", d[i][j]);
         for ( ; j < 5; j++)
            System.out.print("  -");
         System.out.println();
      }
   }
}
```

扩展 for 语句 → 基本 for 语句

```java
for (int i = 0; i < a.length; i++)
   sum += a[i];
```

另解

```java
int[][] c = {
   {0, 0, 0, 0},
   {0, 0, 0, 0},
};
```

```java
int[][] c;
c = new int[2][];
c[0] = new int[4];
c[1] = new int[4];
```

```java
int[][] c = {
   new int[4],
   new int[4],
};
```

运行示例

```
a[0] = 0
a[1] = 0
a[2] = 0
a[3] = 0
a[4] = 0
b[0] = 1
b[1] = 2
b[2] = 3
b[3] = 4
b[4] = 5
a[0] = 7
a[1] = 6
a[2] = 3
a[3] = 8
a[4] = 5
a的总和 = 29
数组c
  0  0  0  0
  0  0  0  0
数组d
  0  0  0  0  0
  0  0  0  -  -
  0  0  0  0  -
```

第 7 章

方法

本章将介绍构成程序的控件——方法的创建和使用。

- □ 方法
- □ 实参、形参和值传递
- □ 返回值和 return 语句
- □ 数组的传递
- □ void
- □ 作用域
- □ 签名
- □ 重载
- □ 位运算
- □ 移位

7-1 方法

我们在做手工时，会将很多“控件”组合起来。程序也是由控件组合而成的，程序控件的最小单位是方法。本节将介绍方法的基础知识。

方法

我们来创建一个程序，读入 3 个人的身高、体重、年龄，并显示出每项中的最大值。我们将各项数据都保存到数组中，这样创建出来的程序如代码清单 7-1 所示。

代码清单 7-1　Chap07/MaxHwa.java

```
// 计算3个人的身高、体重、年龄的最大值并显示结果

import java.util.Scanner;

class MaxHwa {

   public static void main(String[] args) {
      Scanner stdIn = new Scanner(System.in);

      int[] height = new int[3];      // 身高
      int[] weight = new int[3];      // 体重
      int[] age    = new int[3];      // 年龄

      for (int i = 0; i < 3; i++) {  // 读入
         System.out.print("[" + (i + 1) + "] ");
         System.out.print("身高：");      height[i] = stdIn.nextInt();
         System.out.print("    体重："); weight[i] = stdIn.nextInt();
         System.out.print("    年龄："); age[i]    = stdIn.nextInt();
      }

      // 计算身高的最大值                                          1
      int maxHeight = height[0];
      if (height[1] > maxHeight) maxHeight = height[1];
      if (height[2] > maxHeight) maxHeight = height[2];

      // 计算体重的最大值                                          2
      int maxWeight = weight[0];
      if (weight[1] > maxWeight) maxWeight = weight[1];
      if (weight[2] > maxWeight) maxWeight = weight[2];

      // 计算年龄的最大值                                          3
      int maxAge = age[0];
      if (age[1] > maxAge) maxAge = age[1];
      if (age[2] > maxAge) maxAge = age[2];

      System.out.println("身高的最大值为" + maxHeight + "。");
      System.out.println("体重的最大值为" + maxWeight + "。");
      System.out.println("年龄的最大值为" + maxAge    + "。");
   }
}
```

运行示例

```
[1]身高：172↵
   体重：64↵
   年龄：31↵
[2]身高：168↵
   体重：57↵
   年龄：24↵
[3]身高：181↵
   体重：62↵
   年龄：18↵
身高的最大值为181。
体重的最大值为64。
年龄的最大值为31。
```

第 3 章中已经介绍过计算 3 个值中最大值的方法（3-1 节）。例如，将 a、b、c 中的最大值保存到 max 中的程序如下所示。

```
int max = a;
if (b > max) max = b;
if (c > max) max = c;
```

本程序中直接使用了这种方法。1、2、3分别对身高、体重、年龄执行了 3 次相同的处理。

如果再增加胸围和坐高，并计算它们中的最大值，又会变成什么样呢？程序中就会充满相似的处理。

因此，我们需要采用如下方针。

> 将统一的操作汇总为一个“控件”。

可以使用**方法**（method）实现程序“控件”。改进本程序需要的是“传递 3 个 `int` 型数值后，会计算并返回它们中的最大值”的控件。如果用电路形式的图来表示，就如图 7-1 所示。

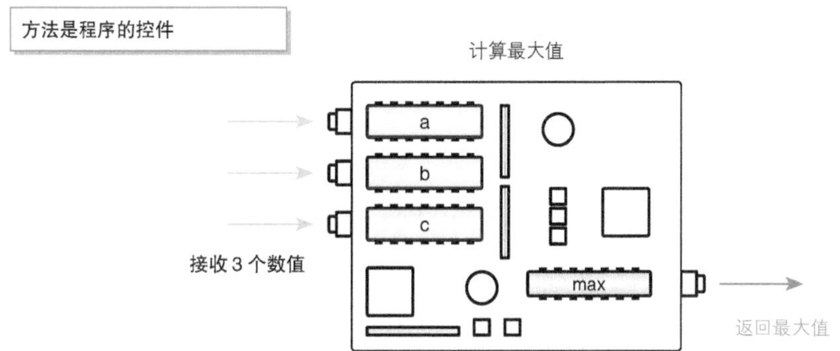

图 7-1　计算并返回 3 个值中最大值的方法

为了熟练使用用于执行处理的、可谓是“魔法电路”的方法，我们来介绍一下下述两方面的内容。

> - 方法的创建 … 方法的声明
> - 方法的使用 … 方法的调用

▶ 第 1 章中介绍了 `System.out.print` 方法。这是一种将传递过来的字符串或数值等显示到画面上的便捷“控件”。一个设计良好的控件，即使我们不知道其内部处理，只要知道其使用方法，也能很容易就达到熟练使用的水平。

方法的声明

我们首先介绍方法的创建。图 7-2 所示为接收 3 个 `int` 型整数值并计算其中最大值方法的**方法声明**（method declaration）。

▶ 开头的 `static` 在 `main` 方法中也存在。关于 `static` 的含义，我们将在第 10 章介绍。

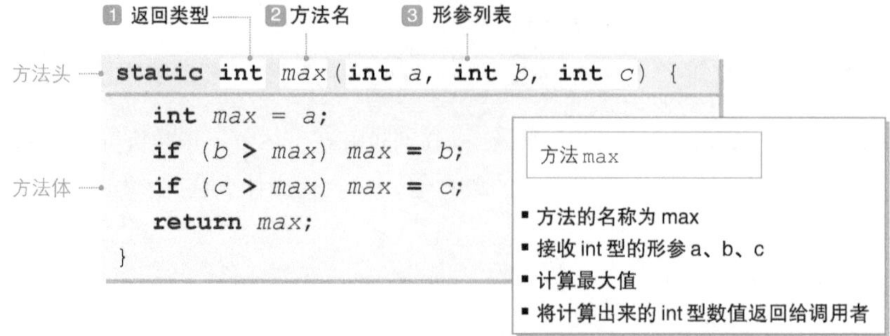

图 7-2 返回 3 个值中最大值方法的方法声明

我们先来理解一下各部分的概况。

▪ 方法头（method header）

这部分描述了方法这个程序控件的名称和规格。虽然称之为方法头，但可能用方法“面貌”来形容更为贴切。

1 返回类型（return type）

指的是自我调用的控件，即**返回值**（return value，方法中返回的数值）的类型。本方法中返回的是最大值，因此返回类型就是 `int` 型。

2 方法名（method name）

指的是方法的名称。方法就是通过该名称由其他控件进行调用的。

3 形参列表（formal parameter list）

方法中将用于接收“辅助指示”的变量即**形参**（formal parameter），放在小括号中进行声明。像本方法中这样接收多个形参时要使用逗号隔开。

▶ 在方法 *max* 中，*a*、*b*、*c* 都声明为 `int` 型的形参。

▪ 方法体（method body）

方法体就是程序块（即用大括号括起来的 0 条以上的语句的集合）。

方法 *max* 的主体中声明了 *max* 变量。原则上，像这样只在方法中使用的变量可以在该方法中声明、使用。

另外，方法体中可以声明和方法名同名的变量。这是因为方法和变量的类别不同，**不会发生名称冲突**。

▶ 不过，方法体中不可以声明和形参名称同名的变量，其理由也可以通过图 7-1 推测出来。由于方法 *max* 的电路中已存在 *a*、*b*、*c* 变量（形参），因此不可以在电路中创建相同名称的变量。

我们使用图 7-2 中的方法来改写代码清单 7-1 所示的程序，改写后的程序如代码清单 7-2 所示。程序变得更加简短。

代码清单 7-2 Chap07/MaxHwaMethod.java

```
// 计算3个人的身高、体重、年龄的最大值并显示结果（方法版）

import java.util.Scanner;

class MaxHwaMethod {

   //--- 返回a、b、c中的最大值 ---//
   static int max(int a, int b, int c) {
      int max = a;
      if (b > max) max = b;
      if (c > max) max = c;
      return max;
   }

   public static void main(String[] args) {
      Scanner stdIn = new Scanner(System.in);
      int[] height = new int[3];      // 身高
      int[] weight = new int[3];      // 体重
      int[] age    = new int[3];      // 年龄

      for (int i = 0; i < 3; i++) {  // 读入
         System.out.print("[" + (i + 1) + "] ");
         System.out.print("身高：");       height[i] = stdIn.nextInt();
         System.out.print("    体重：");  weight[i] = stdIn.nextInt();
         System.out.print("    年龄：");  age[i]    = stdIn.nextInt();
      }

      int maxHeight = max(height[0], height[1], height[2]); // 身高的最大值
      int maxWeight = max(weight[0], weight[1], weight[2]); // 体重的最大值
      int maxAge    = max(age[0], age[1], age[2]);          // 年龄的最大值

      System.out.println("身高的最大值为" + maxHeight + "。");
      System.out.println("体重的最大值为" + maxWeight + "。");
      System.out.println("年龄的最大值为" + maxAge    + "。");
   }
}
```

方法声明

方法调用表达式

▶ 由于程序的动作与代码清单 7-1 相同，因此此处省略了运行示例。

程序中包含 max 和 **main** 两个方法。程序启动时运行的是 **main** 方法（1-2 节），而不是先执行在 **main** 方法之前声明的 max。

方法的调用

使用方法控件的操作称为“**调用（启动）**方法”。本程序中，用于调用方法 max 的是如下代码。

```
int maxHeight = max(height[0], height[1], height[2]); // 身高的最大值
int maxWeight = max(weight[0], weight[1], weight[2]); // 体重的最大值
int maxAge    = max(age[0], age[1], age[2]);          // 年龄的最大值
```

为了计算身高、体重、年龄的最大值，程序要调用 3 次 max 方法。

我们先来看一下它们当中计算身高的最大值的阴影部分（图 7-3 中黑色虚线部分）。如果将该表达式理解成如下的请求，就比较容易理解了。

> 方法 max 先生，我把 3 个整数值 height[0]、height[1]、height[2] 传给您，请告诉我它们当中的最大值！！

方法的调用是通过在方法名的后面加上小括号来执行的。

这个小括号就是表 7-1 中所示的**方法调用运算符**（method invocation operator）。传给方法的“辅助指示”的**实参**（actual argument）就放在小括号中，用逗号隔开。

▶ 我们已经介绍过，使用○○运算符的表达式称为○○表达式，使用方法调用运算符的表达式就称为**方法调用表达式**（method invocation expression）。

表 7-1 方法调用运算符

`x(arg)`	传递实参 *arg*，调用方法 *x*（*arg* 为 0 个以上的用逗号隔开的实参）。 （如果返回类型不为 **void**）结果为方法 *x* 的返回值

当调用方法时，程序流程会一下子跳到该方法中。因此，**main** 方法的执行会暂时中断，开始执行方法 *max*。

重要 当调用方法时，程序流程会跳转到该方法中。

在调用的方法中，形参变量在创建的同时会**初始化**为实参的值。如图 7-3 所示，形参 *a*、*b*、*c* 分别初始化为实参 *height*[0]、*height*[1]、*height*[2] 的值 172、168、181。

重要 方法接收的形参使用传递的实参值进行初始化。

当形参初始化结束后，方法体开始执行。这里是将 *a*、*b*、*c* 中的最大值 181 赋给变量 *max*。

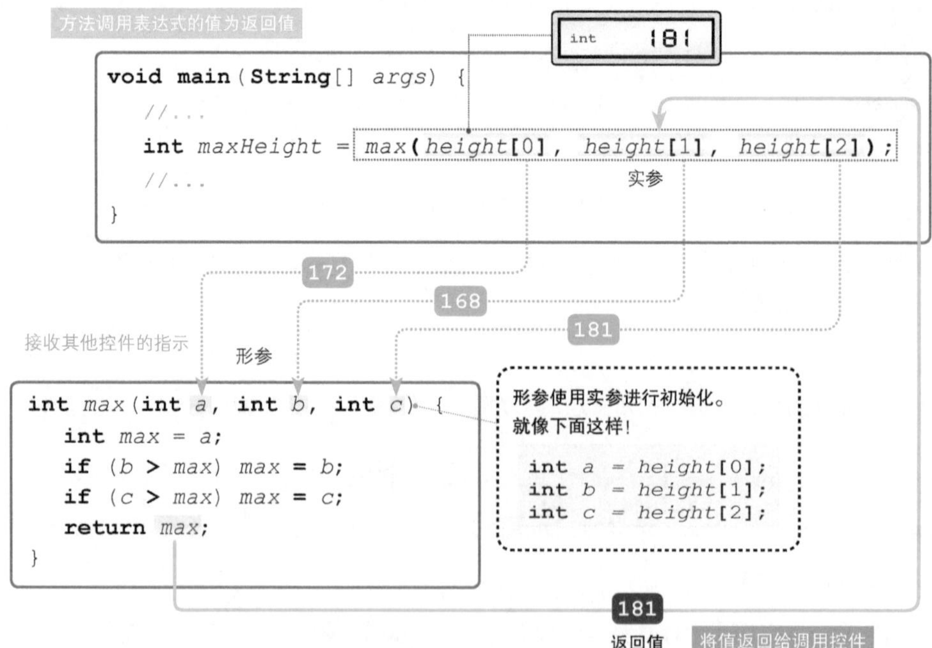

▶ 本图中省略了方法头中的 **public** 和 **static**（之后的图也是如此）

图 7-3 方法的调用

方法 *max* 将最大值返回给调用方，负责执行此项操作的是如下部分。

```
return max;
```

像这样的语句称为 return **语句**（return statement）。

执行 `return` 语句时，程序流程会返回到调用方处。这时的“小礼物”就是**返回值**（这里为变量 *max* 的值 181）。

*

返回值可以通过对方法调用表达式进行求值得到。在本程序中，由于返回值为 181，因此图 7-3 中黑色虚线部分的表达式的值就为“**int** 型的 181”。

重要 方法调用表达式的值为该方法的返回值。

最终，变量 *maxHeight* 初始化为方法 *max* 的返回值 181。

计算体重、年龄的方法调用表达式也是如此。使用方法 *max* 计算得到的体重 *weight*[0]、*weight*[1]、*weight*[2] 中的最大值会赋给 *maxWeight*，年龄 *age*[0]、*age*[1]、*age*[2] 中的最大值会赋给 *maxAge*。

return 语句

return 语句会结束方法的运行，使程序流程返回到调用方处，其语法结构图如图 7-4 所示。

正如语法结构图所示，指定返回值的“表达式”可以省略。

▶ 省略返回值的示例将在后文进行介绍。

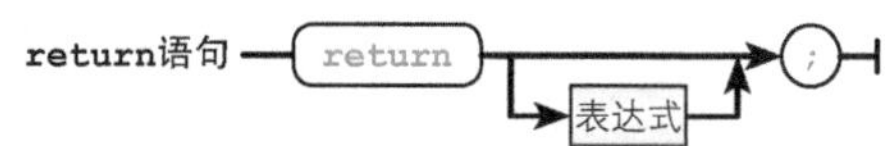

图 7-4 return 语句的语法结构图

既然创建了计算三个值中最大值的方法 *max* 了，下面就让我们使用该方法来改写一下代码清单 3-12 的程序。改写后的程序如代码清单 7-3 所示。

代码清单7-3 Chap07/Max3Method.java

```
// 计算3个整数值中的最大值（方法版）

import java.util.Scanner;

class Max3Method {

   //--- 返回a、b、c中的最大值 ---//
   static int max(int a, int b, int c) {
      int max = a;
      if (b > max) max = b;
      if (c > max) max = c;
      return max;
   }

   public static void main(String[] args) {
      Scanner stdIn = new Scanner(System.in);

      System.out.print("整数a: ");  int a = stdIn.nextInt();
      System.out.print("整数b: ");  int b = stdIn.nextInt();
      System.out.print("整数c: ");  int c = stdIn.nextInt();

      System.out.println("最大值是" + max(a, b, c) + "。");
   }
}
```

返回值

运行示例

```
整数a: 1
整数b: 3
整数c: 2
最大值是3。
```

程序在执行向画面上输出操作的地方加上了方法调用表达式，因此，方法的返回值会直接显示到画面上。

▶ 首先，方法返回的整数值会转换为字符串（例如，3 转换为 "3"），然后，使用 + 运算符拼接字符串。

虽然有时 **main** 方法中的变量 *a*、*b*、*c* 和方法 *max* 中的形参 *a*、*b*、*c* 的名称恰巧相同，但它们并不一样。调用方法 *max* 时，形参 *a*、*b*、*c* 会初始化为 **main** 方法中 *a*、*b*、*c* 的值。

代码清单 7-2 和代码清单 7-3 所示的程序中传递给方法的实参都是变量。当然，除了变量，还可以传递整数常量等常数。例如，执行下面的调用后，方法 *max* 会返回 57。

```
max(32, 57, 48)
```

接下来，我们来创建一个计算 2 个值（而不是 3 个值）中最大值的方法。程序如代码清单 7-4 所示。

代码清单 7-4　　Chap07/Max2Method.java

```
//--- 返回a、b中的最大值 ---//
static int max2(int a, int b) {
   if (a > b)
      return a;
   else
      return b;
}
```

可以存在多个 return 语句

▶ 这里省略了类声明和 **main** 方法等，请大家参照代码清单 7-3 自己试着进行创建。另外，从网站上下载的源文件是包含类声明和 **main** 方法的完整程序。

本方法中有两个 **return** 语句。如果 *a* 大于 *b*，则执行第一个 **return** 语句，返回到调用方处。否则执行后一个 **return** 语句，返回到调用方处。

▶ 这两个 **return** 语句不会同时执行。

练习 7-1

请编写方法 *signOf*，如果接收的 **int** 型参数的值 *n* 为负，则返回 -1；如果为 0，则返回 0；如果为正，则返回 1。

```
int signOf(int n)
```

▶ 方法声明的开头需要有 **static**（练习题的提示中省略了）。要创建的是方法体大括号中的那部分内容。不过，只创建方法并不能确认该方法的动作是否正确。因此，还需要创建 **main** 方法来测试方法。之后的练习也是如此。

练习 7-2

请编写方法 *min*，计算 3 个 **int** 型参数 *a*、*b*、*c* 中的最小值。

```
int min(int a, int b, int c)
```

练习 7-3

请编写方法 *med*，计算 3 个 **int** 型参数 *a*、*b*、*c* 中的中间值。

```
int med(int a, int b, int c)
```

值传递

我们来创建一个计算指数幂（*x* 的 *n* 次幂）的方法。如果 *x* 为 **double** 型，*n* 为 **int** 型，程序则如代码清单 7-5 所示。

代码清单7-5 Chap07/Power.java

```
// 计算指数幂

import java.util.Scanner;

class Power {

   //--- 返回x的n次幂 ---//
   static double power(double x, int n) {
      double tmp = 1.0;

      for (int i = 1; i <= n; i++)
         tmp *= x;  // 将tmp乘以x
      return tmp;
   }

   public static void main(String[] args) {
      Scanner stdIn = new Scanner(System.in);

      System.out.println("计算a的b次幂。");
      System.out.print("实数a：");   double a = stdIn.nextDouble();
      System.out.print("整数b：");   int b = stdIn.nextInt();

      System.out.println(a + "的" + b + "次幂为" + power(a, b) + "。");
   }
}
```

运行示例

```
计算a的b次幂。
实数a：5.5
整数b：3
5.5的3次幂为166.375。
```

由于 *n* 为整数，因此 *x* 进行 *n* 次乘法运算后的值就是 *x* 的 *n* 次幂。在方法 *power* 中，对初始化为 1.0 的变量 *tmp* 执行 *n* 次乘以 *x* 的运算，当 **for** 语句结束时，*tmp* 的值就是 *x* 的 *n* 次幂。

*

如图 7-5 所示，形参 *x* 初始化为实参 *a* 的值，形参 *n* 则初始化为实参 *b* 的值。像这样，方法间通过参数来进行数值交换的机制称为**值传递**（pass by value）。

重 要 方法间的参数交换是通过值传递进行的。

因此，即使在被调用的方法 *power* 中对接收到的形参的值进行修改，也不会对调用方的实参产生任何影响。

这就好比把书复印出来，不论用红笔在上面写些什么，都不会对原书产生任何影响一样。在方法中，可以对形参的值随意修改。

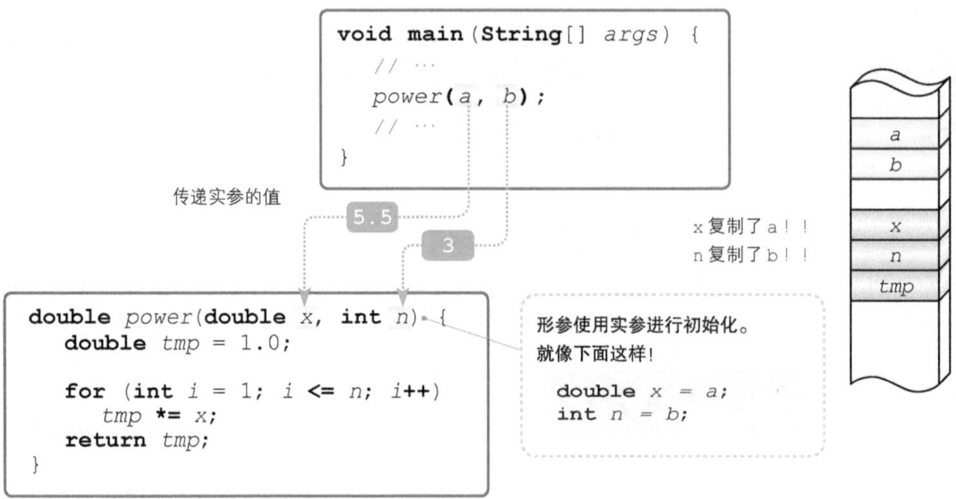

图 7-5　方法调用中的参数交换（值传递）

对 x 的值进行 n 次乘法运算，n 的值会像 5, 4, …, 1 这样逐渐递减。

这样改写后的方法 power 如代码清单 7-6 所示。

▶ 这里省略了类声明和 **main** 方法等，请大家像代码清单 7-5 那样自己创建完整的程序。

代码清单 7-6　　Chap07/Power2.java

```
//--- 返回x的n次幂 ---//
static double power(double x, int n) {
   double tmp = 1.0;

   while (n-- > 0)
      tmp *= x;  // 将tmp乘以x
   return tmp;
}
```

这里不再需要用于控制循环的变量 i，方法变得更加简洁紧凑。

重要　灵活运用值传递的优点，可以让方法更加简洁紧凑。

方法 power 执行结束时，形参 n 的值变为 0，而调用方的 **main** 方法的实参 b 的值不会变为 0。

练习 7-4

请编写一个方法，计算并返回 1 到 n 的所有整数的和。

```
int sumUp(int n)
```

void 方法

在第 4 章中，我们创建了通过排列符号 '*' 显示出直角三角形的程序。下面我们来创建一个程序，将连续显示 '*' 字符的部分实现为一个方法，并利用该方法来显示直角在左下方的直角三角形。程序如代码清单 7-7 所示。

代码清单7-7 Chap07/IsoscelesTriangleLB.java

```
// 显示直角在左下方的直角三角形

import java.util.Scanner;

class IsoscelesTriangleLB {

   //--- 连续显示n个'*'字符 ---//
   static void putStars(int n) {
      while (n-- > 0)
         System.out.print('*');
   }

   public static void main(String[] args) {
      Scanner stdIn = new Scanner(System.in);

      System.out.println("显示直角在左下方的三角形。");
      System.out.print("层数: ");
      int n = stdIn.nextInt();

      for (int i = 1; i <= n; i++) {
         putStars(i);
         System.out.println();
      }
   }
}
```

运行示例

```
显示直角在左下方的三角形。
层数: 6
*
**
***
****
*****
******
```

```
//--- 参考: 代码清单4-16 ---//
for (int i = 1; i <= n; i++) {
   for (int j = 1; j <= i; j++)
      System.out.print('*');
   System.out.println();
}
```

方法 `putStars` 会连续显示 *n* 个 `'*'`。该方法只用于显示，没有返回值。这种方法的返回类型要声明为 **void**。

重要 不会返回值的方法的返回类型要声明为 **void**。

由于 **void** 方法不会返回值，因此 **return** 语句也不是必需的。如果在方法的中途要强制将程序流程返回到调用方，可以执行没有返回值的 **return** 语句，如下所示。

```
return;          // 返回到调用方，但不返回任何值
```

在导入了方法 `putStars` 后，程序变得更加简洁。代码清单 4-16 中使用了二重循环来显示三角形，而在本程序中，只使用了简单的一重循环。

方法的通用性

接下来，我们创建一个程序，显示直角在右下方的直角三角形。程序如代码清单 7-8 所示。

代码清单7-8 Chap07/IsoscelesTriangleRB.java

```
// 显示直角在右下方的直角三角形

import java.util.Scanner;

class IsoscelesTriangleRB {

   //--- 连续显示n个字符c ---//
   static void putChars(char c, int n) {
      while (n-- > 0)
         System.out.print(c);
   }

   public static void main(String[] args) {
      Scanner stdIn = new Scanner(System.in);

      System.out.println("显示直角在右下方的三角形。");
      System.out.print("层数: ");
      int n = stdIn.nextInt();

      for (int i = 1; i <= n; i++) {
         putChars(' ', n - i);      // 显示n - i个' '
         putChars('+', i);          // 显示i个'+'
         System.out.println();
      }
   }
}
```

运行示例

```
显示直角在右下方的三角形。
层数: 6
     +
    ++
   +++
  ++++
 +++++
++++++
```

程序中新定义了一个方法 putChars。该方法会连续显示 n 个赋给形参 c 的字符。

这里可以显示任意字符，比起只能显示 '*' 的 putStars 方法，**通用性更高**。

重要 尽可能创建通用性高的方法。

main 方法中通过在第 i 行显示 n - i 个空字符 ' ' 和 i 个符号字符 '+'，来显示直角在右下方的直角三角形。

▶ 关于表示字符的 **char** 型，第 5 章中进行了简单介绍，详细内容将在第 15 章介绍。

练习 7-5

请编写一个显示“您好。”的方法 hello。

```
void hello()
```

其他方法的调用

前面的程序都是在 **main** 方法中调用标准库方法（println 或 printf 等）或者我们自己创建的方法。当然，也可以在自己创建的方法中调用方法。

这样的程序示例如代码清单 7-9 所示，这是一个显示长方形和正方形的程序。

代码清单7-9 Chap07/SquareRectangle.java

```
// 显示长方形和正方形

import java.util.Scanner;

class SquareRectangle {

   //--- 连续显示n个字符c ---//
   static void putChars(char c, int n) {
      while (n-- > 0)
         System.out.print(c);
   }

   //--- 通过排列字符'+'来显示边长为n的正方形 ---//
   static void putSquare(int n) {
      for (int i = 1; i <= n; i++) {     // 执行n次下述处理
         putChars('+', n);               // •显示n个字符'+'
         System.out.println();           // •换行
      }
   }

   //--- 通过排列字符'*'来显示宽为h长为w的长方形 ---//
   static void putRectangle(int h, int w) {
      for (int i = 1; i <= h; i++) {     // 执行h次下述处理
         putChars('*', w);               // •显示w个字符'*'
         System.out.println();           // •换行
      }
   }

   public static void main(String[] args) {
      Scanner stdIn = new Scanner(System.in);

      System.out.println("显示正方形。");
      System.out.print("边长: ");  int n = stdIn.nextInt();
      putSquare(n);                      // 显示正方形

      System.out.println("显示长方形。");
      System.out.print("宽: ");  int h = stdIn.nextInt();
      System.out.print("长: ");  int w = stdIn.nextInt();
      putRectangle(h, w);                // 显示长方形
   }
}
```

运行示例

```
显示正方形。
边长: 3↵
+++
+++
+++
显示长方形。
宽: 3↵
长: 5↵
*****
*****
*****
```

这里的方法 `putChars` 与上一个程序中的相同。用于显示正方形的方法 `putSquare` 和用于显示长方形的方法 `putRectangle` 都内部调用了方法 `putChars`（阴影部分）。

重要 方法是程序的一个控件。在创建控件时，如果有其他方便的控件，我们也可以大量地使用。

练习 7-6

请编写方法 `printSeason`，显示参数 *m* 所指定的月份的季节。如果 *m* 为 3、4、5，则显示“春天”；如果为 6、7、8，则显示“夏天”；如果为 9、10、11，则显示“秋天”；如果为 12、1、2，则显示“冬天”；如果为其他值，则不显示任何内容。

```
void printSeason(int m)
```

练习 7-7

请改写代码清单 7-7 中连续显示 *n* 个 `'*'` 的方法 `putStars`，在其内部调用代码清单 7-8 中的方法 `putChars` 进行显示。

练习 7-8

请编写方法 `random`，生成一个大于等于 *a* 且小于 *b* 的随机数，并返回该数值。要在该方法内部调用生成随机数的标准库（2-2 节）。

```
int random(int a, int b)
```

另外，如果 *b* 的值小于 *a*，则直接返回 *a* 的值。

专栏 7-1　声明为 final 的形参

当将形参声明为 **final** 时，方法中就不能再修改该形参的值。程序示例如代码清单 7C-1 所示。

代码清单 7C-1　Chap07/FinalParameter.java

```
// 确认final形参不可以赋值

class FinalParameter {
   //--- 计算三个形参值的和 ---//
   static int sumOf(final int x, final int y, final int z) {
   // x = 10;
      return x + y + z;
   }

   public static void main(String[] args) {
      System.out.println(sumOf(1, 2, 3));
   }
}
```

运行结果

```
6
```

注释掉的部分会发生编译错误。大家可以将 // 删掉，确认是否会发生编译错误。

作用域

变量不仅可以在方法内部进行声明，还可以在方法外部进行声明。代码清单 7-10 的程序示例就是在方法内部和外部声明了变量。

A 和 B 中声明了相同名称的变量 *x*。它们的**作用域**（scope）不一样，作用域就是标识符（名称）的通用范围。

代码清单7-10 Chap07/Scope.java

```
// 确认标识符的作用域
class Scope {
    static int x = 700;                          Ⓐ类作用域：字段

    static void printX() {
        System.out.println("x = " + x);
    }

    public static void main(String[] args) {
        System.out.println("x = " + x);          1

        int x = 800;                             Ⓑ块作用域：局部变量

        System.out.println("x = " + x);          2

        System.out.println("Scope.x = " + Scope.x);  3

        printX();                                4
    }
}
```

运行结果

```
1 x = 700
2 x = 800
3 Scope.x = 700
4 x = 700
```

▪ 类作用域（class scope）

就像A中声明的 *x*，在方法外部声明的变量的标识符在**整个类中都通用**。因此，*x* 标识符（名称）在方法 *printX* 和 **main** 方法中都通用。

在方法外部声明的变量称为**字段**（field），以区别于在方法内部声明的变量。

详细内容将在第 10 章中进行介绍，在那之前，请大家记住以下内容。

> **重要** 多个方法中共享的变量一定要在方法外部进行声明，并加上 **static**。

▪ 块作用域（block scope）

程序块中声明的变量称为**局部变量**（local variable）。局部变量的标识符**从声明的位置开始，到包含该声明的程序块最后的大括号为止都通用**。

因此，B中声明的 *x* 在 **main** 方法末尾的大括号 } 之前都是通用的。

我们来理解一下程序运行的情形。

1在B的声明之前。因此，这里的 *x* 是A中的 *x*，其值显示为 700。

2是A中的 *x* 和B中的 *x* 两者的作用域。像这样，当类作用域和块作用域中存在相同名称的变量时，局部变量是**可见的**（visible），而字段会**被隐藏**（shadowed）。因此，这里的 *x* 是B中的 *x*，其值显示为 800。

3中输出的是 *Scope.x*。像这样，使用“类名 . 字段名”可以“访问”上述被隐藏的类作用域中的字段。*Scope.x* 是A中的 *x*，因此其值显示为 700。

4中使用方法 *printX* 进行输出。当然，这里的 *x* 是类作用域中的字段，为A中的 *x*，其值显示为 700。

变量的种类

到目前为止，我们介绍了四种变量。图 7-6 是这些变量的汇总。

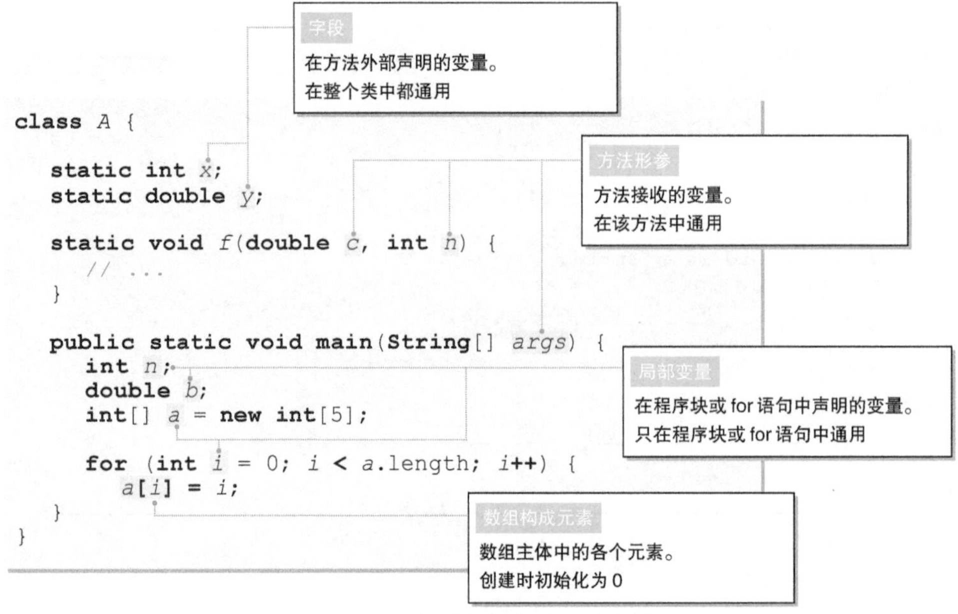

图 7-6 变量的种类

不接收参数的方法

接下来创建的代码清单 7-11 是训练心算能力的程序。运行后程序会提出 3 个 3 位数相加的问题。由于不接受错误的数值，因此最终一定要回答正确。我们先来运行一下程序，愉快地开始学习吧。

代码清单7-11 Chap07/MentalArithmetic.java

```
// 心算能力训练

import java.util.Random;
import java.util.Scanner;

class MentalArithmetic {

   static Scanner stdIn = new Scanner(System.in);

   //--- 确认是否继续 ---//
   static boolean confirmRetry() {          // 不接收参数
      int cont;
      do {
         System.out.print("再来一次? <Yes…1 / No…0>: ");
         cont = stdIn.nextInt();
      } while (cont != 0 && cont != 1);
      return cont == 1;                     // 如果 cont 为 1，则返回 true，否则返回 false
   }

   public static void main(String[] args) {
      Random rand = new Random();

      System.out.println("心算能力训练!!");
      do {
         int x = rand.nextInt(900) + 100;      // 3位数
         int y = rand.nextInt(900) + 100;      // 3位数
         int z = rand.nextInt(900) + 100;      // 3位数
```

运行示例

```
心算能力训练!!
341 + 616 + 741 = 1678
回答错误!!
341 + 616 + 741 = 1698
再来一次? <Yes…1 / No…0>: 1
674 + 977 + 760 = 2411
再来一次? <Yes…1 / No…0>: 0
```

```
            while (true) {
                System.out.print(x + " + " + y + " + " + z + " = ");
                int k = stdIn.nextInt();          // 读入的值
                if (k == x + y + z)               // 正确答案
                    break;
                System.out.println("回答错误!!");
            }
        } while (confirmRetry());
    }                       不传递参数
}
```

main 方法中，生成 3 个随机数 x、y、z 之后，会提出问题。如果通过键盘输入的 k 与 x + y + z 相等，则回答正确（使用 **break** 语句中断、结束 **while** 语句）。而如果回答不正确，则 **while** 语句会一直循环下去。

*

方法 *confirmRetry* 用来确认是否再进行一次训练。如果通过键盘输入 1，则返回 **true**，输入 0，则返回 **false**。像本方法这样，不接收参数的方法的小括号 () 中是空的。

重要 不接收形参的方法在声明时小括号 () 中是空的。

在本程序中，方法 *confirmRetry* 和 **main** 方法中都会执行“通过键盘输入数值”的操作。由于方法 *confirmRetry* 和 **main** 方法中都要使用变量 *stdIn*，因此，之前的程序中在 **main** 方法中声明的阴影部分在本程序中移到了方法的外部。

▶ 正如前文介绍的，声明的开头必须加上 **static**（详细内容将在第 10 章中进行介绍）。

练习 7-9

请编写方法 *readPlusInt*，在显示出“正整数值：”之后，通过键盘输入正整数值，并返回该数值。如果输入 0 或者负值，则提示再次输入。例如，如果是在下面的示例中，则方法 *readPlusInt* 会返回 15。

```
正整数值：-5
正整数值：0
正整数值：15
```

int *readPlusInt*()

练习 7-10

请编写一段程序，对代码清单 7-11 进行扩展，随机提出下述的 4 个问题。

x + y + z

x + y − z

x − y + z

x − y − z

专栏 7-2　实参的求值顺序

调用方法时，实参从开头处（左边）开始依次进行求值。用于确认这一点的程序如代码清单 7C-2 所示。

代码清单 7C-2　Chap07/Argument.java

```
// 确认实参的求值顺序

class Argument {
   //--- 显示3个参数的值 ---//
   static void method(int x, int y, int z) {
      System.out.println("x = " + x + "  y = " + y + "  z = " + z);
   }

   public static void main(String[] args) {
      int i = 0;
      method(i, i = 5, ++i);
   }
}
```

运行结果

```
x = 0  y = 5  z = 6
```

传递给方法 *method* 的实参有 3 个。由于是从前往后依次进行求值，因此传递的值如图 7C-1 所示。

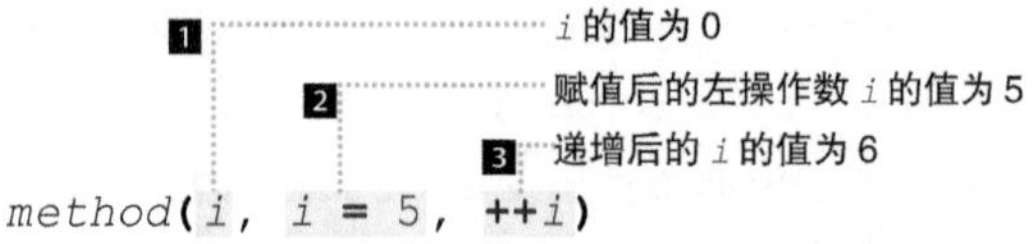

图 7C-1　方法调用表达式中实参的求值

7-2 窥探整数内部

第 5 章中已经介绍过，数值是通过位序列来表示的。本节将介绍整数内部的位处理运算符，同时创建使用这些运算符的方法。

位运算

第 3 章中介绍的“逻辑运算”除了应用于布尔型之外，还可以应用于整型。对整型操作数应用逻辑运算符就是位运算。

表 7-2 是可应用于整型的按位运算符的汇总。

表 7-2 按位运算符

x & *y*	按位计算 *x* 和 *y* 的逻辑与
x | *y*	按位计算 *x* 和 *y* 的逻辑或
x ^ *y*	按位计算 *x* 和 *y* 的逻辑异或
~*x*	计算 *x* 的补数（将每一位取反之后的值）

表中介绍的运算符的正式名称如下。

& … **按位与运算符**（bitwise and operator）

| … **按位或运算符**（bitwise inclusive or operator）

^ … **按位异或运算符**（bitwise exclusive or operator）

~ … **按位取反运算符**（bitwise complement operator）

这些运算符的逻辑运算真值表如图 7-7 所示。

▶ 位运算中 0 按 **false**、1 按 **true** 进行运算。

■ 逻辑与

x	*y*	*x* & *y*
0	0	0
0	1	0
1	0	0
1	1	1

如果两方都为 1 则结果为 1

■ 逻辑或

x	*y*	*x* | *y*
0	0	0
0	1	1
1	0	1
1	1	1

一方为 1 则结果为 1

■ 逻辑异或

x	*y*	*x* ^ *y*
0	0	0
0	1	1
1	0	1
1	1	0

如果只有一方为 1 则结果为 1

■ 补数

x	~*x*
0	1
1	0

如果为 0 则结果为 1，如果为 1 则结果为 0

图 7-7 位运算的真值表

代码清单 7-12 所示的程序中会读入两个整数，并显示它们进行位运算后的结果。

方法 *printBits* 中用 0 和 1 来显示 **int** 型整数 *x* 内部的位构成（该方法的详细内容将在后文进行介绍）。

代码清单7-12 Chap07/BitwiseOperation.java

```
// 显示int型整数的按位与、按位或、按位异或、按位取反

import java.util.Scanner;

class BitwiseOperation {

    //--- 显示int型的位构成 ---//
    static void printBits(int x) {
        for (int i = 31; i >= 0; i--)
            System.out.print(((x >>> i & 1) == 1) ? '1' : '0');
    }

    public static void main(String[] args) {
        Scanner stdIn = new Scanner(System.in);

        System.out.println("请输入两个整数。");
        System.out.print("a : ");    int a = stdIn.nextInt();
        System.out.print("b : ");    int b = stdIn.nextInt();

        System.out.print(  "a     = ");  printBits(a);
        System.out.print("\nb     = ");  printBits(b);
        System.out.print("\na & b = ");  printBits(a & b);  // 逻辑与
        System.out.print("\na | b = ");  printBits(a | b);  // 逻辑或
        System.out.print("\na ^ b = ");  printBits(a ^ b);  // 逻辑异或
        System.out.print("\n~a    = ");  printBits(~a);     // 补数
        System.out.print("\n~b    = ");  printBits(~b);     // 补数
    }
}
```

后文进行介绍

运行示例

```
请输入两个整数。
a: 3
b: 5
a     = 00000000000000000000000000000011
b     = 00000000000000000000000000000101
a & b = 00000000000000000000000000000001
a | b = 00000000000000000000000000000111
a ^ b = 00000000000000000000000000000110
~a    = 11111111111111111111111111111100
~b    = 11111111111111111111111111111010
```

我们看一下运行示例中显示的位序列的低 4 位，就能充分理解各个运算符的动作。

图 7-8 对此进行了汇总，介绍了相同位置的位的逻辑与、逻辑或等逻辑运算的执行情况。

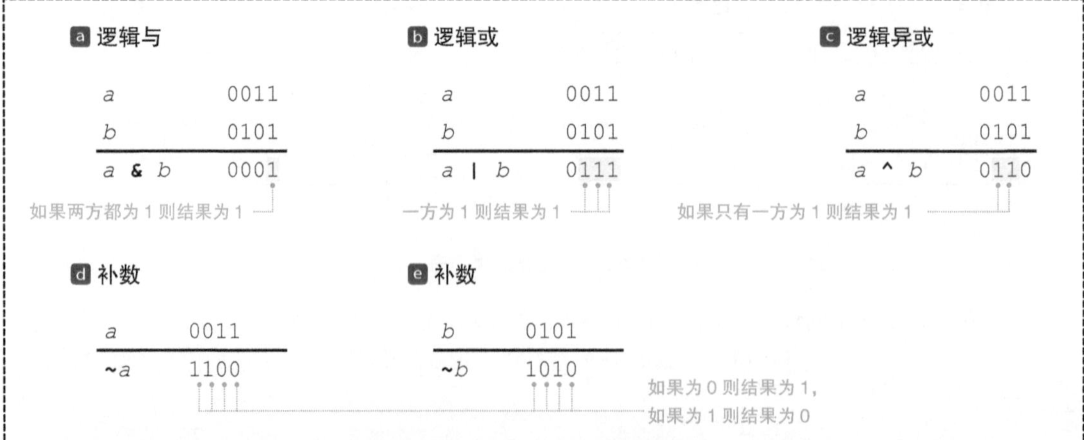

图 7-8 代码清单 7-12 中的位运算

移位运算

方法 printBits 中首次出现了 **>>> 运算符**。

该运算符和 **<< 运算符**、**>> 运算符**都是用来求左移或右移整数中的位之后的值，这些运算符统称为**移位运算符**（shift operator）（表 7-3）。

表 7-3　移位运算符

x << y	将 x 左移 y 位，空出的位用 0 填充
x >> y	将 x 右移 y 位，空出的位用移动前的符号位填充
x >>> y	将 x 右移 y 位，空出的位用 0 填充

我们通过代码清单 7-13 的程序来理解一下移位运算符的动作。

代码清单7-13　Chap07/ShiftOperation.java

```
// 显示对int型数值左移和右移后的值

import java.util.Scanner;

class ShiftOperation {

    //--- 显示int型的位构成 ---//
    static void printBits(int x) {
        for (int i = 31; i >= 0; i--)
            System.out.print(((x >>> i & 1) == 1) ? '1' : '0');
    }

    public static void main(String[] args) {
        Scanner stdIn = new Scanner(System.in);

        System.out.print("整数：");          int x = stdIn.nextInt();
        System.out.print("移位的位数：");    int n = stdIn.nextInt();

        System.out.print(  "整数      = ");  printBits(x);
        System.out.print("\nx <<  n = ");  printBits(x << n);     ←1
        System.out.print("\nx >>  n = ");  printBits(x >> n);     ←2
        System.out.print("\nx >>> n = ");  printBits(x >>> n);    ←3
    }
}
```

后文进行介绍

与代码清单 7-12 一样

我们参照着图 7-9 来理解一下三个运算符的动作。

1 x << n … 左移

将 x 左移 n 位，并将空出的位用 0 填充（图 7-9 a）。移位结果为 $x \times 2^n$。

▶ 二进制数的每一位都是 2 的指数幂，所以左移 1 位后值变为原来的 2 倍（这与十进制数左移 1 位后，值变为原来的 10 倍是一样的。例如，十进制数 196 左移 1 位后变为 1960）。

2 x >> n … 右移（算术移位）

执行向右的**算术移位**（arithmetic shift）。如图 7-9 b 所示，移动除最高位的符号位以外的位，并将空出的位用移动前的符号位填充。

此外，还存在着这样的关系，即**左移 1 位后的值变为原来的 2 倍，而右移 1 位后的值则变为原来的二分之一**。当 x 为非负值时，移位结果为 $x \div 2^n$ 的商的整数部分。

3 x >>> n … 右移（逻辑移位）

执行向右的**逻辑移位**（logical shift）。如图 7-9 c 所示，不考虑符号位，将所有位整体移动 n 位。如果 x 为负值，由于符号位由 1 变为 0，因此运算结果变成了正值。

运行示例 1
```
整数: 53
移位的位数: 3
整数          = 0000 …中略… 0000110101
x  <<   n   = 0000 …中略… 0110101000
x  >>   n   = 0000 …中略… 0000000110
x  >>>  n   = 0000 …中略… 0000000110
```

运行示例 2
```
整数: -53
移位的位数: 3
整数          = 1111 …中略… 1111001011
x  <<   n   = 1111 …中略… 1001011000
x  >>   n   = 1111 …中略… 1111111001
x  >>>  n   = 0001 …中略… 1111111001
```

a 左移 x << n

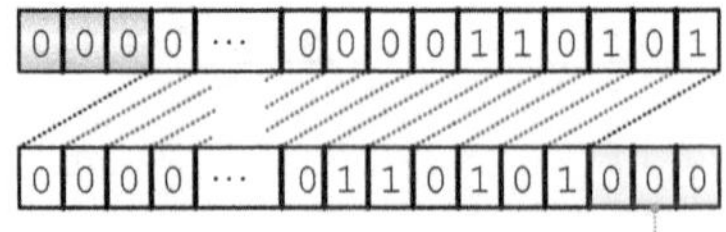

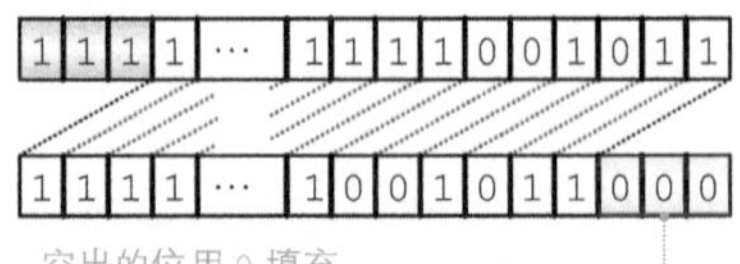

空出的位用 0 填充

b 右移 x >> n：算术移位（符号扩展）

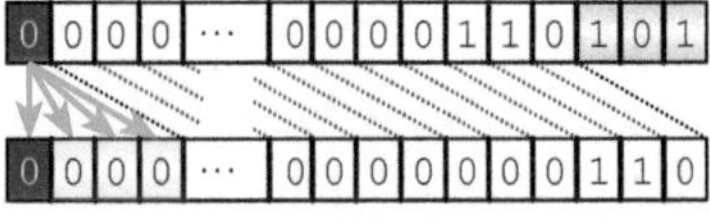

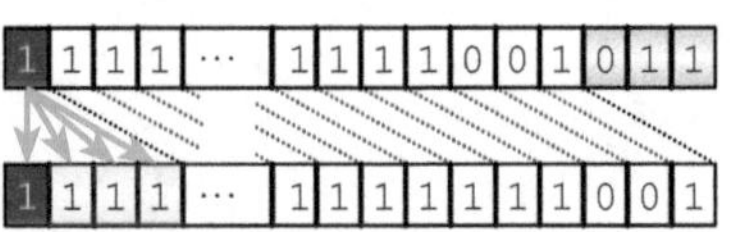

移动符号位以外的位，空出的位用移动前的符号位填充。
左移 1 位后的值变为原来的 2 倍，右移 1 位后的值变为原来的二分之一

c 右移 x >>> n：逻辑移位（零扩展）

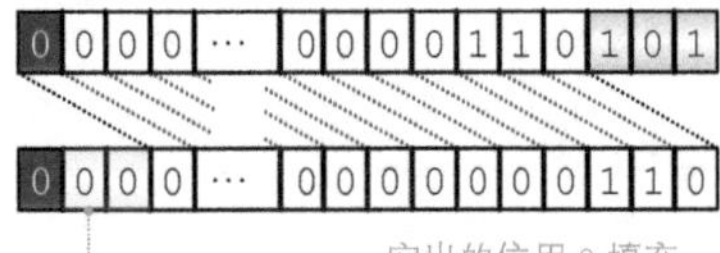

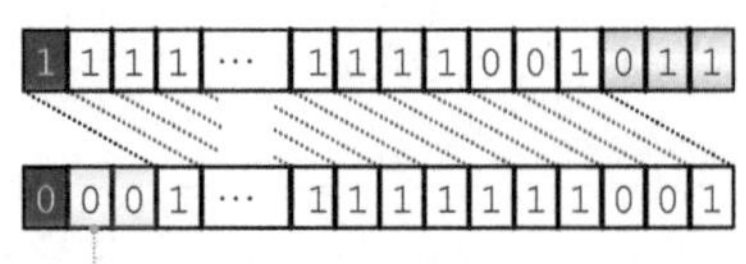

空出的位用 0 填充

移动包含符号位在内的所有位。
负值右移后变为正值

图 7-9　使用移位运算符进行移位

位数的计算

我们来创建一个程序，计算 **int** 型整数的 32 位中有多少个值为“1”的位。程序如代码清单 7-14 所示。

▶ 方法 *printBits* 与代码清单 7-12 和代码清单 7-13 中的相同。

代码清单7-14 Chap07/CountBits.java

```
// 计算int型整数中值为1的位数

import java.util.Scanner;

class CountBits {

   //--- 显示int型的位构成 ---//
   static void printBits(int x) {
      for (int i = 31; i >= 0; i--)
         System.out.print(((x >>> i & 1) == 1) ? '1' : '0');
   }

   //--- 计算int型整数x中值为1的位数 ---//
   static int countBits(int x) {
      int bits = 0;
      while (x != 0) {
         if ((x & 1) == 1) bits++;      // 最低位是否为1?            ―1
         x >>>= 1;                      // 移出已经确认完毕的最低位    ―2
      }
      return bits;
   }

   public static void main(String[] args) {
      Scanner stdIn = new Scanner(System.in);

      System.out.print("整数: ");
      int x = stdIn.nextInt();

      System.out.print("位构成 = ");
      printBits(x);
      System.out.println("\n值为1的位数 = " + countBits(x));
   }
}
```

运行示例

```
整数: 26↵
位构成  = 0000 …中略… 011010
值为1的位数 = 3
```

方法 countBits 用于计算形参 x 接收的整数中值为“1”的位数，并返回个数值。以整数 26 为例，计算值为“1”的位数的过程如图 7-10 所示。

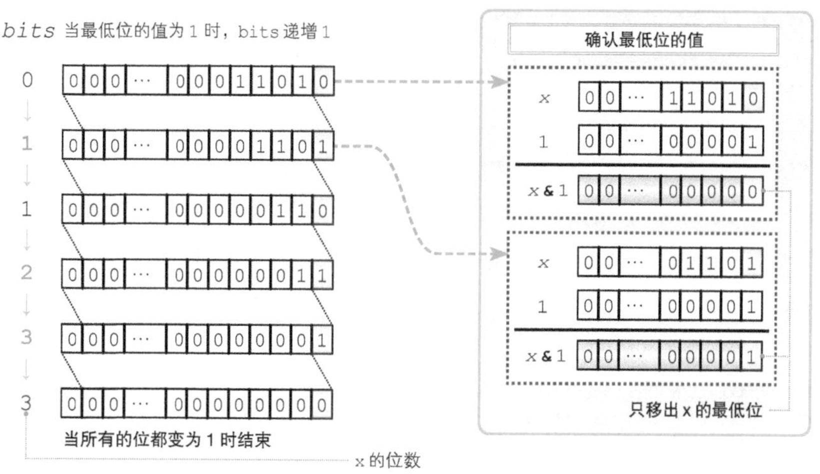

图 7-10 计算位数

1 如右图所示，根据“x 和 1 的逻辑与结果是否为 1”来确认 x 的最低位的值。如果结果为 1，由于 x 的最低位的值为 1，因此 bits 就递增 1。

2 中将所有的位逻辑右移 1 位，这样就将确认完毕的最低位移出。

- ▶ **>>>= 是复合赋值运算符**（4-2 节），其动作等同于 x = x >>> 1;。

上面的操作一直循环执行到 x 变为 0（即所有的位都变为 0）为止，变量 *bits* 中保存的是值为“1”的位的总个数。

专栏 7-3 位数的计算方法

关于值为“1”的位数的计算方法，有多种算法。下面介绍三个程序，阅读起来你会发现非常有趣。

代码清单 7C-3 Chap07/CountBitsC1.java

```
static int countBits(int x) {
   int bits = 0;
   for ( ; x != 0 ; x &= x - 1) {
      bits++;
   }
   return bits;
}
```

代码清单 7C-4 Chap07/CountBitsC2.java

```
static int countBits(int x) {
   int bits = (x >> 1) & 03333333333;
   bits = x - bits - ((bits >> 1) & 03333333333);
   bits = ((bits + (bits >> 3)) & 0707070707) % 077;
   return bits;
}
```

代码清单 7C-5 Chap07/CountBitsC3.java

```
static int countBits(int x) {
   x = (x & 0x55555555) + (x >> 1 & 0x55555555);
   x = (x & 0x33333333) + (x >> 2 & 0x33333333);
   x = (x & 0x0f0f0f0f) + (x >> 4 & 0x0f0f0f0f);
   x = (x & 0x00ff00ff) + (x >> 8 & 0x00ff00ff);
   return (x & 0x0000ffff) + (x >> 16 & 0x0000ffff);
}
```

位的显示

代码清单 7-12~ 代码清单 7-14 中使用的方法 *printBits* 用于显示 **int** 型整数的各个位的内容。

```
//--- 显示int型的位构成 ---//
static void printBits(int x) {
   for (int i = 31; i >= 0; i--)
      System.out.print(((x >>> i & 1) == 1) ? '1' : '0');
}
```

在 **for** 语句的循环中，阴影部分用于确认“第 i 位是否为 1”。如果确认结果为 1，则显示 '1'，如果为 0，则显示 '0'（图 7-11）。

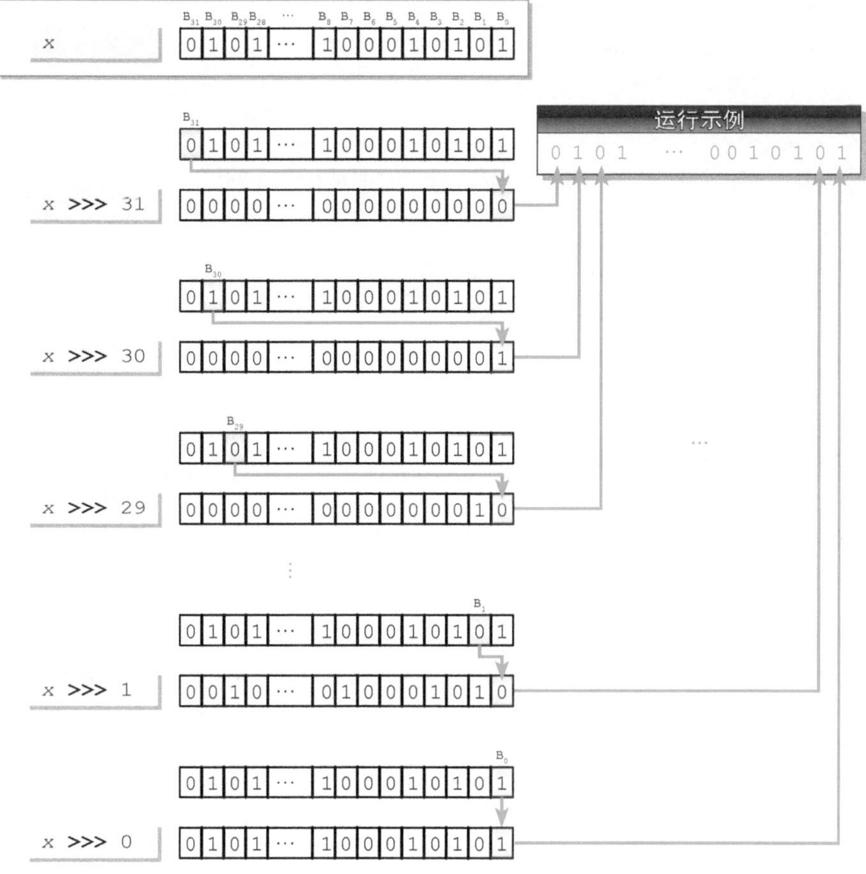

图 7-11 位的显示

练习 7-11

请编写一段程序，确认将整数左移和右移后的值与乘以和除以 2 的指数幂后的值相等。

练习 7-12

请编写方法 *rRotate*、*lRotate*，分别返回整数 *x* 向右旋转 *n* 位后和向左旋转 *n* 位后的值。

```
int rRotate(int x, int n)
int lRotate(int x, int n)
```

※ 所谓旋转，就是将最低位和最高位连起来进行移位。
例如，当向右旋转 5 位时，必须将移位时移出的低 5 位放到高位上。

练习 7-13

请编写方法 *set*、*reset*、*inverse*，分别返回将整数 *x* 的第 pos 位（从最低位开始 0, 1, 2, ···）设为 1 后的值、设为 0 后的值、取反后的值。

```
int set(  int x, int pos)
```

```
int reset(  int x, int pos)
int inverse(int x, int pos)
```

练习 7-14

请编写方法 *setN*、*resetN*、*inverseN*，分别返回将整数 *x* 的第 pos 位开始的 *n* 位设为 1 后的值、设为 0 后的值、取反后的值。

```
int setN(    int x, int pos, int n)
int resetN(  int x, int pos, int n)
int inverseN(int x, int pos, int n)
```

专栏 7-4 使用按位运算符的逻辑运算

第 3 章中已经介绍过，按位运算符 **&**、**|** 可以执行布尔型操作数的逻辑运算（3-1 节）。因此，下面的 1 和 2 都可以用来判断 *month* 是否为春天（大于等于 3 且小于等于 5）。

```
1 if (month >= 3 &  month <= 5) // Java中可以，在C或C++中表示其他含义
2 if (month >= 3 && month <= 5) // Java、C、C++中都可以
```

基本上所有的程序都使用 2，原因如下。

- 运算符不会执行短路求值，而 **&&** 运算符则会执行短路求值（3-1 节），执行效率更高
- 与 C 语言和 C++ 的程序是共通的

另外，求异或的 **^** 运算符也适用于布尔型操作数。因此，判断变量 *a* 和变量 *b* 是否只有一个为 5 的 **if** 语句可以像下面这样来实现。

```
if (a == 5 ^ b == 5)        // 如果变量a和b中只有一个为5
    语句                    // 执行语句
```

有的 Java 入门书中讲到运算符 **&**、**|**、**^** 专门用于整数的位运算，不能用于布尔型操作数的逻辑运算，这是完全错误的。

7-3 操作数组的方法

方法的参数可以接收数组，也可以返回数组。本节中将介绍方法间交换数组的一些实用程序。

计算最大值的方法

我们来创建一个程序，将读入的身高和体重保存到数组中，并分别计算它们中的最大值。程序如代码清单 7-15 所示。

代码清单7-15　Chap07/MaxOfHeightWeight.java

```
// 计算最高者的身高和最胖者的体重

import java.util.Scanner;

class MaxOfHeightWeight {

   //--- 计算并返回数组a中的最大值 ---//
   static int maxOf(int[] a) {
      int max = a[0];
      for (int i = 1; i < a.length; i++)
         if (a[i] > max)
            max = a[i];
      return max;
   }

   public static void main(String[] args) {
      Scanner stdIn = new Scanner(System.in);

      System.out.print("人数：");
      int ninzu = stdIn.nextInt();      // 读入人数

      int[] height = new int[ninzu];    // 创建保存身高的数组
      int[] weight = new int[ninzu];    // 创建保存体重的数组

      System.out.println(" 请输入" + ninzu + "人的身高和体重。");

      for (int i = 0; i < ninzu; i++) {
         System.out.print((i + 1) + "号的身高：");
         height[i] = stdIn.nextInt();
         System.out.print((i + 1) + "号的体重：");
         weight[i] = stdIn.nextInt();
      }

      System.out.println("最高者的身高：" + maxOf(height) + "cm");
      System.out.println("最胖者的体重：" + maxOf(weight) + "kg");
   }
}
```

运行示例

```
人数：5
请输入5人的身高和体重。
1号的身高：175
1号的体重：72
2号的身高：163
2号的体重：82
3号的身高：150
3号的体重：49
4号的身高：181
4号的体重：76
5号的身高：170
5号的体重：64
最高者的身高：181cm
最胖者的体重：82kg
```

main 方法中首先读入人数，然后分别创建用于保存身高的数组 *height* 和用于保存体重的数组 *weight*，并读入各个元素的值。最后，调用方法 *maxOf*，分别计算它们中的最大值。

方法 *maxOf* 会计算并返回数组元素中的最大值。用于接收数组的形参声明为 **int**[] *a*，这与数组变量的声明形式相同。

▶ 因此，除了声明为 **int**[] *a*，该形参还可以声明为 **int** *a*[]。

程序的阴影部分会调用计算身高最大值的方法，这里执行的数组传递情形如图 7-12 所示。

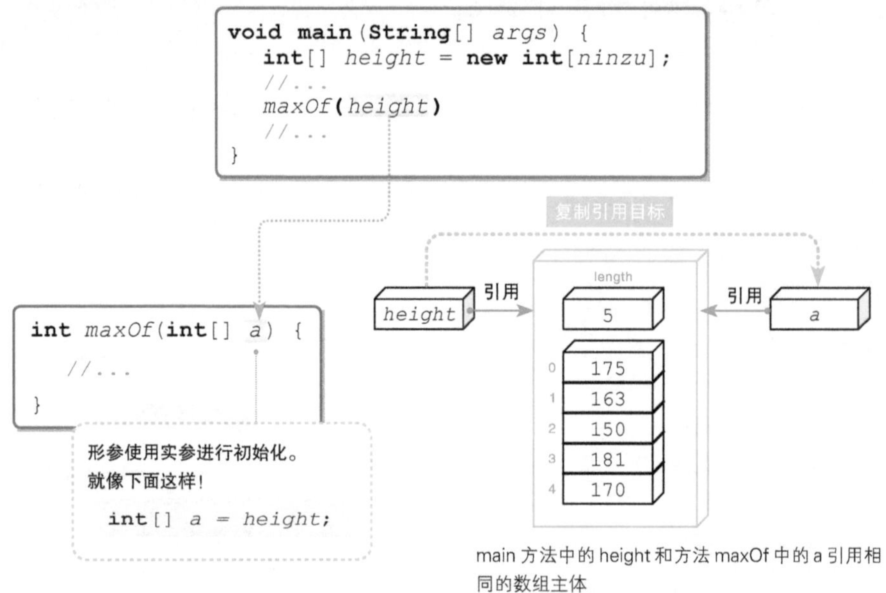

图 7-12　方法间的数组传递

由于实参 *height* 是引用数组主体的数组变量，因此，传递给方法 *maxOf* 的是**数组主体的引用**。

在调用的方法 *maxOf* 中，形参 *a* 为数组变量，使用接收到的**引用**进行初始化。最终，数组变量 *a* 会引用数组 *height* 的主体。

换而言之，方法 *maxOf* 中的数组 *a* 实际上变为了 **main** 方法中的数组 *height*，这与 6-1 节中介绍的"数组的赋值"是一样的。

▶ 数组中主体和元素个数 length 是一体的（6-1 节）。因此，在方法 *maxOf* 中，使用表达式 *a*.length 可以获取数组 *height* 的元素个数。

上一章中已经介绍了计算数组元素中最大值的算法（6-1 节）。本方法中直接使用了该算法来计算最大值。

*

另外，计算体重的最大值时，在方法 *maxOf* 中，数组变量 *a* 引用的是保存体重的数组 *weight* 的主体。

线性查找

我们在上一章中介绍了**线性查找**，用来查找数组中与目标键值相同的元素（6-1 节）。下面我们来将线性查找实现为一个单独的方法，程序如代码清单 7-16 所示。

代码清单7-16 Chap07/LinearSearch.java

```
// 线性查找

import java.util.Scanner;

class LinearSearch {

   //--- 线性查找数组a的全部元素中最先与key值相同的元素 ---//
   static int linearSearch(int[] a, int key) {
      for (int i = 0; i < a.length; i++)
         if (a[i] == key)
            return i;          // 查找成功（返回索引）
      return -1;               // 查找失败（返回-1）
   }

   public static void main(String[] args) {
      Scanner stdIn = new Scanner(System.in);

      System.out.print("元素个数：");
      int num = stdIn.nextInt();
      int[] x = new int[num];    // 元素个数为num的数组

      for (int i = 0; i < num; i++) {
         System.out.print("x[" + i + "]：");
         x[i] = stdIn.nextInt();
      }
      System.out.print("要查找的值：");        // 读入键值
      int ky = stdIn.nextInt();

      int idx = linearSearch(x, ky);     // 查找数组x中值为ky的元素

      if (idx == -1)
         System.out.println("不存在该值的元素。");
      else
         System.out.println("该值的元素是x[" + idx + "]。");
   }
}
```

运行示例

```
元素个数：7↵
x[0]：22↵
x[1]：5↵
x[2]：11↵
x[3]：32↵
x[4]：120↵
x[5]：68↵
x[6]：70↵
要查找的值：120↵
该值的元素是x[4]。
```

方法 `linearSearch` 用于执行线性查找，查找数组 *a* 的全部元素中最先与 `key` 值相同的元素。当查找成功时，返回查找到的元素的索引，当查找失败时，返回 -1。

▶ 查找失败时返回的 -1 是一个不可能为数组索引的值。因此，查找成功和查找失败时返回的数值一定要能区别开来。

*

main 方法中根据返回的数值来显示查找结果。

使用完后就被舍弃的数组

我们来思考一下下面的程序（假设变量 *k* 中放入了适当的值）。

```
// k中放入了适当的值
int[] a = {1, k, k + 5, 2 * k};
int i = linearSearch(a, 3);     // 查找值为3的元素
// 这时不再需要数组a
```

程序会从头开始按顺序依次确认初始化为 1、*k*、*k* + 5、2 * *k* 的数组 *a* 中是否存在值为 3 的元素。这里只确认是否存在值为 3 的元素，在确认结束后，就不再需要数组 *a* 了。

*

像这样，对于“传递给其他方法进行处理后就不再需要”的**使用完后被舍弃**的数组，无需再特意分配数组变量来引用该数组。因为我们可以像下面这样来实现。

```
// k中放入了适当的值
int i = linearSearch(new int[]{1, k, k + 5, 2 * k}, 3);
```

阴影部分是创建数组的表达式。我们使用 **new** 运算符来创建数组，并初始化各个元素（6-1节）。然后，将创建的数组的引用直接作为参数传递给方法。

▶ 虽然有点难度，但在实用的高级程序中会频繁使用该技巧（或者应用该技巧）。例如，如果方法 *m1* 接收的是字符串（**String** 型）数组，就可以像下面这样调用方法 *m1*。

```
m1(new String[]{"PC", "Mac", "Workstation"})
```

另外，第 8 章之后介绍的“类”的实例（类似于“数组”的主体）在使用完后就舍弃的调用中，也会使用相同的技巧，9-2 节和 10-2 节中将会进行介绍。

练习 7-15

请编写方法 *sumOf*，计算数组 *a* 中全部元素的总和。

```
int sumOf(int[] a)
```

练习 7-16

请编写方法 *minOf*，计算数组 *a* 中元素的最小值。

```
int minOf(int[] a)
```

练习 7-17

方法 *linearSearch* 中，当存在多个与要查找的键值相同的元素时，查找到的是最开头位置的元素。请编写方法 *linearSearchR*，使其查找到的是最末尾位置的元素。

```
int linearSearchR(int[] a, int key)
```

对数组中的元素进行倒序排列

代码清单 6-11 所示的程序对数组中的元素进行了倒序排列，下面我们将对数组中的元素进行倒序排列的部分用独立的方法来实现，程序如代码清单 7-17 所示。

代码清单7-17 Chap07/ReverseArray.java

```
// 将值读入到数组元素中，并进行倒序排列

import java.util.Scanner;

class ReverseArray {

   //--- 交换数组中的元素a[idx1]和a[idx2] ---//
   static void swap(int[] a, int idx1, int idx2) {
      int t = a[idx1];  a[idx1] = a[idx2];  a[idx2] = t;
   }

   //--- 对数组a中的元素进行倒序排列 ---//
   static void reverse(int[] a) {
      for (int i = 0; i < a.length / 2; i++)
         swap(a, i, a.length - i - 1);
   }

   public static void main(String[] args) {
      Scanner stdIn = new Scanner(System.in);

      System.out.print("元素个数: ");
      int num = stdIn.nextInt();       // 元素个数

      int[] x = new int[num];       // 元素个数为num的数组

      for (int i = 0; i < num; i++) {
         System.out.print("x[" + i + "] : ");
         x[i] = stdIn.nextInt();
      }

      reverse(x);                  // 对数组x中的元素进行倒序排列

      System.out.println("元素的倒序排列执行完毕。");
      for (int i = 0; i < num; i++)
         System.out.println("x[" + i + "] = " + x[i]);
   }
}
```

运行示例

```
元素个数: 5
x[0] : 10
x[1] : 73
x[2] : 2
x[3] : -5
x[4] : 42
元素的倒序排列执行完毕。
x[0] = 42
x[1] = -5
x[2] = 2
x[3] = 73
x[4] = 10
```

方法 reverse 用来重新排列顺序。为了对数组中的元素进行倒序排列，交换两个元素值的操作需要执行（元素个数 / 2）次。

方法 swap 用来交换数组中的两个元素。该方法的形参接收数组（的引用）a 及两个索引 idx1 和 idx2。

该方法会交换 a[idx1] 和 a[idx2] 的值。例如，调用 swap(a, 1, 3) 后，会交换 a[1] 和 a[3] 的值。

▶ 运行右边的程序可以交换两个值（3-1 节），这里就是使用该方法进行交换的。

```
// 交换a和b
int t = a;
a = b;
b = t;
```

▶ main 方法中创建的数组的引用 x 被传递给了 reverse，而 reverse 中将形参 a 接收到的引用直接传递给了 swap。因此，方法 reverse 的形参 a 和 swap 的形参 a 都会引用 main 方法中创建的数组主体 x。

练习 7-18

请编写方法 *aryRmv*，删除数组 *a* 中的元素 *a*[*idx*]。

void *aryRmv*(**int**[] *a*, **int** *idx*)

删除操作中，*a*[*idx*] 后面的全部元素都要前移一位。另外，未被移动的末尾元素 *a*[*a*.length - 1] 的值可以保持原状。

示例：当数组 *a* 中的元素为 {1, 3, 4, 7, 9, 11} 时，在调用 *aryRmv*(*a*, 2) 之后，数组 *a* 中的元素变为 {1, 3, 7, 9, 11, 11}。

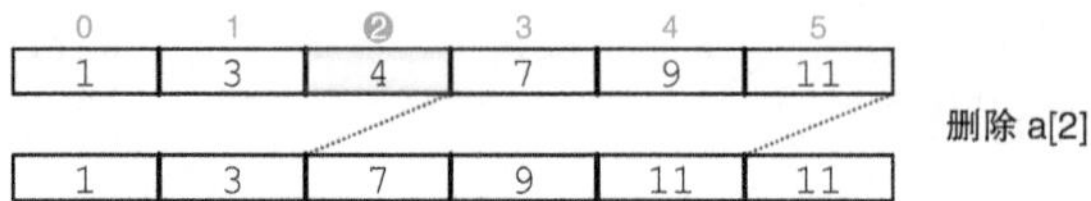

练习 7-19

请编写方法 *aryRmvN*，删除数组 *a* 中从元素 *a*[*idx*] 开始的 *n* 个元素。

void *aryRmvN*(**int**[] *a*, **int** *idx*, **int** *n*)

删除操作中，*a*[*idx*] 后面的全部元素都要前移 *n* 位。另外，未被移动的元素的值可以保持原状。

示例：当数组 *a* 中的元素为 {1, 3, 4, 7, 9, 11} 时，在调用 *aryRmvN*(*a*, 1, 3) 之后，数组 *a* 中的元素变为 {1, 9, 11, 7, 9, 11}。

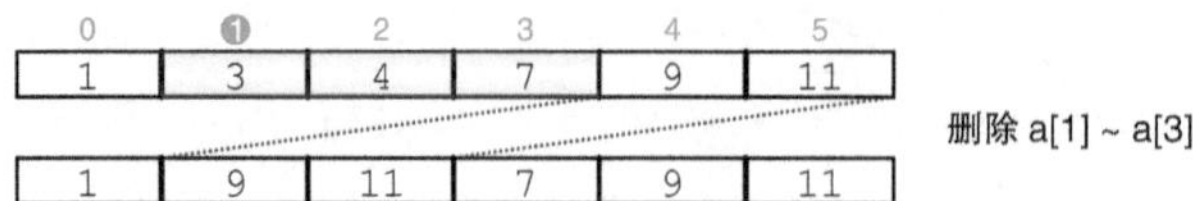

练习 7-20

请编写方法 *aryIns*，将 *x* 插入到数组 *a* 中的元素 *a*[*idx*] 的位置。

void *aryIns*(**int**[] *a*, **int** *idx*, **int** *x*)

插入操作中，*a*[*idx*] ~ *a*[*a*.length - 2] 之间的元素都要后移一位。

示例：当数组 *a* 的元素为 {1, 3, 4, 7, 9, 11} 时，在调用 *aryIns*(*a*, 2, 99) 之后，数组 *a* 中的元素变为 {1, 3, 99, 4, 7, 9}。

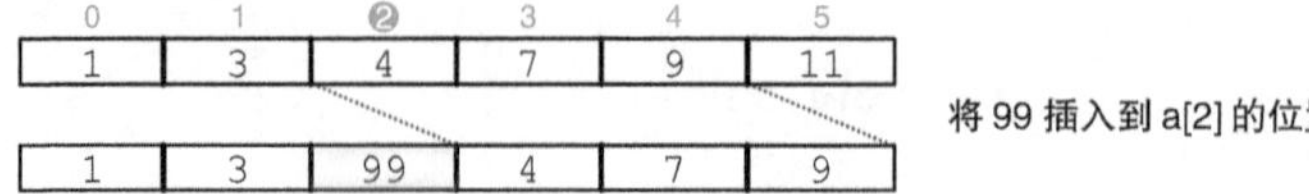

比较两个数组

前面介绍的方法都是处理单个数组，下面我们来创建处理多个数组的程序。代码清单 7-18 所示的程序用于判断两个数组是否相等。

▶ 由于使用==运算符或!=运算符进行比较时，会判断数组变量的引用目标是否相等（6-1节），因此，我们通过遍历两个数组的元素，来判断全部元素的值是否相等。

代码清单7-18 Chap07/ArrayEqual.java

```
// 判断两个数组是否相等

import java.util.Scanner;

class ArrayEqual {

   //--- 两个数组a、b中的全部元素是否相等? ---//
   static boolean equals(int[] a, int[] b) {
      if (a.length != b.length)
         return false;                                   ―1

      for (int i = 0; i < a.length; i++)
         if (a[i] != b[i])                               ―2
            return false;

      return true;                                       ―3
   }

   public static void main(String[] args) {
      Scanner stdIn = new Scanner(System.in);

      System.out.print("数组a中的元素个数: ");
      int na = stdIn.nextInt();      // 数组a中的元素个数

      int[] a = new int[na];         // 元素个数为na的数组

      for (int i = 0; i < na; i++) {
         System.out.print("a[" + i + "] : ");
         a[i] = stdIn.nextInt();
      }

      System.out.print("数组b中的元素个数: ");
      int nb = stdIn.nextInt();      // 数组b中的元素个数

      int[] b = new int[nb];         // 元素个数为nb的数组

      for (int i = 0; i < nb; i++) {
         System.out.print("b[" + i + "] : ");
         b[i] = stdIn.nextInt();
      }

      System.out.println("数组a和b" +
                         (equals(a, b) ? "相等。"
                                       : "不相等。"));
   }
}
```

运行示例

```
数组a中的元素个数: 6↵
a[0] : 21↵
a[1] : 5↵
a[2] : 12↵
a[3] : 33↵
a[4] : 12↵
a[5] : 68↵
数组b中的元素个数: 6↵
b[0] : 21↵
b[1] : 5↵
b[2] : 12↵
b[3] : 33↵
b[4] : 12↵
b[5] : 68↵
数组a和b相等。
```

方法 *equals* 中会判断两个数组 *a* 和 *b* 中的全部元素是否相等，并根据判断结果返回 **true** 或 **false**。

判断分如下三步来执行。

1处比较两个数组 *a*、*b* 的元素个数（长度）。如果元素个数不同，则数组肯定不相等，返回 **false**（图7-13a）。

2处使用 **for** 语句从头开始遍历两个数组，循环比较元素 *a*[*i*] 和 *b*[*i*] 的值。在比较过程中，如果发现元素的值不相等，则执行 **return** 语句，返回 **false**（图7-13b）。

3中，当程序流程执行到此处时，并不是 **for** 语句执行中断了，而是 **for** 语句全部执行结束了。此时可以判断两个数组是相等的，因此返回 **true**（图 7-13c）。

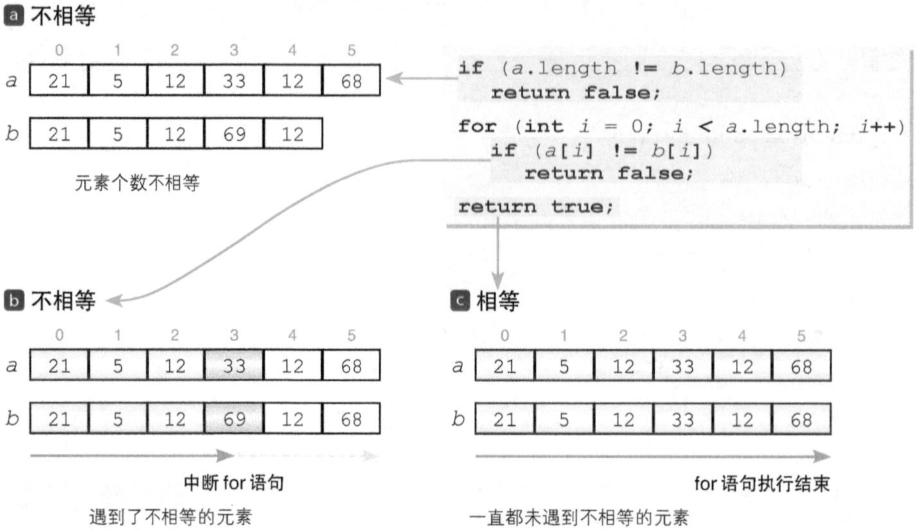

图 7-13　比较两个数组

练习 7-21

请编写方法 *aryExchng*，交换数组 *a* 和数组 *b* 中全部元素的值。

void *aryExchng*(**int**[] *a*, **int**[] *b*)

当两个数组的元素个数不相等时，按较小的元素个数值进行交换。

示例： 当数组 *a* 的元素为 {1, 2, 3, 4, 5, 6, 7}、数组 *b* 的元素为 {5, 4, 3, 2, 1} 时，在调用 *aryExchng*(*a*, *b*) 之后，数组 *a* 变为 {5, 4, 3, 2, 1, 6, 7}，数组 *b* 则变为 {1, 2, 3, 4, 5}。

返回数组的方法

方法除了可以接收数组之外，还可以**返回**数组。下面我们来创建一个返回数组的方法，程序示例如代码清单 7-19 所示。

代码清单7-19　Chap07/GenIdxArray.java

```
// 创建一个全部元素的值与索引相同的数组

import java.util.Scanner;

class GenIdxArray {

    //--- 创建并返回一个全部元素的值与索引相同、元素个数为n的数组 ---//
    static int[] idxArray(int n) {
        int[] a = new int[n];           // 元素个数为n的数组
        for (int i = 0; i < n; i++)
            a[i] = i;
        return a;
    }

    public static void main(String[] args) {
        Scanner stdIn = new Scanner(System.in);

        System.out.print("元素个数: ");
        int n = stdIn.nextInt();        // 元素个数
        int[] x = idxArray(n);          // 元素个数为n的数组

        for (int i = 0; i < n; i++)
            System.out.println("x[" + i + "] = " + x[i]);
    }
}
```

运行示例

```
元素个数: 5
x[0] = 0
x[1] = 1
x[2] = 2
x[3] = 3
x[4] = 4
```

方法 *idxArray* 的返回类型为 int[] 型，这是返回 **int** 型数组的引用的方法声明。

重要　方法可以返回数组的引用。

方法 *idxArray* 的形参 *n* 会接收 **int** 型整数值，方法体中执行如下操作。

- 创建元素个数为 *n* 的数组 *a*
- 数组 *a* 的全部元素中赋入与索引相同的值
- 返回 a，即数组主体的引用

如运行示例所示，当形参 *n* 接收到数值 5 时，会创建一个元素个数为 5 的数组，并将 {0, 1, 2, 3, 4} 赋给各个元素，然后返回该数组的引用。

main 方法中声明的数组变量 *x* 的初始值为 *idxArray*(*n*)。因此，如图 7-14 所示，数组变量 *x* 初始化为方法 *idxArray* 的返回值（数组变量 *a* 的引用）。

数组变量 x 是方法 idxArray 中创建的数组主体的引用

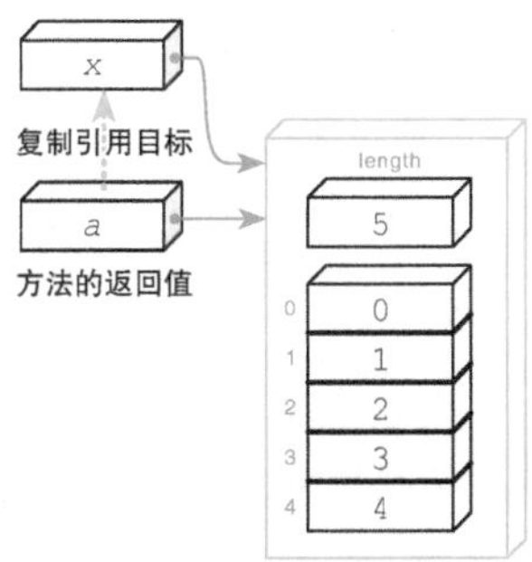

图 7-14　返回数组

最终，数组变量 *x* 变成了方法 *idxArray* 中创建的数组主体的引用。

▶ 另外，阴影部分的方法头也可以像下面这样，在末尾加上方括号 [ ] 来声明返回类型为数组。

```
static int idxArray(int n) []
```

不过，这种形式是为了与早期的 Java 程序兼容的一种例外，原则上还是要使用代码清单 7-19 的形式进行书写。

练习 7-22

请编写方法 *arrayClone*，创建并返回一个与数组 *a* 相同的数组（元素个数相同，并且所有的元素值都相同的数组）。

```
int[] arrayClone(int[] a)
```

练习 7-23

请编写方法 *arraySrchIdx*，返回一个数组，该数组中从头开始依次保存数组 *a* 中值为 *x* 的全部元素的索引。

```
int[] arraySrchIdx(int[] a, int x)
```

示例：当数组 *a* 中的元素为 {1, 5, 4, 8, 5, 5, 7} 时，在调用 *arraySrchIdx*(*a*, 5) 之后，返回的数组为 {1, 4, 5}（值为 5 的元素索引的序列）。

练习 7-24

请编写方法 *arrayRmvOf*，返回一个删除了数组 *a* 中的元素 *a*[*idx*] 的数组。

```
int[] arrayRmvOf(int[] a, int idx)
```

删除操作中，*a*[*idx*] 后面的全部元素都要前移一位。

示例：当数组 *a* 中的元素为 {1, 3, 4, 7, 9, 11} 时，调用 *arrayRmvOf*(*a*, 2) 之后，返回的数组中的元素为 {1, 3, 7, 9, 11}。

练习 7-25

请编写方法 *arrayRmvOfN*，返回一个删除了数组 *a* 中从元素 *a*[*idx*] 开始的 *n* 个元素后的数组。

```
int[] arrayRmvOfN(int[] a, int idx, int n)
```

删除操作中，*a*[*idx*] 后面的全部元素都要前移 *n* 位。

示例：当数组 *a* 中的元素为 {1, 3, 4, 7, 9, 11} 时，调用 *arrayRmvOf*(*a*, 1, 3) 之后，返回的数组中的元素为 {1, 9, 11}。

练习 7-26

请编写方法 *arrayInsOf*，返回一个在数组 *a* 中的元素 *a*[*idx*] 的位置插入 *x* 后的数组。

```
int[] arrayInsOf(int[] a, int idx, int x)
```

插入操作中，*a*[*idx*] 后面的全部元素都要后移一位。

示例：当数组 a 中的元素为 {1, 3, 4, 7, 9, 11} 时，在调用 aryIns(a, 2, 99) 之后，返回的数组中的元素为 {1, 3, 99, 4, 7, 9, 11}。

多维数组的传递

在代码清单 6-17 中，我们创建了一个计算两个矩阵的和的程序。现在我们将计算和的部分实现为一个独立的方法，程序如代码清单 7-20 所示。

代码清单 7-20 Chap07/AddMatrix.java

```
// 计算两个矩阵的和

class AddMatrix {

   //--- 将x和y的和赋给z ---//
   static void addMatrix(int[][] x, int[][] y, int[][] z) {
      for (int i = 0; i < x.length; i++)
         for (int j = 0; j < x[i].length; j++)
            z[i][j] = x[i][j] + y[i][j];
   }

   //--- 显示矩阵m中的全部元素 ---//
   static void printMatrix(int[][] m) {
      for (int i = 0; i < m.length; i++) {
         for (int j = 0; j < m[i].length; j++)
            System.out.print(m[i][j] + "  ");
         System.out.println();
      }
   }

   public static void main(String[] args) {
      int[][] a = { {1, 2, 3}, {4, 5, 6} };
      int[][] b = { {6, 3, 4}, {5, 1, 2} };
      int[][] c = new int[2][3];

      addMatrix(a, b, c);      // 将a和b的和赋给c

      System.out.println("矩阵a"); printMatrix(a);
      System.out.println("矩阵b"); printMatrix(b);
      System.out.println("矩阵c"); printMatrix(c);
   }
}
```

运行结果

```
矩阵a
1  2  3
4  5  6
矩阵b
6  3  4
5  1  2
矩阵c
7  5  7
9  6  8
```

方法 addMatrix 中会计算矩阵 x 和矩阵 y 的和，并将计算结果保存到矩阵 z 中。接收二维数组的形参声明与一般的二维数组的声明相同。

▶ 形参除了声明为 int[][] x 之外，还可以声明为 int x[][] 或 int[] x[]。

另外一个方法 printMatrix 中会显示接收到的二维数组 m 中的全部元素。以该方法为例，我们来理解一下二维数组的传递。

调用 printMaxtix(a) 时，参数的传递情形如图 7-15 所示。

传递端的实参 a 是引用数组主体的数组变量。因此，与一维数组的情形相同，传递的并不是数组主体，而是数组的引用。调用的方法 printMatrix 将数组的引用传递给形参 m，这样，方法 printMatrix 中就可以通过数组变量 m 访问创建的数组 a 的主体。

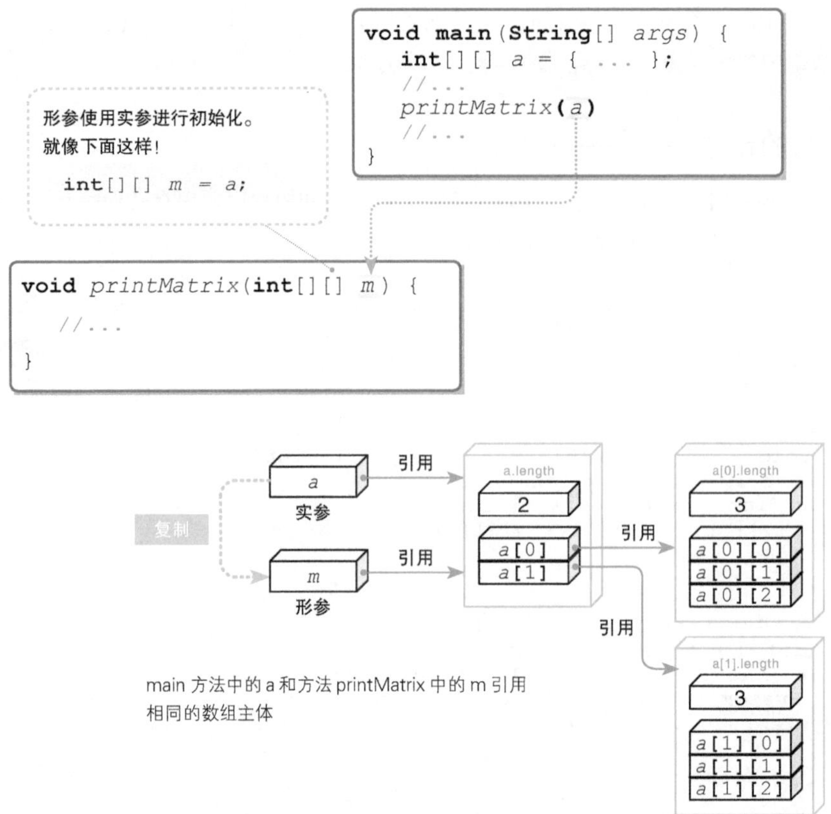

图 7-15 方法间的二维数组的传递

练习 7-27

代码清单 7-20 的程序以 3 个数组 *x*、*y*、*z* 的行数和列数都相同为前提。请编写一个方法，如果 3 个数组的元素个数相等，则执行加法运算，并返回 `true`，如果不相等，则不执行加法运算，返回 `false`。

```
boolean addMatrix(int[][] x, int[][] y, int[][] z)
```

练习 7-28

请编写一个方法，返回一个保存了矩阵 *x* 与 *y* 的和的二维数组（可以以 *x*、*y* 接收相同行数和列数的数组为前提）。

```
int[][] addMatrix(int[][] x, int[][] y)
```

练习 7-29

请编写方法 *aryClone2*，创建并返回一个与二维数组 *a* 相同的数组（元素个数相同，并且所有的元素值都相同的数组）。

```
int[][] aryClone2(int[][] a)
```

7-4 重载

为多个非常相似的方法分别赋予不同的名称会导致程序中出现大量的名称，本节将介绍重载，对不同的方法赋予相同名称。

方法的重载

本章开头创建的方法 *max* 会接收三个 **int** 型参数，然后返回它们中的最大值。将来可能会需要“计算两个 **long** 型中的最大值的方法”或“计算四个 **double** 型中的最大值的方法”等。

如果对这些方法分别赋予不同的名称，那记忆、管理、使用这些名称会非常麻烦。

▶ 也就是说，这对于方法编写者以外的人来说也是一个问题。

Java 允许一个类中存在多个相同名称的方法。同一个类中声明多个相同名称的方法称为**重载**（overload）方法。

不过，也存在“相同**签名**（signature）的方法不可以进行重载”的限制。这是因为如图 7-16 所示，签名是方法的名称和形参的个数、类型的组合，但不包含返回类型。

重要 所谓方法的签名，就是方法名和形参的个数、类型的组合。

相同签名的方法不可以重载，换言之，**就是为了让调用方明确区分出要调用哪个方法，如果形参的类型和个数相同，就不可以重载**。

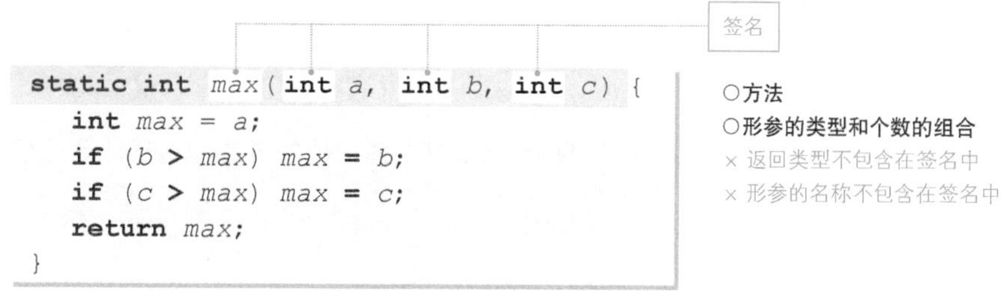

图 7-16 方法的签名

重要 对同一个类中签名不同的方法，可以执行重载，赋予相同的名称。

▶ 所谓方法的重载，就是在同一个类中定义多个相同名称的方法，因此，在不同类中定义相同名称的方法并不是重载。

关于重载，我们通过示例来深入理解一下。

我们先来思考一下下面这个示例。两个方法都会接收 **int** 型参数 *x* 和 *y*，并计算它们的平均值。不同之处在于返回类型，1 中是 **int** 型，2 中是 **double** 型。

```
// 1：计算整数x和y的整数平均值
static int ave(int x, int y) {
    return (x + y) / 2;
}

// 2：计算整数x和y的实数平均值
static double ave(int x, int y) {
    return (double)(x + y) / 2;
}
```

这在编译时会发生错误，因为两个方法的签名是相同的。为什么签名中不包含返回类型呢？我们思考一下下面的调用就会明白了。

```
ave(5, 3)
```

即使执行到该调用表达式，编译器也无法判断要调用1和2中的哪一个方法。

另外，像下面这样，只有形参的名称不同也不可以。

```
// 计算整数x和y的整数和
static int sumOf(int x, int y) {
    return x + y;
}

// 计算整数a和b的整数和
static int sumOf(int a, int b) {
    return a + b;
}
```

*

重载有时还被称为**多重定义**，大家需要记住这两个术语。

▶ 请大家区别开“重载”和“重写”（第12章中进行介绍）。另外，overload就是“超载”“过量”的意思。

代码清单7-21的程序中重载了用于计算两个`int`型中最大值的方法和用于计算三个`int`型中最大值的方法。

代码清单7-21 Chap07/Max.java

```
// 计算两个数值中的最大值、三个数值中的最大值的方法（重载）

import java.util.Scanner;

class Max {

   //--- 返回a、b中的最大值 ---//
   static int max(int a, int b) {
      return a > b ? a : b;
   }

   //--- 返回a、b、c中的最大值 ---//
   static int max(int a, int b, int c) {
      int max = a;
      if (b > max) max = b;
      if (c > max) max = c;
      return max;
   }

   public static void main(String[] args) {
      Scanner stdIn = new Scanner(System.in);

      System.out.print("x的值："); int x = stdIn.nextInt();
      System.out.print("y的值："); int y = stdIn.nextInt();
      System.out.print("z的值："); int z = stdIn.nextInt();

      // 两个值中的最大值
      System.out.println("x, y中的最大值是" + max(x, y) + "。");

      // 三个值中的最大值
      System.out.println("x, y, z中的最大值是" + max(x, y, z) + "。");
   }
}
```

运行示例

```
x的值：15
y的值：30
z的值：42
x、y中的最大值是30。
x、y、z中的最大值是42。
```

调用方法时并不需要指定调用哪一个方法，因为它们对应的方法会被自动选择，进行调用。

*

如果将计算两个数值中最大值的方法命名为 *max2*，将计算三个数值中最大值的方法命名为 *max3*，那就会像银行账户的人名根据银行进行区分，分别为“柴田望洋 A 银行”“柴田望洋 B 银行”一样。

如果将执行相似处理的方法进行重载，就能防止程序中充满大量的方法名。

重要 对于执行相似处理的方法，可以使用相同的名称，进行重载。

▶ 当然，**main** 方法不可以重载。

练习 7-30

请编写下述的重载方法群，分别计算两个 **int** 型整数 *a*、*b* 中的最小值，三个 **int** 型整数 *a*、*b*、*c* 中的最小值，数组 *a* 中元素的最小值。

```
int min(int a, int b)
int min(int a, int b, int c)
int min(int[] a)
```

练习 7-31

请编写下述的重载方法群，分别计算 **int** 型整数 *x* 的绝对值、**long** 型整数 *x* 的绝对值、**float** 型实数 *x* 的绝对值、**double** 型实数 *x* 的绝对值。

```
int absolute(int x)
long absolute(long x)
float absolute(float x)
double absolute(double x)
```

练习 7-32

代码清单 7-12 中的方法 *printBits* 用于显示 **int** 型整数值的各个位的内容。请编写下述的重载方法群，对其他的整型执行同样的操作。

```
void printBits(byte x)
void printBits(short x)
void printBits(int x)
void printBits(long x)
```

练习 7-33

请编写下述的重载方法群，显示 **int** 型一维数组和 **int** 型二维数组（每行中的列数可能会不一样）中全部元素的值。

```
void printArray(int[] a)
void printArray(int[][] a)
```

另外，当显示一维数组时，各个元素之间空一个空格。而当显示二维数组时，各列数组的开头保持对齐，空最少的空格。

显示示例如下。

```
一维数组的显示示例
12 536 -8 7
```

```
二维数组的显示示例
32  -1    32   45 67
535 99999 2
2   5     -123 9
```

小结

- 统一的操作可以通过**方法**控件来实现。

- 方法的**名称、返回类型、形参列表、方法体**等的定义就是**方法声明**。

- 方法可以使用**方法调用运算符 ()** 进行调用。调用方法后，程序流程会从调用方跳转到被调用的方法。

- 方法调用中的参数交换是通过**值传递**进行的。调用方传递的**实参值**会初始化方法中接收的**形参**。即使被调用的方法内部改写了形参的值，调用方的实参值也不会发生改变。

- 方法使用 return **语句**来返回值。执行 `return` 语句后，程序流程会返回到调用方。返回的值为方法调用表达式的值。

- 不返回数值的方法的返回类型为 `void`。

- 如果形参或返回类型为数组类型，则可以接收数组，或返回数组。这种情况下交换的是**数组的引用**。

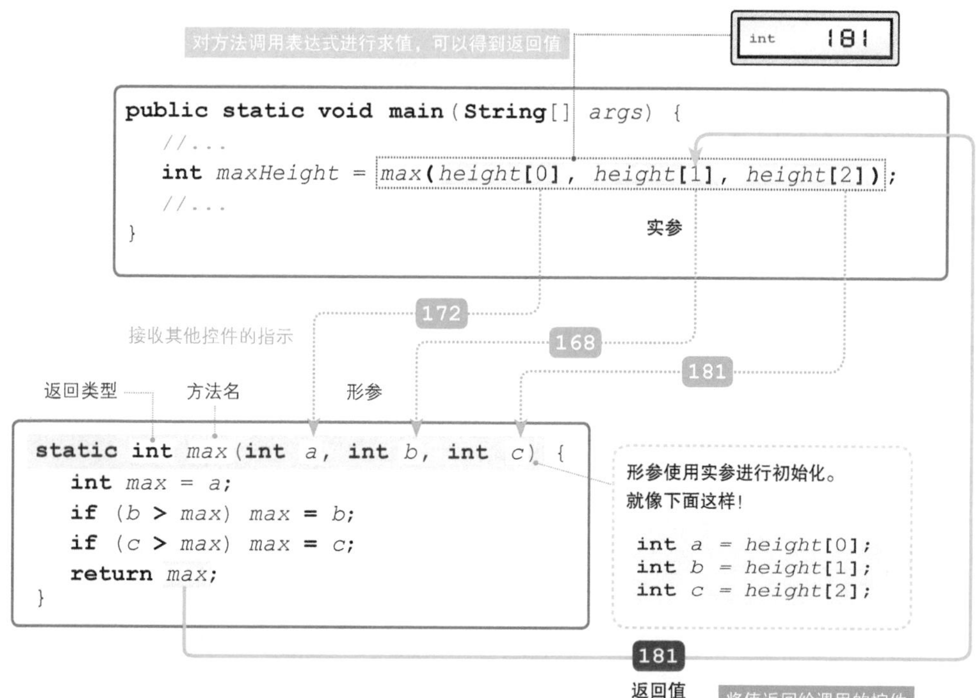

- 所谓方法的**签名**，就是方法名和形参的个数、类型的组合。签名中不包含返回类型。

- 可以对同一个类中签名不同的方法进行**重载**，赋给它们相同的名称，这样就可以防止方法名称过度增加。

- 在方法外部声明的变量，即**字段**，在该类的所有方法中都通用。而在方法内部声明的变量，即**局部变量**，只可以在该方法内部通用。

- 当相同名称的字段和局部变量同时存在时，字段会被隐藏。但被隐藏的字段可以使用“**类名 . 字段名**”进行访问。

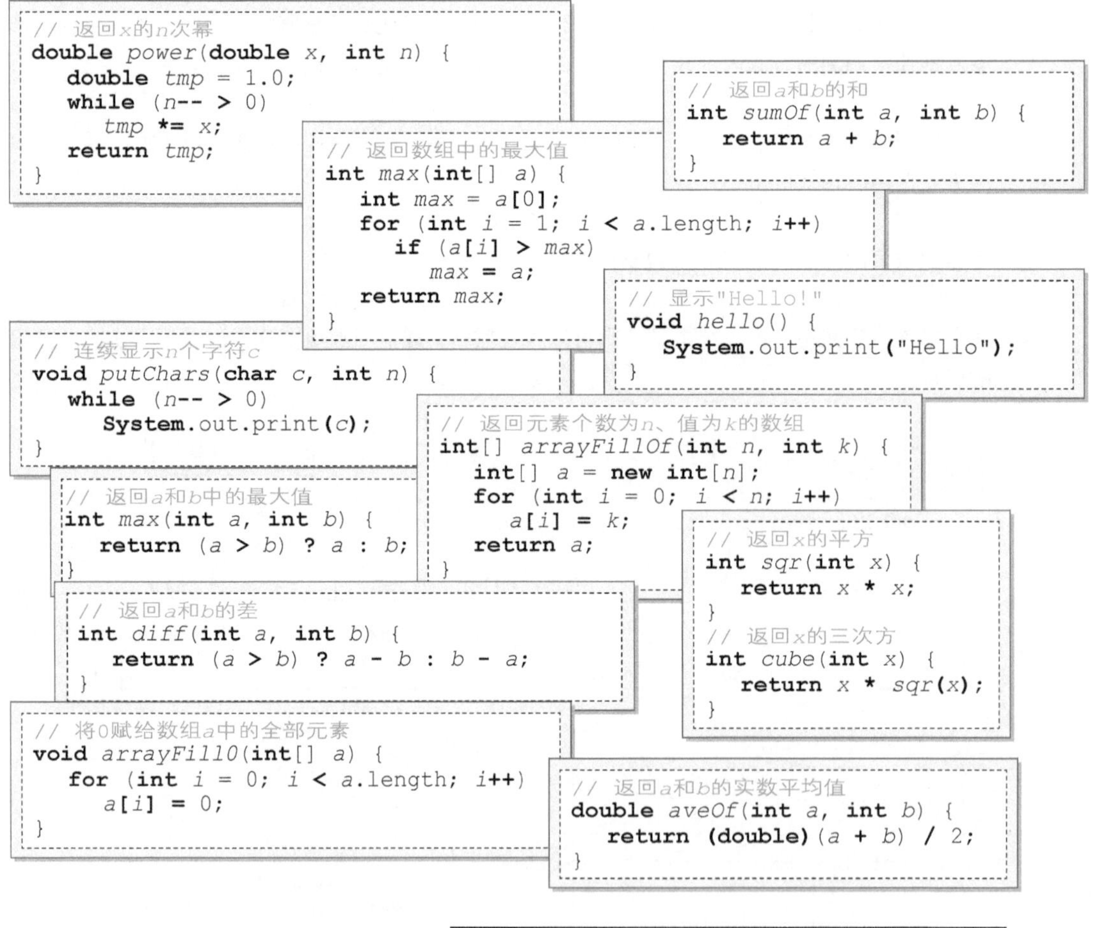

// 返回x的n次幂
double power(double x, int n) {
   double tmp = 1.0;
   while (n-- > 0)
      tmp *= x;
   return tmp;
}
// 返回a和b的和
int sumOf(int a, int b) {
   return a + b;
}
// 返回数组中的最大值
int max(int[] a) {
   int max = a[0];
   for (int i = 1; i < a.length; i++)
      if (a[i] > max)
         max = a;
   return max;
}
// 显示"Hello!"
void hello() {
   System.out.print("Hello");
}
// 连续显示n个字符c
void putChars(char c, int n) {
   while (n-- > 0)
      System.out.print(c);
}
// 返回元素个数为n、值为k的数组
int[] arrayFillOf(int n, int k) {
   int[] a = new int[n];
   for (int i = 0; i < n; i++)
      a[i] = k;
   return a;
}
// 返回a和b中的最大值
int max(int a, int b) {
   return (a > b) ? a : b;
}
// 返回x的平方
int sqr(int x) {
   return x * x;
}
// 返回x的三次方
int cube(int x) {
   return x * sqr(x);
}
// 返回a和b的差
int diff(int a, int b) {
   return (a > b) ? a - b : b - a;
}
// 将0赋给数组a中的全部元素
void arrayFill0(int[] a) {
   for (int i = 0; i < a.length; i++)
      a[i] = 0;
}
// 返回a和b的实数平均值
double aveOf(int a, int b) {
   return (double)(a + b) / 2;
}

按位运算符	x & y	x | y	x ^ y	~x
移位运算符	x << y	x >> y	x >>> y	

第 8 章

类的基础知识

类是面向对象编程中最基本的技术。本章将通过银行账户的操作程序和汽车的操作程序，来介绍类的基础知识。

- □ 类
- □ 类类型变量
- □ 成员访问运算符
- □ 实例和对象
- □ 字段和实例变量
- □ 构造函数
- □ 实例方法
- □ this
- □ 数据隐藏和封装

8-1 类

在上一章中，我们介绍了汇总相关处理的程序控件——方法，而表示方法及其处理的数据对象的集合的结构就是类。类是比方法更大一级的控件，是面向对象编程中最基本的技术。本节将介绍类的基础知识。

数据操作

我们来思考一下代码清单 8-1 所示的程序。该程序只是简单地给表示足立和仲田二人的银行账户数据的变量设置数值，并显示出来。

代码清单 8-1　　Chap08/Accounts.java

```
// 操作两个人的银行账户数据的程序

class Accounts {

  public static void main(String[] args) {
    String adachiAccountName    = "足立幸一";  // 足立的账户名
    String adachiAccountNo      = "123456";   // "   的账号
    long   adachiAccountBalance = 1000;       // "   的可用余额

    String nakataAccountName    = "仲田真二";  // 仲田的账户名
    String nakataAccountNo      = "654321";   // "   的账号
    long   nakataAccountBalance = 200;        // "   的可用余额

    adachiAccountBalance -= 200;              // 足立取了200日元
    nakataAccountBalance += 100;              // 仲田存了100日元

    System.out.println("■足立的账户");
    System.out.println("  账户名: " + adachiAccountName);
    System.out.println("  账号: " + adachiAccountNo);
    System.out.println("  可用余额: " + adachiAccountBalance);

    System.out.println("■仲田的账户");
    System.out.println("  账户名: " + nakataAccountName);
    System.out.println("  账号: " + nakataAccountNo);
    System.out.println("  可用余额: " + nakataAccountBalance);
  }
}
```

运行结果

```
■足立的账户
  账户名: 足立幸一
  账号: 123456
  可用余额: 800
■仲田的账户
  账户名: 仲田真二
  账号: 654321
  可用余额: 300
```

我们用 6 个变量来表示两个人的银行账户数据。例如，*adachiAccountName* 是**账户名**，*adachiAccountNo* 是**账号**，*adachiAccountBalance* 是**可用余额**。

通过变量名和注释可以推测出，名称以 *adachi* 开头的变量是与足立的银行账户相关的数据。

但这并不是说足立的账户名不可以用 *nakataAccountNo*、仲田的账号不可以用 *adachiAccountName* 来表示。

问题在于通过变量名只能推测但不能确定变量之间的关系。分散声明的账户名、账号、可用余额等变量都是与一个银行账户相关的数据这种关系在程序上表现不出来。

类

我们在创建程序时会**将现实中的对象（物体）和概念映射到程序中的对象（变量）中**。

在本程序中，如图 8-1 ⓐ所示，一个账户相关的账户名、账号、可用余额等数据分别被映射到了各个变量中。

▶ 该图是采用通用形式来表示的。对于足立的账户、仲田的账户，三个数据分别映射为了不同的变量。

我们将目光放在账户的多个方面，而不是一个方面，如图 8-1 ⓑ所示，可以将账户名、账号、可用余额映射为一个汇总的对象。这样的映射就是**类**（class）的基本思想。

ⓐ 将账户相关的数据分别进行映射

ⓑ 将账户相关的数据汇总起来进行映射（类）

图 8-1　对象的映射和类

虽然会受到程序所处理的问题种类和范围的影响，但从现实世界向程序世界映射时，遵循如下方针会更加自然。

- 应该汇总的进行汇总
- 已经汇总的保持原状

类

基于前面介绍的方针进行改写的程序如代码清单 8-2 所示。

代码清单 8-2　　Chap08/AccountTester.java

```
// 银行账户类【第1版】和对其进行测试的类

// 银行账户类【第1版】                类声明
class Account {
   String name;        // 账户名
   String no;          // 账号            ─1
   long balance;       // 可用余额
}

// 用于测试银行账户类的类
class AccountTester {

   public static void main(String[] args) {
      Account adachi = new Account();  // 足立的账户
      Account nakata = new Account();  // 仲田的账户     ─2
```

运行结果

```
■足立的账户
 账户名：足立幸一
 账号：123456
 可用余额：800
■仲田的账户
 账户名：仲田真二
 账号：654321
 可用余额：300
```

```
        adachi.name    = "足立幸一";      // 足立的账户名
        adachi.no      = "123456";        // "    的账号
        adachi.balance = 1000;            // "    的可用余额

        nakata.name    = "仲田真二";      // 仲田的账户名
        nakata.no      = "654321";        // "    的账号          ─3
        nakata.balance = 200;             // "    的可用余额

        adachi.balance -= 200;            // 足立取了200日元
        nakata.balance += 100;            // 仲田存了100日元

        System.out.println("■足立的账户");
        System.out.println("  账户名：" + adachi.name);
        System.out.println("  账号：" + adachi.no);
        System.out.println("  可用余额：" + adachi.balance);

        System.out.println("■仲田的账户");
        System.out.println("  账户名：" + nakata.name);
        System.out.println("  账号：" + nakata.no);
        System.out.println("  可用余额：" + nakata.balance);
    }
}
```

程序由两个类构成，这一点与之前的程序有很大不同，这两个类的概要如下所示。

- Account　　　　：银行账户类
- AccountTester ：测试 Account 类的类

之前的程序的类结构都以 **main** 方法为中心，而在本程序中，类 *AccountTester* 就相当于 **main** 方法。程序启动时会执行类 *AccountTester* 中的 **main** 方法。

源程序的文件名也是类名加上扩展名 .java（是 AccountTester.java，而不是 Account.java）。

程序的编译如下所示（假定当前目录是第 8 章的目录 chap08）。

```
▶ javac AccountTester.java ↵
```

类文件是根据每个类创建的，因此编译一次会创建两个类文件 Account.class 和 AccountTester.class（图 8-2）。

使用 java 命令运行的是类 *AccountTester*。

```
▶ javac AccountTester ↵
```

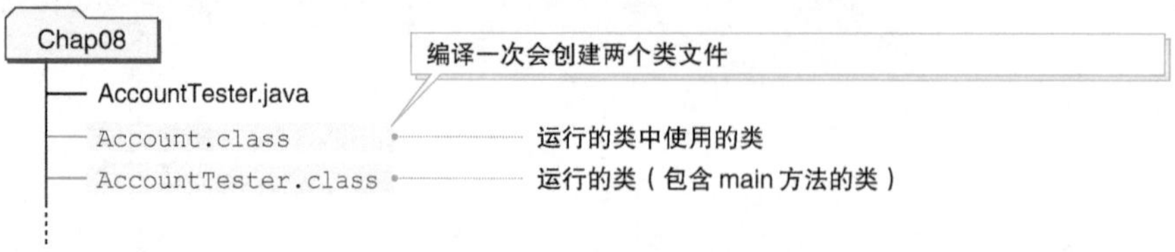

图 8-2　通过源程序创建的类文件

类声明

我们来看一下1的部分。这是表示类 *Account* 是“账户名、账号和可用余额的组合”的声明。开头的“**class** *Account* {”是声明的开始，到“}”声明结束。像这样的声明称为**类声明**（class declaration）（1-2 节中也进行了介绍）。

大括号 {} 中是构成类的数据，即**字段**（field）的声明。类 *Account* 由三个字段构成（图 8-3）。

- 表示账户名的 **String** 型的 *name*
- 表示账号的 **String** 型的 *no*
- 表示可用余额的 **long** 型的 *balance*

▶ 上一章中已经对术语“字段”进行了介绍（7-1 节）。

银行账户类 Account 是三个字段的集合

```
class Account {
    String name;      // 账户名
    String no;        // 账号
    long balance;     // 可用余额
}
```

图 8-3　类和字段

类和对象

类声明是类型的声明，而不是变量的声明。类 *Account* 类型的变量的声明如下所示。

```
Account adachi;           // 足立的账户（类类型变量）
Account nakata;           // 仲田的账户（类类型变量）
```

但是，使用该声明创建的 *adachi* 和 *nakata* 并不是银行账户类的主体，而是用来引用主体的**类类型变量**（class type variable）。

▶ 引用数组主体的变量是数组变量（第 6 章），与此相同。

类就像是做章鱼小丸子的模具，章鱼小丸子本身就像是数组一样，需要另行创建。类本身的“主体”是使用 **new** 运算符，通过下述形式的表达式创建的。

```
new 类名 ()
```

本程序中是 **new** *Account***()**。

类类型变量 *adachi* 和 *nakata* 的声明以及“主体”的创建情形如图 8-4 所示。

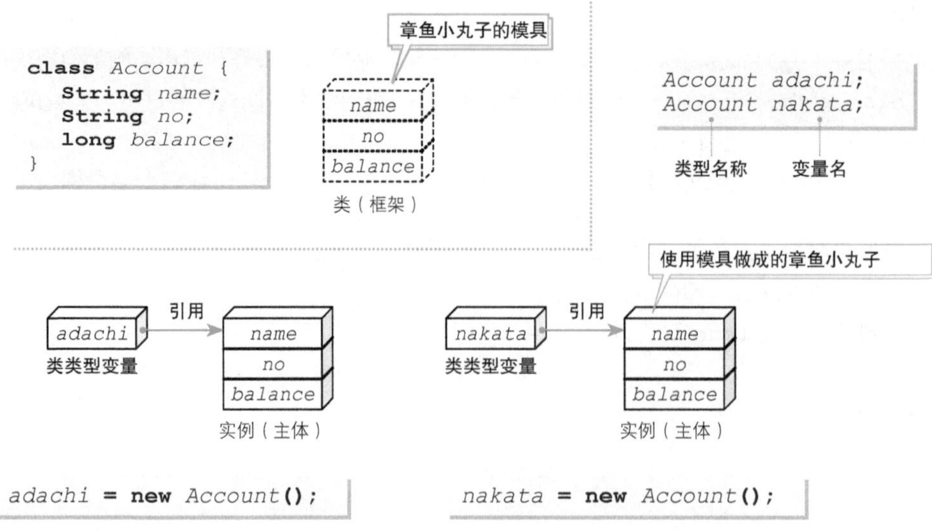

图 8-4　类和实例

使用 **new** 运算符创建的类类型的“主体”称为**实例**（instance），创建实例的操作称为**实例化**。请务必记住这些术语。

重要　类类型的主体称为实例，创建实例的操作称为实例化。

类类型变量和实例必须关联起来，实现这种关联的是如下所示的赋值操作。

```
adachi = new Account();
nakata = new Account();
```

这样，*adachi* 和 *nakata* 就会引用创建的实例。

▶ 对使用 **new** 运算符的创建表达式进行求值，可以得到**实例的引用**。因此，创建的实例的引用就被赋给了变量 *adachi* 和 *nakata*。

*

与数组类型一样，类类型也是**引用类型**的一种（5-1 节）。

因此，创建变量之外的主体并将变量和主体关联的操作步骤与数组基本相同。

如图 8-5 所示，在声明类类型变量（数组变量）时，如果将创建主体的表达式作为初始值赋给变量，程序会更加简洁，本程序中 2 的部分就是如此。

a 类

```
类型     类类型变量 = 创建表达式;
Account adachi = new Account();     // Account型的adachi
Account nakata = new Account();     // Account型的nakata
```

b 数组

```
类型     数组变量 = 创建表达式;
int[]    a      = new int[10];      // int[]型的数组a
```

图 8-5　数组和类的创建

第 6 章中已经介绍过，数组主体称为**对象**（object）。类的实例和数组主体都是使用 `new` 动态创建的。所谓对象，就是对程序运行时动态创建的主体的总称。

重要 类的实例和数组主体统称为对象。

▶ 英文单词 class、instance、object 的含义如下。
class　　… "班" "种类" "项目"
instance … "实例" "情况"
object　 … "物体" "对象" "目标"

实例变量和字段访问

类 *Account* 类型的实例是账户名、账号、可用余额的"集合"变量，访问其中某个字段时使用的是表 8-1 中所示的**成员访问运算符**（member access operator）。该运算符通常被称为**点运算符**，请大家也记住该名称。

表 8-1　成员访问运算符（点运算符）

x.y	访问 *x* 引用的实例中的成员（元素）*y*

▶ 由于是特别指定字段，因此也将其称为**字段访问运算符**。
不过，该运算符还可以用来指定方法（后述）。

例如，访问足立账户的各个字段的表达式如下所示。

```
adachi.name       // 足立的账户名
adachi.no         // 足立的账号
adachi.balance    // 足立的可用余额
```

同样也可以访问仲田账户的字段（图 8-6）。

▶ 成员访问运算符相当于"的"。例如，*adachi.name* 就是"足立的账户名"，*nakata.balance* 就是"仲田的可用余额"。

*

实例中的字段是针对各个实例分别创建的变量，因此被称为**实例变量**（instance variabe）。*adachi.name* 和 *nakata.balance* 都是实例变量。

重要 实例中的各个字段，即实例变量，可以使用成员访问运算符，通过"类类型变量名 . 字段名"进行访问。

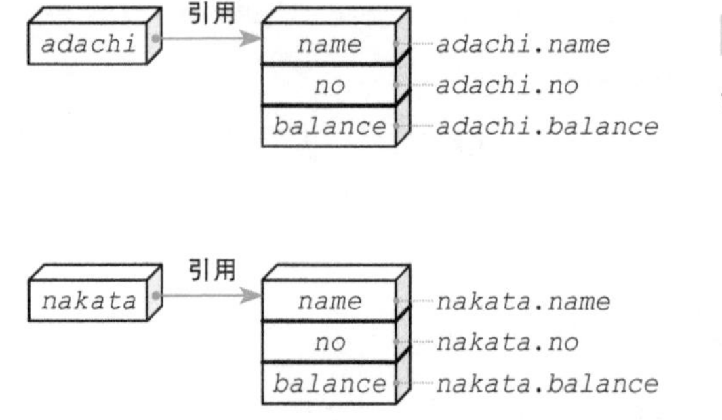

图 8-6 字段（实例变量）的访问

字段的初始化

我们试着将程序中给各个实例变量设定值的 3 的部分删除，运行程序后可以得到右边所示的运行结果。

运行结果

```
■足立的账户
  账户名：null
  账号：null
  可用余额：0
■仲田的账户
  账户名：null
  账号：null
  可用余额：0
```

从结果可以看出，**String** 型的账户名和账号的实例变量初始化为空引用 **null**，**long** 型的可用余额的实例变量则初始化为 0。

我们回忆一下之前介绍的内容，数组中的各个构成元素都会初始化为**默认值** 0（6-1 节）。**类中的各个实例变量也会初始化为默认值**。

重要 类实例中的字段，即实例变量，会初始化为默认值（与数组中的构成元素一样）。

▶ 类类型的 **String** 型是引用类型的一种。引用类型的默认值是空引用 **null**（6-1 节），因此，当输出账户名和账号时，会显示“null”（6-1 节）。

存在的问题

在导入类之后，表示账户数据的变量之间的关系在程序中变得明确了，但仍存在一些问题。

①无法保证确实进行了初始化

账户实例中的各个字段并没有显式进行初始化，只是在创建实例后进行了赋值。

由于将是否设定值委托给了程序，因此，当忘记初始化时，就可能会发生意想不到的危险。实际上，前面介绍的示例中账户名和账号都变为了 **null**。

最好将需要初始化的字段强制进行初始化。

②无法保证数据受保护

足立的可用余额 *adachi.balance* 的值可以通过程序（*Account* 以外的类）自由读写。如果放在现实世界中，则意味着即使不是足立本人（没有存折和签字），也可以从足立的账户中取出钱来。

一般来说，在现实世界中，就算公开了账号，他人也无法操作可用余额。

为了解决上述问题，可以定义并使用类。下面我们就来改进一下程序。

银行账户类 第 2 版

改进后的程序如代码清单 8-3 所示。类 *Account* 变得复杂了，而使用它的类 *AccountTester* 则变得简洁了。

▶ 本书中，我们会分阶段来改进类，届时会依次标注为【第？版】。

*

如图 8-7 所示，源程序保存在目录 account2 中。这是因为第 1 版和第 2 版不可以放到同一个目录中，如果将具有相同名称的类的源文件放到同一个目录中，就会出现问题。

▶ 大家可能感觉如果将第 2 版的测试类的名称改为 *AccountTester2*、文件名改为 AccountTester2.java，就可以解决该问题。但是，由于银行账户类的名称是 *Account*，因此编译后创建的类文件的名称 Account.class 会与第 1 版发生冲突。由不同的源文件生成相同名称的类文件，这是非常奇怪的。同一个目录的源程序中，不能存在相同名称的类。

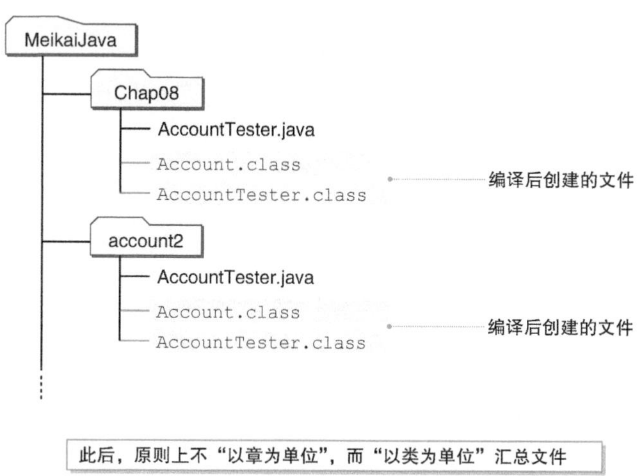

此后，原则上不“以章为单位”，而“以类为单位”汇总文件

图 8-7　目录构成

另外，下一章之后也是如此。一般来说，类 *Abc* 的【第？版】的源文件会保存在名称为 abc？的目录中。

▶ 目录的开头字母是小写字母（其原因将在第 11 章中进行介绍）。另外，规模小的测试性的程序会像之前一样，保存在 Chap** 的目录中。

代码清单 8-3　　account2/AccountTester.java

```
// 银行账户类【第2版】和对其进行测试的类

// 银行账户类【第2版】
class Account {
    private String name;      // 账户名
    private String no;        // 账号
    private long balance;     // 可用余额

    //--- 构造函数 ---//
    Account(String n, String num, long z) {
        name = n;             // 账户名
        no = num;             // 账号
        balance = z;          // 可用余额
    }

    //--- 确认账户名 ---//
    String getName() {
        return name;
    }
```

运行结果

```
■足立的账户
 账户名：足立幸一
 账号：123456
 可用余额：800
■仲田的账户
 账户名：仲田真二
 账号：654321
 可用余额：300
```

```
    //--- 确认账号 ---//
    String getNo() {
        return no;
    }

    //--- 确认可用余额 ---//
    long getBalance() {
        return balance;
    }

    //--- 存入k日元 ---//
    void deposit(long k) {
        balance += k;
    }

    //--- 取出k日元 ---//
    void withdraw(long k) {
        balance -= k;
    }
}

// 用于测试银行账户类【第2版】的类
class AccountTester {

    public static void main(String[] args) {
        // 足立的账户
        Account adachi = new Account("足立幸一", "123456", 1000);
        // 仲田的账户
        Account nakata = new Account("仲田真二", "654321",  200);

        adachi.withdraw(200);                   // 足立取了200日元
        nakata.deposit(100);                    // 仲田存了100日元

        System.out.println("■足立的账户");
        System.out.println("  账户名：" + adachi.getName());
        System.out.println("  账号：" + adachi.getNo());
        System.out.println("  可用余额：" + adachi.getBalance());

        System.out.println("■仲田的账户");
        System.out.println("  账户名：" + nakata.getName());
        System.out.println("  账号：" + nakata.getNo());
        System.out.println("  可用余额：" + nakata.getBalance());
    }
}
```

数据隐藏

新的类 Account 的结构如图 8-8 所示，类声明的内部由三大部分构成。

▶ 本类中按“字段→构造函数→方法”的顺序进行排列。每个部分无需汇总在一起，其顺序也可以随意排列。

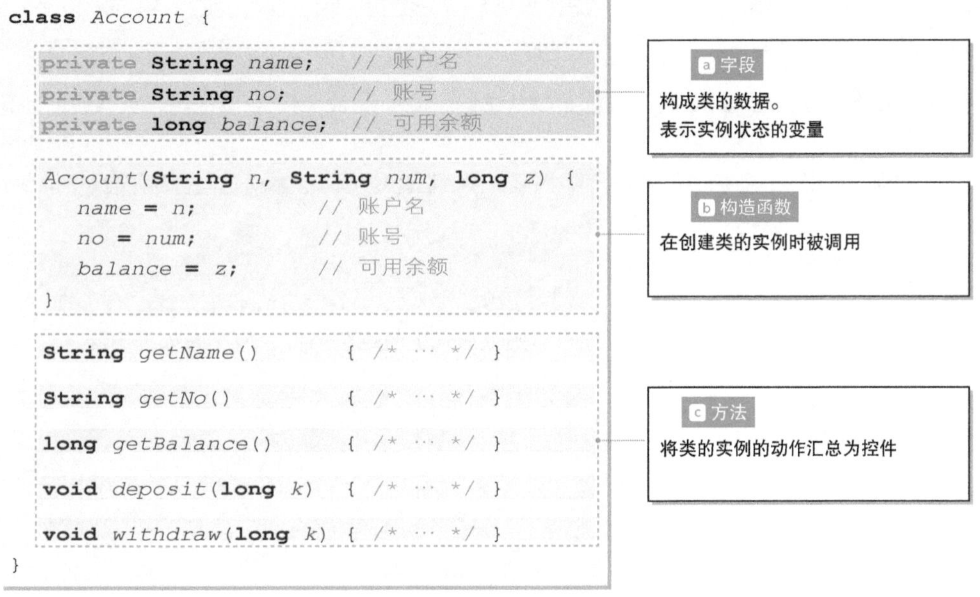

图 8-8　类 Account 的结构

a 字段

类 *Account* 中包含 3 个字段 *name*、*no*、*balance*，这与第 1 版是一样的，但在字段声明中加上了关键字 **private**。

加上 **private** 后，字段的访问属性就变成了**私有访问**（private access）。私有访问的字段对类的外部是隐藏的。

重 要　声明为 **private** 的字段不对类的外部公开，无法从类的外部进行访问。

因此，类 *Account* 外部的类 *AccountTester* 中的 **main** 方法无法访问私有字段 *name*、*no*、*balance*。

如果 **main** 方法中出现下述代码，编译时就会发生错误。

```
adachi.name = "柴田望洋";                    // 错误：改写足立的账户名
adachi.no = "999999";                        // 错误：改写足立的账号
System.out.println(adachi.balance);          // 错误：显示足立的可用余额
```

从类的外部无法请求“拜托了，让我专门看一下这个数据吧”，决定是否公开信息的是类端。

将数据对外隐藏起来，防止非法访问的操作称为**数据隐藏**（data hiding）。大家的银行卡的密码都是私密的，与此相同，如果将字段设为私有，进行数据隐藏，除了数据的保护性、隐蔽性之外，程序的维护性也会提高。

原则上所有的字段都应该设为私有。

重 要　为了实现数据隐藏，提升程序的品质，原则上要将类中的字段设为私有。

▶ 后面会介绍到，字段的值可以通过构造函数和方法间接进行读写。因此，通过将字段设为私有，基本上不会出现什么问题。

另外，未指定为 **private** 的字段都是**默认访问**（default access）。请记住，默认访问都是“公开的”。

▶ 更严谨一点说，是对包内部“公开”，对包外部“私有”。因此，默认访问也称为**包访问**（package access）。详细内容将在第 11 章介绍。

b 构造函数

b 部分称为**构造函数**（constructor）。构造函数形式上与方法类似，但又有如下不同之处。

- 名称与类相同
- 没有返回类型

详细内容将在后文介绍。

c 方法

c 部分为方法。关于方法，我们已经在上一章中进行了介绍，但此处与上一章中介绍的方法不同，声明中并没有加上 **static**。

我们将在介绍完构造函数之后再介绍这部分内容。

*

另外，字段和方法统称为**成员**（member）。

▶ member 就是“成员”“会员”“部件”的意思。后面的章节中会介绍到，从语法定义上来说，构造函数并不是成员。

构造函数

构造函数（constructor）的形式与方法非常类似，用来初始化类的实例。

构造函数是在创建实例时被调用的。也就是说，在程序流程通过下面的声明语句，对阴影部分的表达式进行求值时，构造函数就会被调用并执行。

```
1 Account adachi = new Account("足立幸一", "123456", 1000);
2 Account nakata = new Account("仲田真二", "654321",  200);
```

如图 8-9 所示，调用的构造函数会将形参 *n*、*num*、*z* 中接收的值赋给字段 *name*、*no*、*balance*。

赋值目标并不是 *adachi.name* 和 *nakata.name*，而是单纯的 *name*。1 处调用的构造函数中的 *name* 表示 *adachi.name*，2 处调用的构造函数中的 *name* 表示 *nakata.name*。

之所以能像这样只使用字段名来表示，是因为构造函数**知道自身的实例是哪一个**。如图所示，每个实例都有其专门的构造函数。

▶ 实际上，对每个实例都提供一个构造函数是不可能的。所谓“每个实例都有其专门的构造函数”，只是概念上的，而不是物理上的。编译时创建的用于构造函数的内部代码实际上只有一个。

*

另外，如果将1处和2处的声明改写为下面这样，编译时就会发生错误。

```
Account adachi = new Account();              // 错误：没有参数
Account nakata = new Account("仲田真二");     // 错误：缺少参数
```

由此可以看出，构造函数可以**防止初始化不完整或者不正确**，构造函数的作用就是**正确地初始化实例**。

重要 当声明类类型时，一定要提供构造函数，以便切实并且正确地初始化实例。

▶ construct 就是“构造”的意思。

*

另外，构造函数与方法不同，**不能返回值**。注意不要误加上返回类型。

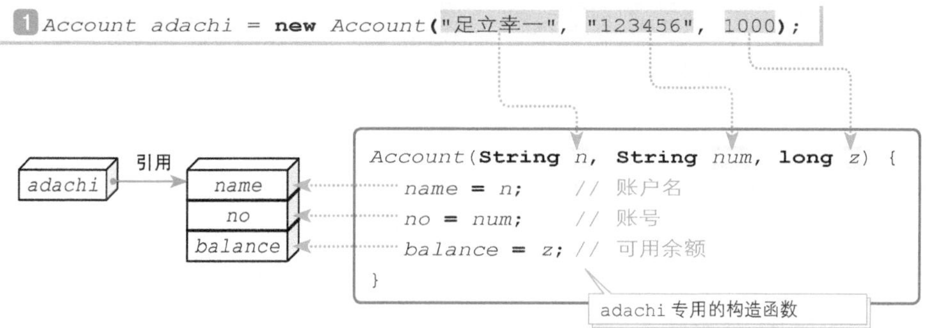

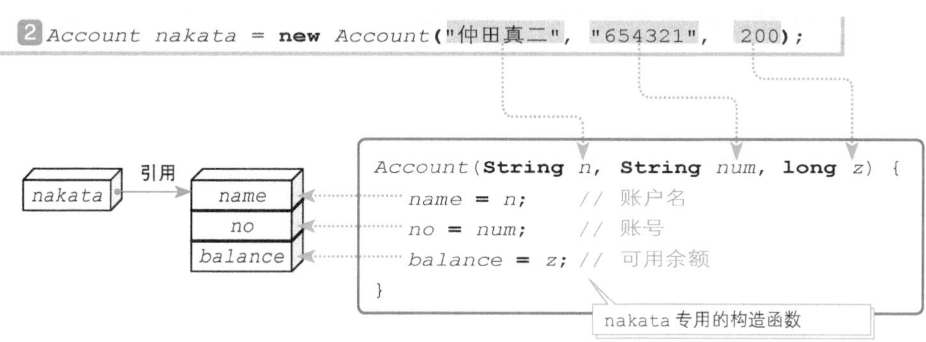

图 8-9 类的实例和构造函数

第 1 版的类 *Account* 中并未定义构造函数。虽然未定义构造函数，但为何能创建实例呢？

实际上，在未定义构造函数的类中，会自动创建一个不接收参数、主体为空的**默认构造函数**（default constructor）。

重要 如果类中未定义构造函数，则会自动定义一个主体为空的默认构造函数。

也就是说，在第 1 版的类 *Account* 中，使用编译器创建了下面的构造函数。

```
Account() {}
```

▶ 在第 1 版的类 *AccountTester* 中，像下面这样，通过使括号中为空来创建实例是为了调用不接收参数的默认构造函数。

```
Account adachi = new Account();  // 调用不接收参数的默认构造函数
```

另外，默认构造函数的内部实际上并不为空，相关内容将在第 12 章进行介绍。

方法

至此已经介绍了字段和构造函数，还剩下方法未进行介绍。我们再通过图 8-10 来看一下类 *Account* 中的方法，这些方法的概要如下所示。

▪ getName

用于确认账户名。返回 **String** 型的字段 *name* 的值。

▪ getNo

用于确认账号。返回 **String** 型的字段 *no* 的值。

▪ getBalance

用于确认可用余额。返回 **long** 型的字段 *balance* 的值。

▪ deposit

用于存钱。可用余额只增加 *k* 日元。

▪ withdraw

用于取钱。可用余额只减少 *k* 日元。

```
// 确认账户名
String getName() {
    return name;
}

// 确认账号
String getNo() {
    return no;
}

// 确认可用余额
long getBalance() {
    return balance;
}

// 存入k日元
void deposit(long k) {
    balance += k;
}

// 取出k日元
void withdraw(long k) {
    balance -= k;
}
```

图 8-10　类 Account 中的方法

与上一章中的方法不同，类 *Account* 中的所有方法的声明都未加上 **static**。声明中未加 **static** 的方法是在该类的各个实例中分别创建的。

也就是说，*adachi* 和 *nakata* 都有自己专用的方法 *getName*、*getNo*、*getBalance* 等。

▶ 所谓在各个实例中分别创建方法只是概念上的。与构造函数相同，编译的类文件中创建的字节码只有一个。

由于未加 **static** 的方法是属于各个实例的，因此称为**实例方法**（instance method）。

重要　声明中未加 **static** 的实例方法在概念上是由各个实例分别创建的，属于该实例。

在实例方法中，不使用 *adachi.name* 和 *nakata.name*，只使用单纯的 *name* 来访问其自身所属的实例的账户名字段（构造函数也是如此）。

此外，由于实例方法是类 *Account* 内部的，因此也可以访问私有字段（这一点也与构造函数相同)。

▶ 为了区别于实例方法，声明中加上 **static** 的方法称为**类方法**（class method）。上一章中介绍的方法都是类方法。关于类方法和实例方法的区别，我们将在第 10 章中进行介绍。

*

下面是调用实例方法的示例。

```
adachi.getBalance()            // 确认足立的可用余额
adachi.withdraw(200)           // 从足立的账户中取出200日元
nakata.deposit(100)            // 向仲田的账户中存入100日元
```

与访问字段一样，示例中也使用了成员访问运算符。

确认并显示足立的可用余额的情形如图 8-11 所示。调用的方法 *getBalance* 会直接返回字段 *balance* 的值。

从类的外部无法直接访问的账号和可用余额等数据也都可以通过方法间接进行访问。

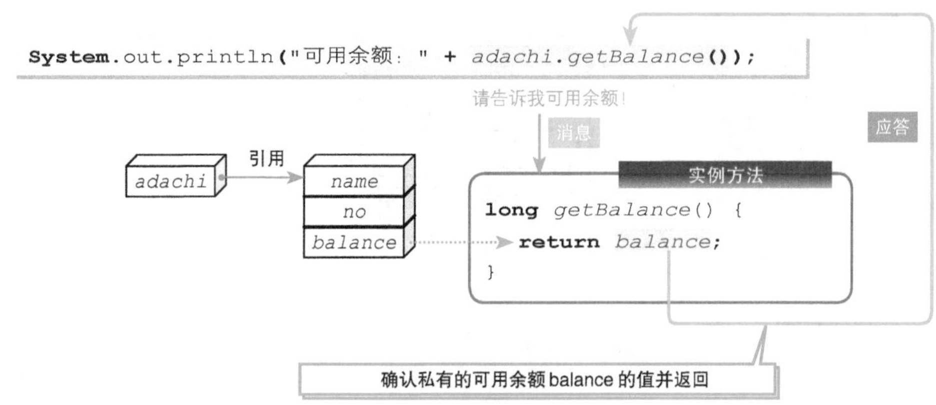

图 8-11　实例方法的调用和消息

另外，由于构造函数并不是方法，因此无法对创建的实例使用与方法相同的方式来调用构造函数。

```
adachi.Account("足立幸一", "123456", 5000)    // 错误
```

方法和消息

在**面向对象编程**（object oriented programming）的世界中，实例方法的调用可以如下表述。

> 向对象“发送消息”。

如图 8-11 所示，*adachi.getBalance*() 会向对象（实例）*adachi* 发送“请告诉我可用余额”的消息。

这样一来，*adachi* 会**自主决定**“可以返回可用余额”，并做出“可用余额是○○日元”的应答。

类和对象

一般方法会基于字段的值进行处理，根据需要刷新字段的值。方法和字段是紧密联系在一起的。

将字段设为私有，防止来自外部的访问，从而使方法和字段紧密结合在一起的操作称为**封装**（encapsulation）。

▶ 可以理解成将各种成分集中在一起，制作有特定功效的胶囊。

本书中将封装后的类像图 8-12 这样表示。

ⓐ 类

ⓑ 类类型变量和实例

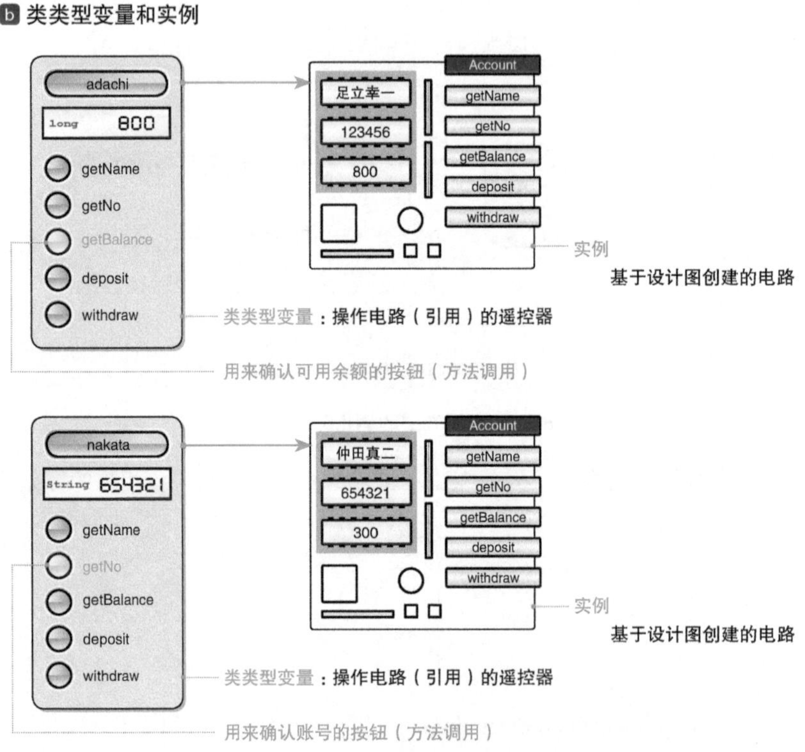

图 8-12 类、实例和类类型变量

类相当于“电路”的“设计图”（图ⓐ）。基于该设计图创建的主体电路就是类的实例，即对象（图ⓑ）。

引用实例的类类型变量是操作电路的“遥控器”。

▶ `adachi` 遥控器（类类型变量）操作 `adachi` 电路（实例），`nakata` 遥控器操作 `nakata` 电路。遥控器（类类型变量）上配备的不是方法，而是用于调用方法的按钮。

当启动实例电路时，构造函数会将接收到的账户名、账号、可用余额设定到各个字段中。构造函数可以理解成是使用“电源开关”调用的芯片（小型电路）。

此外，字段（实例变量）的值表示**电路（实例）的当前状态**。因此，字段也被称为**状态**（state）。

▶ state 就是“状态”的意思。

专栏 8-1 与类名同名的方法

从语法上来说，我们可以定义与类名同名的方法。如图所示，如果不指定返回类型，就会被看作是构造函数，如果指定返回类型，则会被看作是方法。

```
class Abc {
     Abc() { /*构造函数*/ }
 int Abc() { /*方法*/ }
}
```

不过，由于形式上与构造函数很难区分，因此不建议定义这样的方法。

另外，方法表示电路的**动作**（behavior），各个方法就是用于确认、修改电路的当前状态的芯片。间接操作各个芯片（方法）的是遥控器上的按钮。

▶ 遥控器的操作端无法直接看到 **`private`** 的可用余额值（状态）。不过，通过按下 *`getBalance`* 按钮可以确认其值。

前面 7 章的程序本质上都是**方法的集合**，类只是用来包含方法。真正的 Java 程序是**类的集合**，如果类设计得很好，Java 就可以发挥其强大的功能。

▶ 从语法上来说，Java 程序并不是类的集合，而是包的集合。关于包，我们将在第 11 章中介绍。

8-2　汽车类

上一节的银行账户类的结构很简单，只包含了 3 个字段。本节将通过创建一个包含 7 个字段的汽车类，来加深对类的理解。

类的独立

银行账户类和对其进行测试的类都编写在一个源文件中。不过，如果不是较小规模的程序，一般很少会将类声明的程序和使用该类的程序都编写在一个源文件中。

为了便于创建和使用类，应该将各个类实现为相对独立的源文件。

我们通过创建“汽车”类来理解这部分内容。汽车类中将下述数据设置为字段（图 8-13）。

- 名称
- 宽度
- 高度
- 长度
- 当前位置的 X 坐标
- 当前位置的 Y 坐标
- 剩余燃料

a 汽车的数据

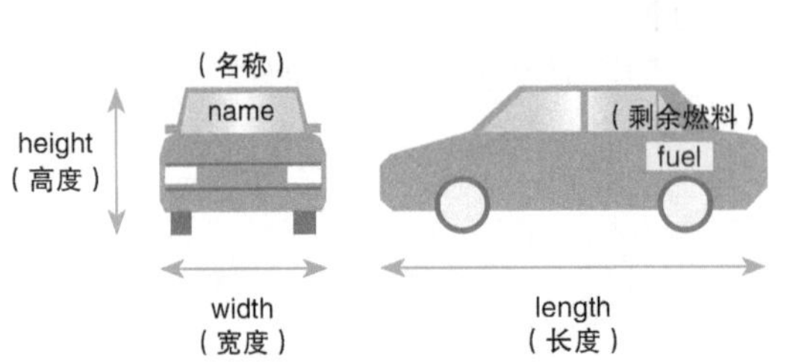

b 坐标

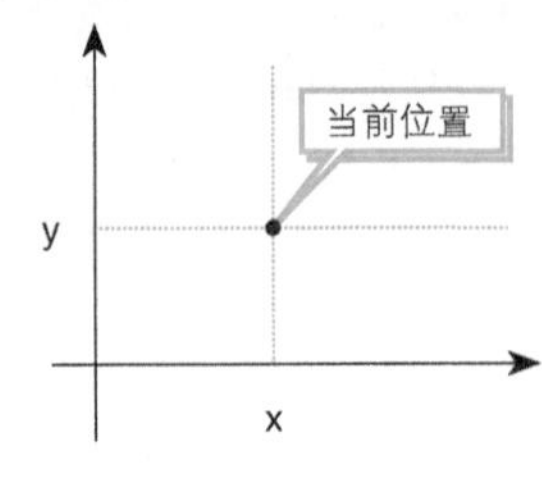

图 8-13　汽车类 Car 的数据

右边三个是汽车“移动”所必需的数据。X 坐标和 Y 坐标表示汽车移动到图 b 中平面上的哪一个位置。

当然，随着汽车移动，燃料也会减少。我们设定只有有燃料时才可以移动。

如果只考虑字段，汽车类 *Car* 可以像下面这样进行声明。

```
class Car {
    private String name;         // 名称
    private int width;           // 宽度
    private int height;          // 高度
    private int length;          // 长度
    private double x;            // 当前位置的X坐标
    private double y;            // 当前位置的Y坐标
    private double fuel;         // 剩余燃料
}
```

各个字段的值表示汽车的状态。所有的字段都是“私有的”，无法从外部进行访问（声明中加上了 **private**）。因此，不会出现诸如燃料被盗而变成 0 这种事情。

*

在类中，除了字段之外，还需要构造函数和方法，其概要如下所示（图 8-14）。

▪ 构造函数

我们将当前位置的坐标设置为原点（0, 0）。另外，坐标之外的字段都设置为参数中接收到的值。

▪ 方法

我们将创建下述方法。

- 确认当前位置的 X 坐标（*getX*）
- 确认当前位置的 Y 坐标（*getY*）
- 确认剩余燃料（*getFuel*）
- 显示车的型号（*putSpec*）
- 开车（*move*）

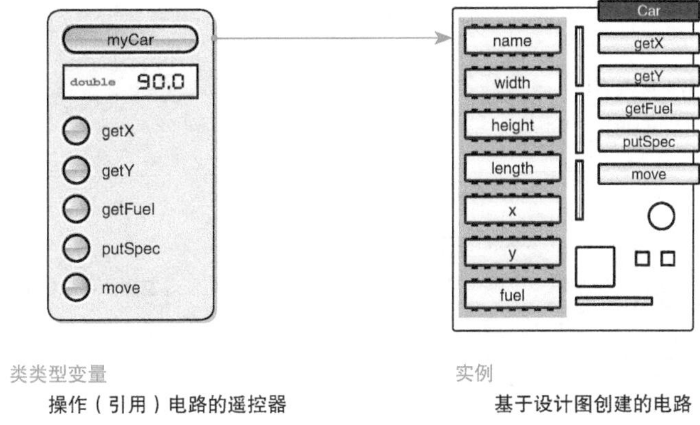

图 8-14　汽车类

this 引用

我们先来创建构造函数，方针为将坐标设置为原点（0, 0），将坐标之外的字段都设置为传递给参数的值。

因此，其声明如下所示。

```
Car(String n, int w, int h, int l, double f) {
   name = n;    width = w;     height = h;
   length = l;     fuel = f;
   x = y = 0.0;
}
```

形参 / 字段 / 将形参的值赋给字段

形参的名称 *n*、*w*、*h*、*l*、*f* 分别对应字段的首字母。不过，使用 *n* 或者 *w* 等名称无法知道它们是表示什么的参数，尤其是第 4 个的 *l*，很容易和数字 1 混淆。

*

像下面这样，如果将形参设置为和字段相同的名称，应该就容易明白了。

```
Car(String name, int width, int height, int length, double fuel) {
    name = name;    width = width;    height = height;
    length = length;  fuel = fuel;
    x = y = 0.0;
}
```

✕

形参

形参

将形参的值赋给本身？

然而，这样也是不行的，因为存在如下规则。

重要 在具有与类的字段同名的形参或局部变量的构造函数和方法中，字段的名称会被隐藏。

也就是说，本构造函数中的 *height* 并不是汽车类中的字段 *height*，而是形参 *height*。因此，也就执行了毫无意义的操作，即“将形参的值赋给了本身”。

*

在这种情况下，可以使用 **this**，**this** 是自身实例的引用。

重要 在构造函数和方法中，对启动它们自身的实例的引用就是 **this**。

如图 8-15 所示，**this** 是**引用自身实例的变量**。当然，它的类型就是自身的类类型（类 *Car* 的 **this** 就是类 *Car* 类型）。因此，可以将其描述成操作自身的遥控器。

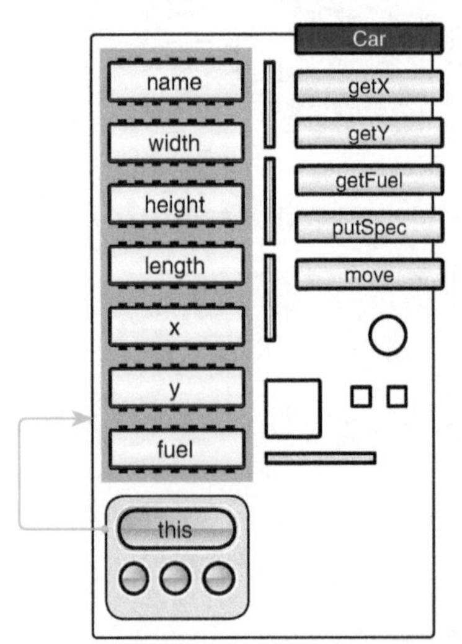
类类型的实例持有指向自身的 this 引用
Car
name
width
height
length
x
y
fuel
getX
getY
getFuel
putSpec
move
this
this 是一种特殊的内部遥控器，可以自由访问私有部分
在本图中，this 遥控器的按钮并未写全，只写了三个（空间不足的原因）。在下一章之后的图中，也会少写遥控器的按钮个数

图 8-15 this 引用

如果使用 **this** 引用，就可以通过 **this.***abc* 访问类中的字段 *abc*。

使用 **this** 改写后的构造函数如下所示。

将形参的值赋给字段

```
Car(String name, int width, int height, int length, double fuel) {
   this.name = name;      this.width = width;     this.height = height;
   this.length = length;  this.fuel = fuel;
   x = y = 0.0;
}
```

形参

字段

this.*height* 是类的字段，而单独的 *height* 则是形参，这样两者就可以区分开了。

*

上面我们介绍了给形参取一个与字段相同的名称的技巧，该技巧可以广泛使用，因为其具有如下优点。

- 无需烦恼要给形参取什么样的名称
- 容易知道这是要给哪一个字段设值的变量

不过最大的缺点就是，如果构造函数或者方法中忘记书写“this.”，字段将变成形参，而不再是字段。**请务必注意不要忘记书写“this.”**。

▶ 还存在其他需要注意的地方，我们将在**专栏 8-2** 中进行介绍。

代码清单 8-4 所示的程序是添加了构造函数和方法后的汽车类 *Car*。

代码清单8-4 car1/Car.java

```
// 汽车类【第1版】

class Car {
   private String name;      // 名称
   private int width;        // 宽度
   private int height;       // 高度
   private int length;       // 长度
   private double x;         // 当前位置的X坐标
   private double y;         // 当前位置的Y坐标
   private double fuel;      // 剩余燃料

   //--- 构造函数 ---//
   Car(String name, int width, int height, int length, double fuel) {
      this.name = name;      this.width = width;     this.height = height;
      this.length = length;  this.fuel = fuel;
      x = y = 0.0;
   }

   double getX() { return x; }          // 获取当前位置的X坐标
   double getY() { return y; }          // 获取当前位置的Y坐标
   double getFuel() { return fuel; }    // 获取剩余燃料

   //--- 显示型号 ---//
   void putSpec() {
      System.out.println("名称：" + name);
      System.out.println("车宽：" + width  + "mm");
      System.out.println("车高：" + height + "mm");
      System.out.println("车长：" + length + "mm");
   }

   //--- 向X方向移动dx、向Y方向移动dy ---//
   boolean move(double dx, double dy) {
      double dist = Math.sqrt(dx * dx + dy * dy);     // 移动距离
```

```
        if (dist > fuel)
            return false;            // 无法移动 … 燃料不足
        else {
            fuel -= dist;            // 减掉移动距离所消耗的燃料
            x += dx;
            y += dy;
            return true;             // 移动结束
        }
    }
}
```

各方法如下所示。

▪ 方法 getX 和 getY

用于确认当前位置的坐标。方法 *getX* 会返回 X 坐标的值 *x*，方法 *getY* 会返回 Y 坐标的值 *y*。

▪ 方法 getFuel

用于确认剩余燃料。直接返回 *fuel* 的值。

▪ 方法 putSpec

用于显示车的名称、宽度、高度、长度，如右图所示。

```
名称：威姿
车宽：1660mm
车高：1500mm
车长：3640mm
```

▪ 方法 move

用于将汽车向 X 方向移动 *dx*，向 Y 方向移动 *dy*。移动距离 *dist* 的计算方法如图 8-16 所示。

▶ 计算平方根的库 **Math** 类中的 sqrt 方法会返回参数的平方根。
调用形式为"类名 . 方法名 (…)"的原因将在第 10 章进行介绍。

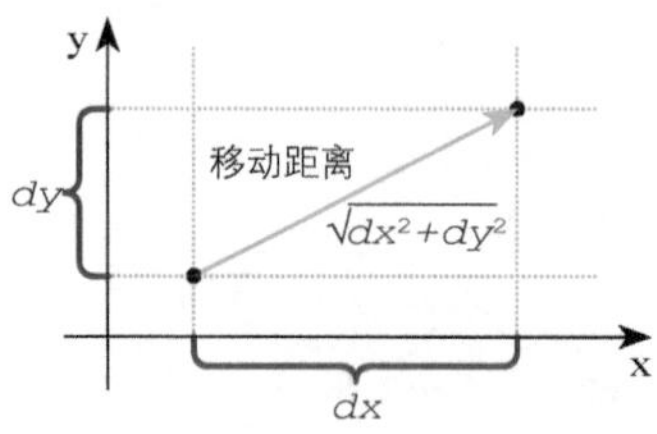

图 8-16 汽车的移动距离

另外，由于燃料消耗为 1，因此距离每移动 1，燃料就减少 1。

在本方法中，对于要移动的距离 *dist*，根据剩余的燃料 *fuel* 是否足够，分别执行如下动作。

- 剩余燃料不足 → 判断为不可以移动，返回 **false**
- 剩余燃料足够 → 更新当前位置和剩余燃料，返回 **true**

▶ 本书中的程序和注释写得非常紧凑，这是为了尽量向大家展示更多的程序。大家在编写程序时，可以在方法之间加入空行，或者详细记载注释。
另外，关于用来生成类手册等文档的格式化注释的记述，我们将在第 13 章中进行介绍。

专栏 8-2 使用 this 时还需注意的一点

在使用 **this** 访问与构造函数或方法的形参同名的类字段时，大家还需注意一点。

我们以下述声明的构造函数为例进行思考。不管传递何值，表示车高的字段 *height* 的值都一定为 0。大家知道为什么吗？

```
Car(String name, int width, int heigth, int length, double fuel) {
    this.name = name;    this.width = width;    this.height = height;
    // ...
}
```

不仔细看很难发现，形参名并不是 height，而是 heigth。在构造函数的主体中，赋给 **this.** *height* 的是初始化为默认值 0 的 *height*(即 **this.** *height*)的值(将字段 *height* 的值赋给自身)。形参中的 heigth 只是进行了声明，并未在构造函数主体中使用。

由于不会发生编译错误，因此该错误的原因很难被发现。

使用汽车类 *Car* 的程序示例如代码清单 8-5 所示。这是一个只创建两个类 *Car* 类型的实例，并显示它们的型号的简单程序。

代码清单 8-5 car1/CarTester1.java

```
// 汽车类【第1版】的使用示例（其1）

class CarTester1 {

  public static void main(String[] args) {
    Car vitz  = new Car("威姿", 1660, 1500, 3640, 40.0);
    Car march = new Car("玛驰", 1660, 1525, 3695, 41.0);

    vitz.putSpec();              // 显示vitz的型号
    System.out.println();
    march.putSpec();             // 显示march的型号
  }
}
```

运行结果

```
名称：威姿
车宽：1660mm
车高：1500mm
车长：3640mm

名称：玛驰
车宽：1660mm
车高：1525mm
车长：3695mm
```

另外，本源文件放在与 *Car* 相同的目录下。

使用 java 命令启动类 *CarTester1* 时，会自动读取同一目录下的类文件 Car.class 中的类 *Car* 的字节码。

*

接下来，我们来创建一个通过对话使汽车移动的程序，如代码清单 8-6 所示。

1 中读入车的名称和宽度等数据。

2 中基于读入的值构建类 *Car* 类型的实例 *myCar*。根据构造函数的动作，名称和宽度等设置为读入的值，坐标设置为 (0, 0)。

随后的 **while** 语句通过对话循环执行当前位置的移动。显示当前位置和剩余燃料，并读入移动距离。

3 中将汽车向 X 方向移动 *dx*，向 Y 方向移动 *dy*。当燃料不足时，返回 **false**，显示“燃料不足!”。

*

我们已经将汽车类 *Car* 实现为一个独立的源程序。此外，我们还创建了两个使用示例 *CarTester1* 和 *CarTester2* 的程序。

当然，其他的程序（类）也可以使用类 *Car*，原则如下。

重要 应该将各个类实现为独立的源程序。

▶ 将多个类汇总在一个源程序中的做法只限于测试程序或较小规模的程序。

代码清单8-6 car1/CarTester2.java

```
// 汽车类【第1版】的使用示例（其2：通过对话移动汽车）

import java.util.Scanner;

class CarTester2 {

   public static void main(String[] args) {
      Scanner stdIn = new Scanner(System.in);

      System.out.println("请输入车的数据。");
      System.out.print("名称：");          String name = stdIn.next();
      System.out.print("宽度：");          int width = stdIn.nextInt();          ←1
      System.out.print("高度：");          int height = stdIn.nextInt();
      System.out.print("长度：");          int length = stdIn.nextInt();
      System.out.print("燃料数量：");      double fuel = stdIn.nextDouble();

      Car myCar = new Car(name, width, height, length, fuel);    ←2

      while (true) {
         System.out.println("当前位置(" + myCar.getX() + ", " + myCar.getY() +
                            ")·剩余燃料 " + myCar.getFuel());
         System.out.print("是否移动[0…No／1…Yes]：");
         if (stdIn.nextInt() == 0) break;

         System.out.print("X方向的移动距离：");
         double dx = stdIn.nextDouble();
         System.out.print("Y方向的移动距离：");
         double dy = stdIn.nextDouble();

         if (!myCar.move(dx, dy))
            System.out.println("燃料不足！");    ←3
      }
   }
}
```

运行示例

```
请输入车的数据。
名称：我的爱车↵
宽度：1885↵
高度：1490↵
长度：5220↵
燃料数量：90↵
当前位置(0.0, 0.0)·剩余燃料 90.0
是否移动[0…No／1…Yes]：1↵
X方向的移动距离：5.5↵
Y方向的移动距离：12.3↵
当前位置(5.5, 12.3)·剩余燃料
76.52632195723825
是否移动[0…No／1…Yes]：0↵
```

练习 8-1

请编写“人的类”，其中包含姓名、身高、体重等成员（大家可以自由设计字段和方法等）。

练习 8-2

对于汽车类 *Car*，请自由添加字段或方法。

例如，添加表示油箱容量的字段/添加表示车牌号的字段/添加表示燃料费用的字段/在根据移动的距离计算剩余燃料的过程中反映燃料费用/添加加油的方法等。

标识符的命名

到目前为止，我们并未详细讲述变量、方法、类的命名方法。Java 中推荐了诸多关于命名的注意事项，我们来介绍一下其中的基本内容。

※ 这里介绍的并不是单纯的“习惯性做法”，而是“推荐做法”。因此，原则上应该遵循这里介绍的方针。

另外，这里还归纳了本书中并未介绍的内容。

●类

- 使用简洁地表示类的内容的**名词**
- 单词的首字母大写，之后的字母都小写

  示例：*Thread*

  Dictionary
- 多个单词可以排列在一起，但不要太长

  示例：*ClassLoader*

  SecurityManager

  BufferedInputStream

※ 本书前 7 章的类名有的并未遵循此处的方针（还有的类名并不是名词）。

●接口

- 接口的命名原则上与类相同
- 使用简洁地表示接口的内容的**名词**
- 单词的首字母大写，之后的字母都小写

  示例：*Activator*

  Icon
- 多个单词可以排列在一起，但不要太长

  示例：*ViewFactory*

  XMLWriter
- 表示动作的接口名称是**形容词**。表示“可……的”的接口名以“...able”结尾

  示例：*Runnable*

  Cloneable

●方法

- 使用简洁地表示其内容的小写**动词**

  示例：*move*
- 当多个单词连在一起时，第 2 个及其以后的单词的首字母大写

  示例：*moveTo*
- 获取（get）变量 *v* 的值或属性的方法 getter 的名称为 *getV*

  示例：*getPriority*
- 包含获取 **boolean** 型的值或属性的 getter 在内，判断对象的逻辑值 *v* 的方法名称为 *isV*

  示例：*isInterrupted*
- 设置（set）变量 *v* 的值或属性的方法 setter 的名称为 *setV*

  示例：*setPriority*
- 将对象转换为指定形式 *F* 的方法名称为 *toF*

  示例：*toString*

  toLocalString

  toGMTString
- 返回数组的元素个数或字符串的字符个数等“长度”的方法名称为 length
- 数学函数等比较例外，使用名词或其省略形式

  示例：*sin*

  cos

●字段（final 除外）

- 使用简洁地表示其内容的小写**名词**，或者名词的省略形式

  示例：*buf*

  pos

  count
- 当多个单词连在一起时，第 2 个及其以后的单词的首字母大写

  示例：*bytesTransferred*

●常数（final 变量）

- 可以使用任何词性的单词
- 必须要容易理解，不做不必要的省略（与字段和方法相比，可以稍长一些）
- 1 个以上的单词、首字母缩写、简称，都要大写，

各个元素之间用"_"隔开

示例：*MIN_VALUE*

MAX_VALUE

MIN_RADIX

MAX_RADIX

- 对于集合或者属于同一种类的常数组，使用通用的首字母缩写作为前缀

示例：*PS_RUNNING*

PS_SUSPENDED

●局部变量和形参

- 使用容易理解的较短的小写名称，可以不是完整的单词
- 单词连在一起时使用首字母缩写

示例：*cp* *ColoredPoint* 的引用
- 使用简称

示例：*buf*

持有指向某个缓冲区（buffer）的指针
- 使用基于某种规则以方便记忆和理解的形式的助记符

这时，可以将广泛使用的类的参数名模式化，使用"局部变量名规则集合"等手段

示例：*in* *out*

包含输入输出时使用。**System** 类的字段示例

示例：*off* *len*

包含偏移或长度时使用。**java.io** 包中的接口 ***DataInput*** 或 ***DataOutput*** 的方法 read 和 write 的参数名示例
- 原则上名称都是 2 个及 2 个以上的字符。不过，临时使用的或者用于循环控制的变量也可以使用 1 个字符。1 个字符的名称规则如下：
  - **byte** 时为 *b*
  - **char** 时为 *c*
  - **double** 时为 *d*
  - **Exception** 时为 *e*
  - **float** 时为 *f*
  - 整数时为 *i*、*j*、*k*
  - **long** 时为 *l*
  - **Object** 时为 *o*
  - **String** 时为 *s*
  - 某些类型中的任意值时为 *v*
- 只有 2 个或者 3 个小写字母的局部变量名或者参数名，不要与唯一的包名中表示首个构成元素的国家代码或者域名（com 或 cn 等）相冲突

●包

◆ **可以广泛使用的包名：**

- 使用第 11 章中讲解的形式
- 最开始的标识符是 2 个字符或者 3 个字符的小写字母，比如表示网络、域名的 com、edu、gov、mil、net、org，或者是表示 ISO 国家代码的 2 个字符的 uk 或 cn 等。下面的示例是遵循该规则而虚构的具有一定含义的名称

示例：com.JavaSoft.jag.Oak

org.npr.pledge.driver

uk.ac.city.rugby.game

◆ **以局部使用为目的的包名：**

- 最开始的标识符的首字母小写。不过，最开始的标识符不可以使用 java。这是因为以标识符 java 开头的包名已经预留给了 Java 平台和包名

※通常来说，类型名称的首字母都是大写，所以请不要混淆包名中的首个构成元素和类型名称。

●类型变量名

- 使用简洁并且容易记住的名称
- 尽量使用 1 个字符，不要包含小写字母
- 当为容器类型时，其元素类型使用名称 *E*；当为 Map 时，键的类型使用 *K*，值的类型使用 *V*；任意的异常类型使用 *X*；无需专门区分时使用 *T*

示例：*Stack<E>*

Map<K, V>

小结

- **类**是对字段、构造函数、方法等进行**封装**后的内容，相当于程序中创建的“电路设计图”。
- 各个类应该实现为独立的源程序。
- 基于设计图的类创建的主体就是**实例**。使用 `new` 运算符可以执行**实例化**（创建实例）。
- **类类型变量**是引用实例的变量。
- 未加 `static` 的**字段**是属于各个实例的，因此被称为**实例变量**。其值表示实例的**状态**。
- 字段的访问属性原则上必须设为**私有**（`private`）。由于对类的外部是隐藏的，因此可以实现**数据隐藏**。
- **构造函数**与类名同名，没有返回类型。构造函数的作用是正确初始化实例。
- 未定义构造函数的类中，会自动定义一个不接收参数形式的**默认构造函数**。
- 未加 `static` 的**方法**是属于各个实例的，因此被称为**实例方法**，用来表示实例的**动作**。在调用实例方法时，会向实例发送**消息**。
- 类的成员（字段或方法等）可以通过使用成员访问运算符的表达式“**类类型变量名 . 成员名**”进行访问。
- 在具有与类的字段同名的形参或局部变量的构造函数和实例方法的主体中，字段的名称会被隐藏。
- 构造函数和实例方法都持有 `this` 引用，可以引用自身所属的实例。
- 在构造函数和实例方法中，对于类的字段 *a*，不仅可以通过其名称 *a* 进行访问，还可以通过 `this.`*a* 进行访问。

类

Chap08/Member.java

```
//--- 会员类 ---//
class Member {
   private String name;     // 姓名
   private int no;          // 会员号
   private int age;         // 年龄

   Member(String name, int no, int age) {
      this.name = name;
      this.no = no;
      this.age = age;
   }

   void print() {
      System.out.println("No." + no + ": " + name +
                         "(" + age + "岁)");
   }
}
```

字段（实例变量）

构造函数

实例方法

从外部无法访问私有（private）的字段和方法

Chap08/MemberTester.java

```
//--- 会员类的测试程序 ---//
class MemberTester {

   public static void main(String[] args) {
      Member suzuki = new Member("铃木", 1357, 25);

      suzuki.print();          // 显示suzuki
   }
}
```

类类型变量

调用构造函数

调用实例方法

成员访问运算符

运行结果

```
No.1357: 铃木(25岁)
```

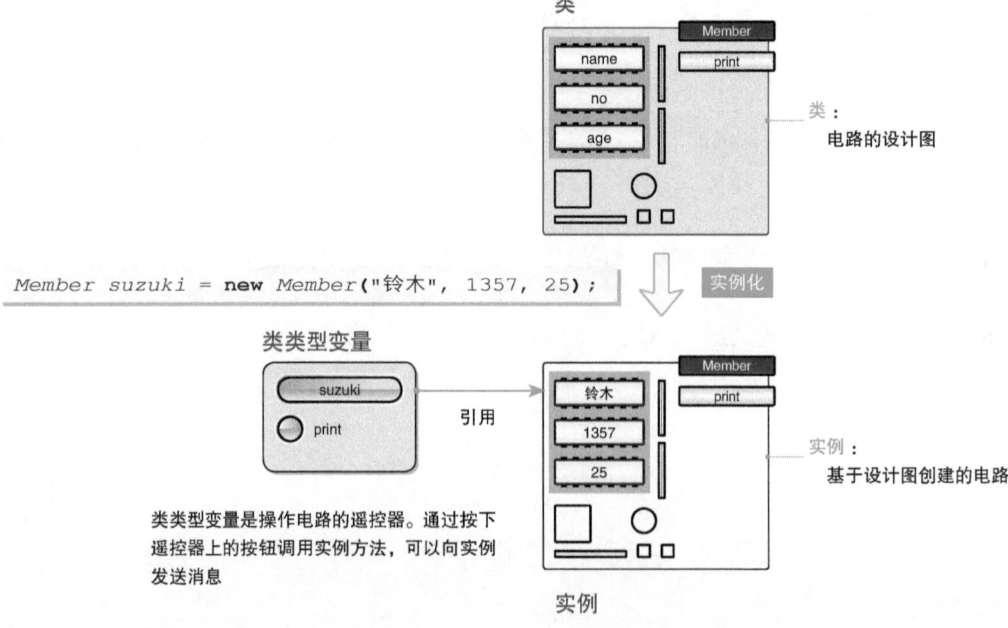

第 9 章

创建日期类

本章通过创建结构简单的日期类，以及包含它的汽车类，在上一章的基础上更深入地介绍类的相关知识。

- 访问器（getter 和 setter）
- 类类型变量和实例的引用
- 类实例的数组
- 构造函数的重载
- 复制构造函数
- 字符串化和 toString 方法
- 类实例的比较
- 类类型的字段
- has-A 关系

9-1 创建日期类

在本节中，我们将通过创建结构简单的日期类，比上一章更深入地介绍类的相关知识。

日期类

日期是通过年、月、日这三项来表示的。我们来创建一个日期类，将这些项定义为 **int** 型字段。如果将类命名为 *Day*，只考虑字段的话，可以像下面这样进行声明。类 *Day* 的内容如图 9-1 a 所示。

```
class Day {
    private int year;    // 年
    private int month;   // 月
    private int date;    // 日
}
```

a 类Day

由三个 int 型字段构成

Day

year

month

date

b 创建类Day的实例

```
Day birthday = new Day(1963, 11, 18);
```

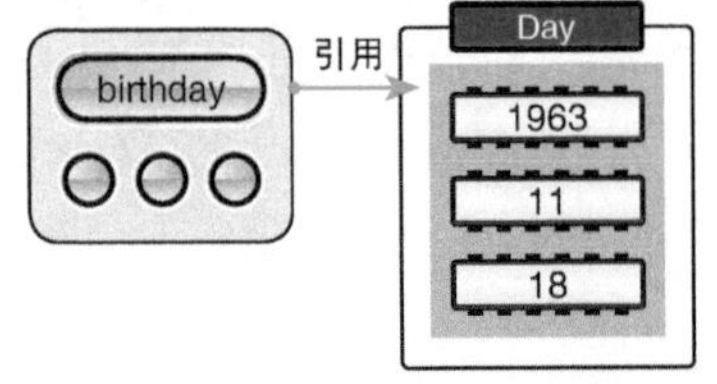

- birthday 是用于引用 Day 类型实例的变量
- 创建 Day 类型的实例
- 使用构造函数将字段 year、month、day 设置为年、月、日
- birthday 被初始化为创建的实例的引用

图 9-1　日期类的变量和实例

根据上一章介绍的原则，我们将所有的字段都设为**私有**（**private**）。外部访问可以通过构造函数和方法间接执行。

接下来，我们来创建构造函数和方法。

构造函数和方法

构造函数是在创建实例时为了正确进行初始化而设置的控件。类 *Day* 的构造函数的定义如下所示，形参中接收到的三个整数值直接赋给了各个字段。

```
Day(int year, int month, int date) {
    this.year  = year;      // 年
    this.month = month;     // 月
    this.date  = date;      // 日
}
```

▶ 为了访问与形参同名的字段，这里使用了 **this**（8-2 节）。如果不使用 **this**，则会变成下图中所示的那样。

```
Day(int y, int m, int d) {
    year  = y;     // 年
    month = m;     // 月
    date  = d;     // 日
}
```

在创建类 *Day* 类型的实例时，要传递给该构造函数三个 **int** 型的参数，如下所示（图 9-1 b ）。

```
Day birthday = new Day(1963, 11, 18);    // 生日
```

启动构造函数时，*birthday* 的字段 *year*、*month*、*date* 就会被分别赋入 1963、11、18。

另外，不可以像下面这样进行声明，否则编译时会发生错误。方法不正确时无法创建实例。

```
Day xDay = new Day();            // 错误：不知道是哪一天
Day yDay = new Day(2015);        // 错误：未赋入月和日
```

*

创建完构造函数后，下面我们来创建如下所示的方法。

- *getYear* … 获取年
- *getMonth* … 获取月
- *getDate* … 获取日
- *dayOfWeek* … 计算星期
- *setYear* … 设置年
- *setMonth* … 设置月
- *setDate* … 设置日
- *set* … 设置年月日

在添加完构造函数和方法后，类 *Day* 如代码清单 9-1 所示。

方法 *dayOfWeek* 会计算并返回星期的整数值。如果是星期日，则返回值为 0；如果是星期一则返回值为 1；以此类推，如果是星期六则返回值为 6。

▶ 方法 *dayOfWeek* 使用的是蔡勒公式计算法来计算星期的（大家只需按照公式进行计算，无需详细理解星期的计算方法）。另外，由于这种计算是以格里高利历（专栏 9-2）为前提的，因此只能正确计算 1582 年 10 月 15 日之后的日期所对应的星期。

代码清单 9-1 day1/Day.java

```
// 日期类Day【第1版】

class Day {
   private int year;          // 年
   private int month;         // 月
   private int date;          // 日

   //--- 构造函数 ---//
   Day(int year, int month, int date) {
      this.year  = year;      // 年
      this.month = month;     // 月
      this.date  = date;      // 日
   }

   //--- 获取年、月、日 ---//
   int getYear()  { return year; }      // 获取年
   int getMonth() { return month; }     // 获取月
   int getDate()  { return date; }      // 获取日

   //--- 设置年、月、日 ---//
   void setYear(int year)   { this.year  = year; }    // 设置年
   void setMonth(int month) { this.month = month; }   // 设置月
   void setDate(int date)   { this.date  = date; }    // 设置日

   void set(int year, int month, int date) {          // 设置年月日
      this.year  = year;        // 年
      this.month = month;       // 月
      this.date  = date;        // 日
   }

   //--- 计算星期 --//
   int dayOfWeek() {
      int y = year;                  // 0 … 星期日
      int m = month;                 // 1 … 星期一
      if (m == 1 || m == 2) {        //     :
         y--;                        // 5 … 星期五
         m += 12;                    // 6 … 星期六
      }
      return (y + y / 4 - y / 100 + y / 400 + (13 * m + 8) / 5 + date) % 7;
   }
}
```


访问器

我们来看一下阴影部分的方法。名称以 `get` 开头的方法用于获取、返回字段的值，名称以 `set` 开头的方法用于设置字段的值。

如图 9-2 所示，用于获取字段值的方法称为 **getter 方法**，用于设置字段值的方法称为 **setter 方法**，两者统称为**访问器**（accessor）。它们都是基础术语，请务必牢记。

另外，建议将字段 *abc* 的 setter 名设为 *setAbc*，getter 名设为 *getAbc*（这里的类也是按照 8-2 节中“标识符的命名”的方针进行命名的）。

► 给所有字段设定值的方法 *set* 也是一种广义上的 setter。另外，当字段 *abc* 是 **boolean** 型时，getter 的名称一般来说并不是 *getAbc*，而是 *isAbc*。

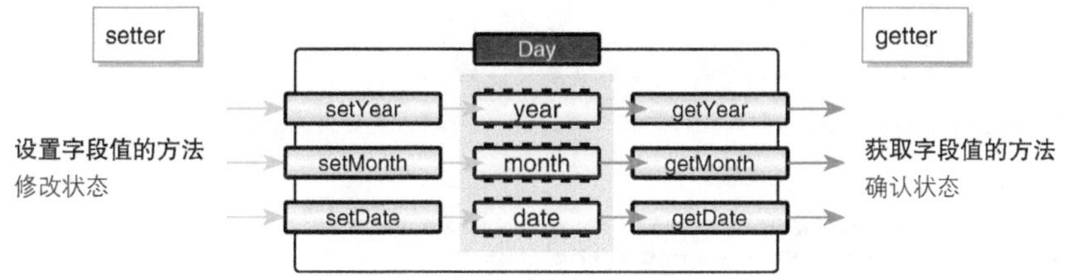

图 9-2 访问器（setter 和 getter）

使用类 *Day* 的程序示例如代码清单 9-2 所示。

代码清单 9-2 day1/DayTester.java

```
// 日期类Day【第1版】的使用示例（其1：显示日期）

import java.util.Scanner;

class DayTester {

   public static void main(String[] args) {
      Scanner stdIn = new Scanner(System.in);
      String[] wd = {"日", "一", "二", "三", "四", "五", "六"};

      System.out.println("请输入阳历生日。");
      System.out.print("年：");  int y = stdIn.nextInt();
      System.out.print("月：");  int m = stdIn.nextInt();
      System.out.print("日：");  int d = stdIn.nextInt();

1─   Day birthday = new Day(y, m, d);

      System.out.println("你的生日"
                          + birthday.getYear()   + "年"
2─                        + birthday.getMonth()  + "月"
                          + birthday.getDate()   + "日是星期"
                          + wd[birthday.dayOfWeek()] + "。");
   }
}
```

运行示例

```
请输入阳历生日。
年：1963↵
月：11↵
日：18↵
你的生日1963年11月18日是星期一。
```

1 中基于通过键盘输入的年、月、日所对应的的整数值 *y*、*m*、*d* 来创建 *birthday*。

在运行示例中，三个字段 *year*、*month*、*date* 的值分别为 1963、11、18。

2 中显示 *birthday* 的日期和对应的星期。日期中年、月、日的值可以通过分别调用它们各自的 getter 方法 *getYear*、*getMonth*、*getDate* 来获取。

对于星期，我们使用方法 *dayOfWeek* 返回 0~6 的值。如运行示例所示，如果为星期一，则显示 *wd*[1]，即“一”。

▶ 对方法调用表达式 *birthday.dayOfWeek*() 进行求值，可以得到 **int** 型的 1。

类类型变量的赋值

我们来运行一下代码清单 9-3 所示的程序。本程序在上一个程序的基础上加入了阴影部分的处理。

代码清单9-3 day1/DayAssign.java

```
// 日期类Day【第1版】的使用示例(其2:类类型变量的赋值)

import java.util.Scanner;

class DayAssign {

  public static void main(String[] args) {
    Scanner stdIn = new Scanner(System.in);
    String[] wd = {"日", "一", "二", "三", "四", "五", "六"};

    System.out.println("请输入阳历生日。");
    System.out.print("年: ");  int y = stdIn.nextInt();
    System.out.print("月: ");  int m = stdIn.nextInt();
    System.out.print("日: ");  int d = stdIn.nextInt();

    Day birthday = new Day(y, m, d);
    System.out.println("你的生日"
                    + birthday.getYear()  + "年"
                    + birthday.getMonth() + "月"
                    + birthday.getDate()  + "日是星期"
                    + wd[birthday.dayOfWeek()] + "。");

1   Day xDay = birthday;

2   xDay.set(2100, 12, 31);       // 设置为2100年12月31日

    System.out.println("birthday = "
                    + birthday.getYear()  + "年"
                    + birthday.getMonth() + "月"
                    + birthday.getDate()  + "日("
                    + wd[birthday.dayOfWeek()] + ")");

    System.out.println("xDay     = "
                    + xDay.getYear()  + "年"
                    + xDay.getMonth() + "月"
                    + xDay.getDate()  + "日("
                    + wd[xDay.dayOfWeek()] + ")");
  }
}
```

运行示例

```
请输入阳历生日。
年: 1963↵
月: 11↵
日: 18↵
你的生日1963年11月18是星期一。
birthday = 2100年12月31日(五)
xDay     = 2100年12月31日(五)
```

我们来看一下运行示例。通过键盘输入生日 birthday 的日期,并在画面上进行显示,这部分处理与上一个程序完全相同。

在本程序中,我们另外创建了一个 *Day* 类型的变量 *xDay*,并将其设置为 2100 年 12 月 31 日,但这样一来,**本不应该被设置值的 birthday 的日期也被改写了**。我们来分析一下原因。

1是 *Day* 类型的变量 *xDay* 的声明。初始值 *birthday* 是类类型变量,是**实例主体的引用**。因此,*xDay* 会被初始化为 *birthday* 实例的引用。最终,如图 9-3 所示,遥控器 *birthday* 和 *xDay* 操作的对象(引用目标)实例是同一个实例。由于未调用构造函数,因此肯定**不会创建新的日期实例**,这一点大家都理解了吧。

► 初始化和赋值都是复制“引用”,这与数组(6-1 节)是一样的。

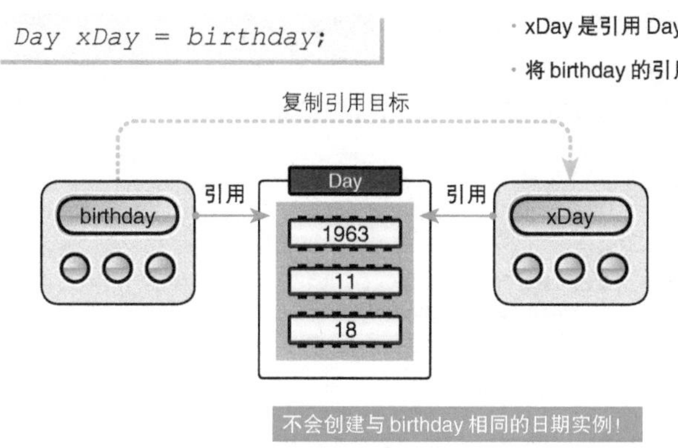

Day xDay = birthday;
· xDay 是引用 Day 类型实例的变量
· 将 birthday 的引用复制给 xDay
复制引用目标
引用
Day
引用
birthday
1963
11
18
xDay
不会创建与 birthday 相同的日期实例!

图 9-3 引用同一实例的两个类类型变量

2中使用方法 *set* 将 *xDay* 的各个字段设置为 2100、12、31。对 *xDay* 引用的实例设置值其实就是修改原本为 *birthday* 创建的实例的值（图 9-4）。

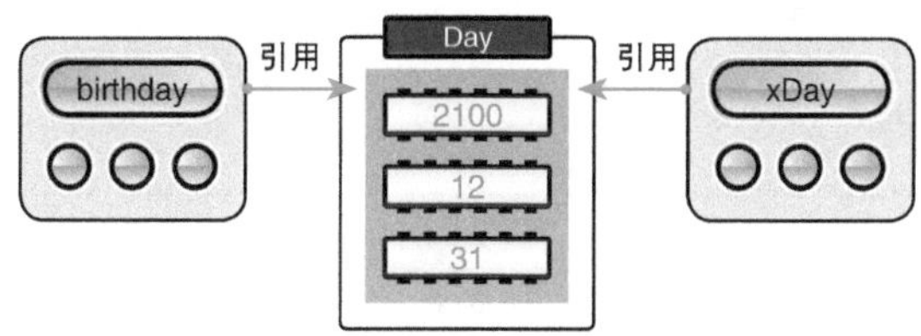

xDay.set(2100, 12, 31);
· 通过这个遥控器，将 xDay 引用的实例
设置为 2012、12、31
引用
Day
引用
birthday
2100
12
31
xDay

图 9-4 设置实例的值

现在大家都明白 *birthday* 和 *xDay* 都变为 2100 年 12 月 31 日的原因了吧。这里是以类类型变量的“初始化”为例进行思考的，但“赋值”的情形也是如此。

> **重要** 当将类类型的变量初始化或者赋值为同一类型的变量时，会复制引用目标，而不会复制所有字段的值。

类类型变量的比较

接下来，我们来创建一个判断两个日期是否相等的程序，如代码清单 9-4 所示。首先，1和2中会根据从键盘输入的日期分别创建 *day1* 和 *day2*。然后，3中使用 **if** 语句进行比较。

如运行示例所示，不管输入的日期是否相同，程序都会显示“不相等。”，原因如下。

> **重要** 对类类型变量应用的相等运算符 **==** 和 **!=** 会判断引用目标是否相同，而不会判断字段的值是否相等。

如图 9-5 所示，本程序中的 **if** 语句会判断 *day1* 和 *day2* 的**引用目标是否相同**。由于 *day1* 和 *day2* 是分别创建的实例，因此它们的引用目标不相同。

所以，不管字段为何值，== 运算符的结果永远都是 **false**。

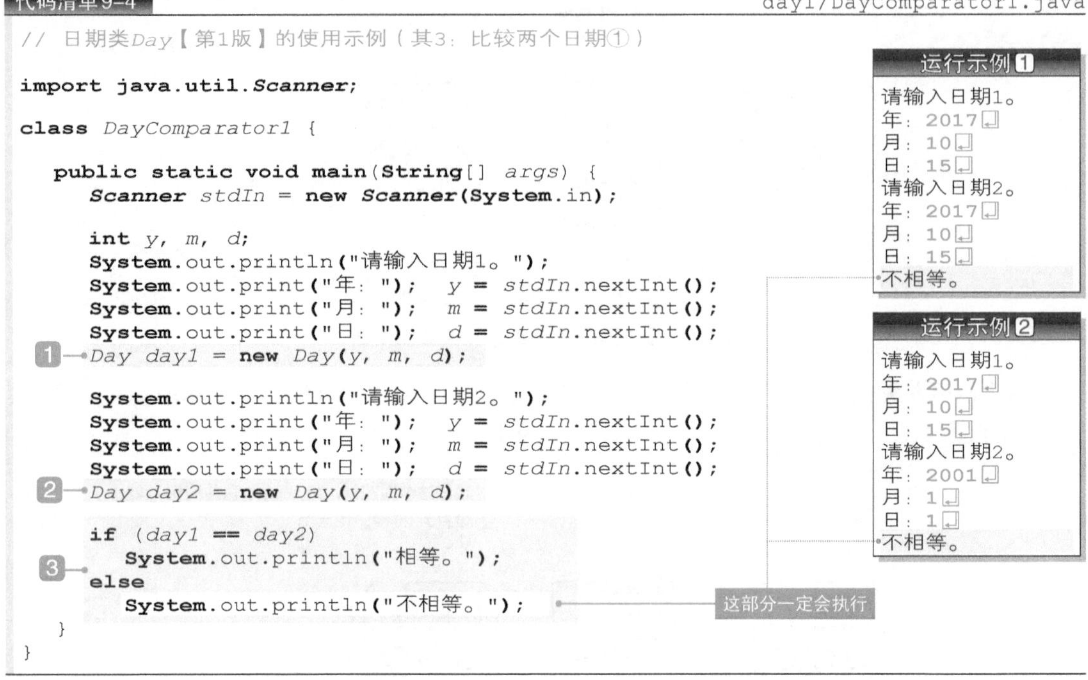

代码清单 9-4　　day1/DayComparator1.java

```
// 日期类Day【第1版】的使用示例（其3：比较两个日期①）

import java.util.Scanner;

class DayComparator1 {

   public static void main(String[] args) {
      Scanner stdIn = new Scanner(System.in);

      int y, m, d;
      System.out.println("请输入日期1。");
      System.out.print("年："); y = stdIn.nextInt();
      System.out.print("月："); m = stdIn.nextInt();
      System.out.print("日："); d = stdIn.nextInt();
1     Day day1 = new Day(y, m, d);

      System.out.println("请输入日期2。");
      System.out.print("年："); y = stdIn.nextInt();
      System.out.print("月："); m = stdIn.nextInt();
      System.out.print("日："); d = stdIn.nextInt();
2     Day day2 = new Day(y, m, d);

      if (day1 == day2)
3        System.out.println("相等。");
      else
         System.out.println("不相等。");
   }
}
```

运行示例 1
请输入日期1。
年：2017
月：10
日：15
请输入日期2。
年：2017
月：10
日：15
不相等。
运行示例 2
请输入日期1。
年：2017
月：10
日：15
请输入日期2。
年：2001
月：1
日：1
不相等。
这部分一定会执行

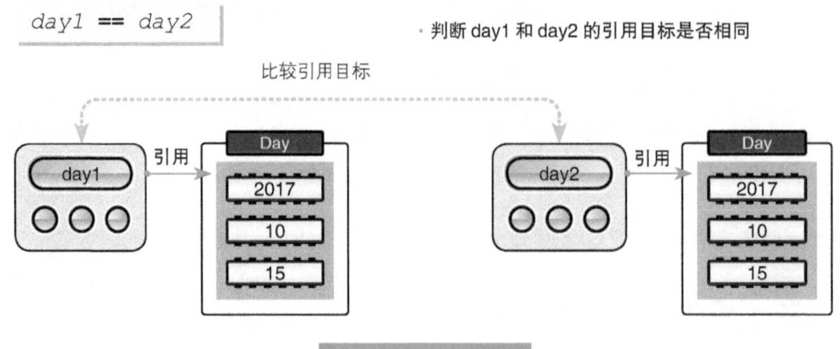
day1 == day2
判断 day1 和 day2 的引用目标是否相同
比较引用目标
day1
引用
Day
2017
10
15
day2
引用
Day
2017
10
15
不是判断日期是否相等！

图 9-5　判断类类型变量是否相等

若要判断所有字段的值是否相等，就需要调用 getter 方法，确认年、月、日。因此，正确的程序如代码清单 9-5 所示。

▶ 修改代码清单 9-4 中 3 的部分。

代码清单9-5 day1/DayComparator2.java

```
// 日期类Day【第1版】的使用示例（其4：比较两个日期②）

import java.util.Scanner;

class DayComparator2 {

   public static void main(String[] args) {
      Scanner stdIn = new Scanner(System.in);
      // … 中略 …

      if (day1.getYear() == day2.getYear() && day1.getMonth() == day2.getMonth()
                                           && day1.getDate()  == day2.getDate())
         System.out.println("相等。");
      else
         System.out.println("不相等。");
   }
}
```

运行示例 1

```
… 中略 …
不相等。
```

运行示例 2

```
… 中略 …
相等。
```

我们来运行一下程序。如果输入相同的日期，程序就会显示“相等。”，如果输入不同的日期，程序则会显示“不相等。”。

专栏 9-1 可应用于类类型变量的运算符

无需多言，对于引用类实例的类类型变量，不可以执行加法运算或减法运算等算术运算。可应用于类类型变量的运算符是有限的。

- **.** 运算符…成员访问（字段访问及方法调用）
- **()** 运算符…造型运算符
- **+** 运算符…字符串拼接
- **instanceof** 运算符
- **==** 运算符和 **!=** 运算符…判断引用是否相等
- **?:** 运算符…条件运算符

作为参数的类类型变量

如果创建一个判断两个日期是否相等的方法，程序就会变得更加简洁，这样改良后的程序如代码清单 9-6 所示。阴影部分是添加、修改的部分。

代码清单 9-6　　day1/DayComparator3.java

```
// 日期类Day【第1版】的使用示例（其5：比较两个日期③）

import java.util.Scanner;

class DayComparator3 {

   //--- d1和d2的日期相等吗？ ---//
   static boolean compDay(Day d1, Day d2) {
      return d1.getYear()  == d2.getYear()  &&
             d1.getMonth() == d2.getMonth() &&
             d1.getDate()  == d2.getDate();
   }

   public static void main(String[] args) {
      Scanner stdIn = new Scanner(System.in);

      int y, m, d;
      System.out.println("请输入日期1。");
      System.out.print("年：");  y = stdIn.nextInt();
      System.out.print("月：");  m = stdIn.nextInt();
      System.out.print("日：");  d = stdIn.nextInt();
      Day day1 = new Day(y, m, d);

      System.out.println("请输入日期2。");
      System.out.print("年：");  y = stdIn.nextInt();
      System.out.print("月：");  m = stdIn.nextInt();
      System.out.print("日：");  d = stdIn.nextInt();
      Day day2 = new Day(y, m, d);

      if (compDay(day1, day2))
         System.out.println("相等。");
      else
         System.out.println("不相等。");
   }
}
```

运行示例 1

```
请输入日期1。
年：2017
月：10
日：15
请输入日期2。
年：2017
月：10
日：15
相等。
```

运行示例 2

```
请输入日期1。
年：2017
月：10
日：15
请输入日期2。
年：2001
月：1
日：1
不相等。
```

1 是用于比较两个日期的方法。方法 *compDay* 是在类 *Day* 的外部声明的，请注意如下 3 点。

▪ 接收类类型的参数

形参 *d1* 和 *d2* 是 *Day* 类型的类类型变量。如图 9-6 所示，这两个形参接收的是 *Day* 类型实例的引用。因此，*d1* 会引用 *day1* 的实例，*d2* 会引用 *day2* 的实例。

▶ 以参数的形式传递引用目标的原理与数组的传递（7-3 节）是一样的。

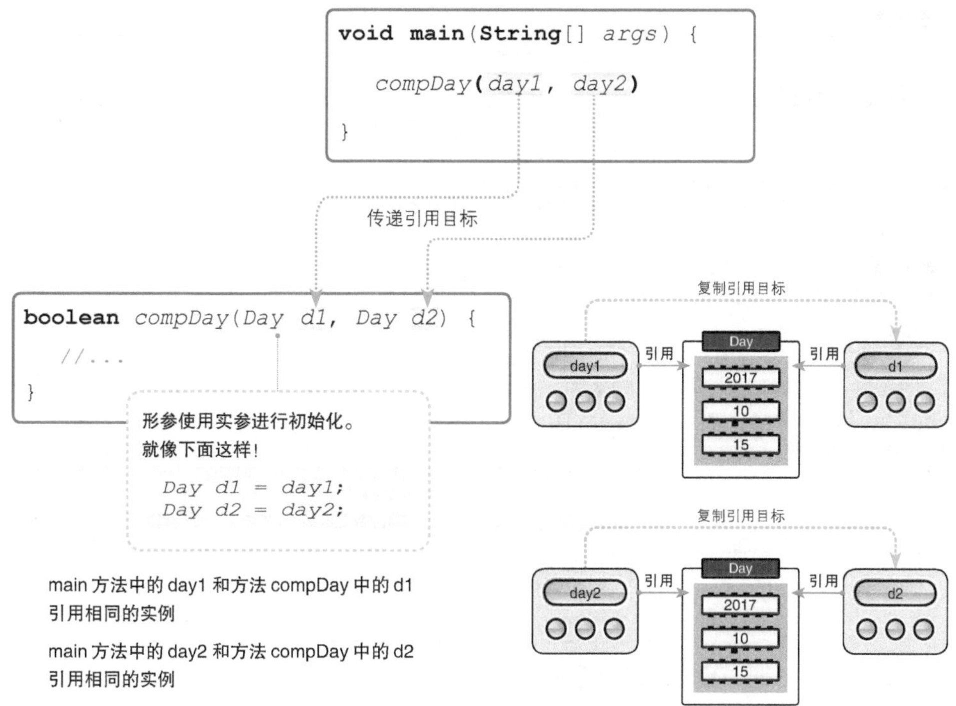

图 9-6 方法间的类类型变量的传递

▪ 声明中加上了 static

由于本方法定义在类 *Day* 的外部，因此它不属于各个实例（*day1* 或 *day2*），这一点与第 7 章介绍的方法一致。方法声明的开头加上了 **static**。

▶ 加上 **static** 进行声明的方法就是**类方法**。关于类方法和实例方法的区别，我们将在下一章详细介绍。

▪ 无法访问私有字段

由于本方法定义在类 *Day* 的外部，因此无法直接访问日期的字段 *year*、*month*、*date*。本方法中通过调用 getter 方法 *getYear*、*getMonth*、*getDate* 来确认年、月、日的值。

2处调用方法 *compDay*。我们将 *day1* 实例的引用和 *day2* 实例的引用作为实参传递给该方法。

if 语句中根据方法的 **boolean** 型返回值，会分别显示“相等。”或“不相等。”。

类类型实例的数组

接下来，我们来创建一个 *Day* 类型实例的数组。代码清单 9-7 所示的程序会创建一个数组，其元素个数通过键盘输入，并将全部元素的日期都设置为 2017 年 10 月 15 日，然后将其显示出来。

代码清单 9-7 day1/DayArrayError.java

```
// 日期类Day【第1版】的数组（其1：运行时错误）

import java.util.Scanner;

class DayArrayError {

   public static void main(String[] args) {
      Scanner stdIn = new Scanner(System.in);
      String[] wd = {"日", "一", "二", "三", "四", "五", "六"};

      System.out.print("日期个数：");
      int n = stdIn.nextInt();

1     Day[] a = new Day[n];          // 元素个数为n的Day类型数组

2     for (int i = 0; i < a.length; i++)                          错误
         a[i].set(2017, 10, 15);      // 将全部元素都设置为2017年10月15日

      for (int i = 0; i < a.length; i++)
         System.out.println("a[" + i + "] = "       + a[i].getYear() + "年"
                         + a[i].getMonth() + "月" + a[i].getDate() + "日("
                         + wd[a[i].dayOfWeek()] + ")");
   }
}
```

运行示例

```
日期个数：3
Exception in thread "main" java.lang.NullPointerException
        at Day1.DayArrayError.main(DayArrayError.java:17)
```

运行时，在读入日期个数 *n* 之后就会**发生运行时错误**（第 16 章）。1 中已经为 *a* 创建了数组主体，那为什么还会发生错误呢？

如图 9-7 所示，元素 *a*[1] 是引用 *Day* 的类类型变量（遥控器），**不是日期的实例（主体）**。当然，*a*[0] 和 *a*[2] 也是如此。

▶ 图 9-7 是元素个数为 3 的示例。数组 *a* 并不是日期主体的数组，而是 3 个遥控器的集合数组。创建数组时，各个元素会被初始化为 **null**（6-1 节）。

2 处执行时会发生错误，因为此处对无任何引用的空引用 *a*[*i*] 调用了方法 *set*。

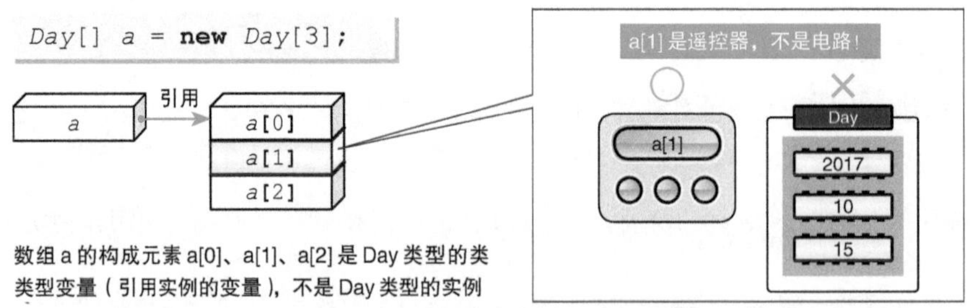
Day[] a = new Day[3];
a
引用
a[0]
a[1]
a[2]
数组 a 的构成元素 a[0]、a[1]、a[2] 是 Day 类型的类类型变量（引用实例的变量），不是 Day 类型的实例
a[1] 是遥控器，不是电路！
a[1]
Day
2017
10
15

图 9-7 Day 类型数组的构成元素

对于各个日期实例，在类类型变量之外，还需要再使用 **new** 运算符来另外创建。因此，正确的程序如代码清单 9-8 所示。

▶ 将代码清单 9-7 中 2 的部分替换为代码清单 9-8 中的阴影部分（其他的代码都相同，此处已省略）。

代码清单9-8 day1/DayArray.java

```
// 日期类Day【第1版】的数组（其2）

    for (int i = 0; i < a.length; i++)
        a[i] = new Day(2017, 10, 15);
```

正确

运行示例

```
日期个数：3
a[0] = 2017年10月15日(日)
a[1] = 2017年10月15日(日)
a[2] = 2017年10月15日(日)
```

将 **for** 语句的执行内容展开后如图 9-8 所示。每次循环时都会创建 *Day* 类型实例，并将其初始化为 2017 年 10 月 15 日。然后，使用赋值运算符将创建的实例的引用赋给 *a*[*i*]。

重要 为了使用类类型实例的数组，必须在创建类类型变量的数组的基础上，再创建各个元素的实例。

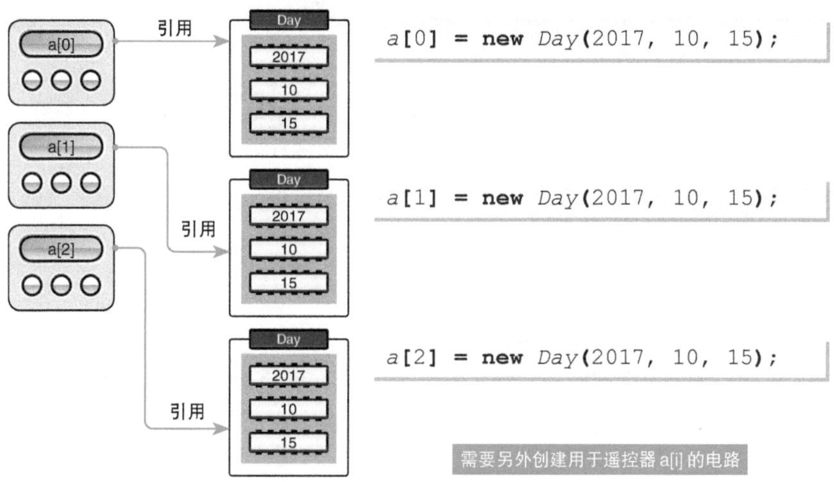

图 9-8 创建 Day 类型数组中构成元素的各个实例

另外，程序**不可以**像下面这样书写，因为构造函数中必须传入三个 **int** 型参数。

```
for (int i = 0; i < a.length; i++)          // 先创建
    a[i] = new Day();                        // 错误
for (int i = 0; i < a.length; i++)          // 然后
    a[i].set(2017, 10, 15);                  // 设定值
```

▶ 在后面的第 2 版的日期类中，这段代码就可以运行了。

类和数组的创建、初始化、赋值

我们来回忆一下 **int** 型数组的创建。当未赋予各个元素初始值时，要像a这样进行声明，当赋予了初始值时，则要像b这样进行声明。

```
a  int[] a = new int[5];
b  int[] a = {1, 2, 3, 4, 5};
```

另外，对于已经创建的数组类型的变量，若要将新创建的数组主体的引用赋给该变量，则可以像c这样来实现（这已经介绍过了）。

```
  int[] a;
  //...
c a = new int[]{1, 2, 3, 4, 5};      数组主体的创建和赋值
```

▶ 另外，b也可以像下面这样进行声明。

```
int[] a = new int[]{1, 2, 3, 4, 5};
```

类类型实例的创建也是如此。对于已经创建的 Day 类型变量，若要将创建的实例的引用赋给该变量，可以像d这样来实现。

这相当于数组实现中的c。

```
  Day d;
  //...
d d = new Day(2017, 10, 15);      实例的创建和赋值
```

*

对类类型实例的数组中的各个元素赋予初始值时，要应用b和d。

这里我们以表示日本年号明治、大正、昭和、平成的开始日期的数组为例进行思考。

数组的元素类型为 Day 类型，元素个数为 4。按照b的形式，数组可以像下面这样声明。

```
Day[] x = { ○, △, □, ◇ };
```

在这里，○、△、□、◇分别对应 x[0]、x[1]、x[2]、x[3] 的初始值。上文中介绍过，各个元素都是引用日期主体的类类型变量（遥控器），因此，初始值必须是**实例的引用**。

如d中的阴影部分所示，负责创建实例的引用的是 new Day(y, m, d) 形式的表达式。因此，数组 x 的声明如下所示。

```
Day[] x = { new Day(1868,  9,  8),      // 明治
            new Day(1912,  7, 30),      // 大正
            new Day(1926, 12, 25),      // 昭和
            new Day(1989,  1,  8),      // 平成
          };
```

这样一来，x[0] 就初始化为了 new Day(1868, 9, 8) 所创建的实例的引用。当然，x[1] 及其之后的元素也是如此。

我们来实际创建程序进行确认，如代码清单 9-9 所示。

代码清单 9-9　　day1/DayArrayInit.java

```
// 日期类Day【第1版】的数组（其3：初始化）

class DayArrayInit {

  public static void main(String[] args) {
    String[] wd = {"日", "一", "二", "三", "四", "五", "六"};
```

```
        // 明治、大正、昭和、平成的开始日期
        Day[] x = { new Day(1868,  9,  8), // 明治
                    new Day(1912,  7, 30), // 大正
                    new Day(1926, 12, 25), // 昭和
                    new Day(1989,  1,  8), // 平成
                  };

        for (int i = 0; i < x.length; i++)
            System.out.println("x[" + i + "] = "
                               + x[i].getYear()  + "年"
                               + x[i].getMonth() + "月"
                               + x[i].getDate()  + "日("
                               + wd[x[i].dayOfWeek()] + ")");
    }
}
```

运行结果

```
x[0] = 1868年9月8日(二)
x[1] = 1912年7月30日(三)
x[2] = 1926年12月25日(四)
x[3] = 1989年1月8日(日)
```

下面，我们对程序进行修改，不在创建数组元素的同时进行**初始化**，而是在创建之后进行**赋值**。这就是C的实现形式，因此我们可以像下面这样进行声明。

```
Day[] x;
//...
x = new Day[]{ ○, △, □, ◇ };
```

在这里，各个元素的初始值○、△、□、◇中，与代码清单 9-9 中一样的内容可以直接使用，如下所示。

```
Day[] x;
//...
x = new Day[]{
      new Day(1868,  9,  8),    // 明治
      new Day(1912,  7, 30),    // 大正
      new Day(1926, 12, 25),    // 昭和
      new Day(1989,  1,  8),    // 平成
    };
```

练习 9-1

请编写一段程序，创建练习 8-1 中的“人的类”的数组。请用多种方式实现，如创建时初始化各个元素、创建后将值赋给各个元素等。

日期类的改进

我们创建了使用日期类的程序，但该程序中还存在不少的问题。

1. 由于构造函数中需要三个 `int` 型参数，因此在创建实例时缺乏灵活性。例如，在创建数组时，就不可以“不直接设置值，而先创建元素，然后再设置值”。
2. 不易于构建与某个日期相同的日期实例。
3. 不易于判断两个日期是否相等。
4. 显示日期时需要 3~4 行的程序。

针对这些问题进行改进后的第 2 版程序如代码清单 9-10 所示。

代码清单 9-10[A] day2/Day.java

```
// 日期类Day【第2版】

public class Day {
    private int year;        // 年
    private int month;       // 月
    private int date;        // 日
```

下接代码清单 9-10[B]

public 类

类的声明中加上了 **public**。根据有无 **public**，类的访问属性有如下不同。

- 无 **public** … 该类只能在同一个包中使用
- 有 **public** … 该类可以在任何地方使用

关于包，我们将在第 11 章中进行介绍。虽不严谨，但大家可以暂时像下面这样理解。

原则上类声明时都应该加上 **public**，但规模较小的用完即舍弃的类除外。

▪ 字段

字段 *year*、*month*、*date* 没有什么变化。

▪ 访问器（getter 和 setter）

用于获取字段值的 getter 方法和用于设置值的 setter 方法与第 1 版相同（代码清单 9-10[B]）。

不过，所有方法的声明中都加上了 **public**。在 **public** 类中加上 **public** 进行声明的方法并不限于哪一个包，在任何地方都可以使用。

▶ 访问器以外的方法和构造函数的声明中也加上了 **public**。

代码清单 9-10[B] day2/Day.java

```
    //--- 构造函数 ---//
    public Day()                                     { set(1, 1, 1); }
    public Day(int year)                             { set(year, 1, 1); }
    public Day(int year, int month)                  { set(year, month, 1); }
    public Day(int year, int month, int date)        { set(year, month, date); }
    public Day(Day d)                                { set(d.year, d.month, d.date); }

    //--- 获取年、月、日 ---//
    public int getYear()  { return year; }      // 年
    public int getMonth() { return month; }     // 月
    public int getDate()  { return date; }      // 日

    //--- 设置年、月、日 ---//
    public void setYear(int year)   { this.year  = year; }    // 年
    public void setMonth(int month) { this.month = month; }   // 月
    public void setDate(int date)   { this.date  = date; }    // 日

    public void set(int year, int month, int date) {          // 年月日
        this.year  = year;        // 年
        this.month = month;       // 月
        this.date = date;         // 日
```

下接代码清单 9-10[C]

▪ 构造函数

本程序**重载**了从不接收年、月、日的构造函数到接收全部的构造函数在内的共 5 种构造函数。与方法一样，构造函数也可以重载。提供了多个构造函数后，对于类的使用者来说，构建类实例的选择范围就比较广了。

> **重 要** 与方法一样，构造函数也可以重载。如有需要，我们可以重载构造函数，提供多种构建类实例的方法。

各个构造函数的初始化如下所示，不接收参数的项设为 1。

Ⓐ `public Day()`	初始化为 1 年 1 月 1 日
Ⓑ `public Day(int year)`	初始化为 *year* 年 1 月 1 日
Ⓒ `public Day(int year, int month)`	初始化为 *year* 年 *month* 月 1 日
Ⓓ `public Day(int year, int month, int date)`	初始化为 *year* 年 *month* 月 *date* 日
Ⓔ `public Day(Day d)`	初始化为与 *d* 相同的日期

所有的构造函数内部都调用了方法 `set`。同一个类中的方法可以使用“**方法名（...）**”的形式进行调用。

▶ 第 7 章中创建的方法也是如此。由于是同一个类中的方法，因此 **main** 方法中使用了“**方法名（...）**”进行调用。

通过重载构造函数，我们就可以解决前面提到的问题①和②。

▪ 问题①

将日期设置为 1 年 1 月 1 日的构造函数Ⓐ不接收参数，因此，第 1 版的类 `Day` 中会发生错误的如下代码在第 2 版中就可以正常运行了。

```
for (int i = 0; i < a.length; i++)      // 先创建
    a[i] = new Day();                   // 第1版中错误/第2版中OK
for (int i = 0; i < a.length; i++)      // 然后
    a[i].set(2017, 10, 15);             // 设值OK
```

由于可以先创建实例，然后再设置值，因此可以很灵活地创建数组。

▪ 问题②

构造函数Ⓔ的参数 *d* 的类型为 `Day`。我们通过复制接收到的日期 *d* 的字段 `d.year`、`d.month`、`d.date` 的值，来初始化日期。

这个构造函数的动作如图 9-9 所示。*day1* 的字段值会被复制到对应的 *day2* 的各个字段中。

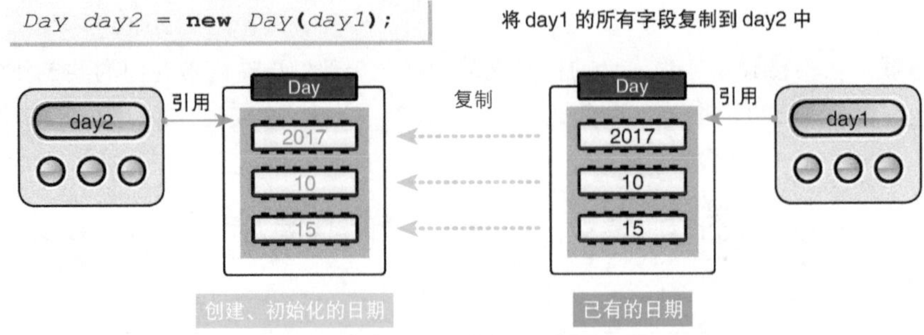

图 9-9　创建相同类型的实例复制的构造函数

如Ⓔ所示，接收与自身相同的类类型的参数，并复制其全部字段值的构造函数称为**复制构造函数**（copy constructor）。导入复制构造函数之后，创建相同日期的实例就变得非常容易了。

重 要　大家可以根据需要来定义复制构造函数。

▶ 在 Java 类库中，`String` 类、*PriorityQueue* 类、*EnumMap* 类等类中都定义了复制构造函数，但大部分的类中并未定义复制构造函数。这是因为使用 `clone` 方法也可以实现相同的操作。

代码清单 9-10[C]　　day2/Day.java

```
  //--- 计算星期 ---//
  public int dayOfWeek() {
    int y = year;                  // 0 … 星期日
    int m = month;                 // 1 … 星期一
    if (m == 1 || m == 2) {        //    :
      y--;                         // 5 … 星期五
      m += 12;                     // 6 … 星期六
    }
    return (y + y / 4 - y / 100 + y / 400 + (13 * m + 8) / 5 + date) % 7;
  }

  //--- 与日期d相等吗 ---//
  public boolean equalTo(Day d) {
    return year == d.year && month == d.month && date == d.date;
  }
  //--- 返回字符串表示 ---//
  public String toString() {
    String[] wd = {"日", "一", "二", "三", "四", "五", "六"};
    return String.format("%04d年%02d月%02d日(%s)",
                         year, month, date, wd[dayOfWeek()]);
  }
}
```

▪ dayOfWeek…计算星期

计算星期的方法 *dayOfWeek* 与第 1 版相同。星期日到星期六分别返回 0~6 的值。

▪ equalTo…判断是否相等的方法

equalTo 方法用于判断日期是否相等，将自身的日期和参数 *d* 中接收的日期进行比较。如果年、月、日都相等，则返回 **true**，否则返回 **false**。

使用 *equalTo* 方法判断两个日期 *day1* 和 *day2* 是否相等的情形如图 9-10 所示。与比较引用

目标的相等运算符 == 不同，*equalTo* 方法比较的是所有字段的值是否相等。

我们使用这个方法就可以解决问题③。

▪ toString…返回字符串表示的方法

toString 方法用来返回日期的字符串表示。返回的字符串中，年的部分是 4 位，月和日的部分是 2 位，形式为 "2010 年 05 月 04 (五) "。

创建字符串时使用的是 **String**.format 方法。大家可以将其理解成一种将 **System**.out.printf 在画面上的输出转换为字符串的方法（详细内容将在第 15 章介绍）。

如果不创建 toString 方法，而是创建一个使用 **System**.out.println 来显示日期的方法会怎么样呢？如果不允许擅自换行的话，就无法使用了。

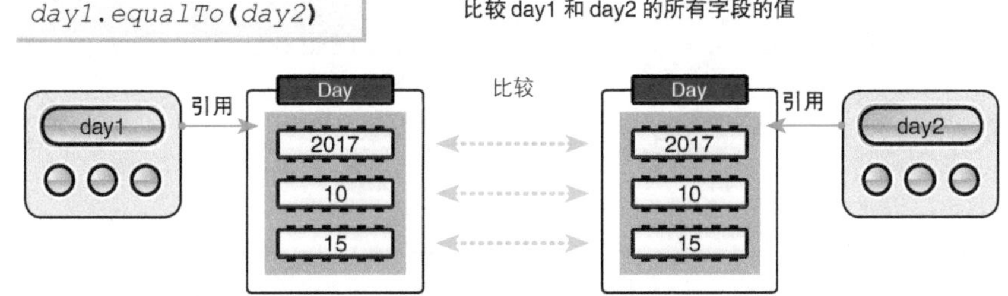

图 9-10　使用 equalTo 方法进行比较

一般来说，与在画面上进行显示的方法相比，返回字符串表示的方法更加灵活。这是因为如果将该方法返回的字符串传递给 **System**.out.print、println 或 printf，就可以在画面上显示日期。

使用这个方法就可以解决问题④。

在本书中，toString 没有使用斜体。这是因为如后文和第 15 章中将要介绍的，toString 是一种“特殊的方法”。

总之，我们先记住如下内容（**专栏 9-3**）。

重要 如果需要一个方法以字符串表示来返回类实例的“当前状态”，可以使用如下形式进行定义。

```
public String toString() { /* … */ }
```

专栏 9-2 历法和 Java 库

古代欧洲使用的是**儒略历**。儒略历中，1 回归年为 365.25 日，并不修正与实际的 1 回归年的 365.2422 日的误差，将能被 4 整除的年设为闰年。因此，误差不断累积。

现在很多国家使用的**格里高利历**将地球围绕太阳 1 周所需的日数（1 回归年 =365.2422 日）定为 365 日，然后按如下方法进行调整。

① 可以被 4 整除的年为闰年。

② 可以被 100 整除的年为平年。

③ 可以被 400 整除的年为闰年。

为了彻底消除儒略历的误差，人们将儒略历的 1582 年 10 月 4 日的次日作为格里高利历的 10 月

15 日，切换到了今天的格里高利历。

不过，各个国家也会使用不同的历法，在确认古代文献的日期，或者在程序中处理日期时，大家要多加注意。

*

Java 的标准库中提供了用于处理日期、时间的 ***Calendar*** 和 ***GregorianCalendar*** 等类。代码清单 9C-1 的程序中使用了 ***GregorianCalendar*** 类获取并显示当前的日期。

代码清单 9C-1　　Chap09/Today.java

```
// 显示今天的日期

import java.util.GregorianCalendar;
import static java.util.GregorianCalendar.*;

class Today {

  public static void main(String[] args) {
    GregorianCalendar today = new GregorianCalendar();
    System.out.printf("今天是%04d年%02d月%02d日。\n",
                      today.get(YEAR),         // 年
                      today.get(MONTH) + 1,    // 月
                      today.get(DATE)          // 日
                     );
  }
}
```

运行结果的一个示例

```
今天是2017年11月18日。
```

获取当前日期的步骤如下所示，请大家牢记。

- 执行灰色阴影部分的导入声明
- 使用蓝色阴影部分的表达式创建设置为当前日期的 ***GregorianCalendar*** 类型的实例
- 使用方法 get 获取 ***GregorianCalendar*** 类型的年、月、日，此时的参数分别为 YEAR、MONTH、DATE
- get(MONTH) 返回的月份值并不是 1~12，而是 0~11

*

另外，关于库的文档，我们将在**专栏 9-5** 中进行介绍。

专栏 9-3　必须将 toString 方法声明为 public 的原因

不接收参数，并返回 **String** 型的 toString 方法是不同于其他方法的一个特殊方法，必须定义为 **public 方法**，原因如下（大家在学习了下一章到第 15 章的内容后就能够理解了，可以到时再来阅读这部分）。

- toString 是 **java.lang.Object** 类中定义的 **public String** toString() 方法
- 所有的类都是 **java.lang.Object** 类下面的类（子类）
- 在类中定义 **String** toString() 方法其实就是重写 **java.lang.Object** 类中的方法
- 重写方法时，不会强化访问权限。因此，不管什么类，都必须将 **String** toString() 定义为 **public** 方法

使用第 2 版日期类的程序示例如代码清单 9-11 所示。

代码清单9-11 day2/DayTester.java

```
// 日期类Day【第2版】的使用示例

import java.util.Scanner;

class DayTester {

   public static void main(String[] args) {
      Scanner stdIn = new Scanner(System.in);

      System.out.println("请输入day1。");
      System.out.print("年: ");  int y = stdIn.nextInt();
      System.out.print("月: ");  int m = stdIn.nextInt();
      System.out.print("日: ");  int d = stdIn.nextInt();

      Day day1 = new Day(y, m, d);  // 读入日期
1──  System.out.println("day1 = " + day1);

      Day day2 = new Day(day1);      // 与day1相同的日期
      System.out.println("创建了与day1的日期相同的day2。");
      System.out.println("day2 = " + day2);

      if (day1.equalTo(day2))
2──     System.out.println("day1和day2相等。");
      else
         System.out.println("day1和day2不相等。");

      Day d1 = new Day();                // 1年 1月 1日
      Day d2 = new Day(2010);            // 2010年 1月 1日
      Day d3 = new Day(2010, 10);        // 2010年10月 1日
      Day d4 = new Day(2010, 10, 15);    // 2010年10月15日

      System.out.println("d1   = " + d1);
      System.out.println("d2   = " + d2);
      System.out.println("d3   = " + d3);
      System.out.println("d4   = " + d4);

      Day[] a = new Day[3];              // 元素个数为3的Day类型数组
3──  for (int i = 0; i < a.length; i++)
         a[i] = new Day();               // 全部元素都设置为1年1月1日

      for (int i = 0; i < a.length; i++)
         System.out.println("a[" + i + "] = " + a[i]);
   }
}
```

运行示例

```
请输入day1。
年: 2017⏎
月: 10⏎
日: 15⏎
day1 = 2017年10月15日(日)
创建了与day1的日期相同的day2。
day2 = 2017年10月15日(日)
day1和day2相等。
d1   = 0001年01月01日(一)
d2   = 2010年01月01日(五)
d3   = 2010年10月01日(五)
d4   = 2010年10月15日(五)
a[0] = 0001年01月01日(一)
a[1] = 0001年01月01日(一)
a[2] = 0001年01月01日(一)
```

1 处将 *Day* 类型的实例 *day1* 直接传递给 **System**.out.println，显示出日期。

之所以能这样执行，是因为 **toString 方法会被默认调用**。

当执行“数值 + 字符串”或“字符串 + 数值”的运算时，数值会转换为字符串之后再进行拼接。

与此相同，存在如下规则。

重要　在“字符串 + 类类型变量”或“类类型变量 + 字符串”的运算中，会自动调用类类型变量的 **toString** 方法，将其转换为字符串，然后再进行字符串的拼接。

当然，也可以像下面这样，显式调用 toString 方法。

```
System.out.println("day1 = " + day1.toString());
```

2 中使用方法 *equalTo* 判断日期 *day1* 和 *day2* 是否相等。判断的是年、月、日的所有字段值是否相等。

▶ 如果使用 *day1* == *day2* 来判断，则成了判断引用目标是否相等。

3 处创建 *Day* 类型的数组。不接收参数的构造函数会将各个元素的实例初始化为公元 1 年 1 月 1 日。

*

第 2 版中解决了前面提到的 4 个问题，但还存在其他问题。

构造函数Ⓐ、Ⓑ、Ⓒ的参数中未指定日期的项会被初始化为 1，因此，整数常量 1 分布在多个构造函数的定义中。如果将该值修改为其他值会比较困难。

另外，所有的构造函数都“似是而非”。从程序的维护性和扩展性来考虑，相同或者相似的代码都应该尽量集中到一处。

这样改进后的第 3 版日期类如代码清单 9-12 所示。

代码清单 9-12　　day3/Day.java

```
// 日期类Day【第3版】

public class Day {
   private int year  = 1;       // 年
   private int month = 1;       // 月      ← 各个字段都初始化为初始值
   private int date  = 1;       // 日

   //-- 构造函数 --//
1  public Day()                                    { }
2  public Day(int year)                            { this.year = year; }
3  public Day(int year, int month)                 { this(year); this.month = month; }
4  public Day(int year, int month, int date)       { this(year, month); this.date = date; }
5  public Day(Day d)                               { this(d.year, d.month, d.date); }

   //--- 获取年、月、日 ---//
   public int getYear()  { return year; }      // 获取年
   public int getMonth() { return month; }     // 获取月
   public int getDate()  { return date; }      // 获取日

   //--- 设置年、月、日 ---//
   public void setYear(int year)   { this.year  = year; }    // 设置年
   public void setMonth(int month) { this.month = month; }   // 设置月
   public void setDate(int date)   { this.date  = date; }    // 设置日

   public void set(int year, int month, int date) {          // 设置年月日
      this.year  = year;        // 年
      this.month = month;       // 月
      this.date  = date;        // 日
   }

   //--- 计算星期 ---//
   public int dayOfWeek() {
```

```
        int y = year;                    // 0 … 星期日
        int m = month;                   // 1 … 星期一
        if (m == 1 || m == 2) {          //      :
            y--;                         // 5 … 星期五
            m += 12;                     // 6 … 星期六
        }
        return (y + y / 4 - y / 100 + y / 400 + (13 * m + 8) / 5 + date) % 7;
    }

    //--- 与日期d相等吗 ---//
    public boolean equalTo(Day d) {
        return year == d.year && month == d.month && date == d.date;
    }
    //--- 返回字符串表示 ---//
    public String toString() {
        String[] wd = {"日", "一", "二", "三", "四", "五", "六"};
        return String.format("%04d年%02d月%02d日(%s)",
                             year, month, date, wd[dayOfWeek()]);
    }
}
```

专栏 9-4 未定义 toString 方法的类

如果类中未定义 toString 方法，则程序会默认定义 toString 方法。这时，toString 方法返回的是下述字符串。

```
getClass().getName() + '@' + Integer.toHexString(hashCode())
```

这是由类名、@ 符、实例哈希码的无符号十六进制表示拼接起来的字符序列。

对于 *Day* 类类型，toString 方法返回的是“Day@e09713”字符串（十六进制数 e09713 部分根据实例不同而有所不同）。

关于 toString 方法，**专栏 12-6** 中还会进行介绍。

字段的初始值

我们来看一下蓝色阴影部分。字段 *year*、*month*、*date* 的声明中都赋上了初始值 1，使用初始值对各个字段进行初始化是在实例创建之后、构造函数启动之前。

▶ 没有初始值时，会将字段初始化为默认值 0（8-1 节）。

因此，当调用构造函数 1 时，即使构造函数主体是空的，*year*、*month*、*date* 也会被初始化为 1。

重要 如果在字段的声明中赋上初始值，那么该字段在创建实例时就会被初始化为所赋的初始值。

▶ 更严谨一点来说，*year*、*month*、*date* 在创建的同时会被初始化为默认值 0，然后被赋值为 1。

调用同一个类中的构造函数

构造函数 3 、 4 、 5 中存在 **this(...)** 形式的表达式，用于**调用同一个类中的构造函数**。另外，**this(...)** 的调用**只限于在构造函数的开头**进行。

重要 在构造函数的开头，可以使用 **this(…)** 来调用类中的其他构造函数，委托其处理。

构造函数 3 中调用构造函数 2，构造函数 4 中调用构造函数 3，构造函数 5 中调用构造函数 4。

这样的程序设计看起好像很繁琐，但其实大有利处。我们通过具体示例验证一下就会明白了。

由于公历中不存在“0 年”这一年，因此“当将 *year* 指定为 0 时，要强制调整为 1”。

此时，只要将构造函数 2 改写为下面这样就可以了，3、4、5 都不需要修改。

```
public Day(int year) { if (year == 0) year = 1;  this.year = year; }
```

如果是第 2 版的 *Day*，我们就不得不修改构造函数、方法 *set* 等多个地方。

重要 不要将相同或者类似的代码分散在类中。如果要执行的处理在其他的方法或者构造函数中已经实现，就应该调用这个方法或者构造函数，委托其处理。

练习 9-2

请编写一个使用第 3 版日期类的程序，要能确认所有构造函数的动作。

9-2 类类型的字段

前面介绍的类中的字段都是基本类型或者 String 型，本节将介绍持有类类型字段的类。

类类型的字段

下面我们在上一章创建的汽车类 Car 中添加“购买日期”的数据。当然，表示购买日期的就是本章创建的第 3 版日期类 Day。

这样改进后的汽车类 Car 如代码清单 9-13 所示。

代码清单 9-13 car2/Car.java

```
// 汽车类【第2版】

public class Car {
   private String name;      // 名称
   private int width;        // 宽度
   private int height;       // 高度
   private int length;       // 长度
   private double x;         // 当前位置的X坐标
   private double y;         // 当前位置的Y坐标
   private double fuel;      // 剩余燃料
   private Day purchaseDay; // 购买日期                    1

   //--- 构造函数 ---//
   public Car(String name, int width, int height, int length, double fuel,
              Day purchaseDay) {
      this.name = name;          this.width = width; this.height = height;
      this.length = length;      this.fuel = fuel;   x = y = 0.0;
      this.purchaseDay = new Day(purchaseDay);                2
   }

   public double getX() { return x; }        // 获取当前位置的X坐标
   public double getY() { return y; }        // 获取当前位置的Y坐标
   public double getFuel() { return fuel; }// 获取剩余燃料
   public Day getPurchaseDay() {             // 获取购买日期
      return new Day(purchaseDay);                          3
   }

   //--- 显示型号 ---//
   public void putSpec() {
      System.out.println("名称: " + name);
      System.out.println("车宽: " + width  + "mm");
      System.out.println("车高: " + height + "mm");
      System.out.println("车长: " + length + "mm");
   }
   //--- 向X方向移动dx、向Y方向移动dy ---//
   public boolean move(double dx, double dy) {
      double dist = Math.sqrt(dx * dx + dy * dy);     // 移动距离

      if (dist > fuel)
         return false;           // 无法移动 … 燃料不足
      else {
         fuel -= dist;           // 减掉移动距离所消耗的燃料
         x += dx;
         y += dy;
         return true;            // 移动结束
      }
   }
}
```

▶ 本程序中使用的是第 3 版日期类，因此，需要将第 3 版日期类的类文件复制到保存本程序的目录 car2 中。

1 是用于保存购买日期的字段 *purchaseDay*，字段的类型是类类型。也就是说，如图 9-11 所示，它不是 *Day* 类型的电路（实例），而是遥控器（引用实例的变量）。

2 中通过构造函数设置日期，使用 **new** 运算符和复制构造函数创建购买日期的实例。

创建形参 *purchaseDay* 中接收到的日期的副本，并将该副本的引用赋给字段 *purchaseDay*。因此，字段 *purchaseDay* 就会**引用形参中接收到的日期的副本**。

▶ 如果不使用 **new** 来创建实例，而是使用 **this**.*purchaseDay* = *purchaseDay*; 这种简单的赋值，就会出现前面"类类型变量的赋值"中提到过的问题。

3 是购买日期的 getter 方法。这里也使用了复制构造函数，创建购买日期字段的副本，并返回该副本的引用（后述）。

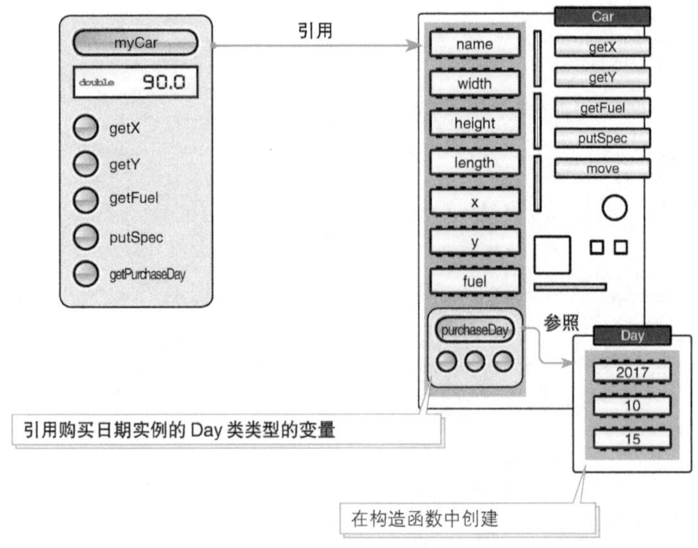

图 9-11　类 Car 和类 Day

返回引用的方法

购买日期的 getter 方法 *getPurchaseDay* 并不是直接返回字段 *purchaseDay* 的值，而是在调用复制构造函数创建副本之后，再返回该副本的引用，我们来思考一下这么做的原因。

在这里，我们通过代码清单 9-14 进行验证，先来运行一下程序。

代码清单 9-14 car2/CarTester1.java

```
// 汽车类【第2版】的使用示例（其1）

class CarTester1 {

   public static void main(String[] args) {
      Day d = new Day(2010, 10, 15);
      Car myCar = new Car("爱车", 1885, 1490, 5220, 90.0, d);

1     Day p = myCar.getPurchaseDay();
      System.out.println("爱车的购买日期：" + p);

2     p.set(1999, 12, 31);            // 改写购买日期（？）

3     Day q = myCar.getPurchaseDay();
      System.out.println("爱车的购买日期：" + q);
   }
}
```

程序的运行结果如图 9-12 所示。图a是类 Car 按照代码清单 9-13 进行定义的程序，图b是定义方法 getPurchaseDay 直接返回字段 purchaseDay 的值的程序。

*

myCar 是 2010 年 10 月 15 日购买的汽车。1中通过方法 getPurchaseDay 获取了购买日期，并将其显示出来。2中对获取的日期 p 调用方法 set，将日期设置为 1999 年 12 月 31 日。

3中再次获取并显示购买日期。图a中的购买日期仍然是 2010 年 10 月 15 日，但图b中的购买日期则被改写成了 1999 年 12 月 31 日。

▪ 图a…方法 getPurchaseDay 返回 new Day(purchaseDay)

方法 getPurchaseDay 会创建 purchaseDay 引用的日期实例的副本，并返回引用目标。1中，由于 p 被初始化为该副本的引用，因此2中会**改写购买日期字段的副本**。

3中在确认购买日期时，会再次创建购买日期的副本，q 会引用该副本。因此，购买日期还是 2010 年 10 月 15 日。

▪ 图b…方法 getPurchaseDay 返回 purchaseDay

方法 getPurchaseDay 直接返回购买日期 purchaseDay 的引用。

1中将 p 初始化为购买日期字段 purchaseDay 的引用，因此，2中**改写的是购买日期字段本身**。

3中在确认购买日期时，q 会引用该日期。因此，购买日期就变成了改写后的 1999 年 12 月 31 日。

从这个示例中我们可以得到如下教训。

重要 请注意不要返回引用类型的字段值，因为外部能通过该引用值间接改写值。

a 正确的程序（List 9-13）

```
// 获取购买日期
public Day getPurchaseDay() {
   return new Day(purchaseDay);
}
```

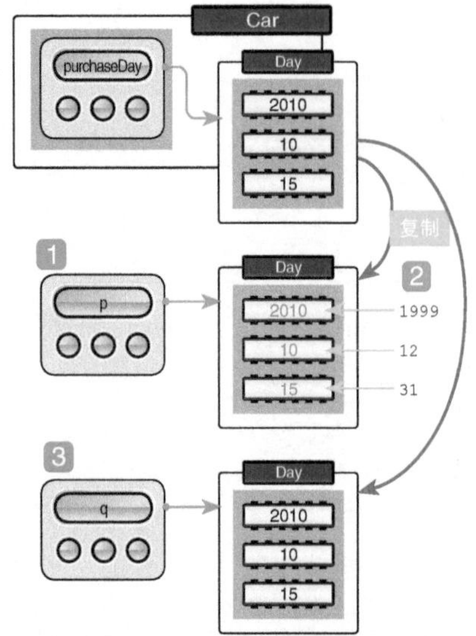

运行结果

爱车的购买日期：2010年10月15日（五）
爱车的购买日期：2010年10月15日（五）

方法 getPurchaseDay 返回购买日期字段的副本的引用。

通过返回的引用，外部无法改写购买日期字段的值

b 错误的程序

```
// 获取购买日期
public Day getPurchaseDay() {
   return purchaseDay;
}
```

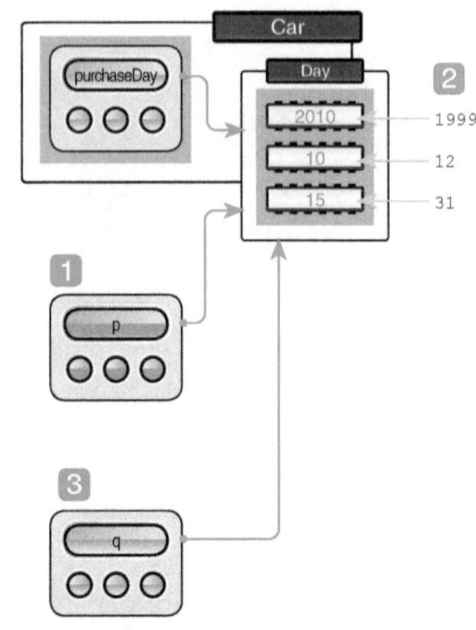

运行结果

爱车的购买日期：2010年10月15日（五）
爱车的购买日期：1999年12月31日（五）

方法 getPurchaseDay 返回购买日期字段本身的引用。

通过返回的引用，外部可以改写购买日期字段的值

图 9-12　类 Car 中的方法 getPurchaseDay

汽车类的使用示例

使用汽车类 `Car` 的程序示例如代码清单 9-15 所示，这是一个创建类 `Car` 类型的实例，并显示其型号和购买日期的简单程序。

代码清单9-15 car2/CarTester2.java

```
// 汽车类【第2版】的使用示例（其2）

class CarTester2 {

   public static void main(String[] args) {
      Car myCar = new Car("爱车", 1885, 1490, 5220, 90.0, new Day(2000, 11, 18));   // 1

      myCar.putSpec();
      System.out.println("购买日期：" + myCar.getPurchaseDay().toString());   // 2
   }
}
```

运行结果

```
名称：爱车
车宽：1885mm
车高：1490mm
车长：5220mm
购买日期：2000年11月18日（六）
```

1是使用 **new** 创建 *Day* 类型实例的表达式。创建的实例的引用被传递给构造函数。

▶ 第 7 章中介绍过，使用 **new** 创建的数组可以不用再起名，直接作为参数传递给方法（7-3 节），此处是相同的原理。

这里创建的实例并没有名称。如果要起名的话，程序如下所示。

```
Day p = new Day(2000, 11, 18);
Car myCar = new Car("爱车", 1885, 1490, 5220, 90.0, p);
```

如果在创建了 *myCar* 之后，类类型变量 *p* 还有其他用途，那像本程序这样操作就可以了。不过，如果在创建了 *myCar* 之后就不再需要 *p* 了，那就没有必要专门导入一个类类型变量。

▶ 如前所述，构造函数会创建一个接收到的日期的副本，然后让字段 *purchaseDay* 引用该实例。

2中应用了两层成员访问运算符。方法 *getPurchaseDay* 的调用 *myCar.getPurchaseDay*() 会返回 *Day* 类型的日期（购买日期的副本）的**引用**，然后对其调用类 *Day* 中的 toString 方法。

重要 如果类类型的实例 *a* 中的方法 *b* 会返回 *Type* 类型实例的引用，则可以使用 *a.b*().*c*() 调用 *Type* 类型的方法 *c*。

▶ 大家可能会觉得有点难，但如果分解成下面这样的话，就容易理解了。

```
Day temp = myCar.getPurchaseDay();                  // myCar的购入日期的副本
System.out.println("购买日期：" + temp.toString());
```

接下来，我们通过键盘输入汽车的各个字段中应该设置的值，创建并显示实例，如代码清单 9-16 所示。

代码清单9-16 car2/CarTester3.java

```
// 汽车类【第2版】的使用示例（其3）

import java.util.Scanner;

class CarTester3 {

   public static void main(String[] args) {
      Scanner stdIn = new Scanner(System.in);

      System.out.println("请输入汽车数据。");
      System.out.print("名称：");          String name = stdIn.next();
      System.out.print("车宽：");          int width = stdIn.nextInt();
      System.out.print("高度：");          int height = stdIn.nextInt();
```

```
        System.out.print("长度: ");          int length = stdIn.nextInt();
        System.out.print("燃料数量: ");      double fuel = stdIn.nextDouble();
        System.out.print("购买年份: ");      int y = stdIn.nextInt();
        System.out.print("购买月份: ");      int m = stdIn.nextInt();
        System.out.print("购买日期: ");      int d = stdIn.nextInt();

        Car car2 = new Car(name, width, height, length, fuel, new Day(y, m, d));

        car2.putSpec();
        System.out.println("购买日期: " + car2.getPurchaseDay());
    }
}
```

运行示例

```
请输入汽车数据。
名称: 威姿
车宽: 1650
高度: 1430
长度: 4000
燃料数量: 40
购买年份: 2008
购买月份: 6
购买日期: 21
名称: 威姿
车宽: 1650mm
车高: 1430mm
车长: 4000mm
购买日期: 2008年06月21日(六)
```

我们来看一下蓝色阴影部分。与上一个程序不同，这里没有“.toString()”。

在“字符串 + 类类型变量”的运算中，由于会自动调用 toString()，因此可省略其显式调用。

▶ 当然，代码清单 9-15 中 2 处的“.toString()”也可以省略。

练习 9-3

请在第 8 章创建的“银行账户类【第 2 版】”中，添加开户日期字段和 toString 方法。

※ 要修改构造函数、添加开户日期的 getter 方法（返回开户日期字段所引用的日期实例的副本）等。

练习 9-4

请在练习 8-1 创建的“人的类”中，添加生日字段和 toString 方法。

※ 要修改构造函数、添加生日的 getter 方法等。

has-A

第 2 版汽车类和日期类的关系如图 9-13 所示，该图表示的内容如下。

类 Car 中包含了类 Day。

像这种“一个类中包含其他类”的关系称为 has-A 关系。

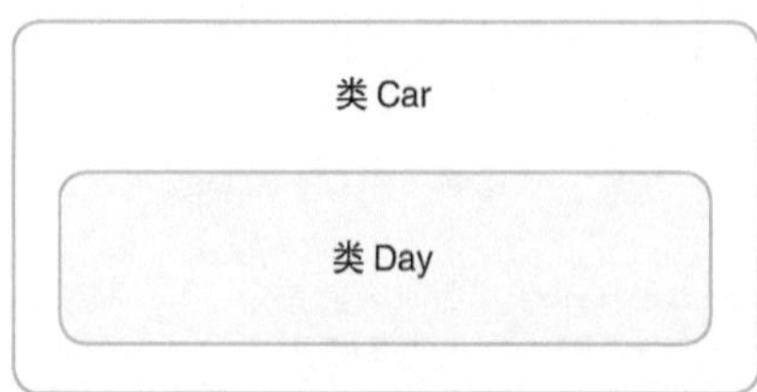

图 9-13　类 Car 和类 Day（has-A 关系）

不仅作为设计图的类如此，由类创建的实例也存在同样的关系。

汽车类 `Car` 类型的实例包含日期类 `Day` 的字段，该字段的引用目标中包含 `Day` 类型的实例。因此，`Car` 类型的实例中本质上包含 `Day` 类型的实例。

▶ 从图 9-11 中也可以看出，从严格意义上来说，`Car` 类型实例包含的并不是 `Day` 类型的实例，而是 `Day` 类型的类类型变量（引用实例的变量）。

实例的内部包含其他实例的结构称为**组合**，has-A 是实现组合的一种方式。

练习 9-5

请编写类 `Period`，表示由开始日期和结束日期构成的“期间”，字段如下。

```
class Period {
   private Day from;        // 开始日期
   private Day to;          // 结束日期
}
```

请大家自己定义构造函数和方法。

专栏 9-5 API 的文档

表示日期和时间的类等大量的类都是作为标准 API（application program interface）提供的。API 的文档都公开发布在网上，大家可以自己下载，安装到电脑上。图 9C-1 就是文档的模样。

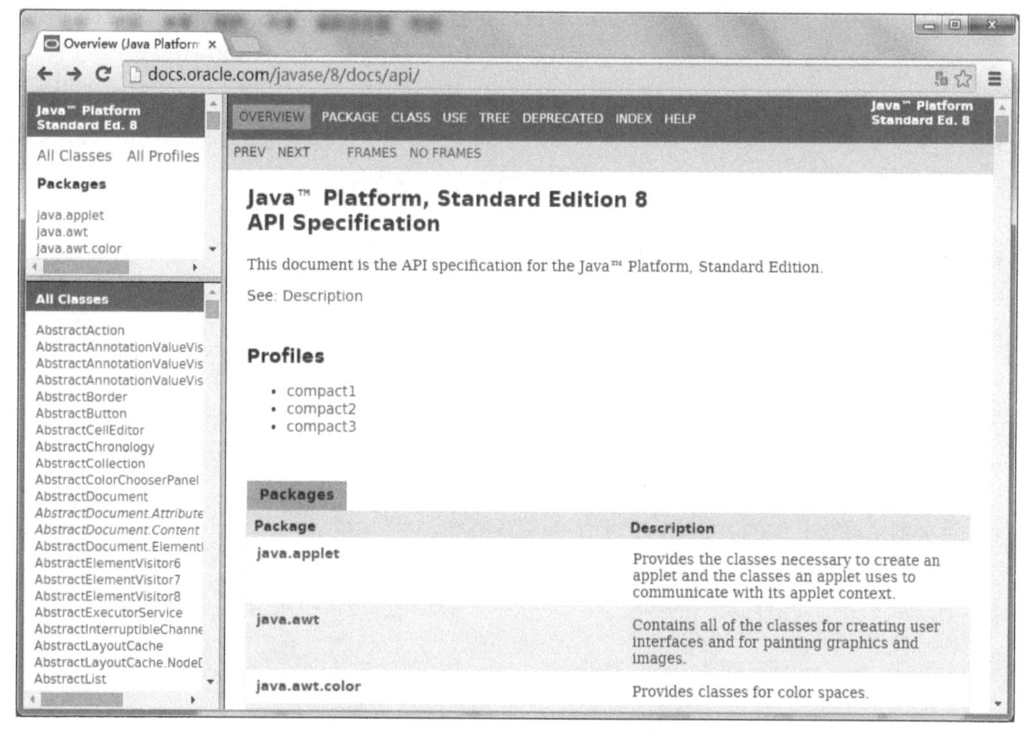

图 9C-1 JDK 标准库（API）的文档

小结

- 除了用完就舍弃的内容，类和方法的声明中都可以加上 `public`，这样就可以在任何地方使用。

- 在类中，可以根据需要定义**访问器**。用于获取字段 abc 的值的 getter 方法可以定义为 getAbc，用于设置值的 setter 方法可以定义为 setAbc。

- 当使用赋值或初始化复制类类型变量的值时，复制的并不是所有字段的值，而是引用目标。当通过方法的参数传递类类型的变量时，传递的是实例的引用。

- 当使用相等运算符比较类类型变量的值时，判断的是引用目标是否相等，而不是判断所有字段的值是否相等。

- 如果重载构造函数，该类的实例构建方法的选择范围就比较广了。在构造函数的开头，可以使用 `this(…)` 调用同一个类中的构造函数。

- **复制构造函数**中会接收同一类类型的参数，并复制其全部字段的值，大家可以根据需要进行定义。

- 不应该将相同或者类似的代码分散在类中。如果要执行的处理在其他的方法或者构造函数中已经实现，就应该调用这个方法或者构造函数，委托其处理。

- 在类中，如果需要一个方法以字符串表示来返回实例的“当前状态”，可以定义 `public String toString() { /*…*/ }`。该方法在“类类型变量 + 字符串”和“字符串 + 类类型变量”的运算中会被自动调用。

- 创建类类型的数组时，类类型变量的全部元素都会被初始化为空引用 `null`。各个元素是类类型的变量，并不是实例，必须使用初始化或者赋值，将实例的引用赋给各个元素。

- 当类的字段是其他的类类型时，has-A 关系成立。

- 请注意不要返回引用类型的字段值。这是因为外部能通过该引用值间接改写值。

Chap09/Point2D.java

```java
//--- 二维坐标类 ---//
public class Point2D {
    private int x = 0;          // X坐标
    private int y = 0;          // Y坐标

    public Point2D() { }
    public Point2D(int x, int y) { set(x, y); }
    public Point2D(Point2D p)    { this(p.x, p.y); }

    public int getX() { return x; }
    public int getY() { return y; }

    public void setX(int x)        { this.x = x; }
    public void setY(int y)        { this.y = y; }
    public void set(int x, int y) { setX(x);  setY(y); }

    public String toString() { return "(" + x + "," + y + ")"; }
}
```

重载的构造函数

复制构造函数

调用其他的构造函数

getter

setter

返回简洁表示实例状态的字符串

has-A：类 Circle 中包含类 Point2D

Chap09/Circle.java

```java
//--- 圆类 ---//
public class Circle {
    private Point2D center;       // 圆心坐标
    private int radius = 0;       // 半径

    public Circle() { center = new Point2D(); }

    public Circle(Point2D c, int radius) {
        center = new Point2D(c);  this.radius = radius;
    }

    public Point2D getCenter() { return new Point2D(center); }
    public int getRadius() { return radius; }

    public void setCenter(Point2D c) {
        center.set(c.getX(), c.getY());
    }
    public void setRadius(int radius) { this.radius = radius; }

    public String toString() {
        return "圆心坐标: " + center.toString() + " 半径: " + radius;
    }
}
```

可以省略

Chap09/CircleTester.java

```java
//--- 测试圆和坐标 ---//
public class CircleTester {

    public static void main(String[] args) {
        Point2D[] p = new Point2D[] {
            new Point2D(3, 7), new Point2D(4, 6)
        };
        Circle c1 = new Circle();
        Circle c2 = new Circle(new Point2D(10,15), 5);

        for (int i = 0; i < p.length; i++)
            System.out.println("p[" + i + "] = " + p[i].toString());

        c1.setRadius(10);
        System.out.println("c1 = " + c1.toString());
        System.out.println("c2 = " + c2.toString());
    }
}
```

可以省略

可以省略

运行结果

```
p[0] = (3,7)
p[1] = (4,6)
c1 = 圆心坐标: (0,0) 半径: 10
c2 = 圆心坐标: (10,15) 半径: 5
```

第 10 章

类变量和类方法

本章将介绍类变量和类方法。与属于各个类的实例的实例变量、实例方法有所不同，类变量和类方法属于类，是类的所有实例共享的变量、方法。

- 类变量（静态字段）
- 类方法（静态方法）
- 静态初始化器
- 实例初始化器
- 工具类

10-1 类变量

前面介绍的字段，即实例变量，都是属于类的各个实例的数据。本节将介绍表示同一个类的实例之间共享的数据的静态字段，即类变量。

类变量（静态字段）

我们来考虑在第 8 章创建的“银行账户类”的各个实例中添加一个“标识编号”。每创建一个实例，就为其赋上 1, 2, 3, …的连续整数值。例如，如图 10-1 所示，创建实例后，*adachi* 的标识编号为 1，*nakata* 的标识编号为 2。

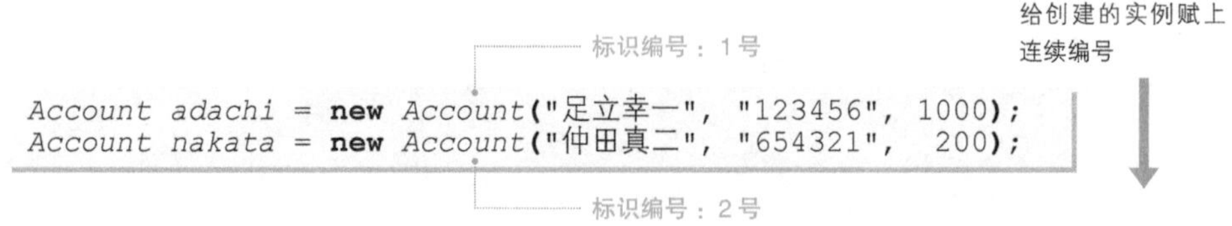

图 10-1　银行账户实例的标识编号

为了实现这个操作，类 *Account* 中需要添加一个标识编号字段。字段类型为 **int** 型，名称为 *id*。但仅此还不够，还需要下述数据。

> 当前已经赋到了哪一个标识编号。

这个数据既不属于 *adachi*，也不属于 *nakata*。**它不是属于各个实例的数据，而是类 *Account* 的所有实例共享的数据**。

只要在字段声明时加上 **static**，就可以实现该数据。由于是类中共享的变量，因此被称为**类变量**（class variable）。另外，由于在声明时加上了 **static**，因此也被称为**静态字段**（static field）。

> **重要** 声明中加上 **static** 的字段就是类变量（静态字段）。

▶ static 就是“静态的”“不变化的”“固定的”的意思。“类变量”和“静态字段”（**static** 字段）都很常用，因此要牢记这两个术语。另外，请不要混淆**类变量**和**类类型变量**（8-1 节）。

导入类变量后的类 *Account* 和创建的实例如图 10-2 所示。

▶ 本图展示了按照图 10-1 的程序创建两个实例之后的状态。

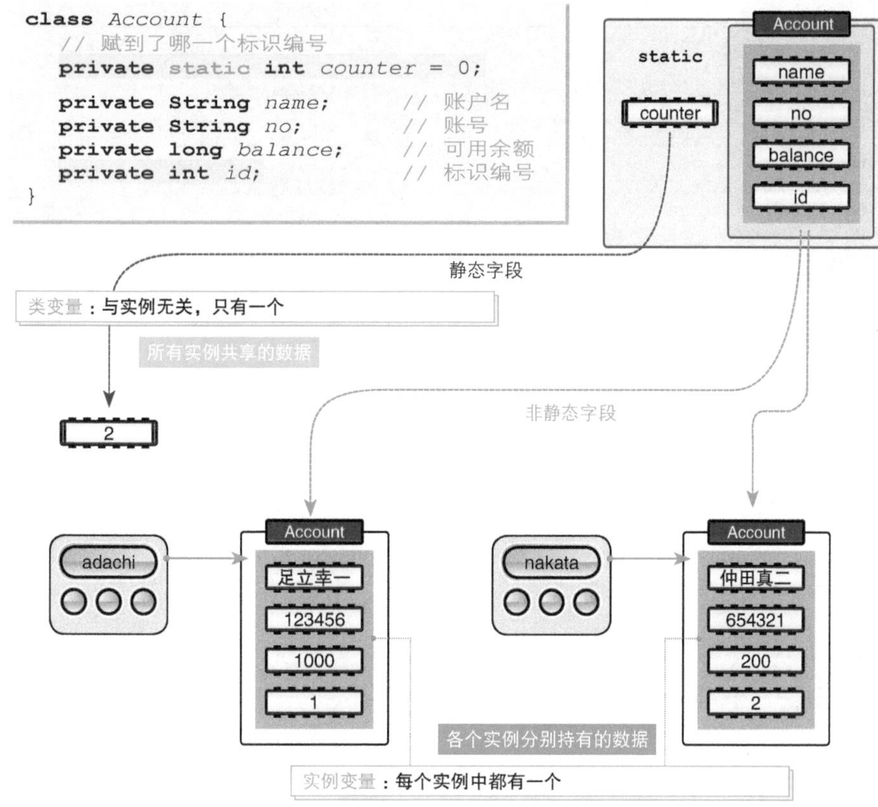

图 10-2　实例和类变量

▪ 类变量 counter…当前赋到了哪一个标识编号

声明中加上 **static** 的类变量 *counter* 表示当前赋到了哪一个标识编号。在使用类 *Account* 类型的程序中，无论创建了多少个 *Account* 类型的实例（即便一个实例也未创建），**属于该类的类变量（静态字段）的主体都只会创建一个**。

▪ 实例变量 id…各个实例的标识编号

声明中未加 **static** 的 *id* 表示各个实例的标识编号。

不是静态的字段（非静态字段）的主体是各个实例的一部分，因此被称为实例变量（8-1 节）。

修改后的第 3 版银行账户类 *Account* 会给各个账户赋上标识编号，如代码清单 10-1 所示。1～4是在第 2 版的基础上新添加的部分。

▶ 根据上一章介绍的方针（9-1 节），已经将类和所有方法都改成了 **public**。

代码清单10-1　account3/Account.java

```
// 银行账户类【第3版】

public class Account {                          类变量（静态字段）
1 private static int counter = 0;      // 赋到了哪一个标识编号

  private String name;           // 账户名
  private String no;             // 账号            实例变量（非静态字段）
  private long balance;          // 可用余额
2 private int id;                // 标识编号

  //-- 构造函数 --//
  public Account(String n, String num, long z) {
    name = n;                    // 账户名
    no = num;                    // 账号
    balance = z;                 // 可用余额
    id = ++counter;              // 标识编号 ←3
  }

  //--- 确认账户名 ---//
  public String getName() {
    return name;
  }

  //--- 确认账号 ---//
  public String getNo() {
    return no;
  }

  //--- 确认可用余额 ---//
  public long getBalance() {
    return balance;
  }

  //--- 获取标识编号 ---//
  public int getId() {                  ←4
    return id;
  }

  //--- 存入k日元 ---//
  public void deposit(long k) {
    balance += k;
  }

  //--- 取出k日元 ---//
  public void withdraw(long k) {
    balance -= k;
  }
}
```

1是全部账户（所有 Account 类型的实例）共享的类变量 counter 的声明。如果能够从外部改写它的值，那么就无法正确地为实例赋上连续编号了，因此我们将其声明为私有字段。

另外，其初始值为 0。

▶ 如果将初始值 0 修改为 100，那么当创建实例时，标识编号就会变成 101、102……

2是各个账户（各个 Account 类型的实例）持有的实例变量 id 的声明。我们使用构造函数来设置它们的值。

3中，当使用构造函数初始化实例时，程序流程会通过此处。通过将变量 counter 递增后的值赋给标识编号 id，各个实例就被赋上了不同的标识编号。

▶ 第 1 次调用构造函数时，counter 的值为 0，我们将其递增后的值 1 设置到该实例的 id 中。然后，第 2 个创建的 Account 实例的 id 字段的值就变为 2。

4 是标识编号 id 的 getter 方法。通过调用该方法，可以确认实例的标识编号。

*

使用第 3 版银行账户类的程序示例如代码清单 10-2 所示。

代码清单 10-2　　account3/AccountTester.java

```
// 银行账户类【第3版】的使用示例

class AccountTester {

  public static void main(String[] args) {
    // 足立的账户
    Account adachi = new Account("足立幸一", "123456", 1000);

    // 仲田的账户
    Account nakata = new Account("仲田真二", "654321",  200);

    System.out.println("■足立的账户");
    System.out.println("  账户名：" + adachi.getName());
    System.out.println("  账号：" + adachi.getNo());
    System.out.println("  可用余额：" + adachi.getBalance());
    System.out.println("  标识编号：" + adachi.getId());

    System.out.println("■仲田的账户");
    System.out.println("  账户名：" + nakata.getName());
    System.out.println("  账号：" + nakata.getNo());
    System.out.println("  可用余额：" + nakata.getBalance());
    System.out.println("  标识编号：" + nakata.getId());
  }
}
```

运行结果

```
■足立的账户
  账户名：足立幸一
  账号：123456
  可用余额：1000
  标识编号：1
■仲田的账户
  账户名：仲田真二
  账号：654321
  可用余额：200
  标识编号：2
```

蓝色阴影部分中，通过调用 getter 方法 getId 来获取各个账户的标识编号。

通过运行结果也可以确认，最开始创建的 adachi 的标识编号为 1，随后创建的 nakata 的标识编号为 2。

▶ 类变量 counter 的值不一定和 Account 类型实例的个数相等，因为构建的实例有可能会在程序中间被销毁。

因此，不可以使用类变量来保存类类型的全部实例的个数。

类变量的访问

正如其名，类变量不属于各个实例，而是**属于类**。因此，类变量通过下述表达式进行访问。

```
类名 . 字段名                                    // 形式A
```

不过，无法从外部访问私有的银行账户类的 counter。

下面，我们就来创建一个类，将 Account 类中标识编号以外的字段和方法都删除，以进行验证。程序如代码清单 10-3 所示。

代码清单 10-3 Chap10/IdTester.java

```
// 连续编号类

class Id {
   static int counter = 0;      // 赋到了哪一个标识编号

   private int id;              // 标识编号

   //-- 构造函数 --//
   public Id() {
      id = ++counter;           // 标识编号
   }

   //--- 获取标识编号 ---//
   public int getId() {
      return id;
   }
}

public class IdTester {

   public static void main(String[] args) {
      Id a = new Id();     // 标识编号1号
      Id b = new Id();     // 标识编号2号

      System.out.println("a的标识编号: " + a.getId());
      System.out.println("b的标识编号: " + b.getId());

1     System.out.println("Id.counter = " + Id.counter);
      System.out.println("a.counter  = " +  a.counter);
2     System.out.println("b.counter  = " +  b.counter);
   }
}
```

运行结果

```
a的标识编号: 1
b的标识编号: 2
Id.counter = 2
a.counter  = 2
b.counter  = 2
```

▪ 类变量 counter

类变量 `counter` 本来是私有的，但在本试验程序中，其声明中并未加上 **private**，对外部是公开的。

▪ 实例变量 id

实例变量 `id` 是类 `Id` 的各个实例所持有的字段。它的值按创建顺序依次为 1、2、3……与银行账户类相同。

我们来看一下 1 的部分。此处使用了 `Id.counter` 表达式来访问类变量 `counter`。

从 2 的部分可以看出，也可以使用 `a.counter` 和 `b.counter` 来访问该变量。也就是说，类变量也可以通过下述表达式进行访问。

```
类类型变量名 . 字段名                                  // 形式B
```

因为“大家的 *counter*”既可以是“*a* 的 *counter*”也可以是“*b* 的 *counter*”，所以这样的表达式是允许的。

不过，不建议使用容易让人混淆的形式 B，原则上应该使用形式 A。

源文件和 public 类

请大家仔细查看程序中的两个类声明。虽然上一章中介绍过类基本上都应该是 **public**（9-1 节），但类 `Id` 的声明中却并未加上 **public**。

▶ 我们介绍过，加上 **public** 的类在程序中的任何地方都通用，而未加 **public** 的类只在同一个包中通用。

这里我们来做个试验，给类 *Id* 加上 **public**，进行编译。这时会发生**编译错误**，原因如下。

重要 一个源程序中不可以声明两个以上的 **public** 类。

由于本书是一本入门书，因此为了帮助大家理解语法规则，有时会介绍一些像本程序这样的不那么实用、真实的程序。如果将这样的程序中的各个类划分到不同文件中，程序清单的展示就会占过多篇幅，文件的管理、编译及运行的操作也会变得很繁琐。

因此，本书中采用如下方针（对上一章中的方针稍有修改）。

① 一般的方针

除了应该在包中通用的内部类，原则上类都应该是 **public** 类，并被作为一个源程序实现。

② 本书特有的方针

对于规模较小的测试类，可以将多个类汇总到一个源程序中。此时，只将包含 **main** 方法的类声明为 **public**，其他的类都声明为非 **public** 类。

▶ 关于包，我们将在下一章进行介绍。

库中提供的类变量

Java 的库中也定义了各种类变量。

▪ Math 类

如代码清单 10-4 所示，**Math** 类中定义了自然对数的底数 E 和圆周率 PI 的类变量。它们都是 **double** 型的常量，声明中都加上了 **final**。

代码清单 10-4　　API/math1/Math.java

```
// java.lang.Math类的摘录

public final class Math {
   // 最接近自然对数的底数e的double值
   public static final double E = 2.7182818284590452354;

   // 最接近圆周和其直径比π的double值
   public static final double PI = 3.14159265358979323846;

   // ...
}
```

▶ 关于 **java.lang** 的含义，我们将在下一章进行介绍。另外，关于将类声明为 **final** 的内容，我们将在第 12 章进行介绍。

我们使用表示圆周率的 **Math.PI** 来改写第 2 章中创建的“计算圆的周长和面积的程序”，改写后的程序如代码清单 10-5 所示。

代码清单 10-5 Chap10/Circle.java

```
// 计算圆的周长和面积（使用圆周率Math.PI）

import java.util.Scanner;

class Circle {

   public static void main(String[] args) {
      Scanner stdIn = new Scanner(System.in);

      System.out.print("半径：");
      double r = stdIn.nextDouble();     // r中读入实数值

      System.out.println("周长是" + 2 * Math.PI * r + "。");
      System.out.println("面积是" + Math.PI * r * r + "。");
   }
}
```

运行示例

```
半径：7.2⏎
周长是45.23893421169302。
面积是162.8601631620949。
```

▶ `Math.PI` 的值 3.14159265358979323846 是 **double** 型所能表示的最准确的圆周率。因此，在 **double** 型所能表示的范围之内，能够以最小的误差计算圆的周长和面积。

▪ Character / Byte / Short / Integer / Long 类

在这些类中，**char** 型、**byte** 型、**short** 型、**int** 型、**long** 型所能表示的最小值和最大值分别定义为类变量 MIN_VALUE 和 MAX_VALUE，其声明如代码清单 10-6 所示。

代码清单 10-6 API/Integer.java

```
// java.lang.Integer等类的摘录

public final class Character extends Object implements Comparable<Character> {
   public static final char MIN_VALUE = '\u0000';     // char型的最小值
   public static final char MAX_VALUE = '\uffff';     // char型的最大值
   //...
}

public final class Byte extends Number implements Comparable<Byte> {
   public static final byte MIN_VALUE = -128;          // byte型的最小值
   public static final byte MAX_VALUE = 127;           // byte型的最大值
   //...
}

public final class Short extends Number implements Comparable<Short> {
   public static final short MIN_VALUE = -32768;       // short型的最小值
   public static final short MAX_VALUE = 32767;        // short型的最大值
   //...
}

public final class Integer extends Number implements Comparable<Integer> {
   public static final int MIN_VALUE = 0x80000000;    // int型的最小值
   public static final int MAX_VALUE = 0x7fffffff;    // int型的最大值
   //...
}

public final class Long extends Number implements Comparable<Long> {
   public static final long MIN_VALUE = 0x8000000000000000L; // long型的最小值
   public static final long MAX_VALUE = 0x7fffffffffffffffL; // long型的最大值
   //...
}
```

► 这里是将多个类汇总在一起，由于一个源文件中不可以声明多个 `public` 类，因此编译代码清单 10-6 时会发生错误。

另外，这里使用的 `extends` 和 `implements` 将分别在第 12 章、第 14 章进行介绍。

public 且 final 的类变量

第 8 章已经介绍过，原则上字段都是**私有**的。不过，这里介绍的应该公开给类的使用者的“便捷常量”都是 `public` 类变量。

重 要 如果常量需要提供给类的使用者，请以 `public` 且 `final` 的类变量形式进行提供。

10-2 类方法

上一节介绍了不属于各个实例的类变量（静态字段），与此相同，本节将介绍不属于各个实例的方法，即类方法。

类方法

我们来考虑向第 9 章创建的日期类中添加判断“闰年”的方法，即如下所示的两种方法。

1 判断任意年份

判断任意年份（如 2017 年）是否是闰年。

2 判断任意日期

判断日期类的实例的年份（例如，设置为 2017 年 10 月 15 日的日期的年份 2017 年）是否是闰年。

针对实例设置的方法 2 可以与第 8 章和第 9 章中介绍的方法一样进行定义。第 8 章中已经介绍过，像这样的属于各个实例的方法称为**实例方法**。

不过，方法 1 并不是针对特定实例设置的，它不属于特定的实例，这一点与类变量（静态字段）相同。适合用来实现这种处理的就是被称为**类方法**（class method）的**静态方法**（static method）。

重要 与特定的实例无关，而是与类整体相关的处理，或者与属于类的各个实例的状态无关的处理，可以实现为静态方法。

我们来创建这两个方法。1 为类方法，2 为实例方法。假定这两个方法的名称都为 *isLeap*，也就是执行 7-4 节介绍的**重载**。

之所以能对这两个方法执行重载，是因为存在如下规则。

重要 重载是定义签名不同但名称相同的方法，可以对类方法和实例方法执行重载。

▶ 关于闰年的判断方法，我们在**专栏 9-2** 中进行了介绍。

1 判断任意年份（类方法，即静态方法）

静态方法版的 *isLeap* 用于判断**某一年是否是闰年**。

由于不是对日期类的实例进行调用，因此可以将其理解为接收 **int** 型的“普通方法”。

这样的方法可以加上 **static** 实现为类方法。在开始介绍类之前，第 7 章中创建的方法在声明时都加上了 **static**，它们都是类方法（静态方法）。

类方法版的 *isLeap* 的定义如下所示。

```
//--- 类方法：y年是闰年吗？ ---//
public static boolean isLeap(int y) {
   return y % 4 == 0 && y % 100 != 0 || y % 400 == 0;
}
```

它会判断形参中接收到的 *y* 年是否是闰年。

2 判断任意日期（实例方法）

非静态方法，即实例方法版的 *isLeap* 用于判断**类实例的日期的年份是否是闰年**。判断的对象是方法所属的实例字段 *year*。该方法无需接收参数，其定义如下所示。

```
//--- 实例方法：自身的日期是闰年吗？ ---//
public boolean isLeap() {
    return year % 4 == 0 && year % 100 != 0 || year % 400 == 0;
}
```

▶ 这里的 *year* 就是实例方法 *isLeap* 所属的实例中的字段 *year*。

*

这里执行的判断本质上和类方法版是一样的。程序中充满相同的代码，不利于维护。既然创建了类方法，我们就要充分利用它。使用类方法的程序如下所示。

```
//--- 实例方法：自身的日期是闰年吗？ ---//
public boolean isLeap() {
    return isLeap(year);        // 调用类方法版的isLeap
}
```

程序将判断 *year* 年是否是闰年的操作委托给了类方法版的 *isLeap*。

▶ 在这里，实例方法调用了类方法。但反过来，类方法不可以调用实例方法。我们将在后文中详细介绍。

*

添加了这两个方法的第 4 版日期类如代码清单 10-7 所示。

代码清单 10-7 day4/Day.java

```
// 日期类Day【第4版】

public class Day {
    private int year  = 1;    // 年
    private int month = 1;    // 月
    private int date  = 1;    // 日

    //-- y年是闰年吗？ --//
    public static boolean isLeap(int y) {
        return y % 4 == 0 && y % 100 != 0 || y % 400 == 0;
    }

    //-- 构造函数 --//
    public Day()                                { }
    public Day(int year)                        { this.year = year; }
    public Day(int year, int month)             { this(year); this.month = month; }
    public Day(int year, int month, int date)   { this(year, month); this.date = date; }
    public Day(Day d)                           { this(d.year, d.month, d.date); }

    //--- 获取年、月、日 ---//
    public int getYear()  { return year; }     // 获取年
    public int getMonth() { return month; }    // 获取月
    public int getDay()   { return date; }     // 获取日

    //--- 设置年、月、日 ---//
    public void setYear(int year)   { this.year  = year; }    // 设置年
    public void setMonth(int month) { this.month = month; }   // 设置月
    public void setDate(int date)   { this.date  = date; }    // 设置日
```

类方法（静态方法）—— 1

```
  public void set(int year, int month, int date) {        // 年月日
     this.year  = year;        // 年
     this.month = month;       // 月
     this.date  = date;        // 日
  }
                                                          实例方法
  //-- 是闰年吗? --//
  public boolean isLeap() { return isLeap(year); }        ─2

  //--- 计算星期 ---//
  public int dayOfWeek() {
     int y = year;                      // 0 … 星期日
     int m = month;                     // 1 … 星期一
     if (m == 1 || m == 2) {            //     :
        y--;                            // 5 … 星期五
        m += 12;                        // 6 … 星期六
     }
     return (y + y / 4 - y / 100 + y / 400 + (13 * m + 8) / 5 + date) % 7;
  }

  //--- 与日期d相等吗 ---//
  public boolean equalTo(Day d) {
     return year == d.year && month == d.month && date == d.date;
  }

  //--- 返回字符串的表示 ---//
  public String toString() {
     String[] wd = {"日", "一", "二", "三", "四", "五", "六"};
     return String.format("%04d年%02d月%02d日(%s)",
                          year, month, date, wd[dayOfWeek()]);
  }
}
```

阴影部分是添加的两个方法 isLeap，使用这两个方法的程序示例如代码清单 10-8 所示。

代码清单 10-8　　day4/DayTester.java

```
// 日期类Day【第4版】的使用示例

import java.util.Scanner;

class DayTester {

  public static void main(String[] args) {
     Scanner stdIn = new Scanner(System.in);
     int y, m, d;

     System.out.print("公历年份: ");
     y = stdIn.nextInt();
     System.out.println("该年" +                    1 类方法（静态方法）的调用
                 (Day.isLeap(y) ? "是闰年。" : "不是闰年。"));

     System.out.println("请输入日期。");
     System.out.print("年: ");  y = stdIn.nextInt();
     System.out.print("月: ");  m = stdIn.nextInt();
     System.out.print("日: ");  d = stdIn.nextInt();
     Day a = new Day(y, m, d);   // 读入的日期
     System.out.println(a.getYear() + "年" +
                 (a.isLeap() ? "是闰年。" : "不是闰年。"));
  }
}
                 2 实例方法的调用
```

运行示例

```
公历年份: 2008
该年是闰年。
请输入日期。
年: 1963
月: 11
日: 18
1963年不是闰年。
```

1 类方法（静态方法）的调用

此处调用了判断 y 年是否是闰年的类方法版 isLeap。类方法并不是针对特定实例启动的，因此其调用形式如下。

> 类名 . 方法名 (...)　　**类方法（静态方法）的调用**

这与前文介绍的访问类变量的形式A相同。

▶ 与访问类变量的形式B一样，如果 a 或 b 是 Day 类型的实例，我们也可以使用 a.isLeap(y) 或 b.isLeap(y) 来调用类方法。不过，这种形式比较混乱，不建议使用。

2 实例方法的调用

此处调用了判断日期 a 是否是闰年的实例方法版 isLeap。正如第 8 章和第 9 章中介绍的，实例方法的调用形式如下。

> 类类型变量名 . 方法名 (...)　　**实例方法的调用**

类变量和类方法

根据是静态的还是非静态的，字段和方法互相访问的情况有所不同。

▶ 例如，日期类的类方法 isLeap 无法访问实例变量 year、month、date。这是因为无法确定访问哪一个实例的 year、month、date（甚至有可能不创建任何实例）。

我们通过代码清单 10-9 所示的程序来验证一下方法和字段的访问属性。

代码清单 10-9　　Chap10/StaticTester.java

```
// 类/实例 字段和类/实例 方法

class Static {
   private static int s;         // ■静态字段（类变量）
   private int a;                // □非静态字段（实例变量）

   public static void m1() { } // ●静态方法①（类方法）
   public        void f1() { } // ○非静态方法①（实例方法）

   //-- ●静态方法②（类方法） --//
   public static void m2(int x) {
      s = x;         // ■可以访问静态字段
//    a = x;         // □不可以访问非静态字段（错误）
      m1();          // ●可以调用静态方法
//    f1();          // ○不可以调用非静态方法（错误）
   }

   //-- ○非静态方法②（实例方法） --//
   public void f2(int x) {
      s = x;         // ■可以访问静态字段
      a = x;         // □可以访问非静态字段
      m1();          // ●可以调用静态方法
      f1();          // ○可以调用非静态方法
      System.out.println("s = " + s + "  a = " + a);
   }
}
```

运行结果

```
s = 10  a = 10
s = 20  a = 20
```

```
public class StaticTester {
   public static void main(String[] args) {
      Static c1 = new Static();
      Static c2 = new Static();

      Static.m2(5);
      c1.f2(10);
      c2.f2(20);
   }
}
```

在类 Static 中，分别存在静态字段和非静态字段各一个，静态方法和非静态方法各两个。注释掉的地方的访问会发生错误（不注释掉会发生编译错误）。

各个字段和方法的关系如图 10-3 所示。非静态字段（实例变量）和非静态方法（实例方法）属于实例 c1 和 c2。

而静态字段（实类量）和静态方法（类方法）是独立于实例的，只有一个。

▪ 实例方法（非静态方法）

可以访问所有的非静态字段、静态字段、非静态方法、静态方法（例如，方法 f2 可以访问所有的非静态字段 a、静态字段 s、非静态方法 f1、静态方法 m1）。

实例方法既可以访问“自身持有的变量 / 方法”，也可以访问“大家共享的变量 / 方法”。

▪ 类方法（静态方法）

可以访问静态字段和静态方法，但不可以访问非静态字段和非静态方法。

这是因为访问字段 a 和方法 f1 时，无法判断 a 和 f1 是属于 c1 还是属于 c2。

类方法不具有“自身持有的变量 / 方法”，只可以访问“大家共享的变量 / 方法”。

> **重 要**　类方法无法访问同一个类中的实例变量（非静态字段）和实例方法（非静态方法）。

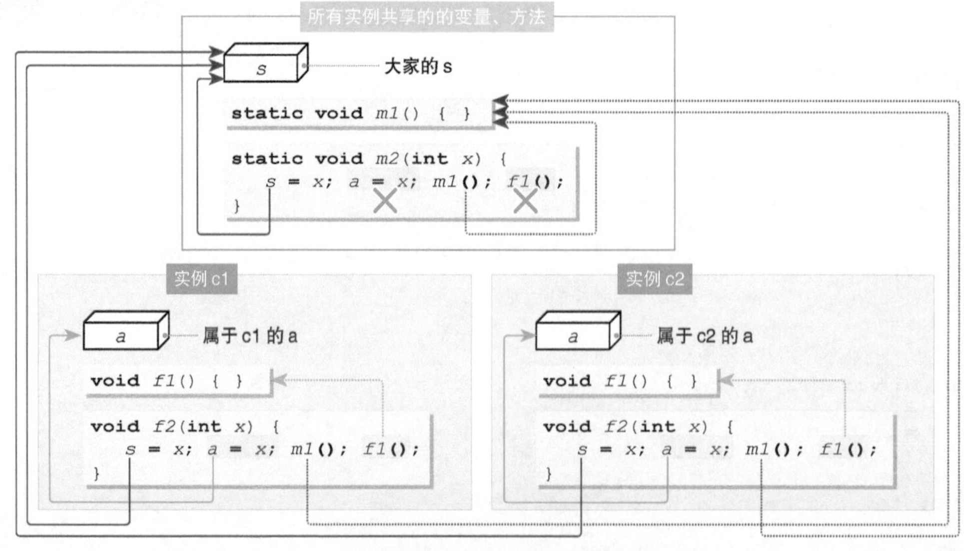

图 10-3　静态方法和非静态方法

大家应该还记得，在第 7 章的程序中，所有的方法都加上了 **static**。例如计算三个整数值中最大值的程序，如下所示（再现代码清单 7-3）。

代码清单7-3 Chap07/Max3Method.java

```
// 计算3个整数值中的最大值（方法版）

import java.util.Scanner;

class Max3Method {

   //--- 返回a、b、c中的最大值 ---//
   static int max(int a, int b, int c) {
      int max = a;
      if (b > max) max = b;
      if (c > max) max = c;
      return max;
   }

   public static void main(String[] args) {
      Scanner stdIn = new Scanner(System.in);

      System.out.print("整数a: ");  int a = stdIn.nextInt();
      System.out.print("整数b: ");  int b = stdIn.nextInt();
      System.out.print("整数C: ");  int c = stdIn.nextInt();

      System.out.println("最大值是" + max(a, b, c) + "。");
   }
}
```

运行示例

```
整数a: 1
整数b: 3
整数c: 2
最大值是3。
```

我们来深入理解一下这个程序。

▪ max 必须为类方法的原因

声明中加上 **static** 的 **main** 方法是类方法（静态方法）。由于类方法无法调用同一个类中的实例方法，因此 *max* 也必须加上 **static**，声明为类方法。

▶ 如果 *max* 声明为不加 **static** 的实例方法（非静态方法），那么 **main** 方法就无法进行调用了（会发生编译错误）。

▪ main 方法中使用 max(...) 进行调用的原因

类方法的调用形式为“**类名 . 方法名 (...)**”，但 **main** 方法的阴影部分中只使用了“**方法名 (...)**”进行调用。

像这样省略类名，只使用方法名进行调用的原因非常简单，因为 **main** 方法和 *max* **属于同一个类**。

▶ 另外，阴影部分的调用 *max*(*a*, *b*, *c*) 也可以写为 *Max3Method.max*(*a*, *b*, *c*)，但也没必要非得这样写，因为类名被修改后就无法进行调用了（会发生编译错误）。

练习 10-1

请在代码清单 10-3 介绍的连续编号类 *Id* 中，添加一个类方法 *getMaxId*，返回最后赋的那个标识编号。

```
static int getMaxID()
```

另外，当创建了 *n* 个实例时，调用该方法会返回 *n*。

练习 10-2

请将上一个练习中创建的类 *Id* 修改为如下所示的类 *ExId*。

每次创建实例时，标识编号都递增 *n*（*n* 为正数）。*n* 的值未指定时默认为 1，但也可以通过方法获取和修改。

例如，在创建了 3 个实例之后，将 *n* 修改为 4 时，赋给实例的标识编号按创建顺序依次为 1、2、3、7、11、15……

专栏 10-1 如果没有类方法 isLeap……

假如在第 4 版的类 *Day* 中，不提供类方法版的 *isLeap*，只提供实例方法版的 *isLeap*。此时，应该怎样判断"某一年是否是闰年"呢?

实例方法版的 *isLeap* 必须对 *Day* 类型的实例进行调用，因此，程序如代码清单 10C-1 所示。

代码清单 10C-1　day4/IsLeapTester.java

```
// 使用实例方法版来判断闰年
import java.util.Scanner;
class IsLeapTester {

   public static void main(String[] args) {
      Scanner stdIn = new Scanner(System.in);

      System.out.print("公历年份: ");
      int y = stdIn.nextInt();
      System.out.println("该年" + (new Day(y).isLeap()
                               ? "是闰年。" : "不是闰年。"));
   }
}
```

运行示例

```
公历年份: 2008
该年是闰年。
```

我们来看一下阴影部分。"**new** *Day*(*y*)"部分调用了 *Day*(**int**) 形式的构造函数，因此会创建一个 *Day* 类型的实例，并将其初始化为 y 年 1 月 1 日。这个表达式的求值结果是创建的实例的引用，对该引用应用".*isLeap*()"，就会调用实例方法。

这里创建没有名称的对象的技巧与 7-3 节中介绍的程序以及代码清单 9-15 的手法相同。

另外，像下面这样分解一下就容易理解了（不过程序会变得冗长）。

```
Day temp = new Day(y);
System.out.println("该年" + (temp.isLeap()
                          ? "是闰年。" : "不是闰年。"));
```

Math 类的类方法

上一节中我们介绍过，**Math** 类提供了对数的底数 E 和圆周率 PI 的类变量。实际上，Math 类提供的**所有方法都是类方法**。

Math 类中定义了计算绝对值的 abs 方法、计算平方根的 sqrt 方法等诸多方法，各种方法的定义如代码清单 10-10 所示。

代码清单10-10　API/math2/Math.java

```
// java.lang.Math类的摘录

public final class Math {
   //--- 计算绝对值 ---//
   public static double abs(double a) {
      return (a <= 0.0D) ? 0.0D - a : a;
   }

   //--- 计算平方根 ---//
   public static double sqrt(double a) {
      //...
   }

   //...
}
```

第 8 章和第 9 章创建的汽车类 Car 中，使用了 sqrt 方法来计算汽车移动距离，如下所示。

```
//--- 向X方向移动dx，向Y方向移动dy ---//
public boolean move(double dx, double dy) {
   double dist = Math.sqrt(dx * dx + dy * dy);     // 移动距离
   // ...
}
```

Math.sqrt(…) 调用了 Math 类中的类方法 sqrt。关于调用形式为 **"类名 . 方法名 (…)"** 的原因，大家明白了吧。

*

Math 类提供的主要方法的概要如表 10-1 所示。

表 10-1　Math 类中的主要方法

	方法	概要
a	abs(x)	返回 x 的绝对值
	max(x, y)	返回 x、y 中的较大值
	min(x, y)	返回 x、y 中的较小值
b	acos(x)	返回 x 的反余弦
	asin(x)	返回 x 的反正弦
	atan(x)	返回 x 的反正切
	cbrt(x)	返回 x 的立方根
	ceil(x)	返回将 x 的小数部分舍尾进一的值
	cos(x)	返回 x 的余弦
	cosh(x)	返回 x 的双曲余弦
	exp(x)	返回欧拉数 e 的 x 次幂
	floor(x)	返回舍弃 x 的小数部分之后的值
	log(x)	返回 x 的自然对数值
	log10(x)	返回 x 的以 10 为底的对数
	pow(x, y)	返回 x 的 y 次方
	random()	返回一个大于等于 0.0 小于 1.0 的符号为正的随机数
	rint(x)	返回最接近 x 的整数值
	sin(x)	返回 x 的正弦
	sinh(x)	返回 x 的双曲正弦

（续）

	方法	概要
b	`sqrt(x)`	返回 *x* 的平方根
	`tan(x)`	返回 *x* 的正切
	`tanh(x)`	返回 *x* 的双曲正切
	`toDegrees(x)`	返回将弧度 *x* 转换为度后的值
	`toRadians(x)`	返回将度 *x* 转换为弧度后的值
c	**long** round(**double** *x*)	返回最接近 *x* 的 **long** 值
	int round(**float** *x*)	返回最接近 *x* 的 **int** 值

► a中的方法存在参数和返回值都是 **int** 型、都是 **long** 型、都是 **float**、都是 **double** 型的 4 种重载。

b中的方法的参数和返回值的类型都是 **double** 型。

工具类

计算绝对值、平方根的处理对象是实数值，而不是特定的类类型的实例。因此，**Math** 类只提供类方法和类变量，不提供任何实例方法和实例变量，像这样的类称为**工具类**（utility class）。

不具有内部**状态**（8-1 节）的工具类封装了数据和处理数据的操作，不具有类本来的目的。这种特性就是将功能相似的方法和常量集中起来进行封装，**Math** 类就是**与数值计算相关的方法和常量的集合**。

► 也就是说，工具类并不是第 8 章中所讲的“电路的设计图”，而是“汇集了相似部件”的类。

练习 10-3

请创建工具类 *MinMax*，其中汇集了计算两个值、三个值、数组中的最小值和最大值的方法。

10-3 类初始化器和实例初始化器

本节将介绍用于初始化类和实例的类初始化器和实例初始化器。

类初始化器（静态初始化器）

我们来回忆一下代码清单 10-3 中创建的类 *Id*。每创建一个类的实例，都会为其赋上连续的标识编号 1、2、3……

这里我们对该类进行修改，使得标识编号的开始编号并不是 1，而是一个随机数值，程序如代码清单 10-11 所示。

代码清单 10-11　　Chap10/RandIdTester.java

```
// 标识编号类（其2：通过随机数来设定开始编号）

import java.util.Random;

class RandId {
   private static int counter; // 赋到了哪一个标识编号

   private int id;             // 标识编号

   static {                    类（静态）初始化器
      Random rand = new Random();
      counter = rand.nextInt(10) * 100;
   }

   //-- 构造函数 --//
   public RandId() {
      id = ++counter;          // 标识编号
   }

   //--- 获取标识编号 ---//
   public int getId() {
      return id;
   }
}

public class RandIdTester {

   public static void main(String[] args) {
      RandId a = new RandId();
      RandId b = new RandId();
      RandId c = new RandId();

      System.out.println("a的标识编号：" + a.getId());
      System.out.println("b的标识编号：" + b.getId());
      System.out.println("c的标识编号：" + c.getId());
   }
}
```

运行示例

```
a的标识编号：301
b的标识编号：302
c的标识编号：303
```

我们来看一下阴影部分。这部分被称为**类初始化器**（class initializer）或**静态初始化器**（static initializer），其语法结构图如图 10-4 所示。

▶ 类初始化器也被称为**静态程序块**或 **static 程序块**。

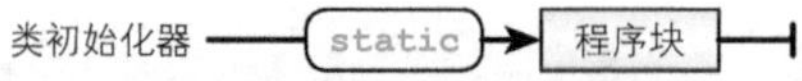

类初始化器 ——(static)→ 程序块 ——|

图 10-4 类初始化器（静态初始化器）的语法结构图

正如其名，类初始化器是在**类被初始化**时执行的，所谓“类被初始化”是指下述时间点。

- 创建类的实例
- 调用类中的类方法
- 将值赋给类中的类变量
- 取出类中非常量的类变量的值

大家可以先不考虑这些细节，像下面这样理解就行了。

重要 当以某种方式初次使用类时，该类的类初始化器就执行完毕了。

▶ 即便程序中声明了类，但如果不使用的话，这个类就不会被初始化，类初始化器也不会被执行。

就像代码清单 10-3 一样，如果将类变量（静态字段）初始化为常量，就只需将初始值赋给类变量的声明即可。

不过，如本程序所示，当要赋给类变量的值是通过某些计算来设定时，也可以不赋初始值。这样就变成了在类初始化器中进行计算后，再为类变量设置值。

重要 初始化类变量所需的处理可以通过类初始化器来执行。

▶ 类初始化器中不可以存在 **return** 语句，也不可以使用 **this** 或 **super**（第 12 章）（否则会发生编译错误）。

类 *RandId* 的类初始化器将随机数赋给了类变量 *counter*，赋的值为 0, 100, 200, …, 900 中的某个值。

运行示例所示为赋给 *counter* 的值为 300 时的情形。每次构造函数创建类 *RandId* 类型的实例时，就会赋予标识编号 301、302……

与每次创建实例时就执行构造函数（执行次数与创建的实例的个数相等）的处理不同，类初始化器**只执行一次**。

▶ 当首次调用某个类中的构造函数时，这个类的类初始化器一定已经执行完毕了。

在类初始化器中，也可以执行初始化类变量之外的操作。例如，可以打开写入了类相关信息的文件并取出信息。

这里我们来思考一个在画面上进行显示的示例。对上一个程序中的类初始化器进行改写后，程序如代码清单 10-12 所示。

我们先来运行一下程序。这里是根据运行程序的日期，来设定赋给实例的标识编号。

代码清单10-12　　day4/DateIdTester.java

```
// 标识编号类（其3：通过今天的日期来设定开始编号）

import java.util.GregorianCalendar;
import static java.util.GregorianCalendar.*;

class DateId {
   private static int counter; // 赋到了哪一个标识编号

   private int id;             // 标识编号

   static {                                          类（静态）初始化器
      GregorianCalendar today = new GregorianCalendar();
      int y = today.get(YEAR);             // 年
      int m = today.get(MONTH) + 1;        // 月
      int d = today.get(DATE);             // 日

      System.out.printf("今天是%04d年%02d月%02d日。\n", y, m, d);
      counter = y * 1000000 + m * 10000 + d * 100;
   }

   //-- 构造函数 --//
   public DateId() {
      id = ++counter;              // 标识编号
   }

   //--- 获取标识编号 ---//
   public int getId() {
      return id;
   }
}

public class DateIdTester {

   public static void main(String[] args) {
      DateId a = new DateId();
      DateId b = new DateId();
      DateId c = new DateId();

      System.out.println("a的标识编号：" + a.getId());
      System.out.println("b的标识编号：" + b.getId());
      System.out.println("c的标识编号：" + c.getId());
   }
}
```

运行示例

```
今天是2017年12月03日。
a的标识编号：2017120301
b的标识编号：2017120302
c的标识编号：2017120303
```

▶ 这里使用了第 4 版 `Day` 类，因此，我们要在目录 `day4` 中创建、编译、运行程序。

静态初始化器中执行的操作如下所示。

- 获取当前（程序运行时的）日期
- 将获取的日期显示为“今天是 *y* 年 *m* 月 *d* 日。”
- 根据日期设定 `counter` 的初始值。如果日期为 *yyyy* 年 *mm* 月 *dd* 日，则将 *yyyymmdd00* 赋给变量 `counter`

这里展示的运行示例是 2017 年 12 月 3 日执行的示例。通过执行静态初始化器，变量 `counter` 中赋入的值为 `2017120300`。

因此，赋给实例的标识编号就是 `2017120301`、`2017120302`……

▶ 使用 ***GregorianCalendar*** 类获取程序运行日期的程序参见**专栏 9-2**。

练习 10-4

请将第 4 版日期类（代码清单 10-7）进行如下改进。

- 使用不接收参数的构造函数创建实例时，不初始化为公元 1 年 1 月 1 日，而是初始化为程序运行时的日期
- 当接收参数的构造函数中指定了不正确的值时，调整为合适的值（例如，当指定为 13 月时，调整为 12 月；当指定为 9 月 31 日时，调整为 9 月 30 日）

再添加如下方法：计算这一年过去的天数（从这一年的元旦开始的第几天）的方法、计算这一年剩余天数的方法、判断与其他日期的前后关系（之前的日期 / 相同日期 / 之后的日期）的实例方法、判断两个日期的前后关系的类方法、将日期推后一天的方法（如果日期为 2012 年 12 月 31 日，则更新为 2013 年 1 月 1 日）、返回后一天的日期的方法、将日期倒退一天的方法、返回前一天的日期的方法、将日期推后 *n* 天的方法、返回 *n* 天后的日期的方法、将日期倒退 *n* 天的方法、返回 *n* 天前的日期的方法等。

专栏 10-2 类主体和 Class 类

第 8 章中介绍过，类相当于“电路的设计图”，而不是主体。然而，实际上，程序运行时的类中存在主体。

我们以类 *DateId* 为例进行思考。在使用该类的程序中，程序运行时会将类读入到存储空间中，并执行类初始化器。因此，即使没有创建任何类 *DateID* 类型的实例，也可以想象出应用该类需要某些数据和操作。

表示程序运行时的类主体的是名为 **Class** 的类（开头的 C 大写），这个 Class 类就是**应用相当于“电路设计图”的类所需的电路设计图**。另外，表示运行中的程序的类及接口（第 14 章）的是 **Class** 类类型的实例。

实例初始化器

方法包含类方法和实例方法，变量包含类变量和实例变量。

同样地，初始化器也包含类（静态）初始化器和**实例初始化器**（instance initializer）。

正如其名，**实例初始化器用于初始化实例**。使用实例初始化器的程序示例如代码清单 10-13 所示。

代码清单10-13　Chap10/XYTester.java

```
// 带标识编号的XY类

class XY {
   private static int counter = 0;  // 赋到了哪一个标识编号
   private int id;                  // 标识编号

   private int x = 0;   // X
   private int y = 0;   // Y

   {
      id = ++counter;
   }

   public XY()               { }
   public XY(int x)          { this.x = x; }
   public XY(int x, int y)   { this.x = x; this.y = y; }

   public String toString() {
      return "No." + id + " … (" + x  + ", " + y + ")";
   }
}

public class XYTester {

   public static void main(String[] args) {
      XY a = new XY();          // 初始化为( 0,  0)
      XY b = new XY(10);        // 初始化为(10,  0)
      XY c = new XY(20, 30);    // 初始化为(20, 30)

      System.out.println("a = " + a);
      System.out.println("b = " + b);
      System.out.println("c = " + c);
   }
}
```

实例初始化器

首先执行实例初始化器

运行结果

```
a = No.1 … (0, 0)
b = No.2 … (10, 0)
c = No.3 … (20, 30)
```

类 *XY* 拥有两个字段 *x* 和 *y*。它们都初始化为 0，但使用重载的构造函数，可以只指定 *x* 的值，或者同时指定 *x* 和 *y* 的值。

此外，该类的各个实例被赋予 1、2、3……的标识编号，编号的赋予方法与本章中前面介绍的要点相同。

接下来，阴影部分是关键的实例初始化器。类中没有加上 **static** 的 {…} 部分就是实例初始化器（图 10-5）。

图 10-5　实例初始化器的语法结构图

实例初始化器会将 *counter* 递增后的值赋给 *id*。

类 *XY* 的实例初始化器在构造函数主体开始运行时执行。

因此，不管调用三个构造函数中的哪一个，都会**首先执行实例初始化器，然后再执行构造函数主体**（专栏 10-3）。

*

如果本程序不使用实例初始化器来实现的话，构造函数就会变成下面这样。

```
// 如果没有实例初始化器……
public XY()              { id = ++counter; }
public XY(int x)         { id = ++counter; this.x = x; }
public XY(int x, int y) { id = ++counter; this.x = x; this.y = y; }
```

也就是说，counter 和 id 的更新处理要写在所有的构造函数中。这样一来就可能会发生在一部分构造函数中忘了书写更新处理，或者添加新的构造函数时忘了书写更新处理等错误。

因此，应该像下面这样。

重要 如果类的全部构造函数中存在共同的处理（创建实例时一定要执行的处理），那么该共同的处理就可以独立为实例初始化器。

练习 10-5

请修改银行账户类 Account，每次创建实例时都会显示“感谢您开设明解银行的账户。”。使用实例初始化器来执行显示操作。

专栏 10-3 执行实例初始化器的时间点

第 12 章会介绍，构造函数中会自动执行“超类的构造函数的调用”。因此，通过编译器，类 XY 的构造函数可以改写为下面这样。

```
public XY()              { super(); ★ }
public XY(int x)         { super(); ★ this.x = x; }
public XY(int x, int y) { super(); ★ this.x = x; this.y = y; }
```

插入的 **super()** 调用了超类的构造函数。实例初始化器在调用了超类的构造函数之后执行。

也就是说，严谨一点来说，实例初始化器并不是在构造函数开始执行时执行的，而是在上述的“★”处执行的。

小结

- 声明中加上 `static` 的字段和方法就是**类变量（静态字段）**和**类方法（静态方法）**。

- **类变量（静态字段）**并不是属于各个实例的数据，而是该类的全部实例共享的数据。类变量与实例的个数无关（即使不存在实例），只有一个。使用“**类名 . 字段名**”进行访问。

- 提供给类的使用者的常量可以声明为 `public` 且 `final` 的类变量。

- **类方法（静态方法）**不用于特定实例，而是用于与整个类相关的处理或者与类实例的状态无关的处理。使用“**类名 . 方法名 (...)**”进行调用。

- **重载**是定义签名不同但名称相同的方法，可以对类方法和实例方法执行重载。

- **实例方法**可以访问同一个类中的**实例变量（非静态字段）**和**实例方法（非静态方法）**。

- **类方法**不可以访问同一个类中的**实例变量（非静态字段）**和**实例方法（非静态方法）**。

- 不具有内部状态（实例变量），只提供类方法的类称为**工具类**。工具类适用于数值计算等某些特定领域的方法和常量的封装。

- `Math` 工具类会提供数值计算所需的常量和众多方法。

- 类声明中的 `{/*…*/}` 是**实例初始化器**。实例初始化器会在构造函数的开头被自动调用。类的全部构造函数中的共同处理（创建实例时一定执行的处理）可以独立为实例初始化器。

- 类声明中的 `static {/*…*/}` 是**类初始化器（静态初始化器）**。类变量可以在类初始化器中进行初始化。当以某种方式首次使用类时，这个类的“类初始化器”就执行完毕了。

Chap10/Point3D.java

```
//--- 带标识编号的三维坐标类 ---//
import java.util.Random;

public class Point3D {
    private static int counter = 0;  // 赋到了哪一个标识编号            类变量

    private int id;                   // 标识编号                        实例变量
    private int x = 0, y = 0, z = 0;  // 坐标

    static { Random r = new Random(); counter = r.nextInt(10)*100; }    类初始化器

    { id = ++counter; }                                                  实例初始化器

    public Point3D()                        { }                          构造函数
    public Point3D(int x)                   { this.x = x; }
    public Point3D(int x, int y)            { this.x = x;  this.y = y; }
    public Point3D(int x, int y, int z)     { this.x = x;  this.y = y; this.z = z; }

    public static int getCounter() { return counter; }                   类方法

    public int getId() { return id; }

    public String toString() {                                           实例方法
        return "(" + x  + "," + y + "," + z + ")";
    }
}
```

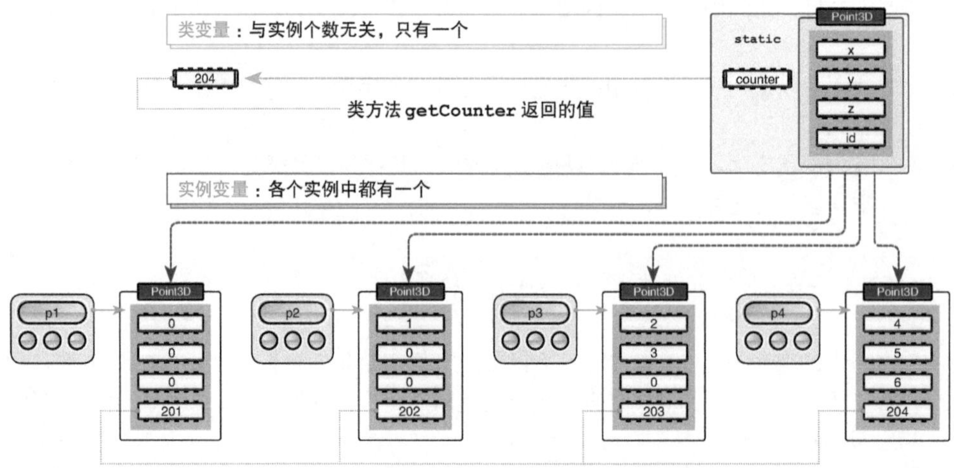

Chap10/Point3DTester.java

```
//--- 测试带标识编号的三维坐标类 ---//
public class Point3DTester {

    public static void main(String[] args) {
        Point3D p1 = new Point3D();
        Point3D p2 = new Point3D(1);
        Point3D p3 = new Point3D(2, 3);
        Point3D p4 = new Point3D(4, 5, 6);

        System.out.println("最后赋的标识编号：" + Point3D.getCounter());
        System.out.println("p1 = " + p1 + " … 标识编号：" + p1.getId());
        System.out.println("p2 = " + p2 + " … 标识编号：" + p2.getId());
        System.out.println("p3 = " + p3 + " … 标识编号：" + p3.getId());
        System.out.println("p4 = " + p4 + " … 标识编号：" + p4.getId());
    }
}
```

运行示例

```
最后赋的标识编号：204
p1 = (0,0,0) … 标识编号：201
p2 = (1,0,0) … 标识编号：202
p3 = (2,3,0) … 标识编号：203
p4 = (4,5,6) … 标识编号：204
```

第 11 章

包

将数据和方法打包进行封装的是“类”，而将类集中起来进行封装的就是“包”。本章将介绍包的使用方法和创建方法等。

- □ 包
- □ 简名
- □ 完全限定名
- □ 类型导入声明（单 / 按需）
- □ 静态导入声明（单 / 按需）
- □ 包声明
- □ 包和目录
- □ 包和访问控制
- □ 唯一的包名

11-1 包和导入声明

第 8 章介绍了类是数据和方法的集合，而这些类的集合就是包。本节将介绍包的基础知识。

包

到上一章为止，我们所创建的类的名称都是诸如 *Account*、*Car*、*Day* 等一般的名称。当然，其他人也可能会创建相同名称的类。

假如某个程序员创建的 *Car* 类和另外一个程序员创建的 *Car* 类在同一个程序中使用，这时就会发生命名冲突的问题。

不过，这种冲突是可以避免的，因为通过**包**（package）这种逻辑“命名空间”，可以自由控制名称的适用范围。包的基本思路如图 11-1 所示，“属于 *shibata* 包的 *Car*”和“属于 *nozawa* 包的 *Car*”是分开使用的。

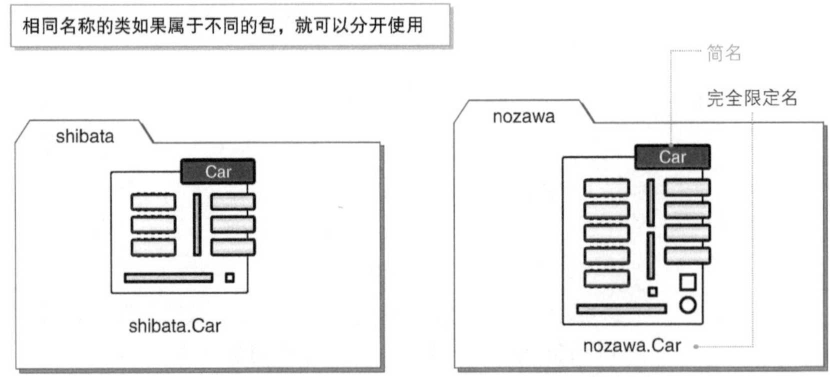

图 11-1　包和类名

属于包 *p* 的类 *Type* 记为 *p.Type*，因此，图中所示的类可分别记为 *shibata.Car* 和 *nozawa.Car*。这样一来，就可以避免命名冲突，分开使用各个类。

另外，我们将类似 *nozawa.Car* 这种类型的全名称为**完全限定名**（fully qualified name），将 *Car* 这种类名称为**简名**（simple name）。

包和类的关系就像是 OS 中目录（文件夹）和文件的关系，与目录 shibata 中存储的文件 Car 和目录 nozawa 中存储的文件 Car 之间能够区分开来是一样的。

另外，包的**层次化**这一点也和目录非常相似。

例如，前面介绍的大多数程序中使用的 ***Scanner*** 类属于 **java** 包中的 **util** 包（图 11-2）。由于层次化的包名中，各包名之间是通过“.”分隔的，因此该包名记为 **java.util**。

Scanner 类属于 **java.util** 包，所以其完全限定名为 **java.util.*Scanner***，简名为 ***Scanner***。

▶ 完全限定名的表示方法也与目录和文件名的路径写法相类似。例如，java 目录下的 util 目录中存储的文件 Scanner，在 UNIX 或 Linux 下记为 java/util/Scanner，而在 MS-Windows 下则记为

java\util\Scanner。

另外，包的层次和下一章中介绍的“类层次”之间没有任何关系。

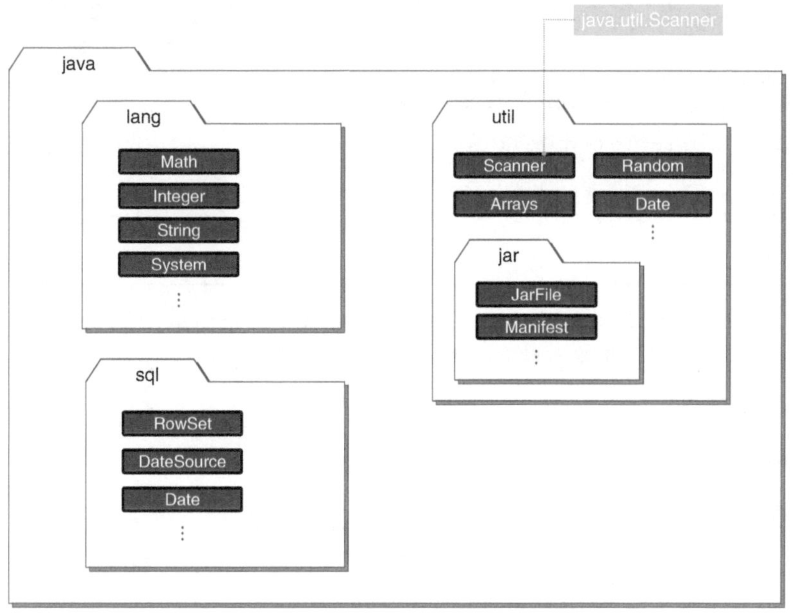

图 11-2 Java 标准 API 的包和类的示例

在这个图中，包根据特征的不同对类进行了分类。包的主要作用有如下三个。

① 避免命名冲突
② 根据特征进行分类
③ 封装（访问控制）

▶ 除了类之外，第 12 章要介绍的**注解**，以及第 14 章要介绍的**接口**也可以通过包进行分类。

类型导入声明

表示类型全名的完全限定名的写法太长了，为了能够省略包名，只使用简名类型，我们可以利用第 2 章之后所使用的**类型导入声明**（type import declaration）来实现，这种声明分为如下两种。

单类型导入声明（single-type-import declaration）

单类型导入的格式如下。

```
import 完全限定名 ;
```

通过这种格式导入的类型名称在源程序中**可以只使用简名**。执行单类型导入声明的程序示例如代码清单 11-1 所示，程序会读入圆的半径，并计算圆的面积。

代码清单 11-1　　Chap11/Circle1.java

```
// 计算圆的面积

import java.util.Scanner;   ── 单类型导入声明

class Circle1 {

   public static void main(String[] args) {
      Scanner stdIn = new Scanner(System.in);

      System.out.println("计算圆的面积。");
      System.out.print("半径：");
      double r = stdIn.nextDouble();
      System.out.println("面积为" + (Math.PI * r * r) + "。");
   }
}
```

运行示例

```
计算圆的面积。
半径：5.5
面积为95.03317777109123。
```

由于声明了 **java.util.*Scanner*** 的导入，因此如图 11-3 a 所示，在源程序中，***Scanner*** 可以使用简名来表示。另外，如果没有导入声明，则如图 b 所示，必须使用完全限定名。

a 有import声明

```
import java.util.Scanner;
//...
Scanner stdIn = new Scanner(System.in);
```

简名

b 无import声明

```
// 如果没有进行import…
java.util.Scanner stdIn = new java.util.Scanner(System.in);
```

完全限定名

图 11-3　导入声明与名称的访问

按需类型导入声明（type-import-on-demand declaration）

如果对源文件中使用的所有类都进行单类型声明的话，工作量非常大。为此，Java 中提供了如下所示的简便导入方法。

```
import 包名 .*;
```

在执行了这种声明的程序中，“包名”所指定的**包中包含的所有类型名称**都可以只使用简名。

执行按需类型导入声明的程序示例如代码清单 11-2 所示。

代码清单 11-2　　Chap11/Kazuate.java

```
// 猜数字游戏（目标数字范围为0~99）

import java.util.*;   ── 按需类型导入声明

class Kazuate {

   public static void main(String[] args) {
      Random rand = new Random();
      Scanner stdIn = new Scanner(System.in);
```

运行示例

```
猜数字游戏开始!!
请猜一个0~99的数字。
是多少呢：50
再大一点。
是多少呢：75
再小一点。
是多少呢：62
回答正确。
```

```
        int no = rand.nextInt(100); // 目标数字：生成一个0~99的随机数

        System.out.println("猜数字游戏开始!!");
        System.out.println("请猜一个0~99的数字。");

        int x;                       // 玩家输入的数字
        do {
            System.out.print("是多少呢：");
            x = stdIn.nextInt();

            if (x > no)
                System.out.println("再小一点。");
            else if (x < no)
                System.out.println("再大一点。");
        } while (x != no);

        System.out.println("回答正确。");
    }
}
```

在这个程序中，`java.util`包中包含的*Random*类和*Scanner*类使用的都是简名（在前10章的程序中，使用的都是单类型导入声明，将这两个类分别导入）。

▶ 所谓“按需”就是“根据需要”的意思。因此，下面这条语句用来告诉程序：“源程序中使用的类型名称如果属于`java.util`包，请将其导入为可以只使用简名的形式。”请注意，这并不是要“导入`java.util`包中的所有类型名称”。

```
import java.util.*;
```

代码清单11-2中导入的只有`java.util.Random`和`java.util.Scanner`，没有导入未使用的类型名称（如`java.util.Date`）。

下面，我们来仔细看一下图11-2。

名为*Date*的类不只是在`java.util`包中，`java.sql`包中也有。当然，它们是名称相同的不同类。

因此，下面的程序在编译时就会发生错误。

```
import java.util.*;
import java.sql.*;
// ...
Date a = new Date();    // 错误：是java.util.Date，还是java.sql.Date?
```

像这样，如果按需类型导入的包中存在相同名称的类，当通过简名来使用该类时，就会发生错误。

因此，不可以使用简名*Date*，必须使用完全限定名`java.util.Date`或者`java.sql.Date`。

```
import java.util.*;
import java.sql.*;
// ...
java.util.Date a = new java.util.Date();    // 使用完全限定名
```

通过这个示例，我们可以得到下述教训。

重要 不可以过多使用按需类型导入声明。

▶ 另外，如果像下面这样进行导入，就可以通过简名使用 `java.util.Date`（由于不太容易理解，因此不推荐使用该方法）。

```
import java.util.*;
import java.sql.*;
import java.util.Date;
```

▪ 包的层次和按需类型导入

我们再来看一下图 11-2。*JarFile* 类和 *Manifest* 类位于 `java.util` 包的 `jar` 包中，这两个类不可以像下面这样进行导入。

```
import java.util.*;
```

这是因为存在如下规则。

重要 在按需类型导入中，不可以导入不同层次的包中的类型名称。

我们必须指定类所在层次的包名。因此，`jar` 包中的类要像下面这样进行按需类型导入。

```
import java.util.jar.*;
```

java.lang 包的自动导入

`java.lang` 包中汇集了与 Java 语言密切相关的重要类，因此，该包中声明的类型名称会**被自动导入**。也就是说，可以像 Java 源程序中存在如下所示的声明一样进行处理。

```
import java.lang.*;      // 所有的Java程序中都会执行的默认声明
```

例如，在第 8 章介绍的类 *Car* 中，我们使用了下述计算式来计算汽车的移动距离。

```
double dist = Math.sqrt(dx * dx + dy * dy);
```

这里之所以不需要执行导入，是因为 `Math` 类属于 `java.lang` 包。

重要 对于 `java.lang` 包中的类型名称，即使不执行导入，也可以通过简名进行使用。

▶ 当然，上面的计算式也可以像下面这样，使用完全限定名来执行。

```
double dist = java.lang.Math.sqrt(dx * dx + dy * dy);
```

表 11-1 是 `java.lang` 包中包含的主要类型名称（接口类型 / 类类型 / 注解）的汇总。

▶ 包名 `lang` 源自“语言”含义的 language。

表 11-1 java.lang 包中的主要接口、类、注解

接口	Appendable CharSequence Cloneable Comparable<T> Iterable<T> Readable Runnable Thread.UncaughtExceptionHandler
类	Boolean Byte Character Character.Subset Character.UnicodeBlock Class<T> ClassLoader Compiler Double Enum<E extends Enum<E>> Float InheritableThreadLocal<T> Integer Long Math Number Object Package Process ProcessBuilder Runtime RuntimePermission SecurityManager Short StackTraceElement StrictMath String StringBuffer StringBuilder System Thread ThreadGroup ThreadLocal<T> Throwable Void
注解	Deprecated Override SuppressWarnings

▶ 除此之外，各种枚举类型和异常也属于 `java.lang` 包。

我们所熟悉的 **`System`** 也是 `java.lang` 中的类。如果没有 `java.lang` 的自动导入功能，那么在画面上显示的操作就会变成下面这样。

```
java.lang.System.out.println("Hello!");
```

▶ 在本书提供的标准类库中，`java.lang` 包中的 **`System`** 和 **`String`** 等类型名称用**粗体**表示，而其他包中的 ***`Random`*** 和 ***`Scanner`*** 等则用**粗斜体**表示。

静态导入声明

除了类的“类型”之外，下述两种类的“静态成员”也可以导入。

- 类变量（静态字段）
- 类方法（静态方法）

它们的导入称为**静态导入**（static import）。

与类型导入声明一样，静态导入声明也分为两种，声明的形式如下所示。请注意，这里加上了 `static`。

```
import static 类型名称 . 标识符名称 ;        单静态导入声明
import static 类型名称 .*;                  按需静态导入声明
```

使用静态导入的程序示例如代码清单 11-3 所示。

代码清单11-3 Chap11/Circle2.java

```
// 计算圆的面积（静态导入圆周率Math.PI）

import java.util.Scanner;
import static java.lang.Math.PI;

class Circle2 {

   public static void main(String[] args) {
      Scanner stdIn = new Scanner(System.in);

      System.out.println("计算圆的面积。");
      System.out.print("半径：");
      double r = stdIn.nextDouble();
      System.out.println("面积为" + (PI * r * r) + "。");
   }
}
```

运行示例

```
计算圆的面积。
半径：5.5↵
面积为95.03317777109123。
```

在本程序中，**java.lang.Math** 类中包含的类变量 PI（10-1 节），即 **java.lang.Math**.PI 被静态导入之后，就可以通过简名进行访问了。

*

正如上一章中介绍的，**Math** 类提供了计算三角函数的 sin、cos、tan，以及计算绝对值的 abs 等众多的类方法。

调用其中三个方法的程序示例如图 11-4 a 所示。

所有的调用中都加上了 **Math.**，像这种多次调用 **Math** 类中的方法的程序可以像图 11-4 b 那样来实现。如果使用按需静态导入声明，则可以不用分别导入各个方法，只使用方法的简名进行调用。

a 无静态导入声明

```
// 如果没有进行静态导入…
// ...
x = Math.sqrt(Math.abs(y));
z = Math.sin(a) + Math.cos(b);
```

所有的调用中都要有Math

b 有静态导入声明

```
import static java.lang.Math.*;
// ...
x = sqrt(abs(y));
z = sin(a) + cos(b);
```

图 11-4 类方法的静态导入

重要 当程序多次使用特定类中的类变量或者类方法时，可以使用按需静态导入声明。

在画面上显示和通过键盘输入时使用的 **System**.out 和 **System**.in 都是属于 **System** 类的类变量，如果静态导入它们，就可以使用简名 out 和 in 进行访问了，程序示例如代码清单 11-4 所示。

▶ 本程序是用来帮助大家理解语法的。如果只是 out 和 in，就会让人不清楚这是干什么的，因此建议大家不要编写这样的程序。

代码清单11-4 Chap11/Circle3.java

```
// 计算圆的面积（静态导入System.in和System.out）

import java.util.Scanner;
import static java.lang.Math.PI;
import static java.lang.System.in;
import static java.lang.System.out;

class Circle3 {

   public static void main(String[] args) {
      Scanner stdIn = new Scanner(in);
      out.println("计算圆的面积。");
      out.print("半径：");
      double r = stdIn.nextDouble();
      out.println("面积为" + (PI * r * r) + "。");
   }
}
```

运行示例

```
计算圆的面积。
半径：5.5
面积为95.03317777109123。
```

另外，程序不可以像下面这样实现。

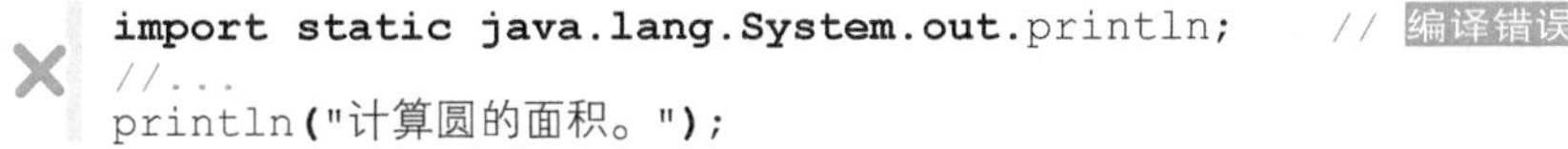

```
import static java.lang.System.out.println;     // 编译错误
//...
println("计算圆的面积。");
```

程序发生错误的原因很简单，因为println并不是类（静态）方法，而是实例方法。

▶ System.out.println的各个元素如下所示。

System	…	java.lang包中的类
System.out	…	System类的类（静态）变量（类型为PrintStrem类类型）
System.out.println	…	PrintStrem类的实例方法

11-2 包的声明

上一节介绍了包的概要，以及包中的类和静态成员的导入方法，也就是说，我们是站在使用包的立场上进行介绍的。本节我们将站在创建包的立场上，来介绍包的构建方法。

包

首先是**包声明**（package declaration），形式如下所示。

```
package 包名;
```

这个声明必须放在导入声明和类声明的前面。这是因为**编译单元**（translation unit）的语法结构如图 11-5 所示。

▶ 所谓编译单元，就是各个源文件中保存的源程序。

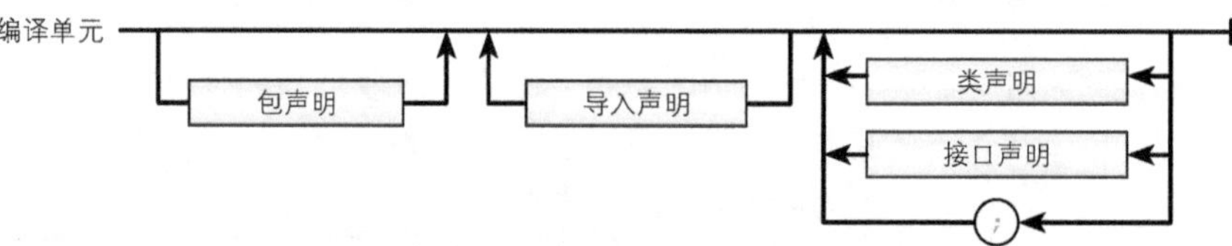

图 11-5 编译单元的语法结构图

这个语法结构图表示了关于包声明的如下内容。

- 可以没有包声明
- 不可以存在 2 个以上的包声明（可以存在 0 个或 1 个）

▪ 无名包

当源文件中不存在包声明时，该源文件中定义的类属于**无名包**（unnamed package）。

▶ 所谓属于无名包，并不是"不属于任何包"。前 10 章介绍的类都属于"无名包"这一个包。

属于无名包的类的完全限定名和简名是一致的。如果将无名包比作目录，那它就是根目录。

规模较小的、用完后就舍弃的测试类可以放到无名包中，但从避免命名冲突和分类等角度来说，正式创建的、将来还会再次使用的类需要放到某个包中。

重要 除了用完后就舍弃的测试类，类一般都要放到包中。

▪ 包声明

包声明所在的源程序中声明的所有类都属于该包。

我们来思考一下图 11-6 中的源程序示例。

类 *Abc* 和类 *Def* 都被声明为属于包 japan。

因此，这两个类的简名和完全限定名如下所示。

- 简名为 *Abc*，完全限定名为 japan.*Abc*
- 简名为 *Def*，完全限定名为 japan.*Def*

```
package japan;

class Abc {
    // …
}

class Def {
    // …
}
```

图 11-6　包声明

另外，类 *Abc* 和类 *Def* 可以通过简名访问彼此。这是因为存在如下规则。

重要 同一个包中的类可以通过简名进行访问。

▶ 在代码清单 8-2 中，类 *AccountTester* 之所以能通过简名来使用类 *Account*，就是因为这两个类属于同一个“无名包”（包括这个程序在内的前 10 章介绍的程序几乎都是相同的结构）。

在给包和类命名时，有一点需要稍加注意。

就是**一个包中不可以存在同名的“包”和“类”**。这与某个目录中不可以存在同名的目录和文件是一样的道理。

不过，包名和类名发生命名冲突的概率非常小。

这是因为命名时可以遵循如下原则（8-2 节）。

重要 包名的首字母是小写字母。

因此，例如，abc 包中可以放入 date 包和 *Date* 类（图 11-7）。

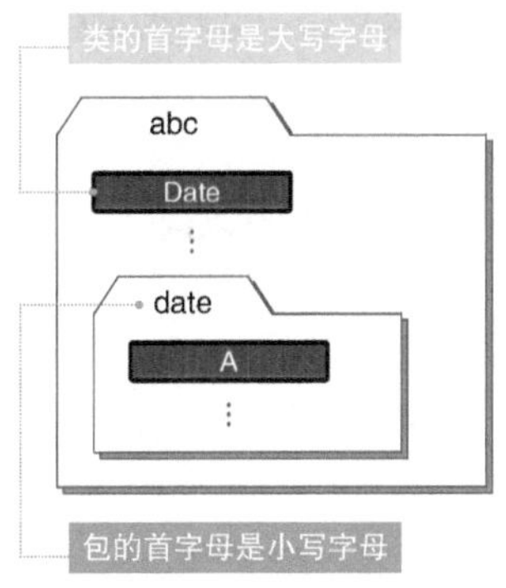

图 11-7　包和类

包和目录

在创建包时，基本构成是**将源文件和类文件放在与包名同名的目录中**。

示例如图 11-8 所示。我们先来看一下源文件 A1.java，它包含了包声明和两个类 *A1* 和 *A2* 的声明。

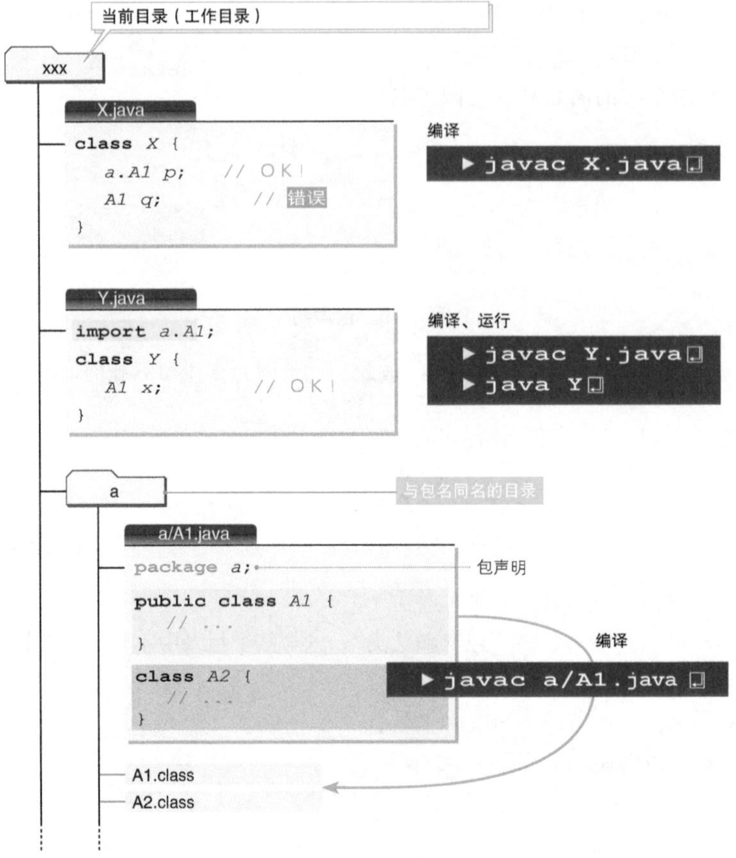

图 11-8 包和目录的构成与编译、运行步骤

由于包名为 *a*，因此我们创建名为 a 的目录，并将源文件 A1.java 保存在该目录下。

编译时的当前目录（工作目录）为目录 a 的上一级目录 xxx，当按图中所示的步骤执行编译时，目录 a 中就会创建类文件 A1.class 和 A2.class。

这样一来，当前目录 xxx 中的程序（类）就**可以通过** *a.A1* **来访问类** *A1* 了。

下面这两个程序会使用类 *a.A1*。

▪ X.java

通过完全限定名 *a.A1* 使用类 *A1*。

▶ 因为没有导入声明，所以无法通过简名 *A1* 来使用类 *A1*。因此，只使用 *A1* 进行声明的 *q* 在编译时会发生错误。

▪ Y.java

在执行了 *a.A1* 的导入声明之后，再通过简名使用类 *A1*。

▶ 一个源文件中不可以声明多个 **public** 类，此外，非 **public** 类不对其他的包公开。因此，目录 xxx 中的程序不可以使用类 *A2*（下一节中将会进行详细介绍）。

运行这个程序后，程序会自动从子目录 a 的类文件 A1.class 中读入类 *A1*。

重要 包 *p* 中的类的类文件会保存在子目录 *p* 中。使用了包 *p* 中的类 *Type* 的程序在启动时，会自动从子目录 p 的 Type.class 中读入该类。

专栏 11-1 源文件和类文件的配置

源文件和类文件也可以放在不同的目录中。

图 11C-1 所示就是一个示例。该示例将源文件放在当前目录 xxx 中，而将类文件创建在与包名结构相同的地方（在子目录 a 中创建 A1.class 和 A2.class）。

在编译时，对 javac 命令指定 -d 选项（在 -d 后面指定类文件的输出目录名称）。

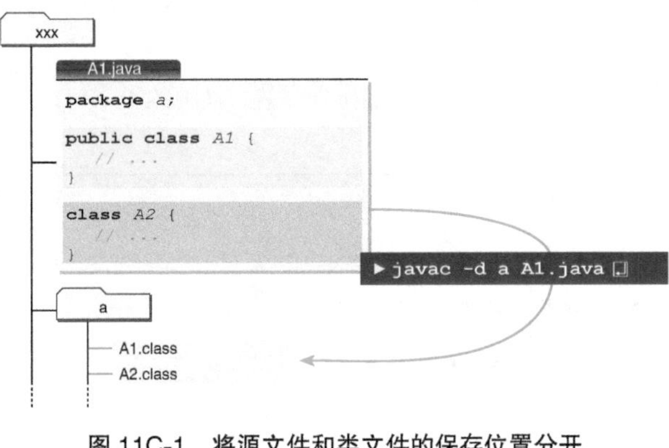

图 11C-1 将源文件和类文件的保存位置分开

我们来实际创建一个包，将上一章中创建的类 *RandId*（代码清单 10-11）放入包 *id* 中。改写后的程序如代码清单 11-5 所示。

代码清单 11-5 Chap11/id/RandId.java

```
// 标识编号类（放入包中）

package id;  ←1

import java.util.Random;                    类 RandId 属于包 id

public class RandId {

   private static int counter; // 赋到了哪一个标识编号

   private int id;             // 标识编号

   static {
      Random rand = new Random();
      counter = rand.nextInt(10) * 100;
   }

   //-- 构造函数 --//                                          ←2
   public RandId() {
      id = ++counter;          // 标识编号
   }

   //--- 获取标识编号 ---//
   public int getId() {
      return id;
   }
}
```

1 是包的声明，放在 **import** 声明前面（图 11-5）。这个源程序中定义的类 *RandId* 属于包 *id*。

2 是标识编号类 *RandId* 的声明。该类的简名为 *RandId*，完全限定名为 *id.RandId*。

为了让其他的包也可以使用，该类声明为了 **public** 类（如果不声明为 **public**，*id* 之外的包就无法使用该类）。

▶ 与前面介绍的程序一样，我们创建了 ***Random*** 类的实例，来生成随机数。由于变量 *rand* 只使用一次，因此无需专门分配一个类类型的变量。如下所示，类初始化器的书写可以很简短。

```
static { counter = (new Random()).nextInt(10) * 100; }
```

*

使用这个类的程序如代码清单 11-6 所示。由于没有 **package** 声明，因此类 *RandIdTester* 属于**无名包**。

阴影部分是单类型导入声明，用于通过简名来使用包 *id* 中的类 *RandId*。

代码清单 11-6　　Chap11/RandIdTester.java

```
// 标识编号类RandId的使用示例

import id.RandId;                    // 类型导入包 id 中的类 RandId

public class RandIdTester {          // 该类属于无名包

   public static void main(String[] args) {
      RandId a = new RandId();
      RandId b = new RandId();
      RandId c = new RandId();

      System.out.println("a的标识编号: " + a.getId());
      System.out.println("b的标识编号: " + b.getId());
      System.out.println("c的标识编号: " + c.getId());
   }
}
```

运行示例

```
a的标识编号: 301
b的标识编号: 302
c的标识编号: 303
```

图 11-9 是这两个程序的目录构成示例。我们将 RandIdTester.java 所在的目录 Chap11 作为当前目录来编译、运行。

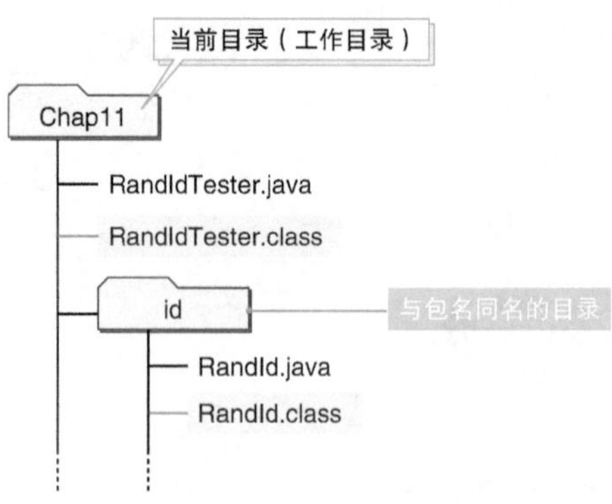

图 11-9　标识编号类的包和目录的构成

▶ 编译和运行的步骤如下所示（当前目录为 Chap11）。

- RandId.java 的编译　　javac id/RandId.java⏎

- RandIdTester.java 的编译　　javac RandIdTester.java⏎
- RandIdTester 的运行　　java RandIdTester.java⏎

启动 RandIdTester 后，其运行时所需的包 *id* 中的类 *RandId* 会从子目录 id 的 RandId.class 中读入。

练习 11-1

请改写程序，使得代码清单 10-12 中的类 *DateId* 属于包 *id*。另外，使类 *DateIdTester* 属于无名包。

唯一的包名

前面介绍的都是自己使用自己创建的类或包的方法，当将自己创建的类群打包公开时，就不可以使用 *id* 或 *day* 这种谁都可能会使用的包名。

这就需要赋给包一个唯一的名称。为此，推荐使用与网址相反的排列方法。

例如，bohyoh.com 的包 *math* 的名称如下。

```
com.bohyoh.math
```

▶ 当域名中包含标识符不允许的连字符等特殊字符时，可以替换为下划线字符（“_”）。另外，与关键字相同的单词也会在后面加上下划线字符。当首字符为标识符中不允许的开始字符（如数字或其他特殊字符）时，可以在该单词前面加上下划线。

包名和网址之间是没有关系的。例如，并不是说 *com.bohyoh.math* 包必须能够从 bohyoh.com 上下载。

专栏 11-2 类文件的查找和类路径

我们已经知道，当使用包 *p* 中的类 *Type* 时，运行程序的当前目录的子目录 p 中需要有类 *Type* 的类文件 Type.class。这样一来，大家可能会冒出下述疑问吧？

Ⓐ 使用 **java.lang.System** 类时，当前目录的子目录 java 的子目录 lang 中也应该需要有 **System** 类的类文件。
但情况并非如此，那为什么可以使用 **System** 类呢?

Ⓑ 不同目录中的类 *A* 和类 *B* 都想使用包 *p* 中的类 *Type*。保存类 *A* 的目录和保存类 *B* 的目录都必须创建子目录 p，并将类 *Type* 的类文件 Type.class 复制过来吗?

这两个问题都很容易解决。这是因为**运行目录之外的目录可以自动查找类文件，也可以指定任意位置进行查找**。

运行时所需的类文件的查找位置有如下 3 个。

① 引导程序类路径

这是构成 Java 平台的类。它包含 Java 的核心库 rt.jar 文件和其他几个重要的 JAR 文件中的类。

② 安装类型的扩展功能

这是使用 Java 扩展功能结构的类。在用于扩展功能的目录中被捆绑为 .jar 文件。

③ 用户类路径

这是开发人员和第三方定义的、不使用扩展功能结构的类。

标准库的类文件 JDK 和 JRE 放在安装目录中（①和②），我们可以从这里进行查找。因此，**System**、**Object**、**String** 等类可以通过①的查找找到。

不过，当类文件有成百上千个时，管理起来会非常困难，因此多个类文件会汇总为一个扩展名为 .jar 的归档文件。

这样，问题Ⓐ就解决了。

接下来是问题Ⓑ。当将自己创建的包 *p* 中的类 *Type* 的类文件放在某个特定位置时，**不管使用端位于什么位置（目录），都可以使用类** *Type*。

此时的查找路径就是③，有下述两种方法可以指定查找位置。

> ⓐ 命令行中使用 -classpath 选项的方法。
> ⓑ 使用 CLASSPATH 环境变量进行指定的方法。

由于ⓑ方法会影响 Window 或 Linux 等系统整体及其他应用程序，因此建议使用ⓐ方法。根据运行的程序很容易就可以修改路径设置，运用起来很灵活。下面我们通过具体示例进行讲解，让代码清单 11-5 中的包 *id* 中的类 *RandId* 在任何地方都可以使用。

首先，我们将编译后的 RandId.class 复制到硬盘（C 盘）上的适当位置。

这里假定自己创建的包保存在目录 MyClass 中。由于类 *RandId* 属于包 *id*，因此我们在目录 MyClass 中创建子目录 id，并将类文件保存到此处（即保存为 C:\MyClass\id\RandId.class）。

这样就完成了准备工作。接下来就是实现任何位置都可以使用类 *RandId*。

这里我们以代码清单 11-6 的 *RandIdTester* 为例进行说明。为了使该程序无论保存在哪一个目录下都能运行，可以像下面这样启动 java 命令。

```
▶ java -classpath .;C:\MyClass RandIdTester
```

-classpath 后面指定的是**查找类文件的目录**。当有多个目录时，可以使用分号隔开。这里是首先查找当前目录（.），如果未查找到，则指定为查找 C:\MyClass。

在这个示例中，我们从当前目录开始查找 RandIdTester.class，其运行所需的 RandId.class 通过目录 C:\MyClass（由于 *RandId* 属于包 *id*，因此是通过 C:\MyClass 的子目录 C:\MyClass\id）进行查找。

我们将执行方针总结如下。

> 对于不管在什么目录下，从任何位置都可以使用的自己创建的包，可以将其汇总在目录 lib 中（对于 lib，大家可以自己适当命名）。各个包的类文件可以保存在目录 lib 中与包名同名的子目录中。
>
> 使用保存的自己创建的包的类 A 的运行命令如下。
>
> ```
> ▶ java -classpath .;lib A
> ```

11-3 类和成员的访问属性

11-1 节中已经介绍过，包的一个目的就是“封装”。本节将介绍使用包进行封装的内容。

类的访问控制

上一章中已经简单介绍过，从包的观点来看，类的访问属性分为如下两种。

- **public** 类
- 非 **public** 类

我们先来好好理解一下它们的不同之处。

▪ public 类

这是加上关键字 **public** 进行声明的类。

该类的使用与包无关（不管是在该类所属的包的内部还是外部，都可以使用）。类的访问属性是**公开访问**（public access）。

▪ 非 public 类

这是不加关键字 **public** 进行声明的类。

该类只可以在所属的包内部使用，其他的包不可以使用。类的访问属性是**包访问**（package access）。另外，包访问也称为**默认访问**（default access）。

▶ default 就是“默认的”的意思。之所以称为默认访问，是因为不加关键字进行声明时会被自动赋上“默认值”的访问属性。

我们通过图 11-10 来理解一下这两种访问属性的区别，图中存在 *a* 和 *b* 两个包。

▪ 包 a

类 *A1* 和 *A2* 都属于包 *a*。声明中加上了 **public** 的 *A1* 是公开访问，未加上 **public** 的 *A2* 是包访问。

类 *P* 也属于同一个包 *a*，类 *P* 的两个字段 *f1* 和 *f2* 的类型为 *A1* 和 *A2*。由于是同一个包中的类，因此可以同时使用 **public** 类的 *A1* 和非 **public** 类的 *A2*（可以正常编译）。

▶ 由于是同一个包，因此无需类型导入，就可以通过简名 *A1* 进行访问。

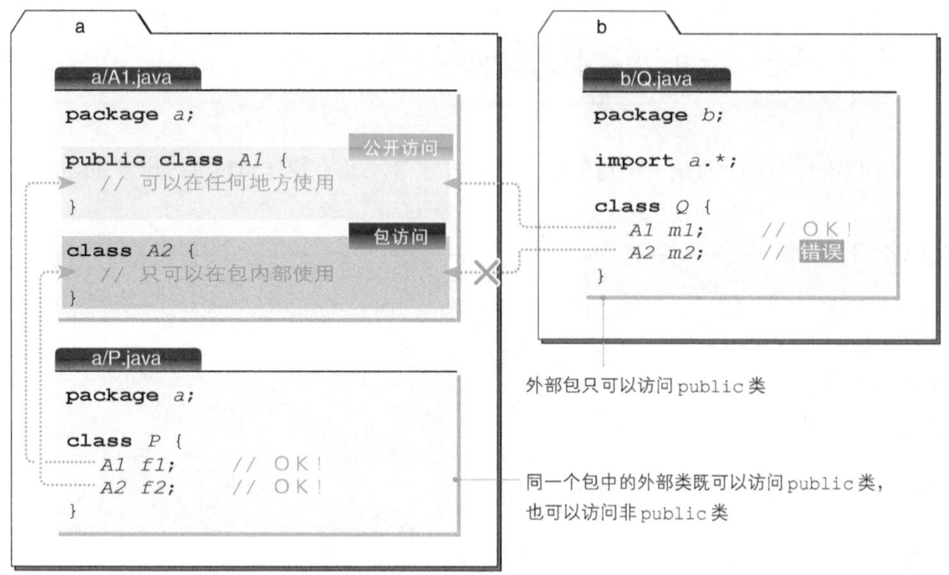

图 11-10 包和类的访问属性

▪ 包 b

该包中只有类 *Q*。由于不同包中的类不可以通过简名进行使用，因此按需类型导入了包 *a* 中的类。

▶ 如果不显式执行导入，*A1* 就不可以使用简名，而必须使用完全限定名 *a.A1* 进行访问。

类 *Q* 中的两个字段 *m1* 和 *m2* 的类型为 *A1* 和 *A2*，我们可以使用具有公开访问属性的类 *A1*，但不可以使用具有包访问属性的类 *A2*。字段 *m2* 的声明会发生编译错误。

到这里，我们就已经知道 **public** 类和非 **public** 类的区别了。

另外，创建 **public** 类相关的源程序时，存在如下限制。

▪ public 类的名称必须与源程序的文件名一致

声明 **public** 类的 *A1* 和非 **public** 类的 *A2* 的源程序的文件名为 A1.java，不能是 A2.java。

▪ 一个源程序中只可以定义 0 个或 1 个 public 类

源文件中可以定义任意多个非 **public** 类，但能够声明的 **public** 类的个数只限 0 个或 1 个。

成员的访问控制

属于某个类的类变量、实例变量、方法等都是这个类的**成员**。关于访问控制，不管是变量还是方法，它们的处理都是一样的，因此这里使用成员这一术语进行说明。

▶ 从语法定义上来说，构造函数并不属于成员，但涉及访问控制，它与成员的处理是相同的。

成员的访问属性分为如下 4 种。

- 公开（**public**）访问
- 限制公开（**protected**）访问
- 包（默认）访问
- 私有（**private**）访问

具有公开（**public**）访问属性的只有 **public** 类中加上 **public** 进行声明的成员。

加上关键字 **protected** 和 **private** 进行声明的成员具有与其关键字名称相同的访问属性。例如，加上 **protected** 进行声明的成员具有限制公开（**protected**）访问属性。

具有包访问（默认访问）的成员如下。

- **public** 类中未加关键字进行声明的成员
- 非 **public** 类中加上 **public** 进行声明的成员

表 11-2 中对上述规则进行了归纳。

表 11-2 成员的声明与访问属性

关键字＼类	public 类	非 public 类
public	公开（**public**）访问	包（默认）访问
protected	限制公开（**protected**）访问	
（无）	包（默认）访问	
private	私有（**private**）访问	

我们参照着图 11-11 进行理解。属于包 *x* 的类 *X* 中，方法 *m1*、*m2*、*m3*、*m4* 分别具有不同的访问属性。

▪ 公开（public）访问…方法 m1

在包的内部和外部都可以使用。不管是同一个包中的类 *P*，还是不同包中的类 *Q*，都可以调用方法 *m1*。

▪ 限制公开（protected）访问…方法 m2

只可以在包中使用。因此，不同包中的类 *Q* 无法调用方法 *m2*。

▶ 除了包内部之外，该类派生的属于不同包的子类也可以使用方法 *m2*，在这一点上限制公开访问与包访问是不同的。限制公开访问与类的“派生”相关，详细内容将在下一章进行介绍。

▪ 包（默认）访问…方法 m3

只可以在同一个包中使用。因此，属于不同包的类 *Q* 无法调用方法 *m3*。

▪ 私有（private）访问…方法 m4

只可以在类的内部使用。因此，同一个包中的类 *P* 无法调用方法 *m4*。

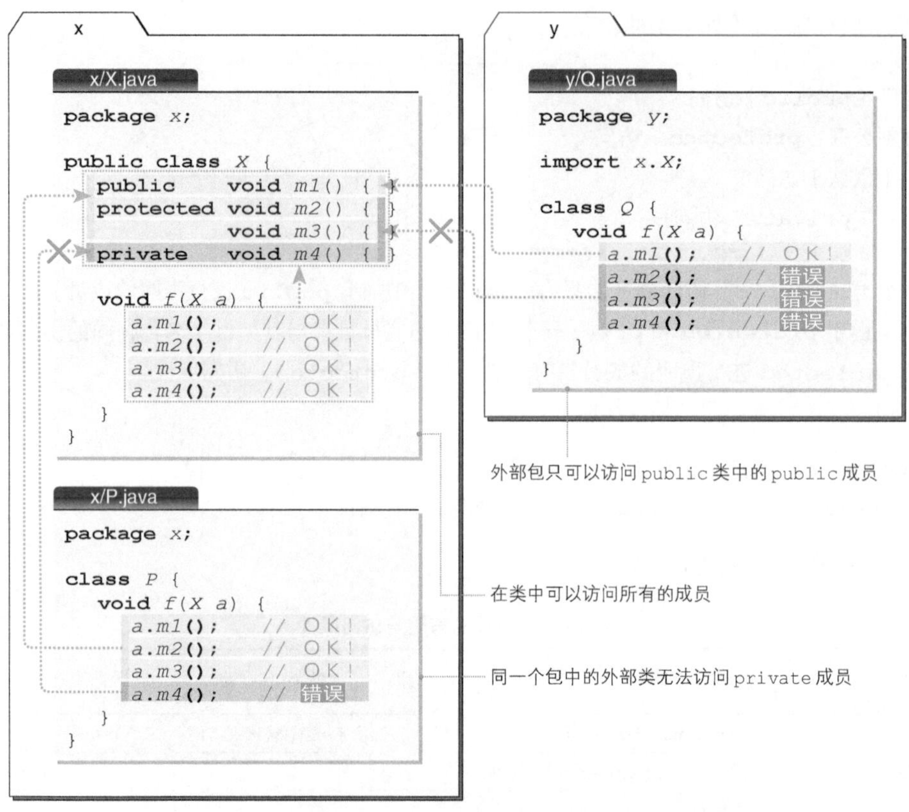

图 11-11 包和成员的访问属性

小结

- **包**是类和接口等**类型**的集合。包可以有层次结构，其配置与目录对应。
- 包名的首字母是小写字母。广泛公开的包可以使用与网址相反的排列来取一个唯一的包名。
- 包 *p* 中**简名**为 *Type* 的类型的**完全限定名**为 *p.Type*。如果简名相同，但属于不同的包，则应该分开使用。
- 同一个包中的类型名称可以用简名表示。
- 不同包中的类型名称使用完全限定名表示。不过，如果执行了**类型导入声明**，则可以使用简名表示。类型导入声明分为**单类型导入声明**和**按需类型导入声明**。不可以过多使用后一种声明。
- **java.lang** 包是与 Java 语言紧密相关的类型的集合。对于该包中的类型名称，即使不导入，也可以通过简名进行使用。
- 如果执行**静态导入声明**，就可以使用简名来访问类变量和类方法。静态导入声明分为**单静态导入声明**和**按需静态导入声明**。
- 一个源程序中只可以有 0 个或 1 个**包声明**，无包声明的源程序中的类属于**无名包**。属于无名包的类的完全限定名和简名是一致的。
- 对于 **public** 类，包的内部和外部都可以对其进行访问。对于非 **public** 类，只可以在包的内部对其进行访问。一个源程序中最多只可以声明 1 个 **public** 类。
- 对于具有**公开（public）访问属性**的成员，包的内部和外部都可以对其进行访问。
- 对于具有**限制公开（protected）访问属性**的成员，包内部及该类派生的类可以对其进行访问。
- 对于具有**包（默认）访问属性**的成员，只可以在包中对其进行访问。
- 对于具有**私有（private）访问属性**的成员，只可以在该类内部对其进行访问。

```
import java.util.Scanner;             // 单类型导入声明
import java.util.*;                   // 按需类型导入声明

import static java.lang.Math.PI;      // 单静态导入声明
import static java.lang.Math.*;       // 按需静态导入声明
```

Chap11

Point2DTester.java

Chap11/Point2DTester.java

```
//--- 测试二维坐标类 ---//

import point.Point2D;

public class Point2DTester {

   public static void main(String[] args) {
      Point2D p1 = new Point2D();
      Point2D p2 = new Point2D(10, 15);

      System.out.println("p1 = " + p1);
      System.out.println("p2 = " + p2);
   }
}
```

运行结果

```
p1 = (0,0)
p2 = (10,15)
```

可以通过简名使用包 point 中的类 Point2D

Point2DTester.class

运行这个类时，会从子目录 point 的 Point2D.class 中读入类 Point2D

point

包 point 的目录

Point2D.java

Chap11/point/Point2D.java

```
//--- 二维坐标类 ---//

package point;

public class Point2D {
   private int x = 0;          // X 坐标
   private int y = 0;          // Y 坐标

   public Point2D() { }
   public Point2D(int x, int y) { this.x = x; this.y = y; }
   public Point2D(Point2D p)    { this(p.x, p.y); }

   public String toString() { return "(" + x + "," + y + ")"; }
}
```

这个源程序中声明的类属于包 point

Point2D.class

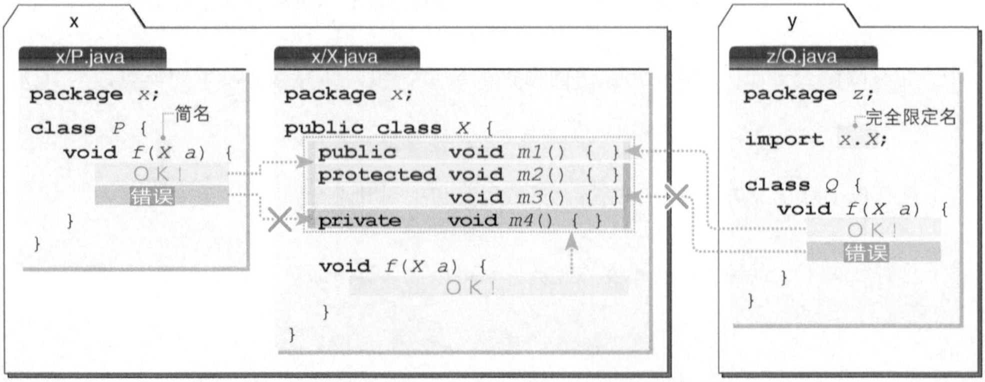

x

x/P.java

```
package x;

class P {
   void f(X a) {
      OK!
      错误
   }
}
```

简名

x/X.java

```
package x;

public class X {
   public    void m1() { }
   protected void m2() { }
             void m3() { }
   private   void m4() { }

   void f(X a) {
      OK!
   }
}
```

y

z/Q.java

```
package z;

import x.X;

class Q {
   void f(X a) {
      OK!
      错误
   }
}
```

完全限定名

第 12 章

类的派生和多态

本章将介绍类的派生以及应用派生的多态。所谓派生，即继承已有类的“资产”以创建新类。

- □ 使用派生来继承资产
- □ 上位类 / 超类
- □ 下位类 / 子类
- □ 使用 super(...) 来调用超类的构造函数
- □ 使用 super 来访问超类的成员
- □ is-A 与多态
- □ 引用类型的转型（向上转型 / 向下转型）
- □ 重写和 @Override 注解
- □ final 类
- □ 继承和访问属性

12-1 继承

本节将介绍继承已有类的资产来创建新类的技术——类的派生。

银行账户类

第 8 章中创建了银行账户类 *Account*。这里我们来修改程序，使其能表示“定期存款”。添加如下所示的字段和方法。

- 表示定期存款余额的字段
- 确认定期存款余额的方法
- 解除定期存款，全部转为普通存款的方法

▶ 在实际的银行账户中，可以存在多个定期存款，这里为了简化说明，假定只有一个（定期存款的期限等也省略了）。

添加了上述字段和方法的带有定期存款的银行账户类 *TimeAccount* 如代码清单 12-1 所示。

▶ 该类是在第 2 版银行账户类（代码清单 8-3）的基础上改写的，并不是基于赋给各个账户一个标识编号的第 3 版（代码清单 10-1）改写的。

代码清单 12-1 Chap12/TimeAccount.java

```
// 带定期存款的银行账户类【测试版】

class TimeAccount {
   private String name;           // 账户名
   private String no;             // 账号
   private long balance;          // 可用余额
   private long timeBalance;      // 可用余额（定期存款）

   //--- 构造函数 ---//
   TimeAccount(String n, String num, long z, long timeBalance) {
      name = n;                          // 账户名
      no = num;                          // 账号
      balance = z;                       // 可用余额
      this.timeBalance = timeBalance;    // 可用余额（定期存款）
   }

   //--- 确认账户名 ---//
   String getName() {
      return name;
   }

   //--- 确认账号 ---//
   String getNo() {
      return no;
   }

   //--- 确认可用余额 ---//
   long getBalance() {
      return balance;
   }
```

```
    //--- 确认定期存款 ---//
    long getTimeBalance() {
        return timeBalance;
    }

    //--- 存入k日元 ---//
    void deposit(long k) {
        balance += k;
    }

    //--- 取出k日元 ---//
    void withdraw(long k) {
        balance -= k;
    }

    //--- 解除定期存款，全部转为普通存款 ---//
    void cancel() {
        balance += timeBalance;
        timeBalance = 0;
    }
}
```

这个程序很轻松就能完成，因为我们只需将类 *Account* 的源程序复制过来，并添加、修改阴影部分就可以了。

*

类 *TimeAccount* 满足“处理定期存款”的目的，但**失去了与银行账户类 *Account* 的兼容性**。

关于这一点，我们通过如下所示的方法来思考一下。该方法会比较两个账户 *a* 和 *b* 的可用余额，然后返回表示它们之间的大小关系的整数值 1、-1、0。

```
// 谁的可用余额更多呢
static int compBalance(Account a, Account b) {
    if (a.getBalance() > b.getBalance())        // a更多
        return 1;
    else if (a.getBalance() < b.getBalance())   // b更多
        return -1;
    return 0;                                   // a和b一样多
}
```

我们不可以向该方法传递 *TimeAccount* 类型的实例（的引用），因为类 *Account* 和类 *TimeAccount* 是不同的类。

*

如果编程时一直都是复制某个类，然后对其进行部分添加、修改，程序中就会充满无法兼容的“似是而非”的类，从而降低程序的开发效率、扩展性、维护性。

重要 不可以通过简单地剪贴源程序来创建新的类。

派生和继承

为了解决上述问题，可以使用类的**派生**（derive）。所谓派生，就是**继承**（inheritance）已有类的字段和方法等“资产”，来创建新的类。另外，派生时不仅可以**继承**资产，还可以**添加**、**重写**字段和方法。

图 12-1 是从已有的类 Base 派生一个继承其资产的类 Derived 的示例。在通过派生新创建的类的声明中，**extends** 后面接的是派生源的类名。

extend 是具有“扩展”含义的动词，类 Derived 的声明可以像下面这样理解。

> 类 Derived 是对 Base 进行扩展后的类！

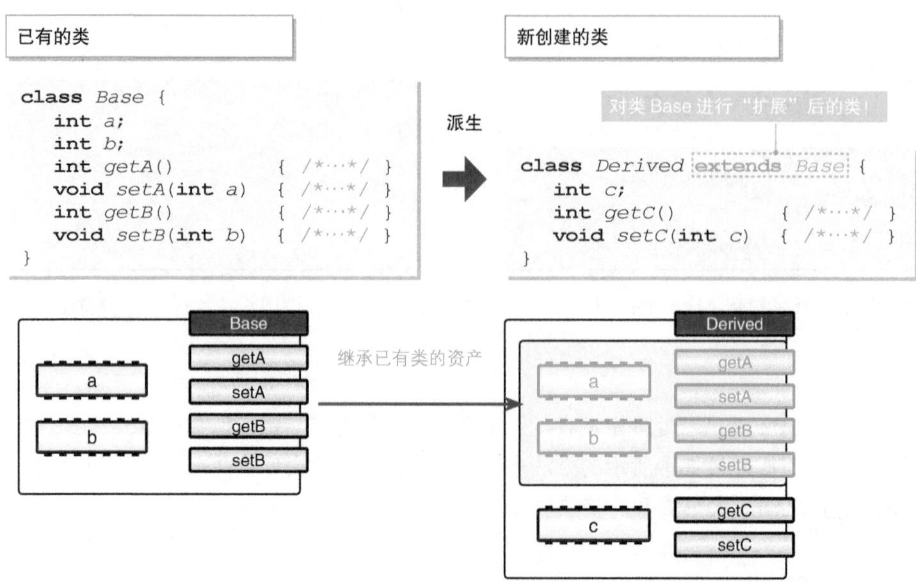

图 12-1　类的派生

另外，派生源的类和通过派生创建的类分别存在以下叫法。

> ▪ 派生源的类 … 父类 / 上位类 / 基类 / 超类
> ▪ 派生的类 … 子类 / 下位类 / 派生类

本书中将使用术语**上位类 / 超类**和**下位类 / 子类**。

也就是说，“从类 Base 派生类 Derived”表述如下。

> ▪ 对于类 Derived 来说，类 Base 是超类（上位类）
> ▪ 对于类 Base 来说，类 Derived 是子类（下位类）

▶ 关于术语上位类、超类、下位类、子类，我们将在后文中详细说明。

这两个类的资产分别如下所示。

▪ 类 Base

字段为 a、b 这 2 个，方法为 a、b 的 getter 和 setter 方法，共 4 个。

▪ 类 Derived

该类中声明了字段 `c`，以及它的 getter 和 setter 方法。不过，算上从类 `Base` 直接继承的字段和方法，总共有字段 3 个，方法 6 个。

由于子类继承了超类的字段和方法等资产，因此子类中包含超类的成员。超类和子类的资产关系如图 12-2ⓐ所示。

重要 子类（下位类）在继承超类（上位类）的资产时，会将其作为自己的一部分。

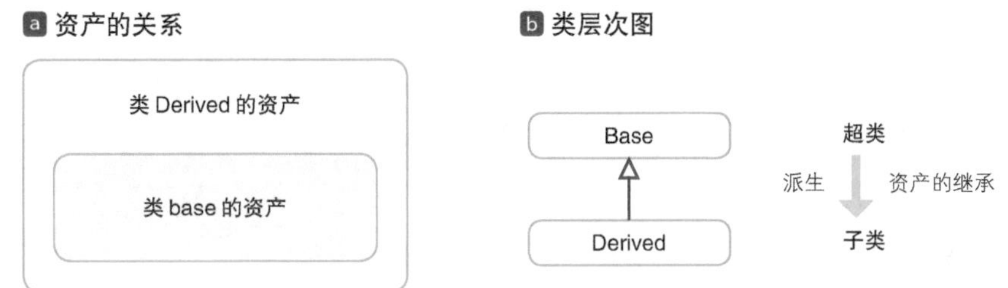

图 12-2　通过派生的资产继承和类层次图

我们可以将子类比作是超类生出的“孩子”，这种亲子关系如图 12-2ⓑ的类层次图所示。**在类层次图中，箭头从子类指向超类，资产的继承则方向相反。**

派生和构造函数

派生时也会存在不可以继承的资产，构造函数就是其中一个。因此，原则上子类中要新建构造函数。

重要 在类的派生中，构造函数不可以被继承。

▶ 如果类是电路的设计图，构造函数则相当于电源开关用的芯片。一般来说，超类的电源开关是不可以直接用在扩展的子类中的，因此构造函数不可以被继承。

关于构造函数，在涉及类的派生时必须注意几点。首先，我们以派生的具体程序示例，即代码清单 12-2 为例进行思考。

代码清单 12-2　　Chap12/PointTester.java

```
// 二维坐标类和三维坐标类

// 二维坐标类
class Point2D {
   int x;  // X坐标
   int y;  // Y坐标

   Point2D(int x, int y) { this.x = x; this.y = y; }

   void setX(int x) { this.x = x; }    // 设置X坐标
   void setY(int y) { this.y = y; }    // 设置Y坐标

   int getX() { return x; }            // 获取X坐标
   int getY() { return y; }            // 获取Y坐标
}

// 三维坐标类
class Point3D extends Point2D {
   int z;  // Z坐标

   Point3D(int x, int y, int z) { super(x, y); this.z = z; }

   void setZ(int z) { this.z = z; }    // 设置Z坐标
   int getZ() { return z; }            // 获取Z坐标
}

public class PointTester {

   public static void main(String[] args) {

      Point2D a = new Point2D(10, 15);
      Point3D b = new Point3D(20, 30, 40);

      System.out.printf("a = (%d, %d)\n",      a.getX(), a.getY());
      System.out.printf("b = (%d, %d, %d)\n", b.getX(), b.getY(), b.getZ());
   }
}
```


运行结果

```
a = (10, 15)
b = (20, 30, 40)
```

1 使用 super(…) 调用超类的构造函数。

在这个程序中，我们定义了二维坐标类 *Point2D*、三维坐标类 *Point3D* 以及对其进行测试的类。

▶ 虽然字段名和方法名等不一样，但这些类的结构与图 12-1 所示的类 *Base* 及 *Derived* 基本上是一样的。

▪ 类 Point2D…二维坐标类（X 坐标 /Y 坐标）

该类是由表示坐标的 2 个字段 *x* 和 *y*、4 个 setter 和 getter 方法、构造函数构成的。

构造函数将形参 *x*、*y* 接收到的 X 坐标和 Y 坐标的值设置到字段 *x* 和 *y* 中。

▪ 类 Point3D…三维坐标类（X 坐标 /Y 坐标 /Z 坐标）

该类是从二维坐标类 *Point2D* 类派生而来的。

该类直接继承了与 X 坐标和 Y 坐标相关的字段和方法，并新添加了 Z 坐标的字段 *z* 及其 setter、getter 方法。

*

我们来看一下构造函数中的阴影部分 **super(***x*, *y***);**。**super(…)** 表达式用于调用超类的构造函数。

调用 **super(***x*, *y***)** 是为了将"将形参 *x*、*y* 接收到的值赋给字段 *x* 和 *y*"的处理委托给超类 *Point2D* 的构造函数。最终，类 *Point3D* 的构造函数中只是对新添加的 Z 坐标的字段 *z* 进行了直接赋值。

另外，**只可以在构造函数的开头**调用 **super(…)**。

> **重要** 可以在构造函数的开头执行 **super(…)** 来调用超类的构造函数。

▶ 调用超类的构造函数的 **super(…)** 与调用同一个类中其他构造函数的 **this(…)** 类似。另外，一个构造函数中不可以同时调用 **super** 和 **this**。

*

我们来看一下使用两个坐标类的 **main** 方法。变量 *a* 是二维坐标类，变量 *b* 是三维坐标类。

这里对变量 *b* 调用了三维坐标类中未定义的方法 *getX* 和方法 *getY*。之所以可以这样执行，是因为类 *Point3D* 继承了超类 *Point2D* 资产中的方法 *getX* 和 *getY*。

② 子类的构造函数中会自动调用超类中的"不接收参数的构造函数"。

我们试着将类 *Point3D* 的构造函数中的 **super(…)** 调用删掉，改写成下面这样，这时就会发生编译错误。

```
// 编译错误
Point3D(int x, int y, int z) { this.x = x; this.y = y; this.z = z; }
```

像这种不显式调用 **super(…)** 的构造函数中，编译器会自动插入超类中"不接收参数的构造函数"的调用，即 **super()** 的调用。

也就是说，上面的构造函数被改写成了下面这样。

```
                                        编译器插入
// 编译错误
Point3D(int x, int y, int z) { super(); this.x = x; this.y = y; this.z = z; }
```

发生编译错误的原因很简单。超类 *Point2D* 中不存在"不接收参数的构造函数"，因此无法调用该构造函数。

> **重要** 在不显式调用 **super(…)** 的构造函数的开头行中，会自动插入超类中"不接收参数的构造函数"的调用 **super()**。

③ 如果一个构造函数都没有定义，则会自动定义一个只调用 super() 的默认构造函数。

第 8 章中已经介绍过，对于未定义构造函数的类 *X*，编译器会自动定义一个无任何操作的空构造函数，即**默认构造函数**，形式如下。

```
X() { }
```

严谨一点来说，第 8 章中的讲解还不是很充分。实际上，自动创建的构造函数的定义如下所示。

```
X() { super(); }    // 由编译器创建的默认构造函数
```

也就是说，定义的默认构造函数中会调用超类中“不接收参数的构造函数”。

重要　在未定义构造函数的类中，会自动定义如下形式的默认构造函数。

```
X() {super();}
```

让我们通过程序对此进行验证，如代码清单 12-3 所示。

代码清单 12-3　　Chap12/DefaultConstructor.java

```
// 超类和子类（确认默认构造函数的动作）

// 超类
class A {
   private int a;

   A() { a = 50; }

   int getA() { return a; }
}

// 子类
class B extends A {
   // 未定义构造函数（创建默认构造函数）
}

public class DefaultConstructor {

   public static void main(String[] args) {
      B x = new B();

      System.out.println("x.getA() = " + x.getA());
   }
}
```

运行结果

```
x.getA() = 50
```

类 A 中只有一个字段，为 **int** 型的 a。构造函数会将 50 赋给该字段 a，方法 getA 为该值的 getter 方法。

类 B 是类 A 的子类。该类中并未定义构造函数，因此编译器会自动定义下述默认构造函数。

```
B() { super(); }     // 自动定义的默认构造函数
```

创建类 B 的实例时，该构造函数会启动。此时，**super()** 会调用类 A 的构造函数，将 50 赋给字段 a。这一点从运行结果中也可以得到确认。

至此，我们知道，虽然超类的构造函数不可以被继承，但 **“不接收参数的构造函数”可以被间接继承**。

*

另外，如果类 A 的构造函数定义为下面这样，类 B 就会发生编译错误。这是因为类 B 的构造函数无法调用 **super()**。

```
A(int x) { a = x; }     // 类B会发生编译错误
```

由此可以得出如下注意事项。

> **重要** 当类中未定义构造函数时，其超类中必须持有“不接收参数的构造函数”。

方法的重写和 super 主体

用来调用超类的构造函数的 super 主体是该类中包含的超类部分的引用，因此存在如下规则。

> **重要** 超类的成员可以通过“**super. 成员名**”进行访问。

我们通过代码清单 12-4 所示的程序进行确认。

代码清单 12-4 Chap12/SuperTester.java

```
// 超类和子类

// 超类
class Base {
  protected int x;  // 限制公开（该类和下位类可以访问）

  Base()        { this.x = 0; }
  Base(int x)   { this.x = x; }

  void print() { System.out.println("Base.x = " + x); }
}

// 子类
class Derived extends Base {
  int x;      // 与超类同名的字段

  Derived(int x1, int x2) { super.x = x1; this.x = x2; }

  // 重写超类的方法
  void print() { super.print(); System.out.println("Derived.x = " + x); }
}

public class SuperTester {

  public static void main(String[] args) {
    Base a = new Base(10);
    System.out.println("-- a --");  a.print();

    Derived b = new Derived(20, 30);
    System.out.println("-- b --");  b.print();
  }
}
```


运行结果

```
-- a --
Base.x = 10
-- b --
Base.x = 20
Derived.x = 30
```

▪ 类 Base

该类中声明的字段 *x* 在声明中加上了 **protected**。像这样声明的成员可以通过子类进行访问，属于**限制公开访问**（11-3 节）。

方法 *print* 用于显示字段 *x* 的值。

▶ 限制公开访问不受包的限制，因此，即使属于不同的包，类 *Derived* 也可以访问类 *Base* 的 *x*。
另外，一般的做法是，将字段声明为 **private**，将访问该字段的 setter 和 getter 方法声明为 **protected**。

▪ 类 Derived

该类中声明了字段 *x*。虽然与类 *Base* 的字段 *x* 同名，但如图 12-3 所示，它与从类 *Base* 继承而来的字段是作为不同字段进行处理的。

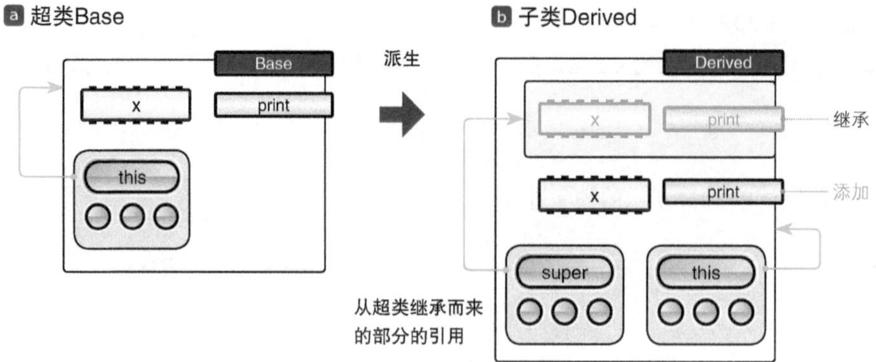

图 12-3 类的派生和 super

我们来看一下构造函数。构造函数将形参 *x1* 和 *x2* 接收到的值赋给了两个 *x*，**super.***x* 是从超类 *Base* 继承而来的字段 *x*，而 **this.***x* 则是类 *Derived* 本身声明的字段 *x*。

▶ 另外，不带 **super.** 和 **this.** 的单纯的 *x* 指的是 **this.***x*。这是因为当存在同名的字段和方法时，超类中的名称会被**隐藏**。

方法 *print* 不接收参数，也不返回值，这一点与类 *Base* 的形式相同。该方法中的 **super.***print***()** 是超类 *Base* 中的方法 *print* 的调用。

因此，当调用类 *Derived* 的方法 *print* 时，首先会显示类 *Base* 的 *x*，然后再显示类 *Derived* 的 *x*。

▶ 在子类中重新定义与超类中形式相同的方法，叫作**重写**（override）。关于重写，我们将在下一节中详细介绍。

专栏 12-1 超类和子类

我们来思考一下超类和子类的命名。

sub 是“部分”的意思，而 super 则是“包含部分的全体”的意思。

从资产数量的角度来看，超类是子类的“部分”，sub 和 super 的语意是相反的。这有点不太容易分辨，请大家不要弄错。

另外，在程序设计语言 C++ 中，并不叫作子类 / 超类，而是叫作派生类 / 基类。

类层次

前面介绍的示例都是从某个类派生另外一个类的示例，我们还可以从派生的类再进行派生，示例如图 12-4 所示。

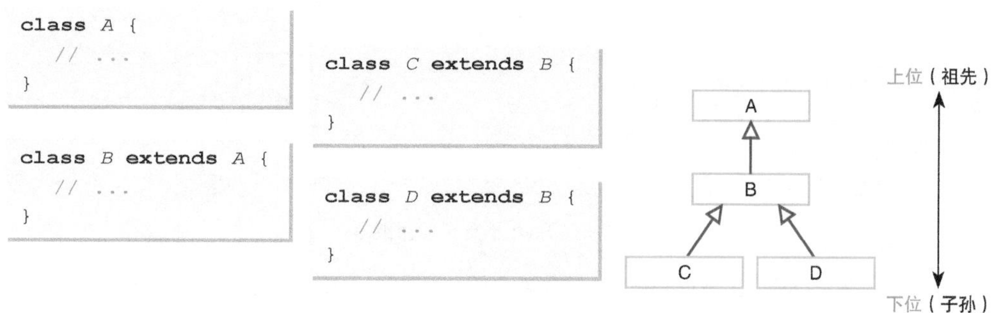
class A {
// ...
}
class B extends A {
// ...
}
class C extends B {
// ...
}
class D extends B {
// ...
}
A
B
C
D
上位（祖先）
下位（子孙）

图 12-4　类的派生

图中，从类 A 派生了类 B，从类 B 派生了类 C 和类 D。类 B 是类 A 的**孩子**，而类 C 和类 D 是类 B 的**孩子**，同时是类 A 的**孙子**。也就是说，所有的类都具有"**血缘关系**"。

如果我们将包含父亲在内的上层类称为**祖先**，而将包含孩子在内的下层类称为**子孙**，那么上位类、下位类的定义如下所示。

- 上位类（super class）　　　　… 祖先类（父亲、爷爷、曾祖父……）
- 下位类（sub class）　　　　　… 子孙类（孩子、孙子、曾孙……）
- 直接上位类（direct super class）… 父类
- 直接下位类（direct sub class）　… 子类

不过，这种表示不仅有点难以理解，而且还难以区分，今后我们采用表 12-1 中的表示方法。

表 12-1　超类 / 上位类和子类 / 下位类（本书的定义）

名称	定义
超类	派生源的类（父亲）
子类	通过派生创建的类（孩子）
上位类	包含父亲在内的祖先类（父亲、祖父、曾祖父……）
下位类	包含孩子在内的子孙类（孩子、孙子、曾孙……）
间接上位类	除去父亲之外的祖先类（祖父、曾祖父……）
间接下位类	除去孩子之外的子孙类（孙子、曾孙……）

▶ 难以区分的一个原因就是，在语法术语上，"**超**"有**包含父亲在内的祖先**的含义，而关键字"`super`"则**只指父亲**。

关键字 `super` 是父类（直接上位类）的引用，`super()` 是父类的构造函数的调用，绝不是父亲的上一代的超类的引用，或它们的构造函数的调用。

Java 不支持从多个类进行派生的多重继承，因此图 12-5 中的类会发生编译错误。

在多重继承中，当不同超类中包含同名的字段或方法时，内部处理会变得极其复杂。不支持多重继承是 Java 崇尚简洁的一种表现。

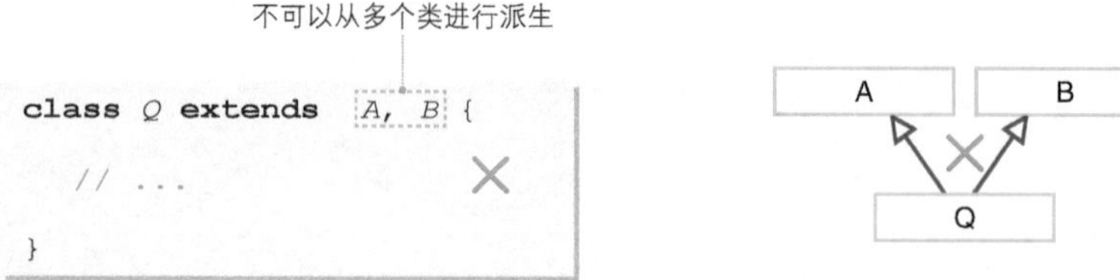

图 12-5 Java 不支持多重继承

▶ C++ 支持多重继承。虽然支持多重继承会增大语言的规格，加重编译器的负担，但也无需厌恶排斥。C++ 的标准库中，使用多重继承从输入流和输出流中创建输入输出流，就是一种非常棒的示范。

专栏 12-2 类层次图中的箭头方向

类层次图中的箭头是“子类 → 超类”，即“子 → 父”，这是有一定原因的。我们以下述声明为例进行思考。

```
class Derived extends Base { /* … */ }
```

声明中的阴影部分“**extends** *Base*”是声明“我让 *Base* 作为父亲”，这意味着在父类 *Base* 并不知情的情况下擅自创建了孩子。

虽然孩子（子类）认识父亲（超类），但父亲（超类）却不认识孩子（子类）。原本是否就有孩子、有的话又有几个……这些信息父亲无法拥有。

这与人们知道自己生的孩子的情况是相反的。

超类端无法声明“将这个类作为我的孩子”，而子类端可以声明“将这个类作为我的父亲”，因此箭头方向是“子类→超类”。

Object 类

我们来思考一下图 12-6，该图对图 12-4 所示的类的声明和类层次图进行了更严密的改写。图中写有 **Object** 类，如类 *A* 所示，声明中未加 **extends** 的类就是 **Object** 类的子类。

▶ **Object** 类属于 **java.lang** 包。关于该类，我们将在专栏 12-6 中进行介绍。

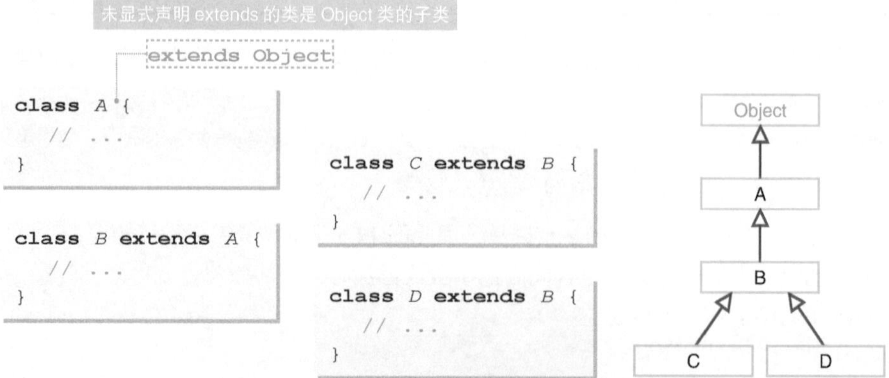

图 12-6 类的派生

前 11 章中创建的未加 **extends** 的类（*Account*、*Car* 或 *Day* 等类）都是 **Object** 类的子类。

也就是说，**Object** 之外的所有类都是 **Object** 类的下位类。在上图的示例中，类 *A* 是 **Object** 的孩子，类 *B* 则是孙子。

所有的类都是拥有 **Object** 这一个共同祖先的 **“亲戚类”**。

▶ 因此，看起来没有任何关系的类 *Account*、*Car* 或 *Day* 都是拥有 **Object** 这个共同父亲的“兄弟”。

重 要 不执行显式派生声明的类都是 Object 类的子类。Java 中的所有类都是 Object 类的下位类。

另外，**Object** 类有时也被称为 **“老大类”**，当然这并不是多么优雅的词语。

增量编程

再回到本章开头的话题，我们讨论了对银行账户类添加定期存款的示例，下面我们不重新创建一个类，而是通过派生来创建一个类。这就是代码清单 12-5 所示的类 *TimeAccount*。

代码清单 12-5 account2/TimeAccount.java

```
// 带定期存款的银行账户类【第1版】

class TimeAccount extends Account {
  private long timeBalance;              // 可用余额（定期存款）

  // 构造函数
  TimeAccount(String name, String no, long balance, long timeBalance) {
    super(name, no, balance);            // 调用类Account的构造函数
    this.timeBalance = timeBalance;      // 可用余额（定期存款）
  }

  // 确认定期存款
  long getTimeBalance() {
    return timeBalance;
  }

  // 解除定期存款，全部转为普通存款
  void cancel() {
    deposit(timeBalance);
    timeBalance = 0;
  }
}
```

▶ 本程序需要在与第 2 版银行账户类（代码清单 8-3）相同的目录中编译和运行。

本类中只声明了字段、构造函数和两个方法，除此之外的字段和方法都继承自超类 *Account*，因此无需重新定义。

继承的一个好处就是可以进行**增量编程**（incremental programming），即对已有的程序只进行最低程度的添加、修改，就可以实现一个新的程序。这可以提高程序的开发效率和维护性。

重 要 在创建不具有兼容性的“似是而非”的类之前，可以先考虑通过“继承”来解决问题。

▶ 从二维坐标类派生三维坐标类的代码清单 12-2 也是增量编程的一个示例。不过，继承发挥作用靠的并不是增量编程，而是下节中介绍的多态。

is-A 关系和实例的引用

TimeAccount 是 *Account* 的孩子，属于 *Account* 家（*Account* 家族），这种关系称为 is-A 关系，表示如下。

> *TimeAccount* 是 *Account* 的一种。

请注意，这种关系反过来就不成立了，*Account* 并不是 *TimeAccount* 的一种。另外，is-A 关系也称为 kind-of-A 关系。

*

我们通过两个程序来介绍一下 is-A 关系如何应用在程序中。首先来看代码清单 12-6。

▶ 如果不注释掉灰色阴影部分，就会发生编译错误。

代码清单 12-6 account2/TimeAccountTester1.java

```
// is-A关系和实例的引用（其1）

class TimeAccountTester1 {

   public static void main(String[] args) {
      Account adachi = new Account("足立幸一", "123456", 1000);
      TimeAccount nakata = new TimeAccount("中田真二", "654321", 200, 500);

      Account x;      // 类类型变量 …
      x = adachi;        // 可以引用自身类型的实例（这是当然的）  1
      x = nakata;        // 也可以引用下位类类型的实例！         2

      System.out.println("x的可用余额: " + x.getBalance());

      TimeAccount y; // 类类型变量 …
//    y = adachi;        // 不可以引用上位类类型的实例！          3
      y = nakata;        // 可以引用自身类型的实例（这是当然的）  4

      System.out.println("y的可用余额: " + y.getBalance());
      System.out.println("y的定期存款: " + y.getTimeBalance());
   }
}
```

运行结果

```
x的可用余额: 200
y的可用余额: 200
y的定期存款: 500
```

main 方法的开头创建了如下所示的两个实例。

- *adachi* … 银行账户类 *Account* 类型的实例
- *nakata* … 带定期存款的银行账户类 *TimeAccount* 类型的实例

之后声明的变量 *x* 是 *Account* 类型的类类型变量，变量 *y* 则是 *TimeAccount* 类型的类类型变量。

1～4处中将 *adachi* 和 *nakata* 的实例的引用赋给了 *x* 和 *y*。我们参照着图 12-7 对此进行理解。

1和4中，*Account* 类型的变量 *x* 引用了同一类型的 *adachi* 实例，*TimeAccount* 类型的变量 *y* 引用了同一类型的 *nakata* 实例（没有任何问题）。

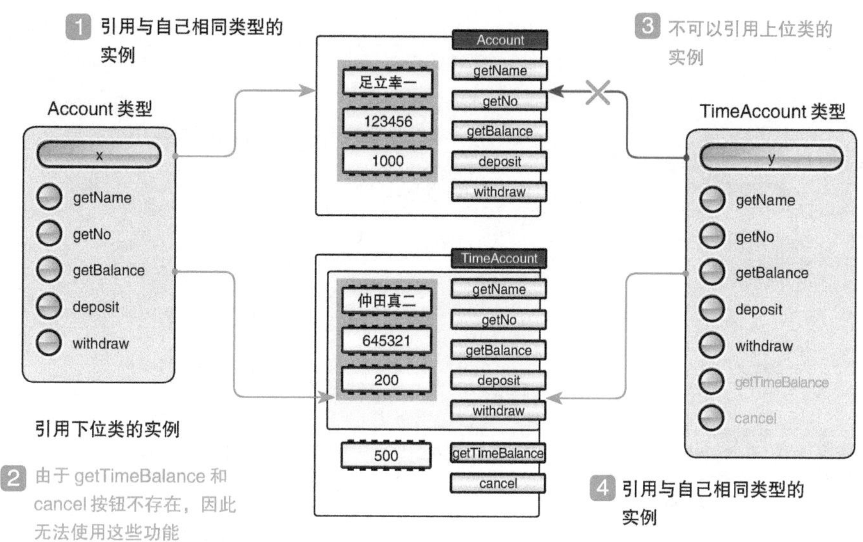

图 12-7　超类 / 子类的实例引用

2中，*Account* 类型的变量 *x* 引用了（*Account* 的一种）下位类 *TimeAccount* 类型的实例 *nakata*。

如图所示，*x* 引用了子类 *TimeAccount* 类中包含的类 *Account* 部分。因此，*Account* 类型的遥控器可以操作 *TimeAccount* 类型的实例。

▶ *Account* 类型的遥控器中没有 *TimeAccount* 特有的 *getTimeBalance* 和 *cancel* 按钮，因此无法使用这些功能。*TimeAccount* 类型实例可以作为 *Account* 类型进行操作。

3中的关系正好与2相反。*TimeAccount* 类型的变量 *y* 不可以引用超类 *Account* 类型的 *adachi* 实例。

我们来思考一下，假如变量 *y* 可以引用 *adachi*，那会怎么样呢？

这样就可以执行用于确认遥控器 *y* 的定期存款余额的按钮 *getTimeBalance*，即可以调用 *y.getTimeBalance*()。但不应该允许存在这样的操作，因为遥控器 *y* 的引用目标 *adachi* 是不具有定期存款的类 *Account* 类型的实例。

这里以父子关系为例进行了思考，但祖父和孙子等也遵循同样的规则。一般可以归纳为如下。

重要 上位类类型的变量可以引用下位类的实例，但下位类类型的变量不可以引用上位类的实例。

▶ 如果显式应用造型运算符，则可以进行引用。相关内容我们将在后文中介绍。

接下来，我们来思考一下代码清单 12-7 所示的程序。

程序中阴影部分的方法 *compBalance* 就是前文中介绍过的内容。这个方法会比较两个账户 *a* 和 *b* 的普通存款的可用余额，并根据比较结果，分别返回数值 1、-1、0。

代码清单 12-7 account2/TimeAccountTester2.java

```
// is-A关系和实例的引用（使用方法的参数进行验证）

class TimeAccountTester2 {

   // 谁的可用余额更多呢                TimeAccount 测试版错误 / 第 1 版可以运行
   static int compBalance(Account a, Account b) {
      if (a.getBalance() > b.getBalance())         // a更多
         return 1;
      else if (a.getBalance() < b.getBalance())    // b更多
         return -1;
      return 0;                                    // a和b相同
   }

   public static void main(String[] args) {
      Account adachi = new Account("足立幸一", "123456", 1000);
      TimeAccount nakata = new TimeAccount("仲田真二", "654321", 200, 500);

      switch (compBalance(adachi, nakata)) {
       case  0 : System.out.println("足立和仲田的可用余额相同。");  break;
       case  1 : System.out.println("足立的可用余额更多。");  break;
       case -1 : System.out.println("仲田的可用余额更多。");  break;
      }
   }
}
```

运行结果

```
足立的可用余额更多。
```

形参 *a* 和 *b* 的类型都是 *Account*，**main** 方法中将 *Account* 类型实例的引用和 *TimeAccount* 类型实例的引用传递给了这两个形参。

之所以可以正确执行，是因为 *Account* 类型的变量既可以引用 *Account* 类型的实例，也可以引用 *TimeAccount* 类型的实例。

▶ 如果形参 *a* 和 *b* 的类型都变为 *TimeAccount*，则 **main** 方法中可以传递 *TimeAccount* 实例的引用，但不可以传递 *Account* 实例的引用。

从运行结果中也可以看出，可用余额的比较操作被正确执行了。

重要 对于类类型的参数，除了可以传递该类类型的实例的引用之外，还可以传递该类的下位类类型的实例的引用。

▶ 虽然测试版 *TimeAccount*（代码清单 12-1）不可以和 *Account* 兼容，但已确认从 *Account* 派生的第 1 版 *TimeAccount* 可以和 *Account* 兼容。

练习 12-1

请编写一个汽车类，添加表示行驶距离的字段和确认该值的方法。请从第 2 版汽车类 *Car*（代码清单 9-13）进行派生。

专栏 12-3 Object 类类型的参数和数组

我们已经知道，如果方法的形参为类类型，那么它也可以接收该类的下位类类型的实例的引用。

由于 **Object** 类是所有类的最上位类，因此**如果形参的类型为 Object，那么它就可以接收所有类类型的实例的引用**。我们通过实际程序来确认一下，如代码清单 12C-1 所示。

代码清单 12C-1 Chap12/ToString.java

```
// 显示toString返回的字符串的方法（用于所有的类类型）

class X {                                  // Object的孩子
    public String toString() {
        return "Class X";
    }
}

class Y extends X {                        // Object的孙子
    public String toString() {
        return "Class Y";
    }
}

public class ToString {

    //--- 显示toString返回的字符串 ---//
    static void print(Object obj) {
        System.out.println(obj);
    }

    public static void main(String[] args) {
        X x = new X();
        Y y = new Y();
        int[] c = new int[5];              // 数组也是Object的孩子

        print(x);
        print(y);
        print(c);
    }
}
```

运行结果示例

```
Class X
Class Y
[I@ca0b6
```

类 *X* 是默认从 **Object** 类派生的，类 *Y* 是从类 *X* 派生的。

方法 *print* 接收的形参 *obj* 的类型为 **Object** 类型，因此，*obj* 可以接收所有类类型的实例的引用。这个方法负责显示通过对 *obj* 启动 toString 方法而得到的字符串。

我们来看一下 **main** 方法。该方法中创建了 *X* 类型的实例 *x*、*Y* 类型的实例 *y*、**int** 型的数组 *c*，并将这些对象的引用传递给方法 *print*。

对于变量 *x*，显示类 *X* 的 toString 方法返回的字符串 "Class X"，而对于变量 *y*，则显示类 *Y* 的 toString 方法返回的字符串 "Class Y"。

*

在这里我们来看一下**将数组的引用传递给 Object 类型参数的操作**。实际上，在程序内部，数组的处理本质上与类是一样的。也就是说，数组是 **Object** 类的下位类（**Ojbect** 的一种）。数组类拥有 toString 方法和表示元素个数的 **final int** 型的字段 length 等。

我们已经在代码清单 6-15 中确认过，输出数组时会显示特殊的字符串。实际上，这是因为调用了数组类的 toString 方法。

12-2 多态

本节中我们将以宠物类为例，介绍引出类的派生的真正价值的多态。

方法的重写

我们来思考一下代码清单 12-8 的程序。该程序中定义了两个类，类 *Pet* 及其派生的类 *RobotPet*。

我们先来理解这两个类。

a 类Pet

```
■我的名字是++++！
■我的主人是****！
```

b 类RobotPet

```
◇我是机器人。名字是++++。
◇我的主人是****。
```

图 12-8 方法 introduce

▪ 类 Pet（宠物）

• 字段

name … 宠物的名字

masterName … 主人的名字

• 构造函数

Pet … 设置宠物和主人的名字

• 方法

getName … 确认宠物名字的方法（*name* 的 getter 方法）

getMasterName … 确认主人名字的方法（*masterName* 的 getter 方法）

introduce … 进行自我介绍的方法（图 12-8 a）

▪ 类 RobotPet（机器人类型的宠物）

• 字段

继承类 *Pet* 的字段（*name* 和 *masterName*）。

• 构造函数

RobotPet … 设置宠物和主人的名字。通过调用 **super(…)** 将设置处理委托给超类 *Pet* 的构造函数

• 方法

introduce … 进行自我介绍的方法（图 12-8 b）。并不继承类 *Pet* 中的处理，而是进行重写

work … 做家务的方法。家务种类（打扫 / 洗衣服 / 做饭）通过参数指定为数值 0、1、2

类 *RobotPet* 和类 *Pet* 的方法之间的关系归纳如下。

- 直接继承 … *getName*、*getMasterName*
- 重写 … *introduce*
- 新添加 … *work*

代码清单12-8 pet/Pet.java

```
// 宠物类

class Pet {
   private String name;          // 宠物的名字
   private String masterName;    // 主人的名字

   // 构造函数
   public Pet(String name, String masterName) {
      this.name = name;                 // 宠物的名字
      this.masterName = masterName;     // 主人的名字
   }

   // 确认宠物的名字
   public String getName() { return name; }

   // 确认主人的名字
   public String getMasterName() { return masterName; }

   // 自我介绍
   public void introduce() {
      System.out.println("■我的名字是" + name + "! ");
      System.out.println("■我的主人是" + masterName + "! ");
   }
}

class RobotPet extends Pet {
   // 构造函数
   public RobotPet(String name, String masterName) {
      super(name, masterName);     // 超类的构造函数
   }

   // 自我介绍
   public void introduce() {
      System.out.println("◇我是机器人。名字是" + getName() + "。");
      System.out.println("◇我的主人是" + getMasterName() + "。");
   }

   // 做家务
   public void work(int sw) {
      switch (sw) {
       case 0: System.out.println("打扫。"); break;
       case 1: System.out.println("洗衣服。"); break;
       case 2: System.out.println("做饭。"); break;
      }
   }
}
```

被子类继承

重写

新添加…RobotPet专用的方法

像方法 `introduce` 这样，在下位类中重新定义一个与上位类中的方法形式相同的方法，这样的操作称为**重写**（override）。

本程序中的重写具体如下所示。

> 类 *RobotPet* 的方法 *introduce* 重写类 *Pet* 的方法 *introduce*。

▶ override 蕴含“推翻已经确定的内容”的含义。重写是让上位类的方法的定义无效，重写新的内容。

多态

测试类 *Pet* 和 *RobotPet* 的程序如代码清单 12-9 所示。

代码清单 12-9 pet/PetTester1.java

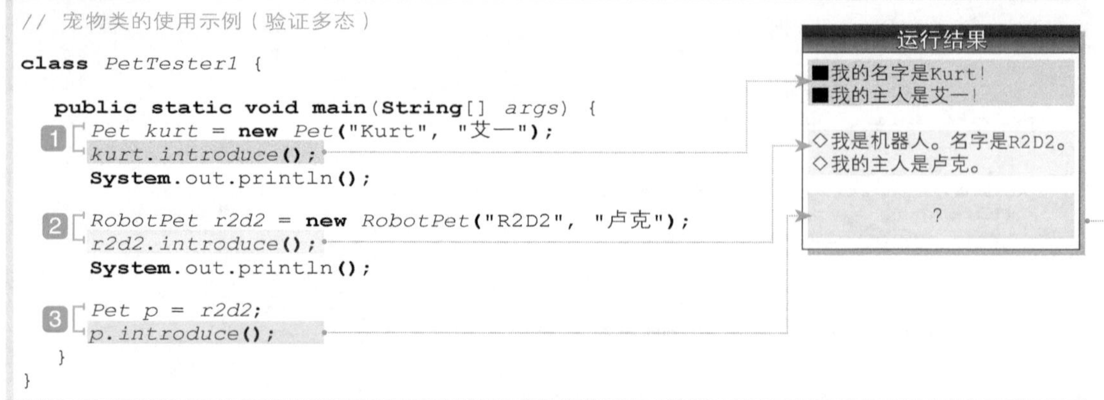

```
// 宠物类的使用示例（验证多态）

class PetTester1 {

   public static void main(String[] args) {
1     Pet kurt = new Pet("Kurt", "艾一");
      kurt.introduce();
      System.out.println();

2     RobotPet r2d2 = new RobotPet("R2D2", "卢克");
      r2d2.introduce();
      System.out.println();

3     Pet p = r2d2;
      p.introduce();
   }
}
```

运行结果
■我的名字是Kurt！
■我的主人是艾一！
◇我是机器人。名字是R2D2。
◇我的主人是卢克。
?

我们来理解一下程序。

1会创建类 *Pet* 的实例 *kurt*，并让其进行自我介绍。调用的是类 *Pet* 中的方法 *introduce*。

2会创建类 *RobotPet* 的实例 *r2d2*，并让其进行自我介绍。调用的是类 *RobotPet* 中的方法 *introduce*。

3中 *Pet* 类型的变量 *p* 被初始化为 *RobotPet* 类型的实例的引用。这里与1和2的不同之处在于，变量和引用目标的类型不同。

▶ 根据 is-A 关系，引用“宠物”的变量当然可以引用宠物，但还可以引用一种宠物——“机器人类型的宠物”。

这里我们来看一下方法调用 *p.introduce*()。该调用应该解释为下述的Ⓐ方式和Ⓑ方式中的哪一种呢？

Ⓐ 调用宠物 Pet 进行自我介绍的方法

由于变量 *p* 的类型为 *Pet* 类型，因此会调用进行自我介绍的 *Pet* 类型的方法 *introduce*，即像右图中这样进行显示。

■我的名字是R2D2！
■我的主人是卢克！

Ⓑ 调用机器人类型的宠物 RobotPet 进行自我介绍的方法

由于引用目标的实例类型为 *RobotPet* 类型，因此会调用进行自我介绍的 *RobotPet* 类型的方法 *introduce*，即像右图中这样进行显示。

◇我是机器人。名字是R2D2。
◇我的主人是卢克。

假如程序变成下面这样，我们站在编译器 javac 的立场上，来探讨这两种方式。

```
if (sw == 1)
   p = kurt;          // p引用Pet类型的实例
else
   p = r2d2;          // p引用RobotPet类型的实例

p.introduce();        // p的引用目标是Pet和RobotPet中的哪一个？
```

这里假定 *sw* 是 **int** 型变量。当然，它的值在程序运行时可能会发生变化。

因此，当阴影部分运行时，关于 p 的引用目标是 Pet 类型的 kurt 还是 RobotPet 类型的 r2d2，不是在程序编译时确定，而是在运行时确定的。记住了这一点之后我们再来理解这两种方式。

Ⓐ 方式

不管变量 p 引用的是 kurt 还是 r2d2，都会生成调用 Pet 类型的方法 introduce 的字节码。这样生成的字节码比较简单，容易编译。

Ⓑ 方式

生成的字节码如下所示。

- 当 SW 为 1 时 … 调用类 Pet 类型的方法 introduce
- 当 SW 不为 1 时 … 调用类 RobotPet 类型的方法 introduce

也就是说，生成的字节码必须在程序运行时能够切换调用的方法。

这样生成的字节码比较复杂，编译繁琐。

▶ 虽然源程序表面上看来只是“方法调用”，但类文件中的字节码需要根据条件切换调用的方法，比较复杂。因此，与Ⓐ方式相比，程序的运行效率较低（虽然只低一点点）。

*

通过前面的讲解，我们可以明白下述内容。

Ⓐ 方式是在编译时确定调用的方法。

→调用遥控器类型的方法。

Ⓑ 方式是在运行时确定调用的方法。

→调用遥控器“当前”引用的电路类型的方法。

从编译器的角度来看，简单的Ⓐ方式更好，但**编译器实际上生成的字节码是Ⓑ方式**。

类类型的变量由于派生关系，可以引用各种类类型实例，这被称为**多态性**，即**多态**（polymorphism）。

▶ poly 是“多的”，morph 是“形态”的意思。多态也被称为“多样性”“同名异型”“多态性”等。

与多态相关的方法调用会在程序运行时确定要调用的方法（图 12-9），优点如下。

- 可以对不同的类类型的实例发送相同的消息
- 接收消息的实例知道自己是什么类型，从而执行相应的动作

*

由于Ⓐ方式是在编译时确定要调用的方法，因此这种调用结构被称为**静态联编**（static binding）或**前期联编**（early binding）。

而 Java 中采用的Ⓑ方式是在运行时确定要调用的方法，因此这种调用结构被称为**动态联编**（dynamic binding）或**后期联编**（late binding）。

▶ binding 也可翻译为绑定。例如，动态联编也被称为**动态绑定**或**后期绑定**。

重要 方法调用中会执行动态联编。

▶ 在 C++ 中，函数（方法）调用原则上是Ⓐ方式的静态联编，只有特殊声明的虚函数是动态联编。

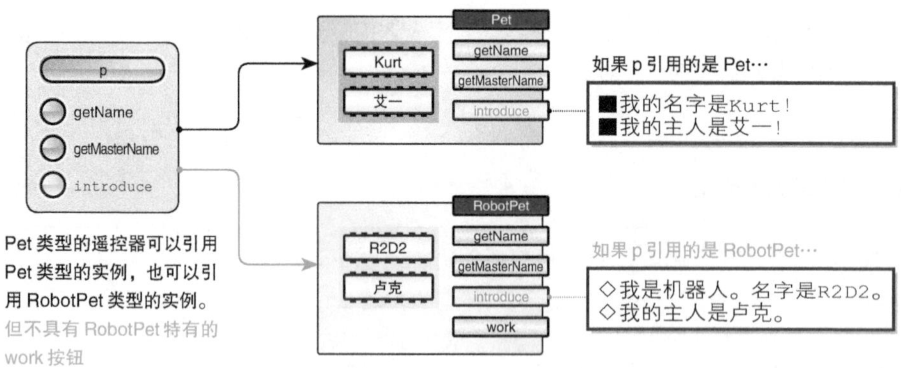

图 12-9 多态和动态联编

代码清单 12-10 是对方法的参数应用动态联编的程序示例。

代码清单 12-10 pet/PetTester2.java

```
// 宠物类的使用示例（使用方法的参数来验证多态）

class PetTester2 {

   // 让p引用的实例进行自我介绍
   static void intro(Pet p) {
      p.introduce();
   }

   public static void main(String[] args) {
      Pet[] a = {
         new Pet("Kurt", "艾一"),
         new RobotPet("R2D2", "卢克"),
         new Pet("迈克尔", "英男"),
      };

      for (Pet p : a) {
         intro(p);             // 让p引用的实例进行自我介绍
         System.out.println();
      }
   }
}
```

运行结果

```
■我的名字是Kurt！
■我的主人是艾一！

◇我是机器人。名字是R2D2。
◇我的主人是卢克。

■我的名字是迈克尔！
■我的主人是英男！
```

另解 pet/PetTester2x.java

```
for (int i = 0; i < a.length; i++) {
   intro(a[i]);
   System.out.println();
}
```

方法 *intro* 的形参 *p* 是 *Pet* 类型，该方法只负责对 *p* 启动方法 *introduce*。当然，形参 *p* 除了接收 *Pet* 类类型的实例的引用，还可以接收 *Pet* 类的下位类 *RobotPet* 类型的实例的引用。

main 方法中创建了一个 *Pet* 类型的实例和 *RobotPet* 类型的实例混在一起的数组，并将这些实例的引用传递给了方法 *intro*。

从运行结果中可以确认，程序对 *Pet* 类型的实例 *a*[0] 和 *a*[2] 调用了 *Pet* 类型的方法 *introduce*，对 *RobotPet* 类型的实例 *a*[1] 则调用了 *RobotPet* 类型的方法 *introduce*。

面向对象的三大要素

从第 8 章开始，我们逐步介绍了类的相关内容，截止到这里，我们也已经介绍了继承和多态的相关内容。

下述三项被称为**面向对象的三大要素**。

- 类（封装）
- 继承
- 多态

因此，如果大家掌握了以上这些内容，也就**掌握了面向对象的基础知识**。

引用类型的转型

我们继续思考类 *Pet* 和类 *RobotPet*。如下所示，超类类型的变量可以引用子类的实例。

```
Pet p = new RobotPet("R2D2", "卢克");
```

此时，*RobotPet* 类型的引用会默认转换为 *Pet* 类型的引用。这种类型转换称为**引用类型的放大转换**（widening reference conversion）或**向上类型转换**（up cast）（图 12-10 a ）。

当然，我们也可以像下面这样显式使用造型运算符。

```
Pet p = (Pet)new RobotPet("R2D2", "卢克");        // 显式转换
```

▶ 放大转换是默认执行的，这与基本类型的放大转换（5-2 节）是一样的。如图所示，上位端被称为“大的”，而下位端被称为“小的”。

而子类类型的变量不可以引用超类的实例（12-1 节）。不过，我们可以像下面这样，显式使用造型运算符进行类型转换。

```
RobotPet r1 = new Pet("Kurt", "艾一");                    // 错误
RobotPet r2 = (RobotPet)new Pet("Kurt", "艾一");          // OK!
```

这里执行的类型转换称为**引用类型的缩小转换**（narrowing reference conversion）或**向下类型转换**（down cast）（图 12-10 b ）。

▶ 引用类型的放大转换 / 缩小转换是 Java 的语法术语，而向上类型转换 / 向下类型转换则是一般的编程术语。

另外，向上 / 向下源自于转换目标是类层次的上位 / 下位。

r2 的引用目标不是机器人宠物，因此，如下所示的做家务的命令在程序运行时会发生错误。

```
✕ r2.work(0);          // 运行时错误
```

原则上应该避免错误执行向下类型转换，使下位类类型的变量引用上位类类型的实例。

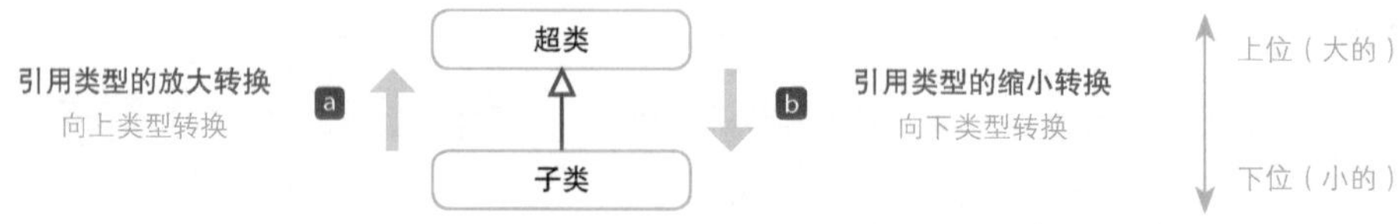

图 12-10　向上类型转换和向下类型转换

instanceof 运算符

我们已经知道，类类型的变量除了可以引用该类类型的实例之外，还可以引用上位类的实例和下位类的实例。

这样一来，我们就需要确认变量引用的到底是哪一个类，如代码清单 12-11 所示。

代码清单12-11　　pet/PetInstanceOf.java

```
// instanceof运算符的使用示例

class PetInstanceOf {

   public static void main(String[] args) {
      Pet[] a = {
         new Pet("Kurt", "艾一"),
         new RobotPet("R2D2", "卢克"),
         new Pet("迈克尔", "英男"),
      };

      for (int i = 0; i < a.length; i++) {
         System.out.println("a[" + i + "] ");
         if (a[i] instanceof RobotPet)      // 如果a[i]是机器人……
            ((RobotPet)a[i]).work(0);       //    做家务（打扫）
         else                               // 否则……
            a[i].introduce();               //    自我介绍
      }
   }
}
```

运行结果

```
a[0]
■我的名字是Kurt!
■我的主人是艾一!
a[1]
打扫。
a[2]
■我的名字是迈克尔!
■我的主人是英男!
```

阴影部分中使用了首次出现的 instanceof **运算符**。这是使用如下形式的一种关系运算符（表 12-2）。

```
类类型的变量名 instanceof 类名
```

表 12-2　instanceof 运算符

x **instanceof** *t*	如果变量 *x* 是可以默认转换为类型 *t* 的下位类，则结果为 **true**，否则为 **false**

在 **if** 语句中，如果 *a*[*i*] 引用的是类 *RobotPet* 的实例，则命令其做家务，否则让其进行自我介绍。另外，当命令其做家务时，需要先将 *a*[*i*] 向下类型转换为 *RobotPet* 类型的引用类型。

▶ 另外，本程序中的 **if** 语句不可以写成下面这样。这是因为不管 *a*[*i*] 引用的是 *Pet* 还是 *RobotPet*，表达式 *a*[*i*] **instanceof** *Pet* 的值都是 **true**。

```
if (a[i] instanceof Pet)           // 如果为包含Pet在内的Pet的下位类，则为true
   a[i].introduce();               // 也就是说，不管a[i]是Pet还是RobotPet，都会执行
else
   ((Robotpet)a[i]).work(0)        // 不会执行
```

@Override 注解

我们来思考一下下述程序。这是类 *RobotPet* 及其进行自我介绍的方法，这里误将本应是 *introduce* 的方法名写成了 *introduction*。

```
class RobotPet {
  // … 中略 …
  public void introduction() {                    // 自我介绍
    System.out.println("◇我是机器人。名字是" + getName() + "。");
    System.out.println("◇我的主人是" + getMasterName() + "。");
  }
  // … 中略 …
}
```

对我们人类来说，这只是一个简单的错误，但死脑筋的编译器会将其看作是“类 *RobotPet* 中新声明了方法 *introduction*”。

因此，超类中定义的 *introduce* 会被直接继承，而这里定义的 *introduction* 会被看作是新添加的方法。

▶ 这时，代码清单 12-9 中的 *p.introduce*() 就不是调用类 *RobotPet* 的自我介绍方法，而是类 *Pet* 的自我介绍方法。

*

注解（annotation）能够有效防止这种人为错误。第 1 章中介绍过，将要传达给程序阅读者的内容写为注释，注释的对象是包含程序编写者自己在内的人类。

而注解是稍微高级一些的注释，是**除了我们人类之外，编译器也可以读懂的注释**。

重要 要传达给人类和编译器的注释可以记为注解。

方法重写时使用的是 **@Override 注解**。其使用方法很简单，就像下面这样，只需在方法声明的名称前面加上 **@Override**。

编译错误

```
class RobotPet {
  // … 中略 …
  @Override public void introduction() {          // 自我介绍
    System.out.println("◇我是机器人。名字是" + getName() + "。");
    System.out.println("◇我的主人是" + getMasterName() + "。");
  }
  // … 中略 …
}
```

这个注解给人类和编译器传达了下述内容。

> 接下来声明的方法是重写上位类的方法，而不是本类中新添加的方法。

此时，由于超类 *Pet* 中没有方法 *introduction*，因此编译器中会发生如下错误。

> 方法不重写其超类中的方法。

▶ 这是编译器 javac 显示的消息。由于是直译过来的，因此其含义有点难以理解，但其实就是“虽然声明了要重写方法 *introduction*，但超类中并不存在该名称的方法”的意思。

这样一来，程序员就会发现方法名键入错误，从而修改程序。
修改成下面这样后，程序就可以正确编译了。

```
class RobotPet {
   // … 中略 …
   @Override public void introduce() {              // 自我介绍
      System.out.println("◇我是机器人。名字是" + getName() + "。");
      System.out.println("◇我的主人是" + getMasterName() + "。");
   }
   // … 中略 …
}
```

重要 当方法重写上位类中的方法时，最好在声明中加上 **@Override** 注解。

▶ annotation 是“注释”或“注解”的意思。

练习 12-2

请编写方法 *compBalance*，比较带定期存款的银行账户类类型变量 *a*、*b* 的普通存款和定期存款的总额，并返回比较结果。

```
static int compBalance(Account a, Account b)
```

对总额进行比较，如果 *a* 更多，则返回 1；如果相等，则返回 0；如果 *b* 更多，则返回 -1。如果 *a* 或 *b* 引用的是不带定期存款的 *Account* 类型的实例，则比较普通存款的金额。

专栏 12-4 @Deprecated 注解

除了此处介绍的 **@Override** 之外，Java 中还提供了几个标准的注解（也可以自己创建注解）。

在不断改进类或方法的过程中，有时会出现“创建了更好的类”“由于类内部的规格修改，该方法不能再使用了”等情况，这时就可以使用 **@Deprecated** 注解。

在不推荐使用的类或方法的前面加上 **@Deprecated**，这样一来，使用它们的程序在编译时就会发出警告。

12-3 继承和访问属性

在类的派生中，字段和方法会被继承，但构造函数不会被继承。我们来详细介绍一下在类的派生中，哪些资产可以被继承，哪些资产不可以被继承，以及它们的访问属性又会变成什么样。

成员

12-1 节中介绍过，字段和方法会被继承，但构造函数不会被继承。在类的派生中，需要明确知道哪些可以被继承，哪些不可以被继承。

在类的派生中，只有类的**成员**（member）可以被继承，类的成员如下所示。

- 字段
- 方法
- 类
- 接口

可以被子类继承的成员

▶ 这里的“类”和“接口”（第 14 章）并不是指一般的类和接口，而是类中声明的类和接口（这已超出了入门篇的范围，本书中不会对其进行介绍）。

原则上，超类中的成员会被直接继承。不过，具有私有访问属性的成员，即声明为 `private` 的成员不会被继承。

重要 私有成员不会被继承。

如果子类可以自由访问超类中的私有（`private`）成员，结果会怎么样呢？超类中的私有部分只需通过执行类的派生就可以进行访问了。这样一来，信息隐藏就没有意义了。

▶ 另外，虽说 `private` 成员不会被继承，但并不是说这个成员消失了。虽然从程序上来说无法访问，但它作为内部资产还是存在的。

*

类中还有如下所示的非成员资产。

- 实例初始化器
- 静态初始化器
- 构造函数

不可以被子类继承的非成员

这些资产不会被继承。

重要 由于实例初始化器、静态初始化器和构造函数并不是成员，因此在派生中不会被继承。

final 类和方法

声明为 **final** 的类和方法在派生中会被特殊处理。

final 类

不可以从 **final** 类中进行派生。也就是说，无法创建以 **final** 类为超类的类。

例如，表示字符串的 **String** 类就被声明为 **final** 类。

```
public final class String {                // String类为final类
    // ...
}
```

因此，不可以像下面这样，创建 **String** 类的扩展类。

```
class DeluxeString extends String {      // 错误
    // ...
}
```

这个示例揭示了如下原则。

> **重要** 不应该扩展的类（如果随意创建子类就麻烦了）要声明为 **final** 类。

final 方法

像下面这样，在方法的开头加上 **final** 进行声明的 **final** 方法不可以被子类重写。

```
final void f() { /*…*/ }            // 该方法不可以重写
```

由此，可以得出下述原则。

> **重要** 不应该被子类重写的方法要声明为 **final** 方法。

另外，**final** 类中的所有方法都会自动变为 **final** 方法。

▶ 2-2 节中介绍过，**final** 有“最后的”的意思，**final** 类和 **final** 方法就蕴含“最终确定的版本，已经无法再扩展、重写”的意思。

重写和方法的访问属性

上一章中已经介绍过成员的访问属性（11-3 节）。当重写方法时，必须了解与访问属性相关的下述规则。

> **重要** 当重写方法时，必须赋给与上位类中的方法**相同或更弱**的访问控制修饰符。

访问控制的强弱关系如图 12-11 所示。修饰符的访问控制最弱的是具有公开（**public**）访问控制的 *m1*，而最强的是具有私有（**private**）访问控制的 *m4*。

```
              public class A {
弱（松）        ▲ public    void m1() { } // 公开（public）
                 protected void m2() { } // 限制公开（protected）
                 |          void m3() { } // 包（默认、无修饰符）
强（紧）        ▼ private   void m4() { } // 私有（private）
              }
```

图 12-11 方法的访问控制

当下位类中重写方法时，不可以赋给比上位类中的方法更强的访问控制修饰符。表 12-3 中对该规则进行了归纳。

表 12-3 可以赋给要重写的方法的访问控制（修饰符）

A \ B	公开	限制公开	包	私有
公开	○	×	×	×
限制公开	○	○	×	×
包	○	○	○	×
私有	×	×	×	×

※ A … 超类中的方法的访问控制（修饰符）。
B … 子类中要重写的方法的访问控制（修饰符）。

例如，当类 *A* 派生的子类中要重写方法 *m1* 时，声明中必须加上 **public**（如果不加上 **public**，就会发生编译错误）。

此外，当重写方法 *m2* 时，必须加上 **public** 或者 **protected**。

▶ 这与派生源的超类和派生的子类是不是 **public** 无关，而要基于此处所示的规则，赋上 **public** 或 **protected** 等访问修饰符。

另外，私有的方法（作为子类中可以使用的形式）不会被继承，当然也就不可以重写。

不过，类 *A* 派生的子类中可以定义方法 *m4*。这是因为存在下述规则（作为同名的其他方法进行处理）。

重要 即使下位类中定义了与私有方法具有相同签名、相同返回类型的方法，也不会被看作是重写，只是碰巧具有相同规格但毫无关系的方法而已。

*

第 9 章中介绍过，当定义返回字符串表示的方法 toString 时，要将其声明为 **public** 方法（9-1 节）。

在 Java 的所有类的“老大类”**Object** 类中，toString 被定义为 **public** 方法（专栏 12-6）。因此，当重写 toString 类时，一定要加上 **public**。

重要 方法 **String** toString() 必须在定义中加上 **public** 修饰符。

*

另外，**不可以将超类的类方法重写为实例方法**，因此下面的程序会发生错误。

```
class A {
   static void f() { /* … */ }        // f是类方法
}

class B extends A {
   void f()   { /* … */ }             // 错误
}
```

专栏 12-5 声明中的修饰符顺序

类和方法等的声明中会使用注解、**public**、**final** 等修饰符来指定属性。当存在多个修饰符时，虽然可以按任意顺序进行指定，但还是建议遵循表 12C-1 中的顺序（该表中还包含本书中未介绍的修饰符）。

表 12C-1 赋给声明的修饰符（建议的顺序）

类	注解 **public protected private abstract static final strictfp**
字段	注解 **public protected private static final transient volatile**
方法	注解 **public protected private abstract static final synchronized native strictfp**
接口	注解 **public protected private abstract static strictfp**

专栏 12-6 Object 类

Java 的所有类的老大类 **Object** 的定义如代码清单 12C-2 所示。

由于使用了本书中未介绍的知识，因此大家无需完全理解该程序。下面我们来看一下其中的几个重点。

代码清单 12C-2 API/Object.java

这是一个定义示例。根据 Java 的版本和平台的不同，其定义也会有所不同

```
// Object类
package java.lang;
public class Object {
   static {
      registerNatives();
   }
   public final native Class<?> getClass();
   public native int hashCode();                                          1
   public boolean equals(Object obj) {
      return (this == obj);                                               2
   }
   protected native Object clone() throws CloneNotSupportedException;
   public String toString() {
      return getClass().getName() + "@" + Integer.toHexString(hashCode()); 3
   }
   public final native void notify();
   public final native void notifyAll();
```

```
    public final native void wait(long timeout) throws InterruptedException;

    public final void wait(long timeout, int nanos) throws InterruptedException {
        if (timeout < 0) {
            throw new IllegalArgumentException("timeout value is negative");
        }
        if (nanos < 0 || nanos > 999999) {
            throw new IllegalArgumentException(
                        "nanosecond timeout value out of range");
        }
        if (nanos >= 500000 || (nanos != 0 && timeout == 0)) {
            timeout++;
        }
        wait(timeout);
    }

    public final void wait() throws InterruptedException {
        wait(0);
    }

    protected void finalize() throws Throwable { }
}
```

1 属于 java.lang 包

Object 类属于 **java.lang** 包。因此，Java 的所有程序中都无需显式进行类型导入，可以直接用简名来表示它。

2 native 方法

getClass 等一些方法的声明中加上了 **native**，这样声明的方法是用于实现依赖于 MS-Windows、Mac OS-X、Linux 等平台（环境）的部分的特殊方法。一般来说，可以使用 Java 之外的语言来书写实现。

3 hashCode 方法和哈希值

所有的类类型实例都可以计算被称为**哈希值**的 **int** 型整数值。1 的 hashCode 方法用于返回哈希值。

所谓哈希值，就是用于区分各个实例的标识编号。虽然计算方法是任意的，但一般的计算方法是将相同的哈希值赋给相同状态（全部字段的值都相同）的实例，将不同的哈希值赋给不同状态的实例。

例如，对于第 9 章的日期类 *Day*，可以像下面这样定义 hashCode 方法。

```
public int hashCode() {
    return (year * 372) + (month * 31) + date;
}
```

相同日期（字段 *year*、*month*、*date* 的值都相等的日期）的实例的哈希值是相同的，而不同日期的实例的哈希值是不同的。

▶ 虽然表达式也可以严密计算从公历 1 年 1 月 1 日开始经过的天数，但计算会非常耗时。不只是日期类，其他类一般也应该使用像上面这样能够快捷计算的简单表达式（计算表达式中的 372 就是 12×31 的值）。

④ equals 方法和实例的等价性

2 的 equals 方法用于判断引用目标的实例是否“相等”。如果相等，则返回 **true**，否则返回 **false**。

该方法执行的判断**原则上要与哈希值保持一致**。当 *a*.equals(*b*) 为 **true** 时，*a* 和 *b* 的哈希值（*a*.hashCode() 和 *b*.hashCode() 的返回值）应该是相同的，而为 **false** 时，*a* 和 *b* 的哈希值应该是不同的。**当定义 equals 方法时，也必须随之定义 hashCode 方法。**

第 9 章的日期类 *Day* 中并未定义 equals 方法，而是定义了一个类似的 *equalTo* 方法，这是因为它并未重写 hashCode 方法（除此之外，还因为我们尚未介绍 **Object** 类和派生的相关知识）。

日期类中的 equals 方法的定义示例如下所示。

```
public boolean equals(Object obj) {
  if (this == obj)              // 如果比较对象是自己…
    return true;
  if (obj instanceof Day) {    // 如果obj是Day类（的下位类）类型…
    Day d = (Day)obj;
    return (year == d.year && month == d.month && date == d.date) ? true
                                                                    : false;
  }
  return false;
}
```

在从网站上下载的源程序的目录 day5 中，有一个“日期类【第 5 版】”的示例程序，该程序中添加了此处介绍的 hashCode 方法，并将方法 *equalTo* 替换为了 equals 方法。

⑤ toString 方法

Object 类的 toString 方法会返回 "类名 @ 哈希值"（3）。

当在自己创建的类中重写该方法时，可以让其返回表示类的特性或实例状态的适当字符串。

小结

- 通过类的**派生**，可以简单创建**继承**已有类的资产的类。
- 派生源的类称为**超（上位）类**，通过派生创建的类称为**子（下位）类**。派生赋予类“血缘关系”。
- 未显式执行派生声明的类都是 **`Object` 类**的子类。因此，Java 的所有类都是 `Object` 类的下位类。
- 在类的派生中，构造函数不可以被继承。
- 在构造函数的开头，可以使用 **`super(…)`** 来调用超类的构造函数。如果未显式进行调用，编译器会自动插入一个超类的“不接收参数的构造函数”的调用 **`super()`**。
- 在未定义构造函数的类中，编译器会自动定义一个只执行 **`super()`** 的**默认构造函数**。如果超类中没有“不接收参数的构造函数”，则会发生编译错误。
- 超类中的非私有成员可以通过“**`super.` 成员名**”进行访问。
- 当类 *B* 为类 *A* 的下位类时，可以表示为“类 *B* 是 *A* 的**一种**”，这种关系称为 **is-A 关系**。
- 如果上位类类型的变量可以引用下位类类型的实例，就可以实现**多态**。在调用与多态相关的方法时，要调用的方法会在程序运行时确定，执行**动态联编**。
- 下位类类型的变量如果未执行转换，就不可以引用上位类类型的实例。
- **引用类型的放大转换（向上类型转换）**是将下位类类型转换为上位类类型，与之相反的转换是**引用类型的缩小转换（向下类型转换）**。
- 对于要重写的方法，必须赋予与上位类中的方法相同或更弱的访问控制修饰符。否则会发生编译错误。
- **注解**是传达给人类和编译器的注释。
- 当方法**重写**上位类中的方法时，最好在声明中加上 **@Override 注解**。

Object 类的子类

Chap12/Member.java

```
//--- 会员类 ---//
public class Member {
   private String name;         // 姓名
   private int no;              // 会员编号
   private int age;             // 年龄

   public Member(String name, int no, int age) {
      this.name = name;  this.no = no;  this.age = age;
   }

   public String getName() {
      return name;
   }

   public void print() {
      System.out.println("No." + no + ": " + name +
                               "(" + age + "岁)");
   }
}
```

继承

类 Member 的子类

Chap12/SpecialMember.java

```
//--- 优待会员类 ---//
public class SpecialMember extends Member {
   private String privilege;      // 优惠

   public SpecialMember(String name, int no, int age, String privilege) {
      super(name, no, age);  this.privilege = privilege;
   }

   @Override public void print() {
      super.print();
      System.out.println("优惠: " + privilege);
   }
}
```

调用超类的构造函数 / 方法

重写

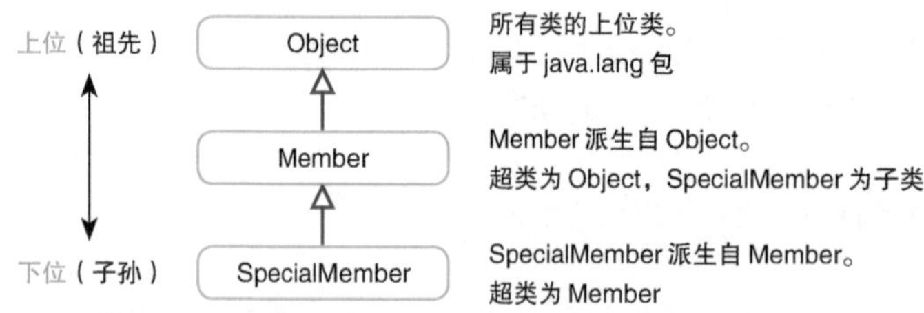
上位（祖先）
下位（子孙）
Object
Member
SpecialMember
所有类的上位类。
属于 java.lang 包
Member 派生自 Object。
超类为 Object，SpecialMember 为子类
SpecialMember 派生自 Member。
超类为 Member

Chap12/MemberTester.java

```
//--- 测试会员类 ---//
public class MemberTester {

   public static void main(String[] args) {
      Member[] m = {
         new Member("桥口", 101, 27),
         new SpecialMember("黑木", 102, 31, "会费免费"),
         new SpecialMember("松野", 103, 52, "会费减免一半"),
      };

      for (Member k : m) {
         k.print();
         System.out.println();
      }
   }
}
```

Member 类型的变量除了可以引用 Member，还可以引用 SpecialMember

动态联编：调用引用目标的类类型的方法

运行结果

```
No.101: 桥口(27岁)

No.102: 黑木(31岁)
优惠: 会费免费

No.103: 松野(52岁)
优惠: 会费减免一半
```

第 13 章

抽象类

本章将介绍抽象类和抽象方法，抽象类和抽象方法用于表示不能创建或者不应该创建主体的概念。如果使用抽象类和抽象方法，就可以在更高层次上使用上一章中介绍的多态。

- □ 抽象方法
- □ 抽象类
- □ 方法的实现
- □ 文档注释
- □ javadoc 工具

13-1 抽象类

从第 8 章到第 12 章，我们介绍了面向对象编程的基础知识，本章和下一章将逐步介绍其应用。本节要介绍的是抽象类。

抽象类

上一章介绍了类的派生，本章将会应用派生来创建表示图形的类群。

首先我们来考虑“点”和“长方形”这两个图形。这两个类中都有用于绘图的方法 *draw*。下面我们来设计这两个类。

▪ 点类 Point

这是表示点的类，不持有字段。方法 *draw* 的实现如下，只显示一个符号字符 '+'。

```
// 类Point中的方法draw
void draw() {
   System.out.println('+');
}
```

```
+
```

▪ 长方形类 Rectangle

这是表示长方形的类，持有表示长和宽的 **int** 型字段 *width* 和 *height*。方法 *draw* 的实现和显示如下。

```
// 类Rectangle中的方法draw
void draw() {
   for (int i = 1; i <= height; i++) {
      for (int j = 1; j <= width; j++)
         System.out.print('*');
      System.out.println();
   }
}
```

```
****
****
****
```

▶ 此处介绍的是长（*width*）为 4、宽（*height*）为 3 的长方形的运行示例。

即使在单独定义的类中创建了方法 *draw*，它们也是毫无关系的。我们来灵活应用上一章中介绍的多态，如下所示。

> 从“图形”类派生“点”和“长方形”。

下面，我们就来设计一下图形类。

▪ 图形类 Shape

这是表示图形的类。点、长方形和直线等类都直接或间接派生自该类。

- **方法 draw 应该执行什么操作呢？**

应该显示什么呢？还真找不出合适的内容。

- **该怎样来创建实例呢？**

虽然还未设计各个类的构造函数，但应该是像下面这样执行调用来创建实例吧。

类 *Point* … **new** *Point*() ※ 无参数
类 *Rectangle* … **new** *Rectangle*(4, 3) ※ 传入长和宽

类 *Shape* 的实例无法按照这样的形式进行创建。我们看不出应该传递什么样的参数。

类 *Shape* 与其说是图形的设计图，倒不如说是表示图形这一**概念**的抽象设计图。像 *Shape* 这样，表示具有下述性质的类的就是**抽象类**（abstract class）。

- 无法创建或者不应该创建实例
- 无法定义方法的主体。其内容应该在子类中具体实现

如果将类 *Shape* 定义为抽象类，则如下所示。

```
// 图形类（抽象类）
abstract class Shape {
   abstract void draw();      // 绘图（抽象方法）
}
```

我们注意到，类 *Shape* 和方法 *draw* 的声明中都加上了 **abstract** 关键字（详细内容将在后文中介绍）。

另外，从该类派生的类 *Point* 和类 *Rectangle* 都不是抽象类，而是普通（非抽象）的类。

这三个类的类层次图如图 13-1 所示。在本书的类层次图中，抽象类的名称用*斜体*表示。

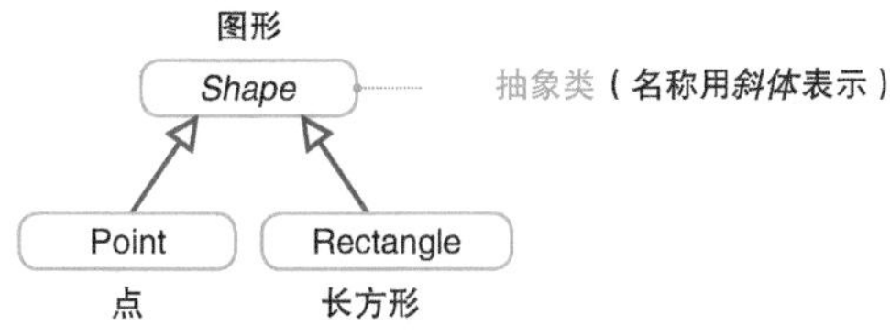

图 13-1 图形类群的类层次图

将类 *Shape* 设计为抽象类，并从中派生类 *Point* 和类 *Rectangle*，程序如代码清单 13-1 所示。

代码清单 13-1 shape1/Shape.java

```
// 图形类群【第1版】
                                              抽象类
//===== 图形 =====//
abstract class Shape {
   abstract void draw();                    // 绘图（抽象方法）
}

//===== 点 =====//
class Point extends Shape {
   Point() { }                              // 构造函数
```

```
    void draw() {                           // 绘图
        System.out.println('+');
    }
}

//===== 长方形 =====//
class Rectangle extends Shape {
    private int width;      // 长
    private int height;     // 宽

    Rectangle(int width, int height) { // 构造函数
        this.width = width;
        this.height = height;
    }

    void draw() {                           // 绘图
        for (int i = 1; i <= height; i++) {
            for (int j = 1; j <= width; j++)
                System.out.print('*');
            System.out.println();
        }
    }
}
```

▶ 本来各个类都应该实现为独立的源文件，但为了节省空间，这里将它们汇总到了一起。此外，方法中的 **public** 也省略了。

另外，第 2 版中会将各个类实现为独立的源文件。

抽象方法

正如上文中简单介绍的，类 *Shape* 中的方法 *draw* 的开头加上了 **abstract**。像这样声明的方法就是**抽象方法**（abstract method）。方法的前面加上的 **abstract** 蕴含了如下含义。

> 在这里（我的类中）不可以定义方法的主体，请在我派生的类中定义！！

由于抽象方法中不存在主体，因此在其声明中，我们将 {} 替换为 ;。即使方法的主体为空，也不可以写为程序块 {}。

```
abstract void draw() {  }     // 错误：无法定义
```

类 *Point* 和类 *Rectangle* 中重写了方法 *draw*，并定义了主体（方法中的内容与最开始的设计一样）。

像这样，在从抽象类派生的类中，重写抽象方法，定义主体的操作称为**实现**（implement）方法。

> **重要** 重写超类中的抽象方法，声明方法主体的定义的操作称为**实现方法**。

类 *Point* 和类 *Rectangle* 中就实现了抽象类 *Shape* 中的方法 *draw*。

抽象类

像类 *Shape* 这样，**只要包含 1 个抽象方法，该类就必须声明为抽象类**。为了将类声明为抽象类，需要在 **class** 的前面加上 **abstract**。

不过，不包含抽象方法的类也可以声明为抽象类，我们可以像图 13-2 这样进行理解。

▶ 对于抽象类，不可以指定 **final**、**static**、**private**。

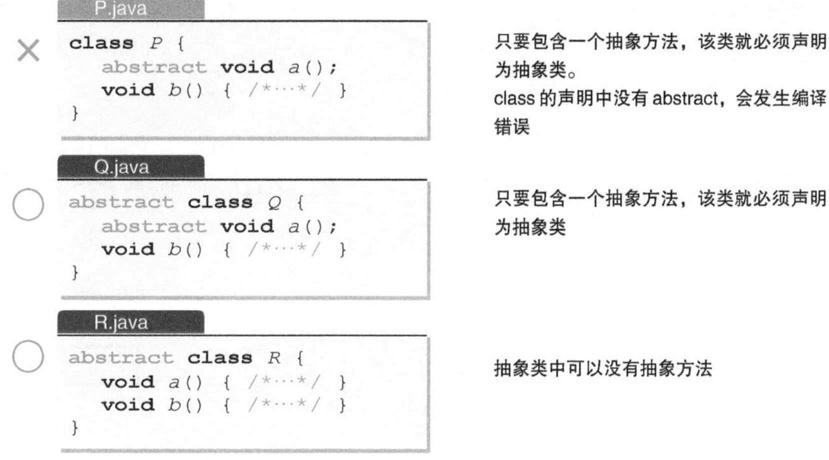

图 13-2 抽象类和抽象方法

使用图形类群的程序如代码清单 13-2 所示。

代码清单13-2 shape1/ShapeTester.java

```
// 图形类群【第1版】的使用示例

class ShapeTester {

  public static void main(String[] args) {
//    下述声明错误：抽象类无法实例化
//    Shape s = new Shape();

    Shape[] a = new Shape[2];
    a[0] = new Point();          // 点
    a[1] = new Rectangle(4, 3); // 长方形

    for (Shape s : a) {
      s.draw();      // 绘图
      System.out.println();
    }
  }
}
```

运行结果

```
+

****
****
****
```

另解 shape1/ShapeTester2.java

```
for (int i = 0; i < a.length; i++) {
  a[i].draw();
  System.out.println();
}
```

▪ 无法创建抽象类的实例

我们来看一下 *s* 的声明发生错误这一点（注释掉了）。

由于抽象类中的方法未具体定义，因此无法使用 **new** *Shape*() 来创建实例。

重 要 不可以创建抽象类的实例。

▶ 如果可以创建抽象类的实例，那么就可以通过 *s*.*draw*() 来调用无主体的方法 *draw* 了。

▪ 抽象类和多态

a 是 *Shape* 类型的数组。其元素 *a*[0] 和 *a*[1] 为 *Shape* 类型的类类型变量，引用了派生自 *Shape* 的类的实例。

▶ 这里利用了类类型的变量可以引用下位类的实例（12-1 节）这一点。

如图 13-3 所示，*a*[0] 引用的是类 *Point* 类型的实例，*a*[1] 引用的是类 *Rectangle* 类型的实例。

▶ 其实图中还存在用于引用 *a*[0]、*a*[1] 和 *a*.length 一体化的数组主体对象的 Point[] 类型的数组变量 *a*，但画出来后图会变得很复杂，故而省略了。

我们通过扩展 **for** 语句对数组 *a* 中的元素调用方法 *draw*。对第 1 个元素调用类 *Point* 的方法 *draw*，对第 2 个元素调用类 *Rectangle* 的方法 *draw*，这从运行结果中也可以得到确认。

▶ "另解"展示的是使用基本 **for** 语句实现的程序。

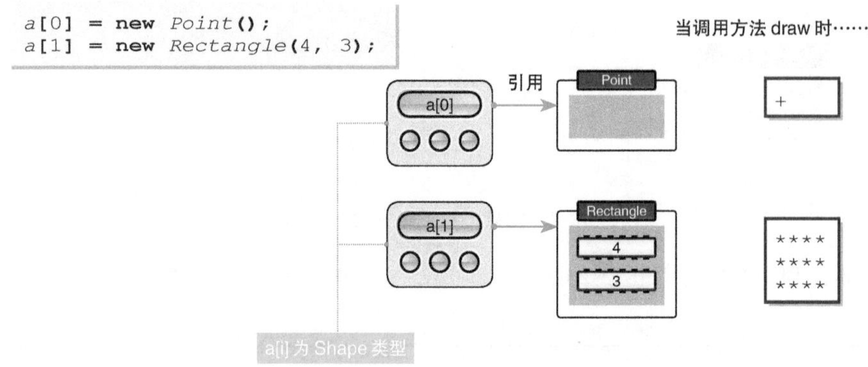

图 13-3 Shape 类型的数组和多态

抽象类 *Shape* 并不是具体的图形，而是表示图形**概念**的类。我们已经知道，抽象类虽然是无法创建主体的不完整的类，但可以让包含自身在内的派生类具有"血缘关系"。

重要 如果用于对下位类进行分组，充分利用多态的类中没有具体的主体，则可以将其定义为抽象类。

如果从抽象类派生的子类中未实现抽象方法，则**抽象方法会被直接继承**，如图 13-4 所示。

抽象类 *A* 中的两个方法 *a* 和 *b* 都是抽象方法。从类 *A* 派生的、未实现方法 *b* 的类 *B* 也是抽象类。如果类 *B* 的声明中省略 **abstract**，就会发生编译错误。另外，从类 *B* 派生的类 *C* 中因为实现了方法 *b*，所以它就不再是抽象类。

▶ 不包含抽象方法的类也可以作为抽象类，因此类 *C* 也可以定义为抽象类。

C.java

```
abstract class A {
    abstract void a();
    abstract void b();
}

abstract class B extends A {
    void a() { /*…*/ }
}

class C extends B {
    void b() { /*…*/ }
}
```

实现方法 a。
由于继承了抽象方法 b，因此该类也为抽象类

实现方法 b。
由于不存在抽象方法，因此可以不声明为抽象类

图 13-4 抽象类和方法的实现

13-2 具有抽象性的非抽象方法的设计

在上一节的示例中，各个类中的方法分为了抽象方法和非抽象方法。本节将介绍抽象方法和非抽象方法交织在一起的结构复杂的方法。

图形类群的改进

我们对上一节中创建的图形类群进行如下修改。

1 添加 toString 方法

添加 `toString` 方法，用于返回表示图形信息的字符串。

类 *Point* 的 `toString` 方法会返回字符串 `"Point"`，类 *Rectangle* 的 `toString` 方法则会返回字符串 `"Rectangle(width:4, height:3)"`。

2 添加直线类

添加横线类 *HorzLine* 和竖线类 *VertLine*（不考虑斜线）。

这两个类中需要一个表示长度的 **int** 型字段 *length*。

3 添加带信息说明的绘图方法

添加方法 *print*，连续执行显示 `toString` 方法返回的字符串，以及使用方法 *draw* 进行绘图这两个操作。

例如，如果图形为点，则像a这样进行显示。如果是长为 4、宽为 3 的长方形，则像b这样进行显示。

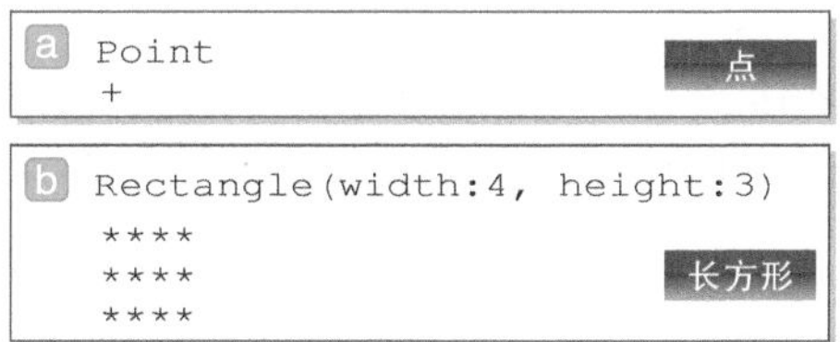

下面我们依次来看一下1～3的部分。

添加 toString 方法

我们先来思考1的部分。返回字符串的 `toString` 方法的声明如图 13-5 所示。这里，请注意下面一点非常重要。

> 在类 *Shape* 中，`toString` 声明为**抽象方法**。

这么做的原因很简单。因为类 *Shape* 表示的是图形概念，而不是具体图形，它（由于无状态）无法表示为合适的字符串。

另外，toString 方法是 Java 的所有类的“老大类”**Object** 类中定义的方法（12-3 节）。由于声明中没有 **extends** 的类会默认派生自 **Object** 类（12-1 节），因此类 *Shape* 就是 **Object** 类的子类。

```
// 图形
abstrcat class Shape {
   public abstract String toString();
   // ...
}
```

强行声明为抽象方法

```
// 点
class Point extends Shape {
   public String toString() {
      return "Point";
   }
   // ...
}
```

实现 toString 方法。
如果未实现，那么这两个类就必须声明为抽象类

```
// 长方形
class Rectangle extends Shape {
   public String toString() {
      return "Rectangle(width:" + width + ", height:" + height + ")";
   }
   // ...
}
```

图 13-5　图形、点和长方形中的 toString 方法的实现

这样一来，**类 *Shape* 就将超类 Object 的非抽象方法变成了抽象方法**。

之所以可以这么做，是因为存在下述规则。

重要　可以将超类的非抽象方法重写为抽象方法。

如果从类 *Shape* 派生的图形类中没有实现 toString 方法，那么该类也必须声明为抽象类。

▶ 这是因为未给所有的抽象方法赋上主体进行重写的类就是抽象类。

这里将 toString 方法声明为抽象方法，是为了**让该类的下位类必须实现 toString 方法**。

▶ 如果点类和长方形类的声明中不包含 toString 方法主体的定义，（只要类不进行 **abstract** 声明）就会发生编译错误。因此，这样就可以避免在下位类中不小心忘记实现 toString 方法等错误。

添加直线类

接下来，我们来思考一下❷的部分。

横线类 *HorzLine* 和竖线类 *VerLine* 是从类 *Shape* 派生创建的，其声明如图 13-6 所示。

▶ 图中省略了 toString 方法的定义。

```
// 横线
class HorzLine extends Shape {
   private int length;      // 长度

   HorzLine(int length) {
      this.length = length;
   }

   void draw() {
      for (int i = 1; i <= length; i++)
         System.out.print('-');
      System.out.println();
   }
}
```

```
// 竖线
class VertLine extends Shape {
   private int length;      // 长度

   VertLine(int length) {
      this.length = length;
   }

   void draw() {
      for (int i = 1; i <= length;
i++)
         System.out.println('|');
   }
}
```

分别定义的两个类

图 13-6 分别定义横线类和竖线类

我们来给这两个类添加表示长度的字段 `length` 的访问器（getter 方法和 setter 方法）。

这两个类中获取值的 getter 方法 `getLength` 和设置值的 setter 方法 `setLength` 是完全相同的（如下图所示）。

```
int getLength() {
   return length;
}

void setLength(int length) {
   this.length = length;
}
```

这表明，我们可以将横线和竖线的共通部分独立为直线类，并从该类派生横线类和竖线类。

*

创建直线类 `AbstLine`，并从该类派生横线类和竖线类的程序如图 13-7 所示。

直线类中不存在方向，无法进行绘图，因此我们将其定义为抽象类。

► 类 `AbstLine` 中不包含方法 `draw` 的具体定义，因此我们可以将类 `Shape` 的方法 `draw` 继承为抽象方法。只要未具体定义超类中所有的抽象方法，这个类就是抽象类，因此，类 `AbstLine` 必然为抽象类。如果将类 `AbstLine` 声明中的 **abstract** 删掉，就会发生编译错误。

类 `AbstLine` 中定义了字段 `length` 及其访问器（setter 方法和 getter 方法），这些资产都会被其子类继承。

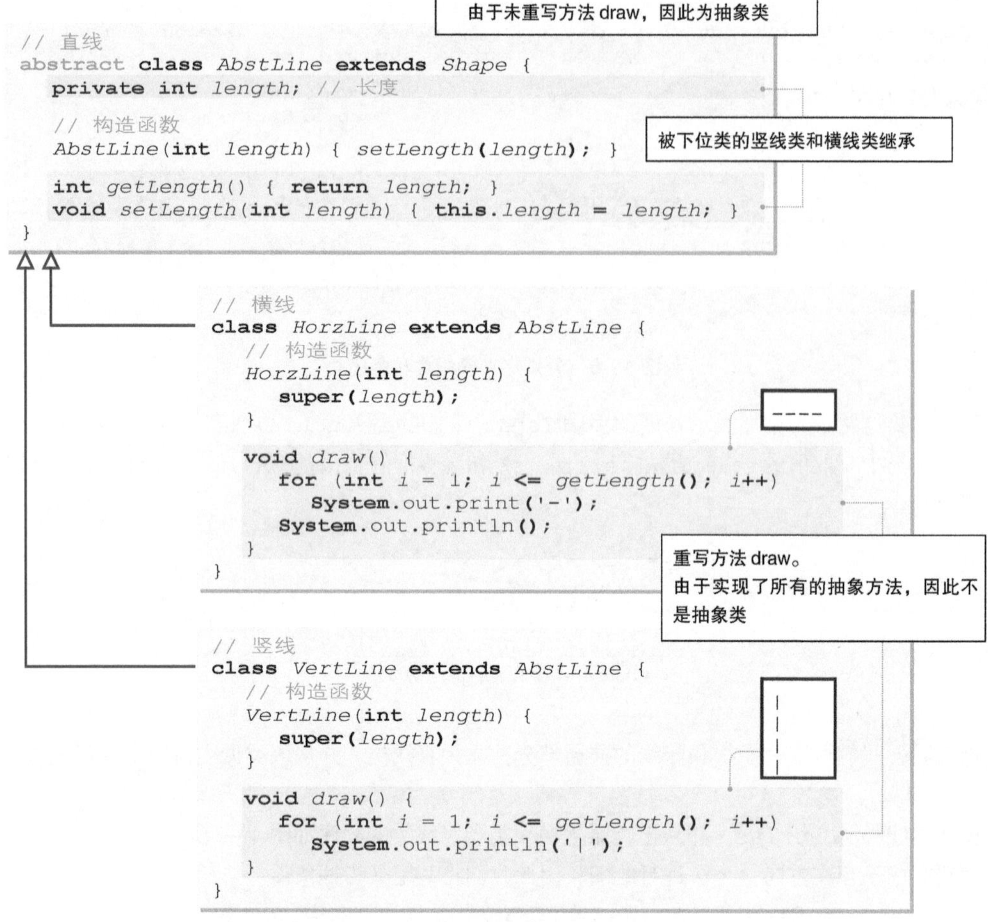

由于未重写方法 draw，因此为抽象类
// 直线
abstract class AbstLine extends Shape {
private int length; // 长度
// 构造函数
AbstLine(int length) { setLength(length); }
int getLength() { return length; }
void setLength(int length) { this.length = length; }
}
被下位类的竖线类和横线类继承
// 横线
class HorzLine extends AbstLine {
// 构造函数
HorzLine(int length) {
super(length);
}
void draw() {
for (int i = 1; i <= getLength(); i++)
System.out.print('-');
System.out.println();
}
}

重写方法 draw。
由于实现了所有的抽象方法，因此不是抽象类
// 竖线
class VertLine extends AbstLine {
// 构造函数
VertLine(int length) {
super(length);
}
void draw() {
for (int i = 1; i <= getLength(); i++)
System.out.println('|');
}
}

图 13-7　从抽象直线类派生横线类和竖线类

因此，类 *HorzLine* 和 *VertLine* 中只定义了构造函数和方法 *draw*。

另外，由于类 *HorzLine* 和 *VertLine* 中实现了方法 *draw*，因此它们都不是抽象类。

由于类 *AbstLine* 为抽象类，因此不可以创建该类类型的实例。而类 *HorzLine* 和 *VertLine* 不是抽象类，因此可以创建这两个类类型的实例，如下所示。

```
AbstLine a = new AbstLine(3);          // 错误
HorzLine h = new HorzLine(5);          // OK：长度为5的横线
VertLine v = new VertLine(4);          // OK：长度为4的竖线
```

添加带信息说明的绘图方法

接下来我们思考 3 的部分。方法 *print* 中会连续执行下述两个处理。

① 显示 toString 方法返回的字符串。

② 使用 *draw* 方法进行绘图。

以点类 Point 和长方形类 Rectangle 为例，其实现方式如图 13-8 所示（省略了构造函数等）。

```
// 点
class Point extends Shape {
   // ...
   public String toString() {
      return "Point";
   }

   void draw() {
      System.out.println('+');
   }

   void print() {
      System.out.println(toString());
      draw();
   }
}
```

```
// 长方形
class Rectangle extends Shape {
   // ...
   public String toString() {
      return "Rectangle(width:" + width +
                ", height:" + height + ")";
   }

   void draw() {
      for (int i = 1; i <= height; i++) {
         for (int j = 1; j <= width; j++)
            System.out.print('*');
         System.out.println();
      }
   }

   void print() {
      System.out.println(toString());
      draw();
   }
}
```

定义完全相同的方法

图 13-8 点和长方形中的方法 print

这里我们要注意如下一点。

两个类中的方法 print 的定义是完全相同的。

原因很简单，因为两个类都按①和②的顺序执行。当然，竖线类和横线类中，方法 print 的定义也是一样的。在图形类中，声明完全相同的方法，明显就是多余的工作。

共同的资产应该放在超类中。我们在图形类 Shape 中定义方法 print，改写后的程序如图 13-9 所示。

```
// 图形类
abstract class Shape {
   public abstract String toString();  // 字符串（图形信息）

   abstract void draw();               // 绘图

   void print() {
      System.out.println(toString());
      draw();
   }
}
```

调用无主体的抽象方法

图 13-9 图形类 Shape 中的方法 print

▶ 由于方法 print 会被类 Shape 的派生类继承，因此下位类中无需对其进行重写。图 13-8 中的类 Point 和类 Rectangle 中不用再定义方法 print。

方法 print 的定义看起来好像没有什么，但其实包含着非常高级的技术。这里要注意的是下面这一点。

非抽象方法 print 中调用了无主体的抽象方法 toString 和 draw。

这表明了如下内容。

重 要 可以调用无主体的抽象方法。

p 是 Shape 类型的类类型变量，可以像下面这样调用方法 print。

```
p.print();
```

方法 print 的内部会调用方法 toString 和方法 draw。这时，如图 13-10 所示，程序会根据 p 引用的实例类型（Point、Rectangle...）来选择合适的方法。

► 也就是说，程序运行时会执行动态联编。

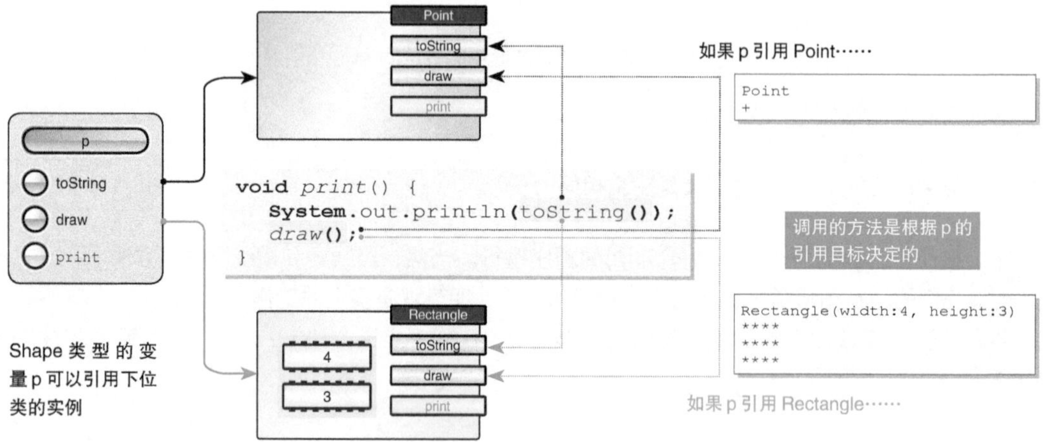

图 13-10 非抽象方法调用抽象方法

改进后的图形类

基于前面的设计而创建的图形类群的类层次图如图 13-11 所示。类 Shape 和 AbstLine 为抽象类。

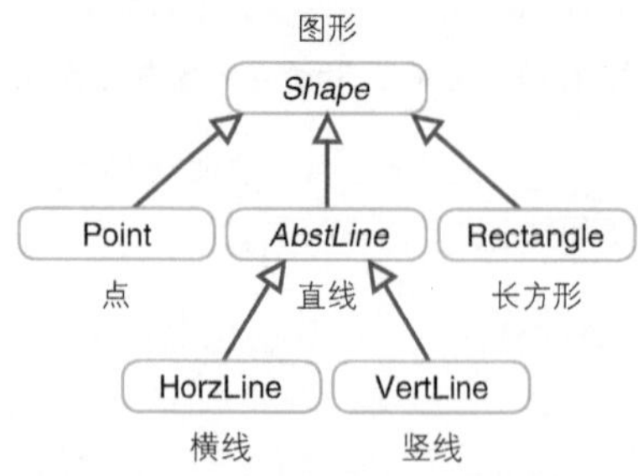

图 13-11 图形类群的类层次图

各个类的程序如下所示。

▪ 图形	*Shape*	代码清单 13-3	▪ 横线	*HorzLine*	代码清单 13-6
▪ 点	*Point*	代码清单 13-4	▪ 竖线	*VertLine*	代码清单 13-7
▪ 直线	*AbstLine*	代码清单 13-5	▪ 长方形	*Rectangle*	代码清单 13-8

▶ 各个类都实现为独立的源文件，同时，类、方法和构造函数都声明为 **public**。

代码清单 13-3 shape2/Shape.java

```
/**
 * 类Shape是表示图形概念的抽象类。
 * 由于为抽象类，因此无法创建该类的实例。
 * 具体的图形类从该类进行派生。
 * @author  柴田望洋
 * @see     Object
*/
public abstract class Shape {

   /**
    * 返回表示图形信息的字符串的抽象方法。
    * 在类Shape派生的类中实现该方法的主体。
    * 该方法将java.lang.Object类中的方法重写为抽象方法。
   */
   public abstract String toString();

   /**
    * 方法draw是用来绘制图形的抽象方法。
    * 在类Shape派生的类中实现该方法的主体。
   */
   public abstract void draw();

   /**
    * 方法print用于显示图形信息，并绘制图形。
    * 具体分为如下两步，按顺序依次执行。<br>
    * Step 1. 显示方法toString返回的字符串，并换行。<br>
    * Step 2. 调用方法draw来绘制图形。<br>
   */
   public void print() {
      System.out.println(toString());
      draw();
   }
}
```

代码清单 13-4 shape2/Point.java

```
/**
 * 类Point是表示点的类。
 * 该类派生自表示图形的抽象类Shape。
 * 无字段。
 * @author  柴田望洋
 * @see     Shape
*/
public class Point extends Shape {

   /**
    * 创建点的构造函数。
    * 不接收参数。
   */
   public Point() {
      // 无操作
   }
```

```
    /**
     * 方法toString返回表示与点相关的图形信息的字符串。
     * 返回的字符串总是"Point"。
     * @return 返回字符串"Point"。
    */
    public String toString() {
        return "Point";
    }

    /**
     * 方法draw用于绘制点。
     * 只显示1个加号'+'，并换行。
    */
    public void draw() {
        System.out.println('+');
    }
}
```

- 方法 *print* 放在类 *Shape* 中，这样一来，方法 *print* 的规格修改就变得非常灵活。

  例如，假设要执行如下修改：把显示说明和绘图的顺序反过来，也就是说，先执行绘图，然后再显示说明。如果在各个图形类中定义方法 *print*，那么我们就**必须手动修改所有图形类中的方法 *print*。**但在本程序中，只要将类 *Shape* 中的方法 *print* 修改为下面这样就可以了。

```
public void print() {                          →    public void print() {
    System.out.println(toString());           修改      draw();
    draw();                                             System.out.println(toString());
}                                                   }
```

代码清单 13-5 shape2/AbstLine.java

```
/**
 * 类AbstLine是表示直线的类。
 * 该类派生自表示图形的抽象类Shape。
 * 由于为抽象类，因此无法创建该类的实例。
 * 具体的直线类从该类进行派生。
 * @author  柴田望洋
 * @see     Shape
 * @see     HorzLine VertLine
*/
public abstract class AbstLine extends Shape {

    /**
     * 表示直线长度的int型字段。
    */
    private int length;

    /**
     * 创建直线的构造函数。
     * 接收长度参数。
     * @param length 创建的直线长度。
    */
    public AbstLine(int length) {
        setLength(length);
    }

    /**
     * 获取直线的长度。
     * @return 直线的长度。
    */
```

```
    public int getLength() {
        return length;
    }

    /**
     * 设置直线的长度。
     * @param length 设置的直线长度。
     */
    public void setLength(int length) {
        this.length = length;
    }

    /**
     * 方法toString返回表示与直线相关的图形信息的字符串。
     * @return 返回字符串"AbstLine(length:3)"。
     *         3的部分是长度所对应的值。
     */
    public String toString() {
        return "AbstLine(length:" + length + ")";
    }
}
```

代码清单 13-6　　shape2/HorzLine.java

```
/**
 * 类HorzLine是表示横线的类。
 * 该类派生自表示直线的抽象类AbstLine。
 * @author   柴田望洋
 * @see      Shape
 * @see      AbstLine
 */
public class HorzLine extends AbstLine {

    /**
     * 创建横线的构造函数。
     * 接收长度参数。
     * @param length 创建的直线长度。
     */
    public HorzLine(int length) { super(length); }

    /**
     * 方法toString返回表示与横线相关的图形信息的字符串。
     * @return 返回字符串"HorzLine(length:3)"。
     *         3的部分是长度所对应的值。
     */
    public String toString() {
        return "HorzLine(length:" + getLength() + ")";
    }

    /**
     * 方法draw用于绘制横线。
     * 通过横向排列减号'-'进行绘图。
     * 连续显示长度个数的'-'，并换行。
     */
    public void draw() {
        for (int i = 1; i <= getLength(); i++)
            System.out.print('-');
        System.out.println();
    }
}
```

代码清单13-7 shape2/VertLine.java

```
/**
 * 类VertLine是表示竖线的类。
 * 该类派生自表示直线的抽象类AbstLine。
 * @author   柴田望洋
 * @see     Shape
 * @see     AbstLine
*/
public class VertLine extends AbstLine {

   /**
    * 创建竖线的构造函数。
    * 接收长度参数。
    * @param length 创建的直线长度。
   */
   public VertLine(int length) { super(length); }

   /**
    * 方法toString返回表示与竖线相关的图形信息的字符串。
    * @return 返回字符串"VertLine(length:3)"。
    *          3的部分是长度所对应的值。
   */
   public String toString() {
      return "VertLine(length:" + getLength() + ")";
   }

   /**
    * 方法draw用于绘制竖线。
    * 通过纵向排列竖线'|'进行绘图。
    * 循环显示长度个数的'|'及换行。
   */
   public void draw() {
      for (int i = 1; i <= getLength(); i++)
         System.out.println('|');
   }
}
```

代码清单13-8 shape2/Rectangle.java

```
/**
 * 类Rectangle是表示长方形的类。
 * 该类派生自表示图形的抽象类Shape。
 * @author   柴田望洋
 * @see     Shape
*/
public class Rectangle extends Shape {

   /**
    * 表示长方形的长的int型字段。
   */
   private int width;

   /**
    * 表示长方形的宽的int型字段。
   */
   private int height;

   /**
    * 创建长方形的构造函数。
    * 接收长和宽作为参数。
    * @param width  长方形的长。
    * @param height 长方形的宽。
   */
   public Rectangle(int width, int height) {
      this.width = width;
```

```
        this.height = height;
    }

    /**
     * 方法toString返回表示与长方形相关的图形信息的字符串。
     * @return 返回字符串"Rectangle(width:4, height:3)"。
     *         4和3这两部分分别对应长和宽的值。
     */
    public String toString() {
        return "Rectangle(width:" + width + ", height:" + height + ")";
    }

    /**
     * 方法draw用于绘制长方形。
     * 通过排列星号'*'进行绘图。
     * 循环width次显示长度个数的'*'并换行。
     */
    public void draw() {
        for (int i = 1; i <= height; i++) {
            for (int j = 1; j <= width; j++)
                System.out.print('*');
            System.out.println();
        }
    }
}
```

使用图形类群的程序示例如代码清单 13-9 所示。

代码清单 13-9　　shape2/ShapeTester.java

```
// 图形类群【第2版】的使用示例

class ShapeTester {

    public static void main(String[] args) {
        Shape[] p = new Shape[4];

        p[0] = new Point();            // 点
        p[1] = new HorzLine(5);        // 横线
        p[2] = new VertLine(3);        // 竖线
        p[3] = new Rectangle(4, 3);    // 长方形

        for (Shape s : p) {
            s.print();
            System.out.println();
        }
    }
}
```

调用 p 引用的图形所对应的方法 print

运行示例

```
Point
+

HorzLine(length:5)
-----

VertLine(length:3)
|
|
|

Rectangle(width:4, height:3)
****
****
****
```

在这个程序中，为了确认多态的效果，使用了类 `Shape` 类型的数组。数组的元素 `p[0]`~`p[3]` 分别引用点 `Point`、横线 `HorzLine`、竖线 `VertLine`、长方形 `Rectangle` 的实例。

扩展 **for** 语句中对所有元素都启动了方法 `print`（阴影部分）。通过运行结果可以确认，各个类都是按预期执行的。

练习 13-1

请编写一段程序，测试图形类群。与代码清单 13-9 一样，使用 `Shape` 类型的数组来创建和显示实例。

不过，各个元素引用的实例并不是在程序内部赋予，而是通过键盘输入。

```
图形的个数：6↵
1号图形的种类（1…点 / 2…横线 / 3…竖线 / 4…长方形）：3↵
长度：5↵
2号图形的种类（1…点 / 2…横线 / 3…竖线 / 4…长方形）：4↵
长：4↵
宽：3↵
… 中略 …
Point
+
… 以下省略 …
```

练习 13-2

请在图形类群中添加表示等腰直角三角形的类群。添加直角在左下方、左上方、右下方、右上方的三角形类。创建表示等腰直角三角形的抽象类，由此派生各个类。

练习 13-3

请定义表示猜拳的“玩家”的抽象类。从该类派生以下类。

· 人类玩家类（通过键盘输入要出的手势）
· 电脑玩家类（随机生成要出的手势）

文档注释和 javadoc

我们在第 2 版图形类中记述了 /** … */ 形式的**文档注释**。这是用来创建程序规格书等文档的注释（1-2 节）。

生成注释时并不是使用 javac 编译器，而是 javadoc 工具。

▶ 如果对文档注释的记述方法和 javadoc 工具的使用方法进行详细讲解的话，会需要几十页的篇幅，因此这里只介绍基础的、重要的内容。

通过使用 javadoc 工具，我们就可以从源程序中轻松创建如图 13-12 所示的文档（这里展示的只是一部分页面）。

图 13-12 使用 javadoc 创建的图形类群的文档（一部分）[①]

① 图中出现的“构造器”一词与本书中的“构造函数”意思相同，本书中译为“构造函数”。——译者注

文档注释

文档注释是用 /** 和 */ 括起来的注释。当注释跨越多行时，一般来说，会在中间行的开头也写上 *，如下所示。

```
/**
 * 文档注释写在类、接口、构造函数、方法、
 * 字段的前面。
*/
```

中间行开头的 * 及其左侧的空白和制表符会被略过，因此，在创建文档时，只会使用阴影部分的内容。

*

文档注释只有放在类、接口、构造函数、方法、字段的声明前面才会被识别。

像下面这样，如果在 import 声明的前面书写注释，将不会被看作是类的注释（被略过），请大家注意。

```
/** 类Day是表示日期的类。*/        不是在紧挨着类的前面
import java.util.*;

class Day {
   // ...
}
```

*

注释中可以直接使用 HTML 标签。例如，<b> 和 </b> 括起来的部分是**粗体**，<i> 和 </i> 括起来的部分是*斜体*。另外，书写
 的地方会进行**换行**。

▶ HTML（hyper text markup language）是用来描述所谓的网页的语言。关于 HTML 的标签和 URL 等术语，请大家参考 HTML 的相关图书。

注释的最开头记述"主要说明"。虽然这部分中可以记述多行语句，但开头的语句必须简要概括注释对象的类或方法等的"概要"。

▶ 请注意，只有开头的语句会被抽出为"概要"（图 13-13 a）。

在主要说明的后面，可以使用文档注释专用的标签来记述程序的作者名、方法的返回值等。标签是以 @ 开头的特殊命令。

@author "作者"

在文档中添加"作者"项目，写入"作者名"。

▶ 一个 @author 中可以书写多个"作者名"，也可以为每个"作者名"都加上 @author。

{@code "代码"}

表示此处为程序代码。

▶ 生成的 HTML 由 <code> 标签和 </code> 标签括起来，因此，它在大部分的浏览器中都可以显示为**等宽字体**。这在显示程序部分或变量名等情况下使用。

@return“返回值”

在文档中添加“返回值”项目，并写入“返回值”。会记述方法的返回值类型和值等相关信息，只对方法的注释有效。

▶ 所谓返回值，就是指方法的返回值。

@param“参数名”“说明”

在文档中添加“参数”项目，并写入“参数名”及其“说明”。只对方法、构造函数、类的注释有效。

▶ 所谓参数，就是指方法的形参。

@see“引用目标”

在文档中添加“关联项目”，并写入指向“引用目标”的链接或文本。**@see** 标签的个数没有限制。

该标签分为如下 3 种形式。

▪ @see " 字符串 "

添加 " 字符串 "，但不生成链接。在展示 URL 无法访问的信息的引用目标等情况下使用。

▪ @see `<a href="URL#value">label</a>`

添加 `URL#value` 定义的链接。`URL#value` 是相对 URL 或者绝对 URL。

▪ @see `package.class#member lable`

添加指向与特定名称的成员相关的文档的链接，以及显示的文本 `lable`。`label` 可以省略。当省略 `label` 时，链接目标的成员名称在显示时会进行适当缩减。

▶ 假设在 MS-Windows 中，`MeikaiJava/shape2` 目录中存放着各个类群的源程序（1-2 节）。
当创建图形类群的文档时，需要将当前目录移动到 `MeikaiJava/shape2`，再执行下述操作。

```
javadoc shape2 *.java⏎
```

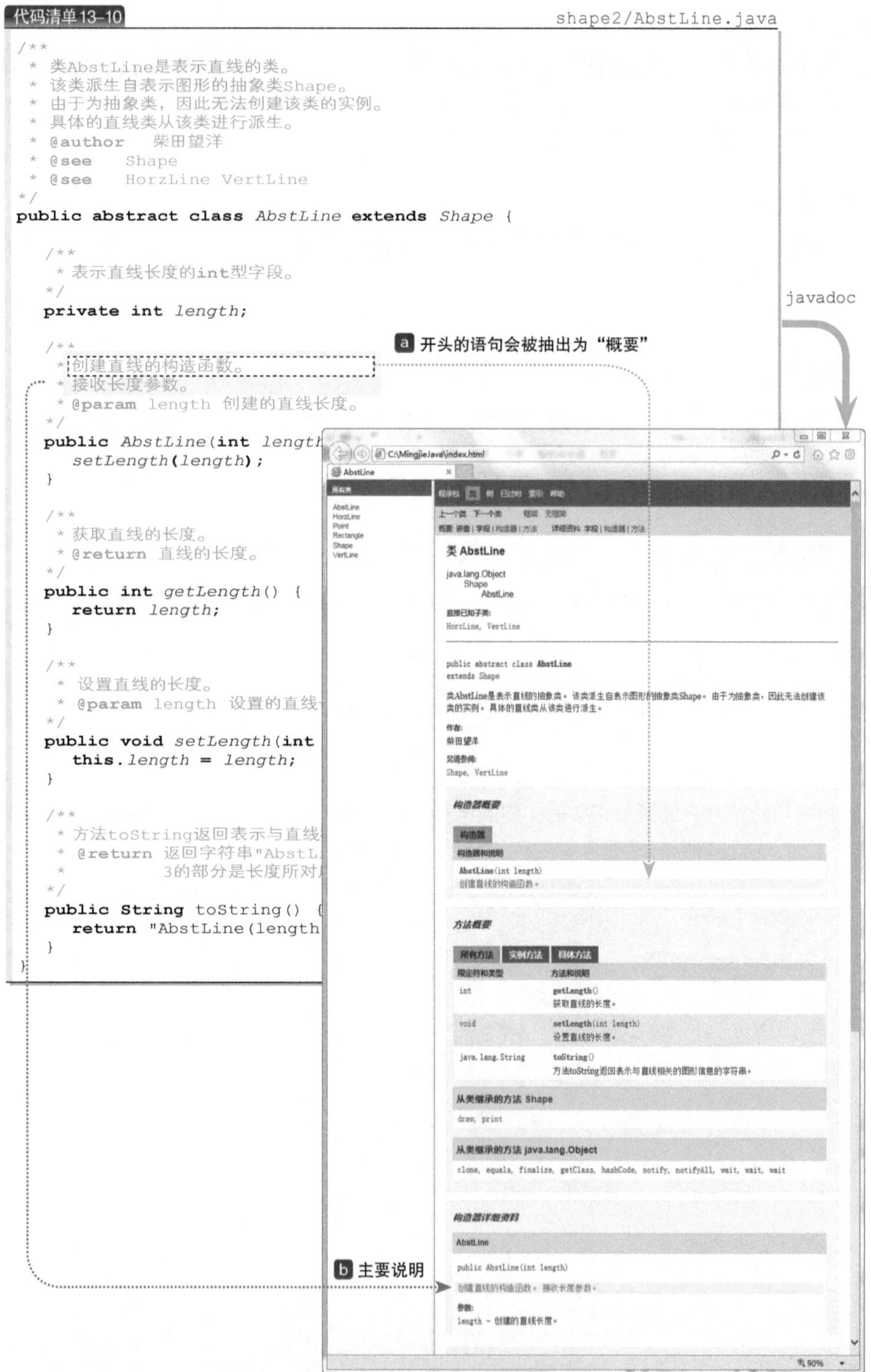

代码清单13-10
shape2/AbstLine.java
/**
 * 类AbstLine是表示直线的类。
 * 该类派生自表示图形的抽象类Shape。
 * 由于为抽象类，因此无法创建该类的实例。
 * 具体的直线类从该类进行派生。
 * @author 柴田望洋
 * @see Shape
 * @see HorzLine VertLine
 */
public abstract class AbstLine extends Shape {
/**
 * 表示直线长度的int型字段。
 */
private int length;
/**
 * 创建直线的构造函数。
 * 接收长度参数。
 * @param length 创建的直线长度。
 */
public AbstLine(int length
setLength(length);
}
/**
 * 获取直线的长度。
 * @return 直线的长度。
 */
public int getLength() {
return length;
}
/**
 * 设置直线的长度。
 * @param length 设置的直线
 */
public void setLength(int
this.length = length;
}
/**
 * 方法toString返回表示与直线
 * @return 返回字符串"AbstL
 * 3的部分是长度所对
 */
public String toString() {
return "AbstLine(length
}
}
javadoc
a 开头的语句会被抽出为“概要”
b 主要说明
类 AbstLine

图 13-13 类 AbstLine 的代码和文档

javadoc 工具

javadoc 工具会基于源程序中记述的文档注释来创建文档。该工具的启动按如下方式进行。

```
javadoc 选项 包名 源文件 @参数文件
```

关于其详细内容，请大家阅读 javadoc 的文档，这里只对重点内容进行讲解。

▪ 选项

可以指定的选项如表 13-1 和表 13-2 所示。

▶ javadoc 可以自定义。如果未自定义，则会使用标准 doclet，因此可以直接使用表 13-2 中的选项。

▪ 包名

指定创建文档的包名。

▪ 源文件

指定创建文档的源文件名称。

▪ 参数文件

指定让 javadoc 书写的文件名称。

表 13-1 javadoc 的选项

`-overview <file>`	读取 HTML 文件的概要文档
`-public`	只显示 **public** 类和成员
`-protected`	显示 **protected** / **public** 类和成员（默认）
`-package`	显示 **package** / **protected** / **public** 类和成员
`-private`	显示所有类和成员
`-help`	显示命令行选项并退出
`-doclet <class>`	通过替代 doclet 生成输出
`-docletpath <path>`	指定查找 doclet 类文件的位置
`-sourcepath <pathlist>`	指定查找源文件的位置
`-classpath <pathlist>`	指定查找用户类文件的位置
`-exclude <pkglist>`	指定要排除的包的列表
`-subpackages <subpkglist>`	指定要递归装入的子包
`-breakiterator`	使用 BreakIterator 计算开头的语句
`-bootclasspath <pathlist>`	覆盖引导类加载器所装入的类文件的位置
`-source <release>`	提供与指定版本的源兼容性
`-extdirs <dirlist>`	覆盖扩展功能安装的位置
`-verbose`	输出有关 javadoc 的动作的消息
`-locale <name>`	指定要使用的语言环境，例如 en_US 或 en_US_WIN
`-encoding <name>`	指定源文件的编码名称
`-quiet`	不显示状态消息
`-J<flag>`	直接将 <flag> 传递给运行系统

表 13-2 标准 doclet 的选项

-d <directory>	输出文件的传送目标目录
-use	创建类和包的使用页面
-version	包含 **@version** 项
-author	包含 **@author** 项
-docfilessubdirs	递归复制 doc-file 子目录
-splitindex	把索引分为多个文件，每一个文件对应一个字母
-windowtitle <text>	指定文档的浏览器窗口的标题
-doctitle <html-code>	概要页面中包含标题
-header <html-code>	各个页面中包含页眉
-footer <html-code>	各个页面中包含页脚
-top <html-code>	各个页面中包含顶部文本
-bottom <html-code>	各个页面中包含底部文本
-link <url>	创建 <url> 中的 javadoc 输出链接
-linkoffline <url> <url2>	使用 <url2> 中的包列表来链接 <url> 的 docs
-excludedocfilessubdir <name1>:..	将指定名称的 doc-files 子目录全部排除
-group <name> <p1>:<p2>..	将指定的包放在概要页面，并分组
-nocomment	控制记述和标签，只生成声明
-nodeprecated	排除 **@deprecated** 信息
-noqualifier <name1>:<name2>:...	排除输出中的修饰符列表
-nosince	排除 **@since** 信息
-notimestamp	排除不显示的时间戳
-nodeprecatedlist	不生成不推荐的列表
-notree	不生成类层次
-noindex	不生成索引
-nohelp	不生成帮助链接
-nonavbar	不生成导航条
-serialwarn	生成有关 **@serial** 标签的警告
-tag <name>:<locations>:<header>	指定具有单个参数的自定义标签
-taglet	登录 taglet 的完整修饰名
-tagletpath	指定 taglet 的路径
-charset <charset>	指定创建的文档的跨平台字符编码
-helpfile <file>	包含帮助链接的链接文件
-linksource	生成 HTML 形式的源
-sourcetab <tab length>	指定源中制表符的空字符个数
-keywords	HTML 的 meta 标签中包含包、类及成员的信息
-stylesheetfile <path>	指定用于修改创建的文档样式的文件
-docencoding <name>	输出编码的名称

练习 13-4

请在练习 9-4 中创建的“人的类”中加上 javadoc 注释，并使用 javadoc 工具创建文档。

小结

- 声明中加上 **abstract** 的方法是**抽象方法**。抽象方法没有方法主体。
- 只要包含一个抽象方法，类就必须定义为**抽象类**。抽象类的声明中需要加上 **abstract**。
- 无法创建抽象类的实例。
- 抽象类的类类型变量可以引用该类的下位类实例，因此可以灵活应用多态。
- 抽象类可以对它派生的下位类群进行分组，让它们具有“血缘关系”。
- 重写超类中的抽象方法，定义方法主体的操作称为**实现方法**。
- 方法中可以调用同一个类中的、没有主体的抽象方法。要调用的方法会在程序运行时通过动态联编来确定（调用与实例的类型相对应的方法）。
- 超类中的非抽象方法可以在子类中被重写为抽象方法。
- 通过将 **Object** 类的非抽象方法 **public String** toString() 重写为抽象方法，可以强制该类的下位类实现 toString 方法。
- **文档注释**的形式为 /** … */。我们可以使用 javadoc **工具**来创建用户手册等文档。
- 文档注释的对象为类、接口、构造函数、方法、字段。
- 文档注释中可以插入 HTML 标记。

抽象类

Chap13/Animal.java

```
//--- 动物类 ---//
public abstract class Animal {
   private String name;          // 名称

   public Animal(String name) { this.name = name; }

   public abstract void bark();           // 叫
   public abstract String toString(); // 返回字符串表示

   public String getName() { return name; }

   public void introduce() {
      System.out.print(toString());
      bark();
   }
}
```

抽象方法

调用抽象方法

Chap13/Dog.java

```
//--- 狗类 ---//
public class Dog extends Animal {
   private String type;          // 狗的品种

   public Dog(String name, String type) {
      super(name);   this.type = type;
   }

   public void bark() { System.out.println("汪汪!!"); }

   public String toString() { return type + "的" + getName(); }
}
```

Chap13/Cat.java

```
//--- 猫类 ---//
public class Cat extends Animal {
   private int age;              // 年龄

   public Cat(String name, int age) { super(name);   this.age = age; }

   public void bark() { System.out.println("喵!!"); }

   public String toString() { return age + "岁的" + getName(); }
}
```

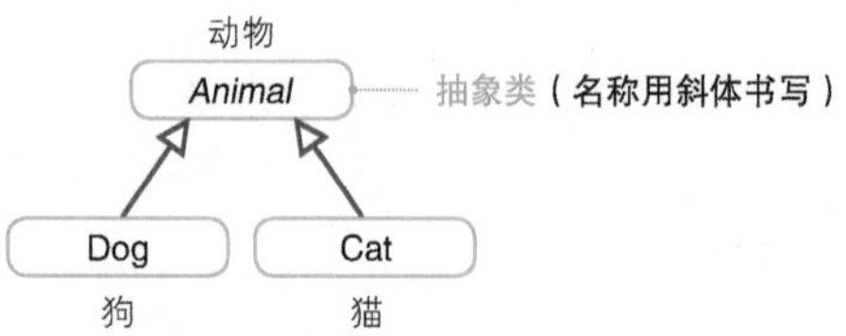

Chap13/AnimalTester.java

```
//--- 测试动物类 ---//
public class AnimalTester {

   public static void main(String[] args) {
      Animal[] a = {
         new Dog("达罗", "柴犬"),        // 狗
         new Cat("迈克尔", 7),           // 猫
         new Dog("八公", "秋田犬"),      // 狗
      };

      for (Animal k : a) {
         k.introduce();          // 调用k引用的实例类型
         System.out.println();  //                 所对应的方法
      }
   }
}
```

运行结果

```
柴犬达罗汪汪!!
7岁的迈克尔喵~!!
秋田犬八公汪汪!!
```

第 14 章

接口

本章将介绍接口的相关内容。接口无法直接使用，但可以通过在创建类时进行“实现”来使用。接口的实现会赋予与派生时的类层次关系不同的类关系。

- □ 接口声明
- □ 接口的成员
- □ 单个接口的实现
- □ 多个接口的实现
- □ 类的派生和接口的实现
- □ 接口的继承

14-1 接口

本节将介绍接口的基础知识。接口是引用类型的一种，与类相似，但也存在诸多不同。我们来详细介绍一下。

接口

如果将类比作“电路的设计图”，那么**接口**（interface）就是“遥控器的设计图”。

▶ 所谓 interface，就是“交界面”“公共区域”的意思。

接口声明

我们来思考一下具体的示例。这里以视频播放器、CD 播放器、DVD 播放器等播放器（播放设备）为例进行讲解。所有的播放器都可以执行“播放”和“停止”等操作。虽然播放器的实际运行各不相同，但遥控上有“播放按钮”和“停止按钮”这一点是共通的。

共通部分的遥控器如图 14-1ⓐ所示。

ⓐ 接口的概念图
“有两个按钮”的设计图
Player
play
stop
ⓑ 接口声明
// 播放器 接口
interface Player {
void play();
void stop();
}
接口中的方法为 public 且 abstract

图 14-1 播放器接口（遥控器的设计图）

将“*Player* 遥控器由 *play* 和 *stop* 两个按钮组成”这一遥控器的设计图表示为程序，就是图ⓑ所示的**接口声明**（interface declaration）。乍一看和类声明相似，但开头的关键字并不是 **class**，而是 **interface**，这一点与类有所不同。

此外，接口中的所有方法都为 **public** 且 **abstract**（也可以在声明中加上 **public** 和 **abstract**，但这只会让程序变得冗长）。

必须用 ; 来替换方法体 {…} 进行声明，这一点与类中的**抽象方法**相同（13-1 节）。

接口的实现

那么，接口中声明的抽象方法的主体要在哪里进行定义呢？答案是在**实现**（implement）该接口的类中。

实现接口 *Player* 的类 *VideoPlayer* 的声明如图 14-2ⓐ所示，**implements** *Player* 部分表示接口 *Player* 的实现。这个声明和派生类的声明相似，不过使用的关键字并不是 **extends**，而是 **implements**。

▶ 上一章中介绍了“抽象方法的实现”，这里介绍的是“接口的实现”。

我们可以像下面这样来理解类 *VideoPlayer* 的声明。

> 该类会实现 *Player* 遥控器，为此，需要实现各个按钮所调用的方法主体！！

它们之间的关系如图 b 所示。在本书中，为了与类进行区分，接口的边框使用蓝色来表示。并且，我们使用从类指向接口的蓝色虚线来表示某个类实现了接口。

a 实现接口的类声明

该类会“实现”接口 Player

```
class VideoPlayer implements Player {

    public void play() {
        // 方法的定义
    }

    public void stop() {
        // 方法的定义
    }
}
```

b 接口和实现类

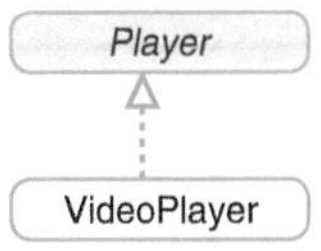

Player

VideoPlayer

类 VideoPlayer 实现接口 Player

图 14-2　接口的实现

类 *VideoPlayer* 在实现接口 *Player* 的同时，也会实现 *play* 和 *stop* 这两个方法（重写方法并定义主体）。

重写的方法必须声明为 public。这是因为接口的方法为 **public**，已无法再强化其访问控制。这与类的派生中的重写是一样的（12-3 节）。

> **重要** 接口中的方法为 **public** 且 **abstract**。在实现该接口的类中，各方法在实现时需要加上 **public** 修饰符。

我们来创建视频播放器 *VideoPlayer* 和 CD 播放器 *CDPlayer*，以实现接口 *Player*，程序如代码清单 14-1~ 代码清单 14-3 所示。

代码清单 14-1　player/Player.java

```
// 播放器接口
public interface Player {
    void play();        // ○播放
    void stop();        // ○停止
}
```

代码清单 14-2　player/VideoPlayer.java

```
//===== 视频播放器 =====//
public class VideoPlayer implements Player {
    private int id;                      // 制造编号
    private static int count = 0;        // 到目前为止已经赋的制造编号

    public VideoPlayer() {               // 构造函数
        id = ++count;
    }
```

```
    public void play() {                                    // ○播放
        System.out.println("■视频播放开始！");
    }

    public void stop() {                                    // ○停止
        System.out.println("■视频播放结束！");
    }

    public void printInfo() {                               // 显示制造编号
        System.out.println("该机器的制造编号为[" + id + "]。");
    }
}
```

代码清单 14-3 player/CDPlayer.java

```
//===== CD播放器 =====//
public class CDPlayer implements Player {

    public void play() {                                    // ○播放
        System.out.println("□CD播放开始！");
    }

    public void stop() {                                    // ○停止
        System.out.println("□CD播放结束！");
    }

    public void cleaning() {                                // 清洗
        System.out.println("□已清洗磁头。");
    }
}
```

这些接口和类如图 14-3 所示，*VideoPlayer* 遥控器和 *CDPlayer* 遥控器都包含 *Player* 遥控器上的 *play* 和 *stop* 按钮。我们来理解一下"类 *VideoPlayer* 和 *CDPlayer* 实现了 *Player*"。

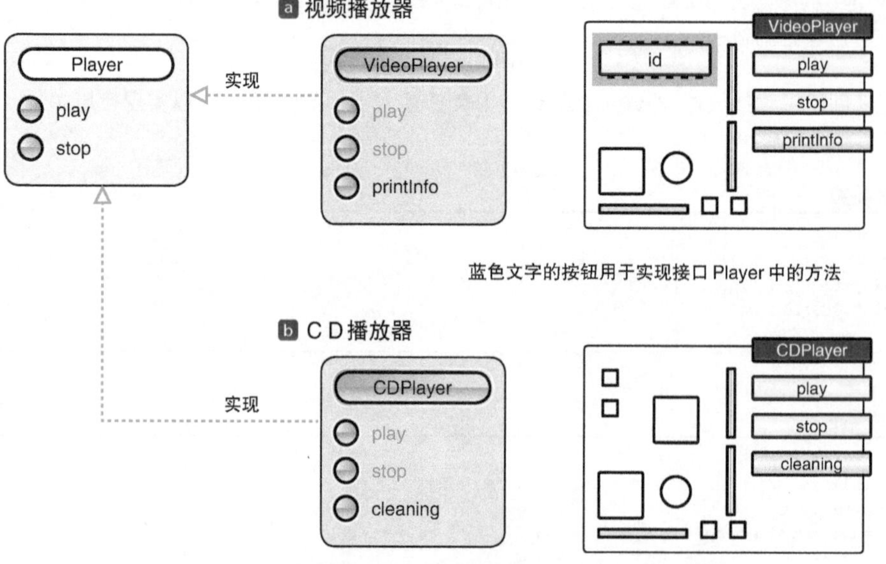

图 14-3 实现接口的类

这两个类的概要如下所示。

▪ 类 VideoPlayer

方法 *play* 显示"■视频播放开始!"，方法 *stop* 显示"■视频播放结束!"。

这个类的实例在创建时会被赋上制造编号 1、2、3……编号的赋予方法与第 10 章中介绍的"标识编号"相同。

赋给各个实例的制造编号为实例变量 *id*，表示已经赋到哪一号的是类变量 *count*。

方法 *printInfo* 负责显示制造编号。

▪ 类 CDPlayer

这个类中并未定义字段。

方法 *play* 显示"□ CD 播放开始!"，方法 *stop* 显示"□ CD 播放结束!"。

方法 *cleaning* 显示"□已清洗磁头。"。

请注意，这两个类**并未继承**接口 *Player* 中的字段和方法等资产，只继承了 *Player* 的**方法规格**（遥控器上的按钮规格）。

完全掌握接口

为了完全掌握接口，我们先来了解几个语法规则和限制。

▪ 无法创建接口类型的实例

接口相当于遥控器（而不是电路）的设计图，因此无法创建电路主体（实例）。下面的声明会发生错误。

```
✕ Player c = new Player();          // 错误
```

重要 无法创建接口类型的实例。

无法创建主体这一点与类有着很大的不同。

▶ 不过，这与抽象类很相似。

▪ 接口类型的变量可以引用实现该接口的类的实例

接口类型的变量可以引用实现该接口的类的实例。因此，下面的操作可以正常执行。

```
Player p1 = new CDPlayer();          // OK
Player p2 = new VideoPlayer();       // OK
```

Player 遥控器的变量可以引用实现它的类 *CDPlayer* 和类 *VideoPlayer* 的实例。

重要 接口类型的变量可以引用实现类的实例。

这并不是什么奇怪的、不自然的操作。之所以这么说，是因为 *CDPlayer* 电路和 *VideoPlayer* 电路都可以使用"*play* 按钮"和"*stop* 按钮"进行操作。

这一点**与超类类型的变量可以引用子类类型的实例相似**。

*

我们通过实际的程序进行确认，如代码清单 14-4 所示。

代码清单 14-4　　player/PlayerTester.java

```
// 接口Player的使用示例

class PlayerTester {

   public static void main(String[] args) {
      Player[] a = new Player[2];
      a[0] = new VideoPlayer();     // 视频播放器
      a[1] = new CDPlayer();        // CD播放器

      for (Player p : a) {
         p.play();                  // 播放
         p.stop();                  // 停止
         System.out.println();
      }
   }
}
```

运行结果

```
■视频播放开始!
■视频播放结束!

□CD播放开始!
□CD播放结束!
```

数组 *a* 是一个元素类型为接口 *Player* 类型的数组，*a*[0] 引用 *VideoPlayer* 的实例，*a*[1] 引用 *CDPlayer* 的实例。

扩展 **for** 语句中依次对各个元素调用方法 *play* 和方法 *stop*（图 14-4）。

▶ 由于会执行动态联编（12-2 节），因此会调用引用实例中的方法，如下所示。

- *p* 为 *a*[0] … *VideoPlayer* 类的方法
- *p* 为 *a*[1] … *CDPlayer* 类的方法

从图中也可以看出，接口 *Player* 类型的遥控器只有 *play* 和 *stop* 按钮。因此，通过 *a*[0] 和 *a*[1] 无法调用 *printInfo* 或者 *cleaning* 方法。

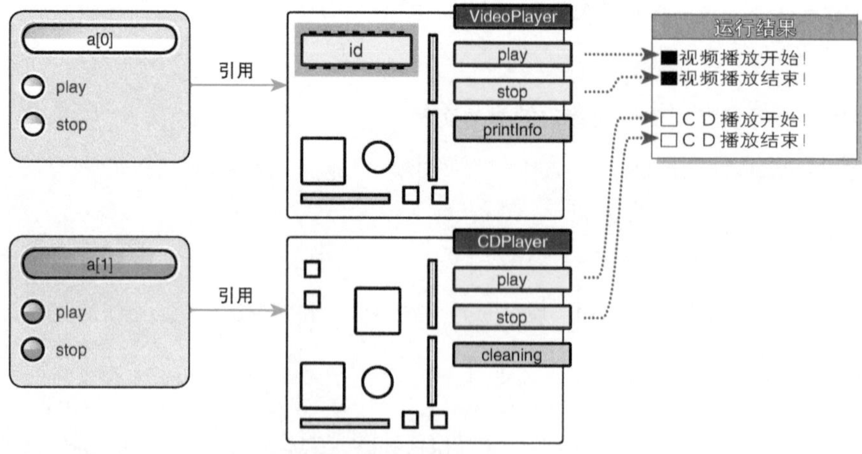
实现接口 Player 的方法的类具有 play 和 stop 功能。
因此，Player 类型的变量可以引用实现 Player 的类类型的接口
※ 但是，无法调用 VideoPlayer 特有的 printInfo，以及 CDPlayer 特有的 cleaning。
a[0]
play
stop
引用
VideoPlayer
id
play
stop
printInfo
运行结果
■视频播放开始!
■视频播放结束!
□CD播放开始!
□CD播放结束!
a[1]
play
stop
引用
CDPlayer
play
stop
cleaning

图 14-4　实现接口的类

另外，与类类型的变量一样，也可以对接口类型的变量应用 **instanceof** 运算符（12-2 节），来判断引用实例的类型。

▪ 接口实现时必须实现所有的方法

实现接口就是实现遥控器上各个按钮的功能。对此，存在下述规则（图 14-5）。

重要 未实现接口中所有方法的类必须声明为抽象类。

▶ 这与未实现上位类中包含的所有抽象方法的类为抽象类（13-1 节）是一样的。

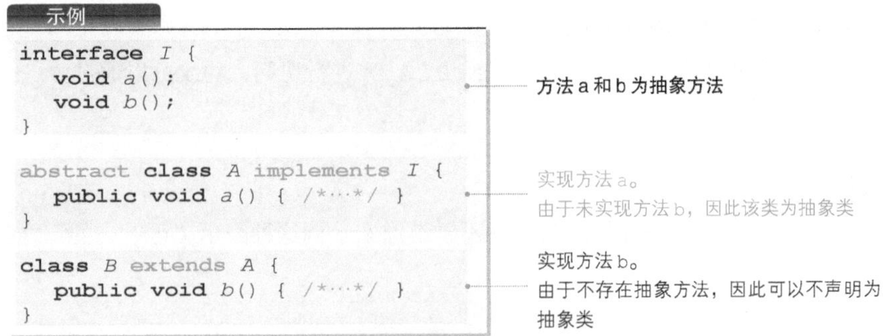

示例
interface I {
void a();
void b();
}
abstract class A implements I {
public void a() { /*…*/ }
}
class B extends A {
public void b() { /*…*/ }
}
方法 a 和 b 为抽象方法
实现方法 a。
由于未实现方法 b，因此该类为抽象类
实现方法 b。
由于不存在抽象方法，因此可以不声明为抽象类

图 14-5　接口的实现和方法的实现

▪ 可以持有常量

接口可以持有下述成员。

- 类
- 接口
- 常量　　… **public**、**static**、**final** 字段
- 抽象方法 … **public**、**abstract** 方法

请注意，接口可以持有常量成员，但不可以持有非常量字段。接口是遥控器而不是电路，因此不可以持有非常量字段，即可以读写数值的变量。

▶ 现在大家可以理解接口“与只持有抽象方法和常量成员的抽象类类似”这一点了吧。

*

持有常量的接口示例如代码清单 14-5 所示。接口 *Skinnable* 的名称表示“可换肤的”。

▶ 有些软件中可以自由切换窗口和按钮的设计等，这是通过 *skinnable* 来实现的。
另外，该接口的实现示例将在后文中介绍。

代码清单 14-5　　player/Skinnable.java

```
// 换肤接口

public interface Skinnable {
    int BLACK = 0;            // 黑色
    int RED = 1;              // 红色
    int GREEN = 2;            // 绿色
    int BLUE = 3;             // 蓝色
    int LEOPARD = 4;          // 豹纹
    void changeSkin(int skin);          // ★换肤
}
```

字段为 public static final

方法为 public abstract

换肤时指定的颜色和花纹都声明为了常量。

接口中的字段都声明为 **public** 且 **static** 且 **final**。请注意，它们并不是类中所说的“实例变量”，而是“类变量”。

> **重要** 接口中声明的字段为 **public** 且 **static** 且 **final**，即为不可以改写数值的类变量。

声明中带有 **static** 的类变量可以通过“**类名 . 字段名**”进行访问，与此相同，接口中的常量可以通过“**接口名 . 字段名**”进行访问。

在本示例中，黑色可以通过 *Skinnable.BLACK* 进行访问，豹纹可以通过 *Skinnable.LEOPARD* 进行访问。

▪ 命名方法与类相同

原则上，接口的名称与类一样使用名词。不过，像本示例这种表示“可……的”之意的接口建议使用词尾为 able 的形容词（8-2 节）。

> **重要** 原则上，接口的名称为名词，但也可以使用表示动作的形容词。特别是表示“可……的”之意的接口名称可以使用 ~able。

▪ 接口的访问属性与类相同

虽然接口中的所有成员都自动设为 **public**，但接口本身的访问属性与类相同，可以任意指定。如果加上 **public**，则为公开访问，而如果未加上 **public**，则为包访问。

▶ 即与第 11 章中介绍的类的访问属性相同。

类的派生和接口的实现

在新创建类时，可以同时执行类的派生和接口的实现。这里我们来考虑让上一章中介绍的图形类群（第 2 版）实现代码清单 14-6 所示的接口 *Plane2D*。

代码清单 14-6　　shape3/Plane2D.java

```
//===== 二维接口 =====//
public interface Plane2D {
    int getArea();          // ○计算面积
}
```

该接口中声明的 *getArea* 方法用来计算面积并返回结果。

由于点和直线没有面积，因此这些类中无需实现该接口。下面我们在长方形类 *Rectangle* 中进行实现。

另外，只有一个类实现 *Plane2D* 没有什么意思，我们再来新创建一个平行四边形类 *Parallelogram*，实现接口 *Plane2D*。

这样创建的类的程序如代码清单 14-7 和代码清单 14-8 所示。

▶ 为了节省空间，我们省略了 javadoc 所用的文档注释。另外，shape3 目录中，需要复制一下此处并未展示的第 2 版图形类。

代码清单 14-7 shape3/Rectangle.java

```
//===== 长方形 =====//
public class Rectangle extends Shape implements Plane2D {
   private int width;          // 长
   private int height;         // 宽

   // … 中略 …

   public int getArea() { return width * height; }    // ○计算面积
}
```

从 Shape 派生，并实现 Plane2D

代码清单 14-8 shape3/Parallelogram.java

```
//===== 平行四边形 =====//
public class Parallelogram extends Shape implements Plane2D {
   private int width;          // 底边长
   private int height;         // 宽

   public Parallelogram(int width, int height) {
      this.width = width; this.height = height;
   }

   public String toString() {                          // 字符串表示
      return "Parallelogram(width:" + width + ", height:" + height + ")";
   }

   public void draw() {                                // 绘图
      for (int i = 1; i <= height; i++) {
         for (int j = 1; j <= height - i; j++) System.out.print(' ');
         for (int j = 1; j <= width; j++) System.out.print('#');
         System.out.println();
      }
   }

   public int getArea() { return width * height; }    // ○计算面积
}
```

```
  #######
 #######
#######
```

类和接口的关系如图 14-6 所示。Rectangle 和 Parallelogram 派生自类 Shape，并实现了接口 Plane2D。

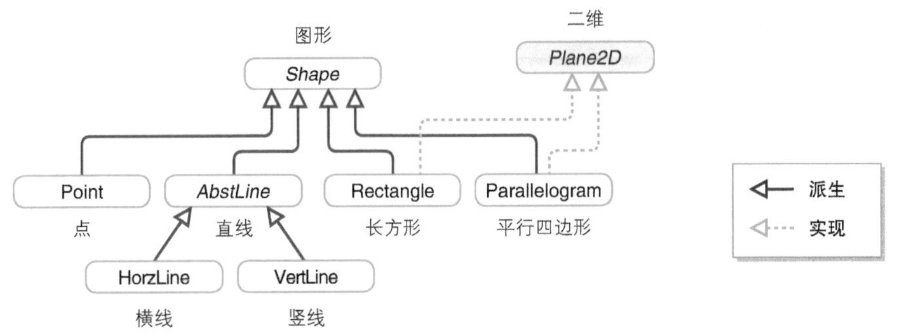

图 14-6 图形类群的类层次图

另外，请务必记住下述规则。

重要 当类的声明中同时存在 **extends** 和 **implements** 时，一定要先书写 **extends**。

前面我们把包含 Shape 的类群比作是根据**血缘关系**而结成的"Shape 家"或"Shape 一族"。

而 *Plane2D* 和实现它的类群之间并不具有血缘关系，而是属于同一个圈子，故而可以比作**朋友关系**。

无论是 *Shape* 一族，还是与其毫无关系的类，如果希望属于 *Plane2D* 圈子，只要实现（**implements**）*Plane2D* 就可以了。

重要 接口就是将类划分为朋友关系之类的分组。朋友关系可以与具有血缘关系的派生毫无关系。

练习 14-1

请编写一个使用此处介绍的图形类群的程序示例。

练习 14-2

请编写一个机器人类型的宠物类，对机器人类型的宠物类 *RobotPet*（代码清单 12-8）进行扩展，使其可以换肤。需要实现接口 *Skinnable*。

※ 请参考接下来的讲解。

多个接口的实现

类的派生和接口的实现之间最大的不同在于是否可以同时派生 / 实现多个类。

类的派生只允许单继承（不可以拥有多个超类：12-1 节），而与此不同，**一个类可以实现多个接口**。

重要 一个类可以同时实现多个接口。

▶ 也就是说，可以创建属于各种圈子的多个“朋友关系”。这与不可以拥有多个父亲的“血缘关系”（不可以多重继承）是不同的。

一般的形式如图 14-7 所示。当声明类时，**implements** 后面是要实现的接口，接口之间使用逗号进行分隔。当然，类 *A* 中会实现接口 *B* 和接口 *C* 中的所有方法。

▶ 当未实现全部方法时，类 *A* 必须声明为抽象类。

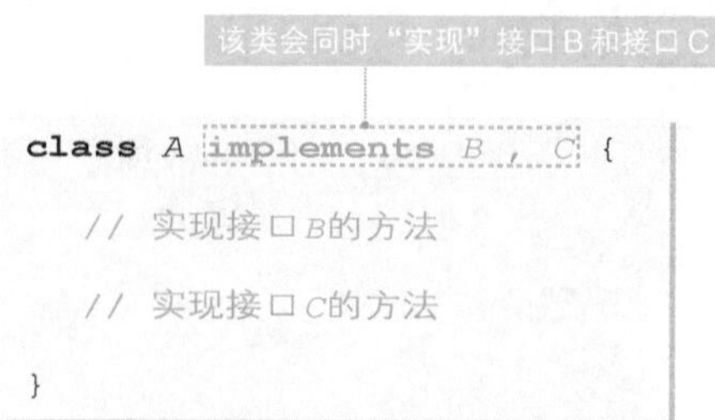

图 14-7 多个接口的实现

代码清单 14-9 所示的程序中同时实现了本章中创建的接口 *Player* 和接口 *Skinnable*。

代码清单 14-9 player/PortablePlayer.java

```
// 可换肤的随身播放器

class PortablePlayer implements Player, Skinnable {
  private int skin = BLACK;

  public PortablePlayer() { }                                   // 构造函数
                          实现接口 Player 的方法
  public void play() {                                          // ○播放
    System.out.println("◆播放开始！");
  }

  public void stop() {                                          // ○停止
    System.out.println("◆播放结束！");
  }

  public void changeSkin(int skin) {                            // ★换肤
    System.out.print("皮肤换成了");
    switch (skin) {
     case BLACK:   System.out.print("乌黑"); break;
     case RED:     System.out.print("深红"); break;
     case GREEN:   System.out.print("柳叶"); break;
     case BLUE:    System.out.print("露草"); break;
     case LEOPARD: System.out.print("豹纹"); break;
     default:      System.out.print("素色"); break;
    }
    System.out.println("。");
  }
}                         实现接口 Skinnable 的方法
```

类 *PortablePlayer* 为“可换肤的随身播放器”。接口和类之间的关系如图 14-8 所示。

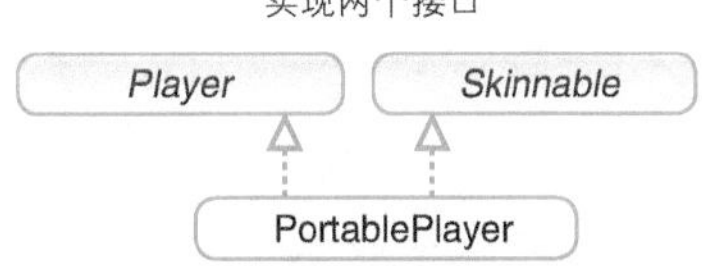

图 14-8 可换肤的随身播放器

类 *PortablePlayer* 中实现了接口 *Player* 的方法 *play* 和 *stop*，以及接口 *Skinnable* 的方法 *changeSkin*。在类中，可以使用简名来访问实现的接口中的字段。

▶ 也就是说，*Skinnable.BLACK* 可以只使用 *BLACK* 进行访问。

类 *PortablePlayer* 的使用示例如代码清单 14-10 所示。这是一个只创建一个实例，并依次调用三个方法的简单程序。

代码清单 14-10 player/PortablePlayerTester.java

```
// 类PortablePlayer的使用示例

class PortablePlayerTester {

  public static void main(String[] args) {
    PortablePlayer a = new PortablePlayer();
    a.play();                                  // 播放
    a.stop();                                  // 停止
    a.changeSkin(Skinnable.LEOPARD);           // 将皮肤换成豹纹
  }
}
```

运行结果

```
◆播放开始！
◆播放结束！
皮肤换成了豹纹。
```

由于接口 *Skinnable* 中定义的常量为类变量（静态字段），因此可以使用 **“接口名 . 字段名”** 进行访问。本程序中选择的 *Skinnable.LEOPARD* 为豹纹。

14-2 接口的派生

我们可以通过类的派生来创建扩展类，同样，接口也可以通过派生进行扩展。本节将介绍接口的派生。

接口的派生

与类的派生可以继承资产相同，接口也可以通过派生来继承资产。也就是说，可以在已有的遥控器设计图的基础上创建更强大的遥控器设计图。

例如，可以在 *Player* 遥控器中加上“慢放”按钮，来创建一个 *ExPlayer* 遥控器，如图 14-9 所示。

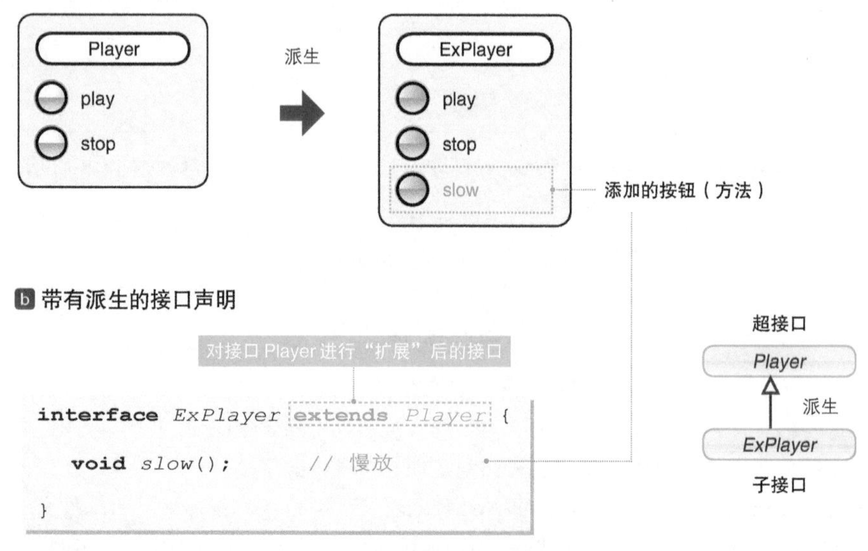

图 14-9 接口的派生

接口 *ExPlayer* 直接继承了 *Player* 的资产 *play* 按钮和 *stop* 按钮，并新添加了用于慢放的 *slow* 按钮。

声明接口时需要加上 **extends 派生源的接口名**。接口主体中只会声明添加的方法和字段。

与类的派生相同，接口的派生中也会生成父子关系。派生源的接口称为**超接口**（super interface），而通过派生创建的接口称为**子接口**（sub interface）。

另外，接口和类不一样，接口可以多重继承，类不可以多重继承。

*

包含从派生源继承的方法在内，接口 *ExPlayer* 持有的抽象方法总共有三个。因此，当实现该接口时，必须实现所有的这些方法。

接口 *ExPlayer* 的程序如代码清单 14-11 所示，实现该接口的程序示例如代码清单 14-12 所示。

代码清单 14-11 player/ExPlayer.java

```
// 扩展播放器 接口（带有慢放功能）
public interface ExPlayer extends Player {
    void slow();                // ●慢放
}
```

代码清单 14-12 player/DVDPlayer.java

```
//===== DVD播放器 =====//
public class DVDPlayer implements ExPlayer {

    public void play() {                                    // ○播放
        System.out.println("■DVD播放开始！");
    }

    public void stop() {                                    // ○停止
        System.out.println("■DVD播放结束！");
    }

    public void slow() {                                    // ●慢放
        System.out.println("■DVD慢放开始！");
    }
}
```

包含从 *Palyer* 继承的方法在内，接口 *ExPlayer* 总共持有三个方法。

如图 14-10 所示，DVD 播放器 *DVDPlayer* 类实现了接口 *ExPlayer*。类主体中对三个方法全部都进行了重写、实现。

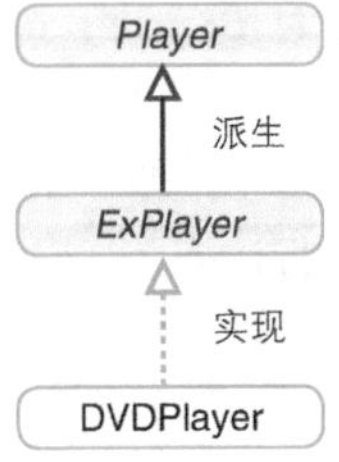

图 14-10 接口的继承和实现

练习 14-3

请编写一个使用类 *DVDPlayer* 的程序示例。

小结

- **接口**是引用类型的一种。如果将类作为“电路的设计图”，那么接口就相当于“遥控器的设计图”。
- 接口名称基本上都为名词。不过，表示“可……的”的接口名称建议使用 ~able。
- 接口的成员为类、接口、常量、抽象方法。
- 接口的方法为 **public** 且 **abstract**。由于为抽象方法，因此不可以定义其主体。
- 在实现接口的类的声明中，指定“**implements 接口名**”，也能够同时实现多个接口。在这种情况下，接口名使用逗号分隔。
- 当实现接口时，所有方法都应该赋上 **public** 修饰符来实现。未实现全部方法的类必须声明为抽象类。
- 接口的字段为 **public** 且 **static** 且 **final**，即为不可以改写数值的类变量。
- 实现接口的类内部可以使用字段的名称，即“**字段名**”来访问该接口的字段。其他的外部类则需要使用“**接口名 . 字段名**”进行访问。
- 不可以创建接口类型的实例。
- 接口类型的变量可以引用实现该接口的类类型的实例。
- “类的派生”赋予类血缘关系，而“接口的实现”赋予类朋友关系。
- 类的派生和接口的实现可以同时执行。此时要先指定 **extends**，后指定 **implements**。
- 接口可以通过派生来创建扩展的新接口。

Chap14/Wearable.java

```
// 可穿戴的接口
public interface Wearable {
    void putOn();          // 穿上
    void putOff();         // 脱下
}
```

Chap14/Color.java

```
// 颜色接口
public interface Color {
    int RED = 1;           // 红色
    int GREEN = 2;         // 绿色
    int BLUE = 3;          // 蓝色
    void changeColor(int color);      // 改变颜色
}
```

接口的成员

- 类
- 接口
- 常量
  所有的字段都为 public 且 static 且 final
- 抽象方法
  所有的方法都为 public 且 abstract

Chap14/WearableComputer.java

```
//--- 可穿戴的计算机类 ---//
public class WearableComputer implements Wearable {
    private String name;          // 名称

    public WearableComputer(String name) { this.name = name; }

    public void putOn()  { System.out.println(name + " ON!!"); }
    public void putOff() { System.out.println(name + " OFF!!"); }
}
```


Chap14/WearableRobot.java

```
//--- 可穿戴的机器人类 ---//
public class WearableRobot implements Color, Wearable {
    private int color;            // 颜色

    public WearableRobot(int color) { changeColor(color); }

    public void changeColor(int color) { this.color = color; }

    public String toString() {
        switch (color) {
         case RED   : return "红色机器人";
         case GREEN : return "绿色机器人";
         case BLUE  : return "蓝色机器人";
        }
        return "机器人";
    }

    public void putOn() {
        System.out.println(toString() + " 戴上!!");
    }
    public void putOff() {
        System.out.println(toString() + " 摘下!!");
    }
}
```


Chap14/Test.java

```
//--- 测试 ---//
public class Test {

    public static void main(String[] args) {
        Wearable[] w = {
            new WearableComputer("HAL"),      // 计算机
            new WearableRobot(Color.RED),     // 机器人
            new WearableRobot(Color.GREEN),   // 机器人
        };

        for (Wearable k : w) {
            k.putOn();
            k.putOff();
            System.out.println();
        }
    }
}
```

运行结果

```
HAL ON!!
HAL OFF!!

红色机器人 戴上!!
红色机器人 摘下!!

绿色机器人 戴上!!
绿色机器人 摘下!!
```

第 15 章

字符和字符串

人类和计算机之间需要使用字符和字符串来传递信息。字符使用 char 型表示，而字符串则使用 String 型表示。本章将介绍字符和字符串的相关内容。

- char 型
- 字符和字符常量
- Unicode 和 ASCII 码
- Unicode 转义
- String 型
- 字符串和字符串常量
- 拼写相同的字符串常量
- 字符串数组
- 命令行参数

15-1 字符

前面介绍的所有程序中都使用了字符和字符串，本章将对其进行深入讲解。本节将介绍字符的相关内容。

字符

人类和计算机之间传递信息时必不可少的一项内容就是**字符**。人类通过拼写和发音来识别字符，而计算机则使用赋给各个字符的整数值，即“编码”来识别字符。

重要 字符通过整数值编码来表示并被识别。

Unicode

字符编码有很多种，Java 采用的是 Unicode。所谓 Unicode，就是采用下述方针来创建的字符编码体系。

- 将特有的编号赋给所有字符
- 不依赖于平台
- 不依赖于程序
- 不依赖于语言

与 Java 一样，Unicode 也在不断完善。Java 版本和 Unicode 版本的对应关系如表 15-1 所示。

表 15-1 Java 和 Unicode

Java 版本	Unicode 的编码名称
~ JDK 1.1	Unicode 1.1.5
~ JDK 1.1.7	Unicode 2.0
~ JDK 1.3.1	Unicode 2.1
J2SE 1.4	Unicode 3.0
~ JDK 6	Unicode 4.0
JDK 7	Unicode 5.1.0 ~ 6.0.0
JDK 8	Unicode 6.2.0

▶ JDK 7 最开始支持 Unicode 5.1.0，随着 Unicode 的版本升级，后来变成支持 6.0.0。
Unicode 是由 Unicode Consortium 制定的，于 1994 年正式公布。

*

在开发、运行 Java 程序的环境（即 MS-Windows 或 Linux 等）中，也可以使用 Unicode 之外的字符编码。

不过，我们无需关注字符编码的不同点。因为 Java 编译器会自动执行字符编码的转换，然后再执行编译操作。

▶ 例如，在 MS-Windows 中，源程序采用 MS932 编码进行编译。

ASCII 码

在 Unicode 中，各个字符基本上都使用 16 位来表示。因此，字符编码的值就为 `0~65535`（专栏 15-1）。

其中，最开始的 128 个字符与美国制定的历史悠久的 ASCII 码（表 15-2）是一致的。

表 15-2　ASCII 码表

	0	1	2	3	4	5	6	7
0				0	@	P	'	p
1			!	1	A	Q	a	q
2			"	2	B	R	b	r
3			#	3	C	S	c	s
4			$	4	D	T	d	t
5			%	5	E	U	e	u
6			&	6	F	V	f	v
7			'	7	G	W	g	w
8	\b		(	8	H	X	h	x
9	\t		)	9	I	Y	i	y
A	\n		*	:	J	Z	j	z
B	\v		+	;	K	[	k	{
C	\f		,	<	L	¥	l	|
D	\r		-	=	M	]	m	}
E			.	>	N	^	n	‾
F			/	?	O	_	o	

高位（列）　低位（行）

▶ ASCII 的正式名称为 American Standard Code for Information Interchange。
在此处的表 15-2 中，被称为控制字符的一部分字符是通过 `\b` 或 `\t` 等 Java 的转义字符来表示的。

该表中所示的字符编码为十进制数的 `0~127`，用 2 位的十六进制数来表示就是 `0x00~0x7F`。

表中的 `0~F` 为十六进制数表示的各个位的值。例如，字符 `'R'` 的编码为 `0x52`，字符 `'g'` 的编码为 `0x67`。

另外，请不要混淆数值和数字字符。数字字符 `'1'` 的字符编码并不是 `1`，而是十六进制数的 `0x31`，十进制数的 `49`。

重要 数字字符 '0', '1', …, '9' 的字符编码并不是 0, 1, …, 9。

专栏 15-1 关于 Unicode

早期的 Unicode 设计将所有的字符都使用 16 位来表示，不过 16 位最多只能表示 65535 个字符，因此人们对其进行了扩展，以便能表示超过 16 位的字符。

十六进制数 0x0000~0xFFFF 的范围内的字符被称为**基本多文种平面**，即 BMP（Basic Multilingual Plane），1 个字符可以使用 16 位来表示。当在 Java 中使用该范围内的字符时，1 个字符就是 16 位的 **char** 型。

这样，BMP 之外的**增补字符**（supplementary character）就要使用超过 16 位的位来表示。当在 Java 中使用该范围内的字符时，1 个字符要使用 2 个 **char** 来表示（为此，Java 中提供了用来进行转换的 API）。

*

Unicode 的编码（符号化）方式分为 UTF-8、UTF-16、UTF-32 等诸多形式，Java 中使用 UTF-16。在 UTF-16 中，BMP 使用 16 位，而增补字符则采用**代理对**（surrogate pairs）方式，使用 32 位。

char 型

char 型用于表示字符。我们也在第 5 章中介绍过，**char** 型为 16 位无符号整型，表示 0~65535 的数值（5-1 节）。

我们来试着给 **char** 型变量赋值并显示，程序示例如代码清单 15-1 所示。

代码清单 15-1 Chap15/CharTester.java

```
// 字符和字符常量

class CharTester {

  public static void main(String[] args) {
    char c1 = 50;
    char c2 = 'A';
    char c3 = '字';

    System.out.println("c1 = " + c1);
    System.out.println("c2 = " + c2);
    System.out.println("c3 = " + c3);
  }
}
```

运行结果

```
c1 = 2
c2 = A
c3 = 字
```

变量 *c1* 初始化为 50。**char** 型变量中可以赋入整数值，这是因为字符本身就是字符编码（整数值）。

十进制数的 50 用十六进制数表示为 0x32。从表 15-2 也可以看出，字符编码为 0x32 的字符是数字 '2'。因此，使用 println 方法来显示变量 *c1* 时，会显示“2”。

字符常量

变量 *c2* 和 *c3* 分别初始化为 'A' 和 '字'。像这样，用两个单引号将字符括起来的就是字符常量。

使用字符常量进行初始化的变量 *c2* 和 *c3* 中分别赋入了 'A' 和 '字' 的字符编码。

字符常量的示例如下所示。

```
'A'        字母 "A"
'字'       汉字 "字"
'\'        单引号（5-3 节）
'\n'       换行符
```

▶ 与允许内容为空的" "字符串常量不同，内容为空的字符常量' '是不被允许的，会发生编译错误。

Unicode 转义

Unicode 转义（Unicode escape）通过在 **\u** 后面加上 4 位十六进制数来表示字符。如果将前面示例中的 4 个字符用 Unicode 转义来表示的话，则如下所示（十六进制数的 a~f 也可以写为大写字母 A~F）。

```
\u0041     字母“A”  …  ASCII 码用十六进制数表示为 0x41
\u5b57     汉字“字”
\u0060     单引号
\u000a     换行符
```

ASCII 编码中包含的字符，只需在表 15-2 所示的十六进制数的编码前面加上 **\u00**，就能变成 Unicode 转义。

*

程序的编译分为几个阶段，其中最开始的阶段就是 **Unicode 转义被替换为相应的字符**。

请注意，下面的程序会发生编译错误。

```
✕ System.out.println("ABC\u000aDEF");
```

这是因为在进行实际的编译操作之前，**\u000a** 会被**替换为真正的换行符**，如下所示。

```
✕ System.out.println("ABC
  DEF");
```

Unicode 转义**并不是说仅仅将八进制的转义表示的基数由 8 变为 16 就可以了**，原则上它只用于表示外语字符或特殊符号等情况。换行符和回车符不可以书写为 **\u000a** 和 **\u000d**。

▶ 在 Unicode 转义中，\ 后面可以放置多个 **u**。例如，字母 A 可以写成 **\uu0041** 或者 **\uuu0041**（这是为了区别在编译过程中可被替换的字符和不可被替换的字符的语法规格）。

15-2 字符串和 String

上一节中介绍了字符的相关内容，这些字符的序列就是字符串。本节将介绍字符串的相关内容。

字符串和字符串常量

本书中几乎所有的程序都使用了“字符串常量”或者“**String** 型变量”等字符串。我们先来简单复习一下。

▪ 字符串常量

下面是字符串常量的一个示例。

```
"ABC"
```

字符串常量是用双引号括起来的字符序列，字符序列即为拼写的内容。

另外，双引号中也可以不是字符，无字符的 `""` 是由 0 个字符构成的字符串常量。

▪ String 型变量

下面是使用 **String** 型变量表示字符串的一个示例。

```
String s = "ABC";
```

正如之前介绍的，**String** 型并不是基本类型（**int**、**double** 等内置类型），而是 **java.lang** 包中的类。

▶ **String** 型之所以无需导入便可通过简名来使用，是因为它是 **java.lang** 包中的类（11-1 节）。

*

关于字符串，存在下述规则。

重要 字符串常量是 **String** 型实例的引用。

也就是说，不管是字符串常量，还是显式声明的变量，这些字符串都是 **String** 型。上面的分类只是一个简单的分类而已。

重要 字符串为 **String** 型。

▶ string 一词是“带子”“丝线”“一队”“一列”的意思。

String 型

我们来思考一下前面介绍的 **String** 型变量 *s*。赋给该变量的初始值 `"ABC"` 是字符串常量，即 **String** 实例的引用。

String 类持有用于保存字符串的字符数组，以及表示字符个数的字段。因此，变量 *s* 及其引用的实例如图 15-1 ⓐ所示。

在 **final char**[] 型数组的元素中，从头开始依次保存着字符 'A'、'B'、'C'。并且，表示字符个数的 **final int** 型字段中保存着 3。

变量 *s* 引用的不是单纯的字符序列，而是**内部持有字符序列的实例**。

另外，在 **String** 类中，除了图中所示的内容之外，还存在一些字段、构造函数及诸多方法。

在后面的章节中，为了节省空间，类类型变量和实例如图 15-1 ⓑ所示，只使用盒子来表示。

▶ 此外，有时也会使用“引用字符串常量”的表述。当然，这只是“引用包含该字符串的 **String** 型实例”的省略而已。

```
String s = "ABC";
```

ⓐ String型变量和实例

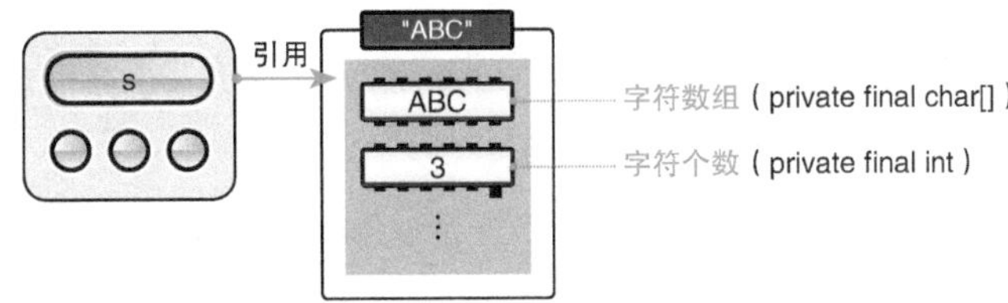

ⓑ String型变量和实例的概略图

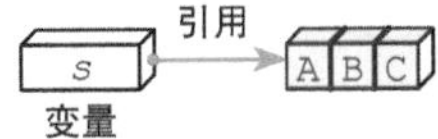

图 15-1 String 型

*

虽然是类类型，但可以不显式使用 **new** 运算符来创建实例，这是字符串的一个特征。

▶ 也可以显式调用构造函数。

String 型变量的引用目标

如果 **String** 型变量什么都不引用，或者引用了空字符串，结果会怎么样呢？我们通过代码清单 15-2 的程序来确认一下。

代码清单 15-2 Chap15/StringTester.java

```
// 空引用和空字符串

class StringTester {

  public static void main(String[] args) {
    String s1 = null;    // 空引用（无引用）
    String s2 = "";      // ""引用

    System.out.println("字符串s1 = " + s1);
    System.out.println("字符串s2 = " + s2);
  }
}
```

运行结果

```
字符串s1：null
字符串s2：
```

▪ s1…null（空引用）

变量 *s1* 被初始化为 **null**（图 15-2a）。名为**空常量**的 **null** 是什么都不引用的**空引用**。

▶（本书中）空引用使用黑色盒子来表示，当输出空引用时，会显示“null”，这些我们已经在 6-1 节中进行过介绍。

a　`String s1 = null;`

b　`String s2 = "";`

图 15-2　空引用和空字符串

▪ s2…引用空字符串

而 s2 引用的是没有字符的字符串，即构成字符为 0 个的字符串（图 15-2b）。

从运行结果也可以看出，即使输出空字符串，也不会显示任何内容。

专栏 15-2　空引用和空字符串的区别

关于空引用 *s1* 和引用空字符串的 *s2* 之间的区别，通过调用后文将会介绍的用于获取字符串长度（字符个数）的 **String**.length 方法，就可以简单地进行确认。

```
System.out.println("字符串s1的长度 = " + s1.length()); // 运行时错误
```

执行上述代码后，会发生“**java.lang.NullPointerException**”的**运行时错误**（16-2 节）。由于不存在引用目标，因此无法确认字符串的长度。此外，若执行下述语句，则会显示“字符串 s2 的长度 = 0”。

```
System.out.println("字符串s2的长度 = " + s2.length()); // OK
```

▪ 引用其他的字符串

对于引用某个字符串的 **String** 型变量，如果再赋入其他的字符串，结果会怎么样呢？我们使用代码清单 15-3 的程序进行试验。

代码清单 15-3　　Chap15/ChangeString.java

```
// 改变字符串的引用目标

class ChangeString {

  public static void main(String[] args) {
    String s1 = "ABC";      // 引用"ABC"
    String s2 = "XYZ";      // 引用"XYZ"

1   s1 = "XYZ";             // 引用"XYZ"
    System.out.println("字符串s1 = " + s1);
    System.out.println("字符串s2 = " + s2);
2   System.out.println("s1和s2引用的" +
                ((s1 == s2) ? "是相同的字符串常量。" : "不是相同的字符串常量。"));
  }
}
```

运行结果

```
字符串s1 = XYZ
字符串s2 = XYZ
s1和s2引用的是相同的字符串常量。
```

在 **main** 方法的开头，变量 *s1* 初始化为 "ABC" 的引用，变量 *s2* 初始化为 "XYZ" 的引用（图 15-3a）。这些大家都可以理解吧。

之后的部分如下所示。

1 首先将 "XYZ" 赋给 *s1*，然后显示 *s1*。从运行结果可知，字符串 *s1* 引用的字符串为 "XYZ"。

2 判断并显示 *s1* 和 *s2* 引用的是否是相同的字符串。从运行结果可以确认，表达式 *s1* **==** *s2* 的值为 **true**。

通过 1 中的赋值，字符串的内容看上去好像由 "ABC" 改写成了 "XYZ"，但实际情况并非如此。赋值后的 *s1* 和 *s2* 如图 15-3 b 所示。*s1* 引用的字符串内容并未变为 "XYZ"，只不过是将 "XYZ" 的引用赋给了 *s1*，这样 *s1* 就变成了对 *s2* 本来引用的 "XYZ" 的引用。

▶ 最终，"ABC" 将不再被任何地方引用。

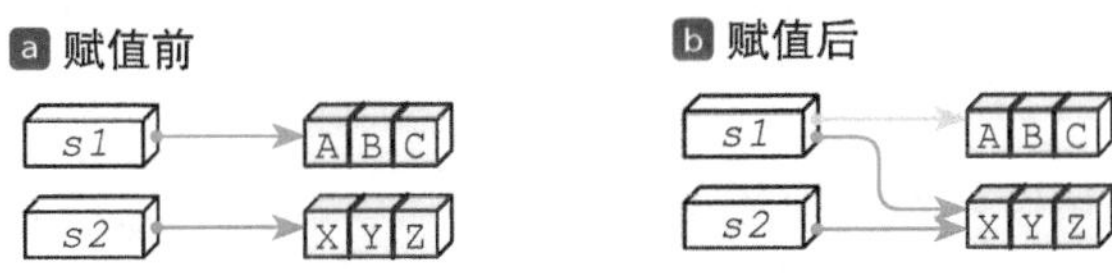

图 15-3 字符串引用的赋值

构造函数

由于 **String** 型为类类型，因此可以显式调用构造函数来创建实例。

表 15-3 中汇总了 **String** 型的构造函数的概要。

表 15-3 String 型的构造函数

① **String**()
构造一个新的 **String**，表示空字符串
② **String**(**byte**[] *bytes*)
使用平台默认的字符集，将字节数组 *bytes* 转换为新的 **String**
③ **String**(**byte**[] *bytes*, ***Charset*** *charset*)
使用字符集 *charset*，将字节数组 *bytes* 转换为新的 **String**
④ **String**(**byte**[] *bytes*, **int** *offset*, **int** *length*)
使用平台默认的字符集，将字节数组 *bytes* 中的指定字节转换为新的 **String**
⑤ **String**(**byte**[] *bytes*, **int** *offset*, **int** *length*, ***Charset*** *charset*)
使用字符集 *charset*，将字节数组 *bytes* 中的指定字节转换为新的 **String**
⑥ **String**(**byte**[] *bytes*, **int** *offset*, **int** *length*, **String** *charsetName*)
使用字符集 *charsetName*，将字节数组 *bytes* 中的指定字节转换为新的 **String**
⑦ **String**(**byte**[] *bytes*, **String** *charsetName*)
使用字符集 *charsetName*，将字节数组 *bytes* 转换为新的 **String**
⑧ **String**(**char**[] *value*)
构造一个新的 **String**，表示字符数组 *value* 中包含的字符串
⑨ **String**(**char**[] *value*, **int** *offset*, **int** *count*)
构造一个新的 **String**，表示由字符数组 *value* 的指定字符构成的字符串
⑩ **String**(**int**[] *codePoints*, **int** *offset*, **int** *count*)

（续）

构造一个新的 **String**，它包含 Unicode 代码点数组 *codePoints* 的一个子数组的字符
⑪ **String**(**String** *original*)
构造一个新的 **String**，其拼写与字符串 *original* 相同
⑫ **String**(**StringBuffer** *buffer*)
构造一个新的 **String**，它拥有 **StringBuffer** *buffer* 中包含的字符串
⑬ **String**(**StringBuilder** *builder*)
构造一个新的 **String**，它拥有 **StringBuilder** *builder* 中包含的字符串

▶ 本表中包含了本书中未介绍的术语。各个构造函数的详细内容请参考 API 文档。另外，本表中省略了“不推荐使用”的构造函数。

下面让我们来显式调用构造函数，实际构造字符串，程序如代码清单 15-4 所示。

代码清单 15-4　　Chap15/StringConstructor.java

```
// 使用String型的构造函数来创建字符串

class StringConstructor {

   public static void main(String[] args) {
      char[] c = {'A', 'B', 'C', 'D', 'E', 'F', 'G', 'H', 'I', 'J'};
      String s1 = new String();          // String()
      String s2 = new String(c);         // String(char[])
      String s3 = new String(c, 5, 3); // String(char[], int, int)
      String s4 = new String("XYZ");    // String(String)
      System.out.println("s1 = " + s1);
      System.out.println("s2 = " + s2);
      System.out.println("s3 = " + s3);
      System.out.println("s4 = " + s4);
   }
}
```

运行结果

```
s1 =
s2 = ABCDEFGHIJ
s3 = FGH
s4 = XYZ
```

本程序中存在 4 个 **String** 型变量，分别使用了不同形式的构造函数来创建字符串。

▪ 变量 s1 … 构造函数①

创建了一个空字符串。创建的是由 0 个字符构成的空字符串（请注意，是空字符串，而不是空引用）。

▪ 变量 s2 … 构造函数⑧

基于 **char** 型数组 *c* 中包含的所有字符 `'A'`, `'B'`, …, `'J'` 创建了字符串。*s2* 引用的字符串为 `"ABCDEFGHIJ"`。

▪ 变量 s3 … 构造函数⑨

基于 **char** 型数组 *c* 中从 `c[5]` 开始的 3 个字符 `'F'`、`'G'`、`'H'` 创建了字符串。*s3* 引用的字符串为 `"FGH"`。

▪ 变量 s4 … 构造函数⑪

这里使用的是复制构造函数（9-1 节）。基于字符串常量 `"XYZ"`，来创建一个拼写相同的字符串。

通过键盘进行输入

我们在第 2 章中已经介绍过读入通过键盘输入的字符串的方法，这里再来看一下当时的代码清单 2-15 和代码清单 2-16。

代码清单2-15 Chap02/HelloNext.java

```
// 读入姓名并打招呼（其1：next()版本）

import java.util.Scanner;

class HelloNext {

   public static void main(String[] args) {
      Scanner stdIn = new Scanner(System.in);

      System.out.print("姓名：");
      String s = stdIn.next();   // 读入字符串

      System.out.println("你好" + s + "先生。"); // 显示
   }
}
```

运行示例 1

```
姓名：柴田望洋⏎
你好，柴田望洋先生。
```

运行示例 2

```
姓名：柴田 望洋⏎
你好，柴田先生。
```

代码清单2-16 Chap02/HelloNextLine.java

```
// 读入姓名并打招呼（其2：nextLine()版本）

import java.util.Scanner;

class HelloNextLine {

   public static void main(String[] args) {
      Scanner stdIn = new Scanner(System.in);

      System.out.print("姓名：");
      String s = stdIn.nextLine(); // 读入1行字符串

      System.out.println("你好" + s + "先生。"); // 显示
   }
}
```

运行示例 1

```
姓名：柴田望洋⏎
你好，柴田望洋先生。
```

运行示例 2

```
姓名：柴田 望洋⏎
你好，柴田 望洋先生。
```

通过调用阴影部分的方法 next() 或者 nextLine() 读入字符串。

当使用 next() 从键盘进行输入时，空白符和制表符会被视为字符串的间隔。因此，在运行示例2中，输入过程中加入了空格，结果 *s* 中读入的就只有 " 柴田 "。

当输入的 1 行字符串中包含空格时，需要使用 nextLine() 进行读入。

*

方法 next 和 nextLine **会新创建一个 String 型实例，在内部保存从键盘输入的字符串，并返回该实例的引用**。

因此，这两个程序中都会返回存有读入的字符串的 **String** 型实例的引用，并将该引用赋给变量 *s*。

重要 ***Scanner*** 类的 next 方法和 nextLine 方法会创建一个 **String** 型实例，在内部保存从键盘输入的字符串，并返回该实例的引用。

因此，可以不显式调用构造函数，而使用新的 **String** 型字符串。

专栏 15-3 拼写相同的字符串常量

拼写相同的字符串常量会被看作是同一个实例的引用。我们通过代码清单 15C-1 进行验证。

代码清单 15C-1 Chap15/StringLiteral.java

```
// 比较拼写相同的字符串的引用目标

class StringLiteral {

   public static void main(String[] args) {
      String s1 = "ABC";
      String s2 = "ABC";

      if (s1 == s2)   // 比较引用目标
         System.out.println("s1和s2引用相同的字符串。");   ←一定会被执行
      else
         System.out.println("s1和s2引用不同的字符串。");   ←不会被执行
   }
}
```

运行结果

```
s1和s2引用相同的字符串。
```

如图 15C-1 所示，变量 *s1* 和 *s2* 引用的是同一个实例。

另外，关于拼写相同的字符串常量的操作，**专栏 15-5** 中也会进行详细介绍。

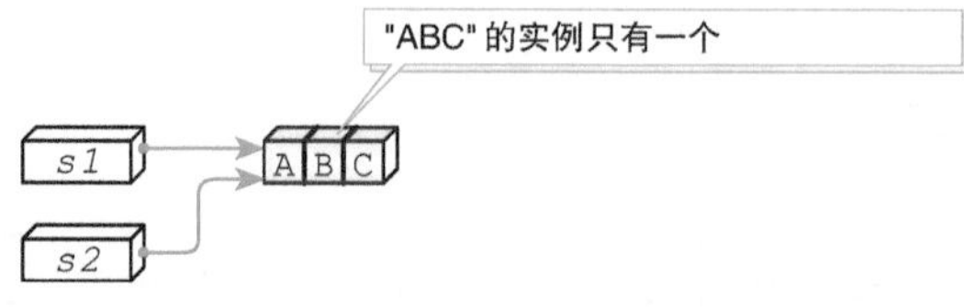

图 15C-1 拼写相同的字符串常量

方法

String 型中提供了很多方法，各个方法的概要如表 15-4 所示。

▶ 本表中包含了本书中未介绍的术语。各个方法的详细内容请参考 API 文档。另外，本表中省略了“不推荐使用”的方法。

表 15-4 String 型的方法

※ 注：蓝色阴影部分为实例方法，灰色阴影部分为类方法。

char charAt(**int** *index*)
返回索引 *index* 位置处的字符。与数组一样，索引也是从头开始依次为 0、1、2……
int codePointAt(**int** *index*)
返回索引 *index* 位置处的字符（Unicode 代码点）
int codePointBefore(**int** *index*)
返回索引 *index* 之前的字符（Unicode 代码点）
int codePointCount(**int** *beginIndex*, **int** *endIndex*)
返回 *beginIdex* 和 *endIndex* 指定的范围内的 Unicode 代码点数
int compareTo(**String** *anotherString*)

（续）

判断与字符串 *anotherString* 的字典顺序的大小关系
int compareToIgnoreCase(**String** *str*)
判断与字符串 *str* 的字典顺序的大小关系，不区分大小写
String concat(**String** *str*)
将字符串 *str* 拼接到字符串的末尾
boolean contains(**CharSequence** *s*)
判断字符串中是否包含字符序列 *s*。如果包含，则返回 **true**
boolean contentEquals(**CharSequence** *cs*)
判断与字符序列 *cs* 是否相等
boolean contentEquals(**StringBuffer** *sb*)
判断与 **StringBuffer** *sb* 是否相等
static String copyValueOf(**char**[] *data*)
返回将字符数组 *data* 转换为字符串后的结果
static String copyValueOf(**char**[] *data*, **int** *offset*, **int** *count*)
返回将字符数组 *data* 中的指定部分转换为字符串后的结果
boolean endsWith(**String** *suffix*)
判断字符串的末尾是否是字符串 *suffix*
boolean equals(**Object** *anObject*)
判断与对象 *anObject* 是否相等
boolean equalsIgnoreCase(**String** *anotherString*)
判断与字符串 *anotherString* 是否相等
static String *format*(***Locale*** *l*, **String** *format*, **Object**... *args*)
返回按照指定的语言环境 *l*、格式字符串 *format* 及其后面的参数格式化后的字符串
static String *format*(**String** *format*, **Object**... *args*)
返回按照格式字符串 *format* 及其后面的参数格式化后的字符串
byte[] getBytes()
使用默认字符集，将字符串编码为字节序列，并返回一个保存结果的字节数组
byte[] getBytes(**Charset** *charset*)
使用字符集 *charset*，将字符串编码为字节序列，并返回一个保存结果的字节数组
byte[] getBytes(**String** *charsetName*)
使用字符集 *charsetName*，将字符串编码为字节序列，并返回一个保存结果的字节数组
void getChars(**int** *srcBegin*, **int** *srcEnd*, **char**[] *dst*, **int** *dstBegin*)
将字符串的指定部分复制到目标字符数组 *dst* 的指定位置
int hashCode()
返回字符串的哈希码
int indexOf(**int** *ch*)
返回字符 *ch* 在字符串中第一次出现处的索引
int indexOf(**int** *ch*, **int** *fromIndex*)
返回字符 *ch* 在以 *fromIndex* 为开头索引的字符串中第一次出现处的索引
int indexOf(**String** *str*)
返回字符串 *str* 在字符串中第一次出现处的索引

（续）

int indexOf(**String** *str*, **int** *fromIndex*)
返回字符串 *str* 在以 *fromIndex* 为开头索引的字符串中第一次出现处的索引
String intern()
返回将字符串实例驻留后的字符串实例的引用
boolean isEmpty()
判断字符串的长度（字符个数）是否为 0。如果为 0，则返回 **true**
int lastIndexOf(**int** *ch*)
返回字符 *ch* 在字符串中最后一次出现处的索引
int lastIndexOf(**int** *ch*, **int** *fromIndex*)
返回字符 *ch* 在以 *fromIndex* 为开头索引的字符串中最后一次出现处的索引
int lastIndexOf(**String** *str*)
返回字符串 *str* 在字符串中最后一次出现处的索引
int lastIndexOf(**String** *str*, **int** *fromIndex*)
返回字符串 *str* 在以 *fromIndex* 为开头索引的字符串中最后一次出现处的索引
int length()
返回字符串的长度（字符个数）
boolean matches(**String** *regex*)
判断字符串是否匹配正则表达式 *regex*
int offsetByCodePoints(**int** *index*, **int** *codePointOffset*)
返回此字符串中从指定的 *index* 处偏移 *codePointOffset* 个代码点的索引
boolean regionMatches(**boolean** *ignoreCase*, **int** *toffset*, **String** *other*, **int** *ooffset*, **int** *len*)
判断此字符串与字符串 *other* 是否相等。当 *ignoreCase* 赋为 **false** 时，则不区分大小写
boolean regionMatches(**int** *toffset*, **String** *other*, **int** *ooffset*, **int** *len*)
判断此字符串与字符串 *other* 是否相等
String replace(**char** *oldChar*, **char** *newChar*)
返回将字符串中的所有 *oldChar* 替换为 *newChar* 后所创建的新的字符串
String replace(**CharSequence** *target*, **CharSequence** *replacement*)
使用指定的字面值替换序列替换此字符串中匹配字面值目标序列的子字符串
String replaceAll(**String** *regex*, **String** *replacement*)
使用指定字符串替换此字符串中匹配正则表达式 *regex* 的子字符串
String replaceFirst(**String** *regex*, **String** *replacement*)
使用指定字符串替换此字符串中匹配正则表达式 *regex* 的第一个子字符串
String[] split(**String** *regex*)
根据正则表达式 *regex* 的匹配位置来拆分此字符串
String[] split(**String** *regex*, **int** *limit*)
根据正则表达式 *regex* 的匹配位置来拆分此字符串 *limit* 次以内
boolean startsWith(**String** *prefix*)
判断此字符串是否以字符串 *prefix* 开始
boolean startsWith(**String** *prefix*, **int** *toffset*)
判断此字符串从索引 *toffset* 开始的子字符串是否以字符串 *prefix* 开始

（续）

CharSequence subSequence(**int** *beginIndex*, **int** *endIndex*)
返回一个字符序列，它是此序列的一个子序列
String subString(**int** *beginIndex*)
返回一个新的字符串，它是此字符串从索引 *beginIndex* 处开始的一个子字符串
String subString(**int** *beginIndex*, **int** *endIndex*)
返回一个新的字符串，它是此字符串从索引 *beginIndex* 处开始到 *endIndex* 处为止的一个子字符串
char[] toCharArray()
将字符串转换为一个新的字符数组，并返回
String toLowerCase()
使用默认语言环境的规则，将字符串中的所有字符都转换为小写
String toLowerCase(***Locale*** *locale*)
使用语言环境 *locale* 的规则，将字符串中的所有字符都转换为小写
String toString()
直接返回此字符串
String toUpperCase()
使用默认语言环境的规则，将字符串中的所有字符都转换为大写
String toUpperCase(***Locale*** *locale*)
使用语言环境 *locale* 的规则，将字符串中的所有字符都转换为大写
String trim()
返回字符串的副本
static String valueOf(**boolean** *b*)
返回 **boolean** 参数 *b* 的字符串表示形式
static String valueOf(**char** *c*)
返回 **char** 参数 *c* 的字符串表示形式
static String valueOf(char[] *data*)
返回 **char** 数组参数 *data* 的字符串表示形式
static String valueOf(char[] *data*, **int** *offset*, **int** *count*)
返回 **char** 数组参数 *data* 的特定子数组的字符串表示形式
static String valueOf(**double** *d*)
返回 **double** 参数 *d* 的字符串表示形式
static String valueOf(**float** *f*)
返回 **float** 参数 *f* 的字符串表示形式
static String valueOf(**int** *i*)
返回 **int** 参数 *i* 的字符串表示形式
static String valueOf(**long** *l*)
返回 **long** 参数 *l* 的字符串表示形式
static String valueOf(**Object** *obj*)
返回 **Object** 参数 *obj* 的字符串表示形式

专栏 15-4 字符串的显示

下面是用于显示字符串 s 的代码。

```
System.out.println(" 字符串 s = " + s);
```

变量 s 是类类型的变量，其值应该为“引用目标”。为什么只书写变量名，就会显示字符串而非引用目标呢?

我们可以回忆一下，当字符串和类类型变量使用 + 运算符进行拼接时，会对类类型变量调用 toString 方法后再进行拼接（9-1 节）。如表 15-4 所示，**String** 类的 toString 方法会返回自身实例所持有的字符串。在上面的程序中，显示的字符串是默认调用的 toString 方法返回的 **String** 型字符串。

当然，将上面程序中的 s 修改为 s.toString() 也会得到同样的结果。

计算字符串长度的方法和访问任意的字符

代码清单 15-5 的程序会从读入的字符串的开头开始逐个遍历字符，并按顺序显示遍历的字符。

代码清单 15-5 Chap15/ScanString.java

```
// 逐个遍历字符串中的字符并显示

import java.util.Scanner;

class ScanString {

   public static void main(String[] args) {
      Scanner stdIn = new Scanner(System.in);

      System.out.print("字符串s: ");
      String s = stdIn.next();

      for (int i = 0; i < s.length(); i++)
         System.out.println("s[" + i + "] = " + s.charAt(i));
   }
}
```

字符串的长度

从头开始的第 i 个字符

运行示例

```
字符串s: AB汉字
s[0] = A
s[1] = B
s[2] = 汉
s[3] = 字
```

本程序中调用了两个 **String** 型的方法（图 15-4）。

▪ length…检查字符个数

length 方法用于检查字符串的长度，即字符串中包含的字符个数。它没有参数，调用形式如下所示。

```
变量名 .length()
```

该方法会返回 **int** 型数值的字符串长度。

▶ 请不要与表示数组元素个数的“数组名 .length”混淆。数组的 length 后面不需要括号，因为 length 相当于类中 **final int** 型的字段（专栏 12-3）。

▪ charAt…检查字符串中的字符

charAt 方法用于获取字符串中任意位置的字符。第 n 个字符（与数组的索引相同，也是从 0 开始计数）可以通过下述表达式获取。

```
变量名 .charAt(n)
```

当然，返回值的类型为 **char** 型。

▶ 与其说“字符串中的第 *n* 个字符”，不如说“从头开始的第 *n* 个字符”，这样的表述更加准确。

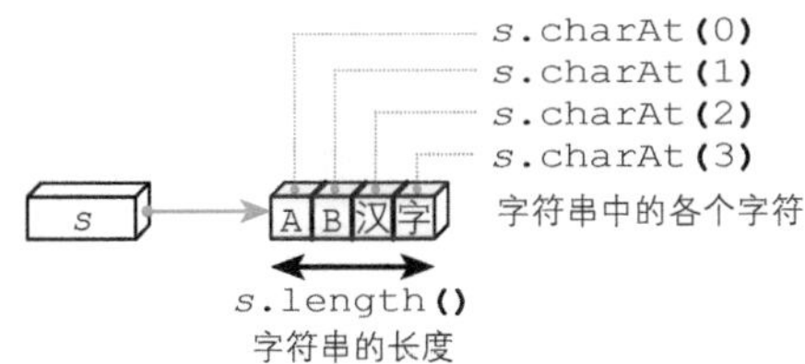

图 15-4　字符串的长度和任意的字符

查找字符串中的字符串

我们可以很轻松地检查出字符串中是否包含其他的字符串，如代码清单 15-6 所示。

代码清单 15-6　Chap15/SearchString.java

```
// 查找字符串

import java.util.Scanner;

class SearchString {

   public static void main(String[] args) {
      Scanner stdIn = new Scanner(System.in);

      System.out.print("字符串s1: ");  String s1 = stdIn.next();
      System.out.print("字符串s2: ");  String s2 = stdIn.next();

      int idx = s1.indexOf(s2);        // s1 中包含 s2 吗
      if (idx == -1)
         System.out.println("s1中不包含s2。");
      else
         System.out.println("s1的第" + (idx + 1) + "个字符中包含s2。");
   }
}
```

运行示例

```
字符串s1: ABCDEFGHI
字符串s2: EFG
s1的第5个字符中包含s2。
```

我们来理解一下本程序中使用的 indexOf 方法。

▪ indexOf…查找字符串中包含的字符串

用于检查是否包含参数中传入的字符串。如果不包含，则返回 -1，如果包含，则返回其“位置”。位置为从头开始依次计数的数值 0、1……调用形式如下。

```
变量名 .indexOf(s)
```

▶ 如表 15-4 所示，查找字符串中的字符的方法被重载了。另外，当包含多个字符串或者字符时，返回的是最先包含的位置。

练习 15-1

请编写一段程序，读入字符串，并倒序显示该字符串。

练习 15-2

请编写一段程序，读入字符串，并显示其全部字符的字符编码。

练习 15-3

请改写查找字符串的程序，使程序像右图那样显示。
相同的部分要上下对齐显示。

```
字符串s1：ABCDEFGHI↵
字符串s2：EFG↵
s1：ABCDEFGHI
s2：    EFG
```

字符串的比较

equals 方法用于判断字符串是否相等，使用 equals 方法的程序示例如代码清单 15-7 所示。

代码清单 15-7　Chap15/CompareString.java

```java
// 字符串的比较

import java.util.Scanner;

class CompareString {

   public static void main(String[] args) {
      Scanner stdIn = new Scanner(System.in);

      System.out.print("字符串s1："); String s1 = stdIn.next();
      System.out.print("字符串s2："); String s2 = stdIn.next();
                                                        // 引用目标的比较
      if (s1 == s2)
         System.out.println("s1 == s2 。");  // 不会被执行
      else
         System.out.println("s1 != s2 。");  // 肯定会被执行
                                                        // 字符串的比较
      if (s1.equals(s2))
         System.out.println("s1和s2的内容相等。");
      else
         System.out.println("s1和s2的内容不相等。");
   }
}
```

运行示例

```
字符串s1：ABC↵
字符串s2：ABC↵
s1 != s2。
s1和s2的内容相等。
```

以上运行示例中，*s1* 和 *s2* 中都输入了字符串 "ABC"。虽然拼写相同，但由于各个实例是分别创建的，如图 15-5 所示，*s1* 和 *s2* 引用了保存在不同空间中的字符串。因此，不管 *s1* 和 *s2* 中输入什么字符串，*s1* **==** *s2* 的判断结果都一定为 **false**。

▶ 原则上，拼写相同的字符串共享一个实例的情况只限于字符串常量。当使用构造函数等新创建字符串时，会创建新的实例（如前所述，从键盘进行输入的情况也是如此）。

▪ equals…判断与其他的字符串是否相等

equals 方法用于判断与参数中传入的字符串是否相等（字符串中的所有字符是否都相等）。调用形式如下。

```
变量名 .equals(s)
```

如果字符串与 *s* 相等，则返回 **true**，如果不相等，则返回 **false**。

▶ **String** 型变量不可以使用 <、<=、>、>= 等运算符进行比较。如果要比较大小关系（使用字典顺序进行排列时的前后关系），则可以使用 compareTo 方法。

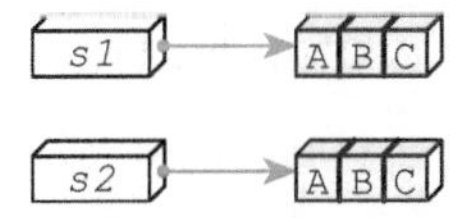

图 15-5　分别创建的字符串

专栏 15-5　字符串驻留

关于字符串，存在下述规则。

① 拼写相同的字符串常量引用同一个 **String** 型的实例。

② 使用常量表达式创建的字符串在编译时会进行计算，像常量那样进行处理。

③ 运行时创建的字符串是新创建的，会被看作不同的字符串进行处理。

④ 如果将运行时创建的字符串进行显式**驻留**（intern），结果就会成为与持有相同内容的已有字符串常量相同的字符串。

我们来看一下规则④。如果进行显式驻留，各个单独存在的相同内容的字符串会汇集为同一个字符串。使用 intern 方法进行驻留的程序如代码清单 15C-2 所示。

代码清单 15C-2　Chap15/InternString.java

```
// 字符串驻留
class InternString {

  public static void main(String[] args) {
    String s  = "DEF";
    String s1 = "ABC" + s;
    String s2 = "ABC" + s;

    System.out.println("s1: " + s1);
    System.out.println("s2: " + s2);

    if (s1 == s2)
      System.out.println("s1 == s2 。");   // 不会被执行
    else
      System.out.println("s1 != s2 。");   // 肯定会被执行

    s1 = s1.intern();
    s2 = s2.intern();

    if (s1 == s2)
      System.out.println("s1 == s2 。");   // 肯定会被执行
    else
      System.out.println("s1 != s2 。");   // 不会被执行
  }
}
```

运行结果

```
  s1: ABCDEF
  s2: ABCDEF
a s1 != s2 。
b s1 == s2 。
```

虽然创建的 *s1* 和 *s2* 都是 "ABCDEF"，但由于它们是分别创建的，因此是不同的实例（图 15C-2 a）。

不过，通过阴影部分进行驻留后，它们会被汇集为同一个实例，因此 *s1* 和 *s2* 的引用目标会变为同一个（图 15C-2 b）。

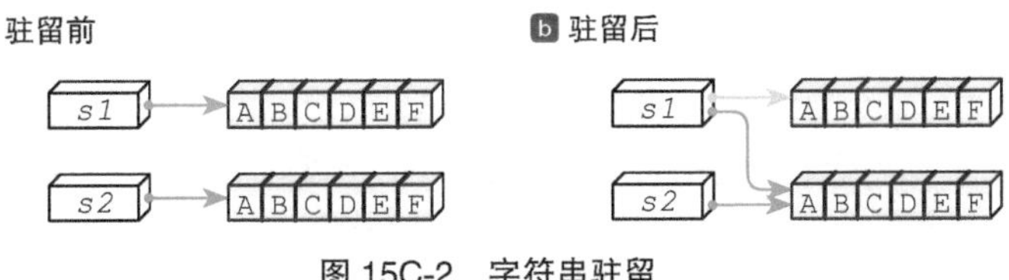

图 15C-2　字符串驻留

format 方法

在第 9 章的日期类中，创建了返回按 4 位、2 位、2 位表示年月日的字符串（如 "2010 年 10 月 01 日（五）"）的方法（9-1 节）。当时使用的就是 **String** 类中的类方法 format。

该方法将 **System**.out.printf 的输出目标由控制台画面变为字符串。我们通过代码清单 15-8 的程序示例来加深理解。

代码清单 15-8 Chap15/StringFormat1.java

```
// 使用String.format方法创建字符串

class StringFormat1 {

   public static void main(String[] args) {
      String s1 = String.format("%5d",   123);
      String s2 = String.format("%9.3f", 123.45);

      System.out.println("s1 = " + s1);
      System.out.println("s2 = " + s2);
   }
}
```

运行结果

```
s1 =   123
s2 =   123.450
```

本程序只是创建并显示两个字符串 *s1* 和 *s2*。*s1* 为 "□□123"，*s2* 为 "□□123.450"（□是空格）。

由于 **String**.format 和 **System**.out.printf 都是仿照 C 语言的 ***printf*** 函数创建的，因此 %d 和 %f 的指定方法与 C 语言大体相同。

► C 语言的“函数”相当于 Java 的“方法”。

不过，它们之间也存在完全不同之处。其中之一就是 C 语言的 ***printf*** 中可以将格式化中的“位数”指定为可变数值，而 Java 中不可以。C 语言中将位数指定为可变数值的示例如下所示。

```
/* 注：这是C语言程序。*/
int i;
for (i = 1; i <= 4; i++) {
   printf("%*d\n", i, 5);  /* 用i位显示整数值5 */
}
```

```
5
 5
  5
   5
```

在这个 **for** 语句中，*i* 的值从 1 递增到 4。在递增的过程中，整数值 5 至少以 *i* 位宽度进行显示。格式字符串 "%*d" 中的 * 对应表示位数的参数 *i*，d 对应要显示的整数值 5。

Java 的 printf 和 format 中不可以使用 *。为了实现相同的操作，需要创建 "%1d\n"、"%2d\n"、"%3d\n"、"%4d\n" 字符串，并将其传递给 printf 方法。这样实现的程序如下所示。

```
for (int i = 1; i <= 4; i++) {
   String f = String.format("%%%dd\n", i);   // 创建"%id"（i为数值）
   System.out.printf(f, 5);
}
```

使用 **String**.format 创建字符串的情形如图 15-6 所示。%% 变成 %，黑色阴影部分的 %d 部分中赋入整数值。例如，如果变量 *i* 的值为 2，那么创建的字符串就是 "%2d\n"。

► 当使用 printf 进行输出时，两个连续的 %% 会转换为一个 %（4-6 节）。**String**.format 也是如此。

随后调用的 printf 方法会使用创建的字符串来显示整数值 5。

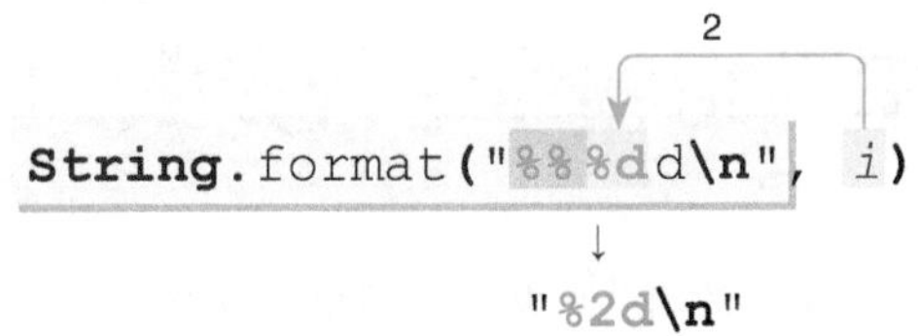

图 15-6　使用 String.format 创建格式字符串（i 为 2 时）

另外，如果不将创建的字符串赋给变量 *f*，而是直接传递给 `printf` 方法，那么程序会变得更加简洁。

这样实现的程序如代码清单 15-9 所示。

代码清单 15-9　Chap15/StringFormat2.java

```
// 使用String.format方法创建格式字符串

class StringFormat2 {

   public static void main(String[] args) {
      for (int i = 1; i <= 4; i++) {
         System.out.printf(String.format("%%%dd\n", i), 5);
      }
   }
}
```

运行结果

```
5
 5
  5
   5
```

练习 15-4

请编写方法 *printDouble*，以小数部分 *p* 位、整体至少 *w* 位来显示浮点数值 *x*。

```
printDouble(double x, int p, int w)
```

15-3 字符串数组和命令行参数

从第 6 章开始，我们一直在使用数组，即相同类型的变量的集合。本节将介绍字符串数组的相关内容。

字符串数组

关于字符串数组，我们在第 6 章（6-1 节）进行过简单的介绍，本节将对其进行深入讲解。我们先来看一个简单的程序，代码清单 15-10 所示的程序会将字符串数组的各个元素初始化为 "Turbo"、"NA"、"DOHC" 并显示。

代码清单 15-10 Chap15/StringArray1.java

```
// 字符串数组

class StringArray1 {

  public static void main(String[] args) {
    String[] sx = {"Turbo", "NA", "DOHC"};

    for (int i = 0; i < sx.length; i++)
      System.out.println("sx[" + i + "] = \"" + sx[i] + "\"");
  }
}
```

运行结果

```
sx[0] = "Turbo"
sx[1] = "NA"
sx[2] = "DOHC"
```

将各个元素的初始值用逗号分隔，并用大括号 {} 括起来的形式与 **int** 型和 **double** 型等数组的初始值（6-2 节）相同。

本程序中的数组 *sx* 如图 15-7 所示。**String**[] 型的数组变量 *sx* 引用的是元素类型为 **String**、元素个数为 3 的数组主体，而各个元素 *sx*[0]、*sx*[1]、*sx*[2] 则分别引用了 "Turbo"、"NA"、"DOHC"。

▶ 这与第 6 章中介绍的不规则二维数组相类似。此外，各个元素并不是实例，而是引用实例的类类型变量，这一点与日期类数组（9-1 节）是一样的。

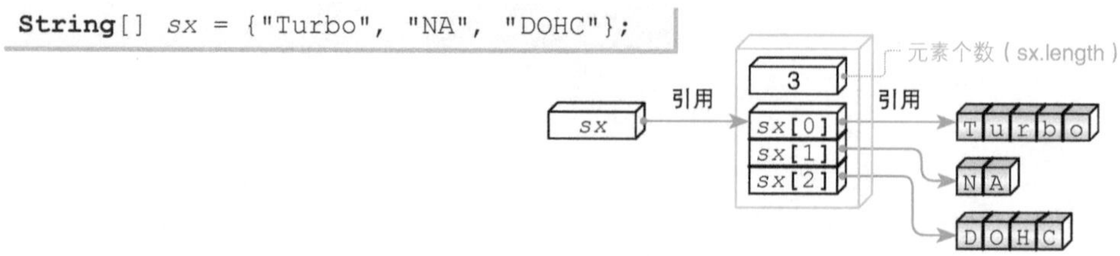

图 15-7 字符串数组

使用其他方法显示该数组的程序如代码清单 15-11 所示。程序会逐个遍历各个字符串中的字符，并进行显示。

▶ 也就是说，使用了与代码清单 15-5 相同的方法来遍历字符串中的字符。

代码清单 15-11 Chap15/StringArray2.java

```
// 字符串数组（逐个显示字符）

class StringArray2 {

   public static void main(String[] args) {
      String[] sx = {"Turbo", "NA", "DOHC"};

      for (int i = 0; i < sx.length; i++) {           ❶
         System.out.print("sx[" + i + "] = \"");
         for (int j = 0; j < sx[i].length(); j++)      ❷
            System.out.print(sx[i].charAt(j));
         System.out.println('\"');
      }
   }
}
```

运行结果

```
sx[0] = "Turbo"
sx[1] = "NA"
sx[2] = "DOHC"
```

❶是数组 sx 的长度（元素个数），❷是各个字符串 sx[i] 的长度（字符个数）。二者的不同已经在前面介绍过了。

*

在前面介绍的程序中，各个字符串的内容都是已知的，直接写在了程序中。现在我们将字符串一个一个地读入到字符串数组的元素中，并显示各个元素的值，程序如代码清单 15-12 所示。

代码清单 15-12 Chap15/ReadStringArray.java

```
// 字符串数组（读入并显示）

import java.util.Scanner;

class ReadStringArray {

   public static void main(String[] args) {
      Scanner stdIn = new Scanner(System.in);

      System.out.print("字符串的个数：");
      int n = stdIn.nextInt();
      String[] sx = new String[n];

      for (int i = 0; i < sx.length; i++) {
         System.out.print("sx[" + i + "] = ");
         sx[i] = stdIn.next();
      }
      for (int i = 0; i < sx.length; i++)
         System.out.println("sx[" + i + "] = \"" + sx[i] + "\"");
   }
}
```

运行示例

```
字符串的个数：3
sx[0] = FBI
sx[1] = CIA
sx[2] = KGB
sx[0] = "FBI"
sx[1] = "CIA"
sx[2] = "KGB"
```

stdIn.next() 会创建一个 String 型实例，以保存读入的字符串，并返回该实例的引用。返回的引用被赋给 sx[i]，因此各个元素引用的就是各个字符串的实例。

▶ 请注意，与日期类数组（9-1 节）不同，数组 sx 的各个元素无需显式调用 new 运算符或者构造函数来创建实例。

猜拳

作为字符串数组的应用示例，我们来创建一个猜拳游戏的程序，如代码清单 15-13 所示。

代码清单 15-13　　Chap15/FingerFlashing.java

```
// 猜拳

import java.util.Scanner;
import java.util.Random;

class FingerFlashing {

   public static void main(String[] args) {
      Scanner stdIn = new Scanner(System.in);
      Random rand = new Random();
      String[] hands = {"石头", "剪刀", "布"};        ←1
      int retry;                    // 再来一次吗?

      do {
         // 生成0、1、2的随机数，作为计算机的手势
         int comp = rand.nextInt(3);                  ←2

         // 读入玩家的手势0、1、2
         int user;
         do {
            System.out.print("石头剪刀布");
            for (int i = 0; i < 3; i++)                 ←3
               System.out.printf("(%d)%s ", i, hands[i]);
            System.out.print(": ");
            user = stdIn.nextInt();
         } while (user < 0 || user > 2);

         // 显示双方的手势
         System.out.println("我出" + hands[comp] + "，你出" +
                                 hands[user] + "。");

         // 判断
         int judge = (user - comp + 3) % 3;
         switch (judge) {
          case 0: System.out.println("平局。");   break;      ←4
          case 1: System.out.println("你输了。"); break;
          case 2: System.out.println("你赢了。"); break;
         }

         // 确认是否再来一次
         do {
            System.out.print("再来一次? (0)否 (1)是: ");
            retry = stdIn.nextInt();
         } while (retry != 0 && retry != 1);
      } while (retry == 1);
   }
}
```

运行示例

```
石头剪刀布(0)石头 (1)剪刀 (2)布 : 0↵
我出剪刀，你出石头。
你赢了。
再来一次? (0)否 (1)是: 0↵
```

1是表示手势的字符串数组的声明。"石头"、"剪刀"、"布"的索引分别为 0、1、2。

2处使用随机数 0、1、2 来决定计算机的手势。如果在读入玩家的手势之后再进行该项处理，计算机就有可能作弊，因此我们在读入玩家手势的3之前先执行了该项处理。

3处读入玩家的手势。如果要输入字符串"石头"、"剪刀"、"布"，那么有可能会输入错别字。因此，这里将三个字符串显示为选项，让玩家输入相应的数值。

程序只接收 0、1、2 这三个数值，当输入了其他的数值时，程序会要求再次输入。

4处根据计算机和玩家的手势来判断胜负，判断的情形如图 15-8 所示。

a 平局

如果 *user* 和 *comp* 的值相等，则为平局，*user* - *comp* 的值为 0。

b 玩家胜利

在如图所示的 0、1、2、0、1、2……的循环中，箭头的起点方向为胜利，终点方向为失败。在玩家为起点、计算机为终点的组合中，判断玩家胜利。此时，*user* - *comp* 的值为 -1 或者 2。

c 玩家失败

与 b 相反，在玩家为终点、计算机为起点的组合中，判断玩家失败。此时，*user* - *comp* 的值为 -2 或者 1。

这三个判断都可以通过共同的表达式 (*user* - *comp* + 3) % 3 来执行。如果表达式的值为 0，则为平局；如果为 1，则玩家失败；如果为 2，则玩家胜利。

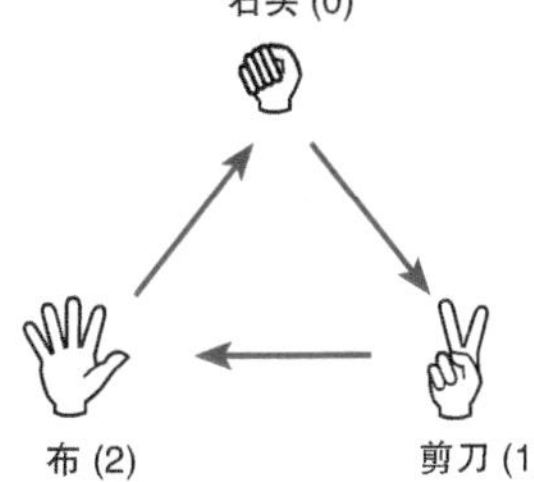

a 平局

user	comp
0	0
1	1
2	2

b 玩家胜利

user	comp
0	1
1	2
2	0

c 玩家失败

user	comp
0	2
1	0
2	1

图 15-8 猜拳的手和裁定胜负

练习 15-5

请编写一个三人猜拳的程序，由计算机担任其中两个角色。另外，请使用练习 13-3 中创建的玩家类。

命令行参数

Java 程序在启动时会接收传入的**命令行参数**（command-line argument）。

传入的命令行参数会在程序启动后（即 **main** 方法开始执行之前），作为 **main** 方法的参数进行传递。

代码清单 15-14 所示的程序会显示接收到的命令行参数。

代码清单 15-14 Chap15/PrintArgs.java

```
// 显示命令行参数

class PrintArgs {

   public static void main(String[] args) {
      for (int i = 0; i < args.length; i++)
         System.out.println("args[" + i + "] = " + args[i]);
   }
}
```

运行 *PrintArgs* 程序时，传入 "Turbo"、"NA"、"DOHC" 等命令行参数，像下面这样进行启动。

```
▶ java PrintArgs Turbo NA DOHC⏎
```

main 方法的参数 *args* 中会接收“以各个命令行参数字符串 "Turbo"、"NA"、"DOHC" 的引用为元素的数组”的引用，如图 15-9 所示。

▶ 持有各个字符串的 **String** 型实例以及引用它的 **String** 型数组都是由 Java 虚拟机自动创建的。数组的元素个数与命令行参数的个数相等，因此在本示例中，元素个数为 3。并且，在 **main** 方法开始执行时，创建的数组的引用会传递给参数 *args*。

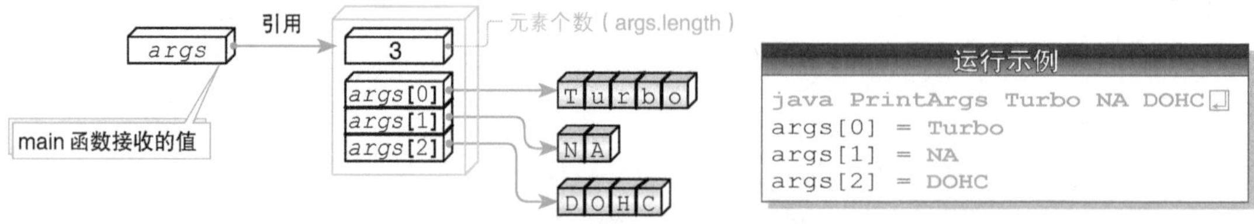

图 15-9 命令行参数

如图所示，在 **main** 方法中，从命令行传入的各个参数会作为 **String** 型的数组 *args* 的元素进行处理。

当然，命令行参数的个数可以通过 *args*.length 来获取（因为 *args* 为数组）。

重 要 命令行参数是作为 **String**[] 型的形参被 **main** 方法接收的。

▶ 将形参命名为 *args*，是遵循了 C 语言的习惯（在 C 语言中，一般将指向字符串数组的指针（引用）的形参命名为 *argv*，将表示命令行参数个数的形参命名为 *argc*）。不管是在 C 还是 Java 中，都可以将其修改为自己喜欢的名称。

将字符串转换为数值

将从命令行参数传入的所有数值相加，并显示其和的程序如代码清单 15-15 所示。

代码清单 15-15　　Chap15/SumOfArgs.java

```
// 将通过命令行参数传入的所有数值相加并显示

class SumOfArgs {

   public static void main(String[] args) {
      double sum = 0.0;
      for (int i = 0; i < args.length; i++)
         sum += Double.parseDouble(args[i]);
      System.out.println("合计值为" + sum + "。");
   }
}
```

运行示例

```
java SumOfArgs 3.2 5.5
合计值为8.7。
```

我们来看一下阴影部分，该表达式的形式如下。

```
Double.parseDouble(字符串)
```

这是调用 **Double** 类中的类方法 parseDouble 的表达式。将参数中传入的 "123.5"、"52.5346" 等字符串转换为 **double** 型数值 123.5、52.5346 等，并返回转换后的数值。

除此之外，还存在下述方法（**专栏 15-6**）。

```
Integer.parseInt(字符串)
Long.parseLong(字符串)
```

在 **for** 语句的循环中，将命令行参数转换为实数，并将其值加到变量 *sum* 上，最后显示相加的结果。

专栏 15-6 包装类

第 10 章中已经介绍过，在 **Character**、**Byte**、**Short**、**Integer**、**Long** 的各个类中，**char** 型、**byte** 型、**short** 型、**int** 型、**long** 型可以表示的最小值和最大值分别定义为了类变量 MIN_VALUE 和 MAX_VALUE。

这些类和 **Boolean** 类、**Float** 类、**Double** 类统称为**包装类**（wrapper class）。

wrap 就是“包装”的意思。包装类的各个类型与基本类型是一一对应的，会将对应的基本类型的值包装起来（对应表如表 15C-1 所示）。

表 15C-1 基本类型和包装类

基本类型	包装类
byte	Byte
short	Short
int	Integer
long	Long
float	Float
double	Double
char	Character
boolean	Boolean

包装类主要有以下三个用途。

① 通过类变量提供基本类型的特性。

我们已经介绍过，包装类通过类变量为对应的基本类型提供其可以表示的最小值 MIN_VALUE 和最大值 MAX_VALUE（**Boolean** 型除外）。

除此之外，包装类中还定义了类变量，以表示基本类型所占用的位数。

② 可以创建持有对应的基本类型的值的类类型实例。

各个包装类通过字段来持有对应的基本类型的值。例如，**Integer** 类持有 **int** 型的字段，**Double** 类持有 **double** 型的字段。

由于提供了用于接收对应的基本类型参数的构造函数，因此，我们可以像下面这样来创建包装类类型的实例。

```
Integer i = new Integer(5);
Double d = new Double(3.14);
```

包括包装类在内，Java 中的类都是 **Object** 类的子孙。为此，只能应用于引用类型的操作也可以应用于整数值或实数值（包装它们的包装类类型的实例）。

▶ 由于这一内容已经超出了入门篇的范围，因此不再对此进行详细讲解，但在用容器保存整数或实数时，可以灵活运用这一点。

另外，当使用名为**自动装箱**（auto boxing）的动作时，上面的程序也可以像下面这样来实现（这里也省略了详细解释）。

```
Integer i = 5;    // int到Integer的自动装箱
Double d = 3.14;  // double到Double的自动装箱
```

③ 通过方法提供各种操作。

这与上面的②的部分是相关联的。例如，无法对整数值 5 或实数值 3.14 调用 toString 方法。当然，5.toString() 或 3.14.toString() 这样的表达式也会发生编译错误。

不过，我们可以对上面声明的 *i* 或 *d*，使用 i.toString() 或者 d.toString() 的形式来调用 toString 方法。

这里我们来思考一下下面的程序（假设变量 *n* 为 **int** 型）。

```
System.out.println("n = " + n);
```

之前介绍过，在"字符串 + 数值"的运算中，将数值转换为字符串之后，再通过"字符串 + 字符串"执行字符串的拼接。实际上这种说法并不充分，实际情况如下所示。

```
System.out.println("n = " + Integer(n).toString());
```

也就是说，当执行"字符串 + 数值"的运算时，处理顺序如下。

- 创建持有该数值的包装类的实例，对该实例应用 toString 方法，创建字符串
- 执行字符串的拼接（字符串和转换后的字符串的拼接）

当然，对于所有的包装类，都提供了将数值转换为字符串的 toString 方法。

*

tostring 方法的逆向转换，即将字符串转换为数值的就是 parse... 方法。这是类方法，其中的 ... 部分是首字母大写的基本类型的类型名。**Integer** 类中提供了 parseInt 方法，**Float** 类中则提供了 parseFloat 方法。

例如，**Integer**.parseInt("3154") 会返回整数值 3154，**Long**.parseLong("1234567") 则会返回 **long** 型的整数值 1234567**L**。

代码清单 15-15 中使用的是类 **Double** 的 parseDouble 方法。将参数中接收的字符串转换为 **double** 型数值，并返回该数值。

练习 15-6

请编写一段程序，计算并显示通过命令行参数传入的半径的圆的周长和面积。

练习 15-7

请编写一段程序，将代码清单 15-15 中的 **for** 语句用扩展 **for** 语句来实现。

练习 15-8

请编写一段程序，显示通过命令行参数指定的月份的日历。当只从命令行传入了年份时，显示该年从 1 月份到 12 月份的日历；当传入了年份和月份时，显示该月的日历；如果年份和月份都未被传入，则显示当前月份的日历。

小结

- **字符**并不是通过拼写和发音，而是通过**字符编码**被识别的。Java 中采用的字符编码为 Unicode，字符是通过表示 `0~65535` 的无符号整数值的 **`char`** 型来表示的。

- 使用单引号将字符括起来的表达式 `'X'` 就是**字符常量**。字符 `'1'` 和数值 `1` 是不一样的，不能混淆。

- 表示**字符串**的类型为 **`java.lang`** 包中的 **`String`** 类类型。

- **字符串常量**是用双引号将字符序列括起来的 `"…"` 形式，是 **`String`** 型实例的引用。拼写相同的字符串常量引用的是同一个实例。

- 字符串的赋值并不是字符串的复制，而是引用的复制。

- **`String`** 类中包含用于保存字符串的 **`char`** 型数组等字段，以及诸多的构造函数和方法。

- 当使用 **`String`**`.format` 方法时，可以执行格式化来创建字符串。格式化的指定与 **`System`**`.out.printf` 方法相同。

- **`String`** 型为引用类型，因此，“字符串数组”中的各个元素并不是字符串本身，而是各个字符串的引用。

- 当使用基本类型的包装类的 `parse…` 方法时，可以将字符串转换为基本类型的数值。

- 当程序启动时，通过命令行传入的字符串数组可以通过 **`main`** 方法的参数来接收。

Chap15/Test1.java

```
// 处理字符串的程序

import java.util.Scanner;

class Test1 {

   public static void main(String[] args) {
      Scanner stdIn = new Scanner(System.in);

      System.out.print("字符串s1: ");   String s1 = stdIn.next();
      System.out.print("字符串s2: ");   String s2 = stdIn.next();

      for (int i = 0; i < s1.length(); i++)
         System.out.println("s1[" + i + "] = " + s1.charAt(i));

      for (int i = 0; i < s2.length(); i++)
         System.out.println("s2[" + i + "] = " + s2.charAt(i));

      int idx = s1.indexOf(s2);
      if (idx == -1)
         System.out.println("s1中不包含s2。");
      else
         System.out.println("s1的第" + (idx + 1) + "个字符中包含s2。");

      if (s1.equals(s2))
         System.out.println("s1和s2的内容相等。");
      else
         System.out.println("s1和s2的内容不相等。");

      for (int i = 1; i <= 4; i++) {
         System.out.printf(String.format("%%%dd\n", i), 5);
      }

      System.out.println("将字符串\"123\"转换为整数值后的结果: " +
                                        Integer.parseInt("123"));
      System.out.println("将字符串\"123.45\"转换为浮点数值后的结果: " +
                                        Double.parseDouble("123.45"));
   }
}
```

遍历字符串中的字符

查找字符串中包含的字符串

判断字符串是否相等

根据格式来创建字符串

将字符串转换为基本类型

▶考虑到篇幅原因，这里省略了程序的运行结果。

Chap15/Test2.java

```
// 显示命令行参数和字符串数组

class Test2 {

   static void printStringArray(String[] s) {
      for (int i = 0; i < s.length; i++)
         System.out.println("No." + i + " = " + s[i]);
   }

   public static void main(String[] args) {
      String[] hands = {
         "石头", "剪刀", "布"
      };

      System.out.println("命令行参数");
      printStringArray(args);

      System.out.println("猜拳的手势");
      printStringArray(hands);
   }
}
```

运行示例

```
java Test2 Turbo NA DOHC
命令行参数
No.0 = Turbo
No.1 = NA
No.2 = DOHC
猜拳的手势
No.0 = 石头
No.1 = 剪刀
No.2 = 布
```

第 16 章

异常处理

当程序中遇到无法预料或者难以预料的异常情况时，异常处理能修复程序，使其避免陷入致命状况。

- □ 什么是异常
- □ 抛出异常
- □ throw 语句
- □ 捕获异常
- □ try 语句
- □ try 语句块
- □ catch 子句（异常处理器）
- □ finally 子句
- □ 检查异常
- □ 非检查异常

16-1 什么是异常

所谓异常，就是与程序预期的情况不一致的状态，或者在通常情况下难以预料的状态。本节将介绍异常的基础知识。

什么是异常

如下所示的是第 2 章中介绍过的程序（代码清单 2-9）。学到这里，大家应该会觉得它非常简单了吧。

代码清单2-9　　Chap02/ArithInt.java

```
// 读入两个整数值，并显示加减乘除运算的结果

import java.util.Scanner;

class ArithInt {

   public static void main(String[] args) {
      Scanner stdIn = new Scanner(System.in);

      System.out.println("对x和y进行加减乘除运算。");

      System.out.print("x的值：");  // 提示输入x的值
      int x = stdIn.nextInt();      // 读入x的整数值

      System.out.print("y的值：");  // 提示输入y的值
      int y = stdIn.nextInt();      // 读入y的整数值

      System.out.println("x + y = " + (x + y));   // 显示x + y的值
      System.out.println("x - y = " + (x - y));   // 显示x - y的值
      System.out.println("x * y = " + (x * y));   // 显示x * y的值
      System.out.println("x / y = " + (x / y));   // 显示x / y的值（商）
      System.out.println("x % y = " + (x % y));   // 显示x % y的值（余数）
   }
}
```

运行示例

```
对x和y进行加减乘除运算。
x的值：7
y的值：5
x + y = 12
x - y = 2
x * y = 35
x / y = 1
x % y = 2
```

在运行程序时，我们试着输入一些非法数据，如图 16-1 所示。

▪ 运行示例①

对于变量 y，我们不输入数值，而是输入字符串 "ABC"。当程序的第 16 行进行读入时，会发生**运行时错误**，程序不会继续进行加减乘除运算，而是会中断，并结束运行。

▪ 运行示例②

向变量 y 中输入 0。虽然加法、减法、乘法的运算都可以正常执行，但在程序的第 21 行执行除法运算时，会发生**运行时错误**，程序中断，并结束运行。

运行示例1

```
对x和y进行加减乘除运算。
x的值: 7
y的值: ABC
Exception in thread "main" java.util.InputMismatchException
        at java.util.Scanner.throwFor(Unknown Source)
        at java.util.Scanner.next(Unknown Source)
        at java.util.Scanner.nextInt(Unknown Source)
        at java.util.Scanner.nextInt(Unknown Source)
        at ArithInt.main(ArithInt.java:16)
```

输入非数值

输入不合法的异常

运行示例2

```
对x和y进行加减乘除运算。
x的值: 7
y的值: 0
x + y = 7
x - y = 0
x * y = 0
Exception in thread "main" java.lang.ArithmeticException: / by zero
        at ArithInt.main(ArithInt.java:21)
```

输入0

除以0导致的算术运算的异常

图 16-1　代码清单 2-9 的运行示例（运行时错误）

运行时错误的消息中最开头的单词 exception 有“异常”“例外”“异议”的意思。

运行示例1中发生的是**输入不合法的异常**，运行示例2中发生的是**（除以 0 导致的）算术运算的异常**。

如错误消息所示，发生的异常中存在**类型**，分别为 **java.util.*InputMismatchException*** 类类型和 **java.lang.ArithmeticException** 类类型。

*

本程序是提供给初学者使用的“测试程序”。程序端期待通过键盘输入（**int** 型能够表示的范围内的）整数值，而程序的使用者（大概）也会按预期敲入整数值。

话虽如此，但如果大家使用的是付费购买的软件，当画面上出现这种运行时错误，导致程序中断并结束运行时，大家会有什么感觉呢？可能会想到“还钱！”吧。

与程序预期的情况不一致的状态，或者在通常情况下未预料到（或者无法预料）的状态，就是本章要介绍的**异常**（exception）。

在大规模的程序或者程序中使用的类和方法等控件中，最好能妥善处理异常。

捕获异常

在刚才的程序中加上对异常的处理，如代码清单 16-1 所示。

▶ 将原来的程序修改为无限循环的结构，以便能够循环输入和显示。

代码清单 16-1　　Chap16/ExceptionSample.java

```
// 读入两个整数值，并显示加减乘除运算的结果

import java.util.Scanner;
import java.util.InputMismatchException;

class ExceptionSample {
```

```
    public static void main(String[] args) {
        Scanner stdIn = new Scanner(System.in);

        System.out.println("对x和y进行加减乘除运算。");

        while (true) {
            try {
                System.out.print("x的值: ");   int x = stdIn.nextInt();    1
                System.out.print("y的值: ");   int y = stdIn.nextInt();

                System.out.println("x + y = " + (x + y));
                System.out.println("x - y = " + (x - y));
                System.out.println("x * y = " + (x * y));
                System.out.println("x / y = " + (x / y));               2
                System.out.println("x % y = " + (x % y));
            } catch (InputMismatchException e) {
                System.out.println("发生输入错误。" + e);
                String s = stdIn.next();
                System.out.println("忽略了" + s + "。");
            } catch (ArithmeticException e) {
                System.out.println("发生算术错误。" + e);
                System.out.println("请输入不会发生错误的数值。");
            } finally {
                System.out.println("--------------------");
                System.out.print("再来一次? (1…Yes / 0…No): ");
                int retry = stdIn.nextInt();
                if (retry == 0) break;
                System.out.println("--------------------");
            }
        }
    }
}
```

由于对异常进行了**处理**，因此程序能够从可能发生的致命状况中**恢复**过来。首先，我们通过运行结果，来大概理解一下程序的流程。

▪ 运行示例①

图 16-2　程序的运行和运行时错误

向变量 y 中输入字符串 "ABC"。当调用 nextInt 方法时，程序会发生异常，处理中断，程序流程沿着蓝色箭头前进。

程序会显示“发生输入错误。java.util.InputMismatchException”“忽略了 ABC。”。

我们可以推测出，异常是通过 e 接收的。这个 e 中包含了各种信息，当输出 e 时，会显示表示错误内容的简单字符串（此处为 "java.util.InputMismatchException"），这一点我们随后会进行详细介绍。

▶ 为了取出 nextInt() 中未被读取而残留下来的字符串，我们使用阴影部分的 *stdIn*.next() 将字符串（运行示例中是 "ABC"）读入到 *s* 中。

接下来，向变量 *x* 和 *y* 中输入整数值，程序不再发生异常，继续执行处理。

▪ 运行示例②

向变量 *y* 中输入 0。到加法、减法、乘法运算为止，程序都可以正常执行，但当执行随后的除以 0 的运算时，就会发生异常，处理中断，程序流程沿着**黑色箭头**前进。

程序会显示“发生算术错误。java.lang.ArithmeticException:/by zero”“请输入不会发生错误的数值。”。

▶ 输出 e 时会显示 "java.lang.ArithmeticException:/by zero"。

*

无论是否发生异常，都会显示“--------------------”，然后，程序会询问是否再次执行相关的操作。

▶ 大家会发现，无论是否发生异常，**finally**{…} 处的操作都会被执行。在这里，**finally** 子句执行的是 **try** 语句块和 **catch** 子句中执行的操作的“善后工作”。

try 语句

引发异常的操作称为**抛出**（throw）异常。请大家先牢记该术语（随后会进行详细介绍）。

检查、**捕获**（catch）抛出的异常，并对其进行处理的就是 **try 语句**（try statement），如图 16-3 所示。

try 语句由三部分构成。

- **try 语句块**（try block）
- **catch 子句**（catch clause）
- **finally 子句**（finally clause）

另外，**catch** 子句可以有多个。此外，**finally** 子句可以省略。

图 16-3 try 语句的结构

try 语句块

其结构为关键字 **try** 的后面紧跟着语句块 {}。如果 **try** 语句块在执行时抛出异常，处理就会中断，程序流程转移到 **catch** 子句，捕获异常。反之，如果没有 **try** 语句块，就不会捕获异常。

当 **try** 语句块在执行过程中未抛出异常时，**try** 语句块会执行到最后。程序流程会跳过 **catch** 子句，直接转移到3处。

catch 子句

catch 子句部分会捕获 **try** 语句块在执行过程中发生的异常，并执行具体的处理，也称为**异常处理器**（exception handler）。

▶ catch 就是“捕获”的意思。

关键字 **catch** 后面的括号中会声明表示捕获的异常种类的**类型**和类型的**形参名**。虽然与函数的形参声明类似，但这里只可以声明（即可以接收）一个形参。

在图 16-3 中，1是捕获 *ExpA* 的异常处理器，2是捕获 *ExpB* 的异常处理器。

由于异常处理器的排列顺序是1→2，因此程序会按照这个顺序来确认能否捕获异常（根据 **catch** 子句的顺序不同，结果也可能会有所不同）。

▶ 形参名没有限制，但一般都使用 e 或 ex 等（8-2 节）。
如果1处捕获了异常 *ExpA*，该异常处理器中就会执行针对该异常的处理，因此，异常处理器2的部分会被跳过。

异常处理器的主体中会对捕获的异常执行相应的处理，当异常处理器执行完毕后，程序流程会转移到最后一个异常处理器的下一个位置（图 16-3 示例中3的部分）。

▶ 从 Java SE 7 开始的版本中可以在一个异常处理器中执行多种异常的处理。各个异常用 | 隔开，如下所示。

```
catch (Exp1 | Exp2 e) { /* 对Exp1和Exp2的（相同）处理 */ }
```

finally 子句

无论 **try** 语句块中是否发生异常，**finally** 子句都一定会被执行。**finally** 子句执行的是资源的释放处理（例如，将打开的文件进行关闭的处理）等善后操作。

▶ 未省略 **finally** 子句的 **try** 语句称为 **try-catch-finally 语句**，而省略了 **finally** 子句的 **try** 语句则称为 **try-catch 语句**。

*

到这里，大家大概已经理解 **try** 语句的结构了，现在我们再回头看一下代码清单 16-1 的程序。该程序中存在两个异常处理器，如下所示。

```
catch (InputMismatchException e) {
   System.out.println("发生输入错误。" + e);
   String s = stdIn.next();
   System.out.println("忽略了" + s + "。");
} catch (ArithmeticException e) {
   System.out.println("发生算术错误。" + e);
   System.out.println("请输入不会发生错误的数值。");
}
```

第一个异常处理器捕获了 **java.util.*InputMismatchException*** 类型的异常，第二个异常处理器捕获了 **java.lang.ArithmeticException** 类型的异常。

这两个异常处理器都通过形参 e 来接收异常。不过，由于形参的类型为类类型，因此 e 中接收到的与其说是异常本身，倒不如说是**异常类类型的实例的引用**更为准确。

*

阴影部分中执行的是“字符串 + e”的运算。“字符串 + 类类型变量”的运算就是“字符串 + 类类型变量 .toString()”。

对捕获的异常 e 调用 toString 方法，可以得到表示异常内容的简单字符串。

▶ 表示异常内容的字符串分为“简单的”和“复杂的”两种。前者通过 toString 方法获取，后者则通过 getMessage 方法获取（下一节中进行介绍）。

传递异常

接下来，我们来思考一下代码清单 16-2 的程序。程序对 7-3 节中介绍过的代码清单 7-17 进行了改造，在第 17 行中加上了 Bug（错误）。

代码清单 16-2　　Chap16/ReverseArray1.java

```
 1 // 将值读入到数组元素中，并进行倒序排列（存在Bug）
 2 
 3 import java.util.Scanner;
 4 
 5 class ReverseArray1 {
 6 
 7    //--- 交换数组中的元素a[idx1]和a[idx2] ---//
 8    static void swap(int[] a, int idx1, int idx2) {
 9       int t = a[idx1];
10       a[idx1] = a[idx2];
11       a[idx2] = t;
12    }
13 
14    //--- 对数组a的元素进行倒序排列（错误）---//
15    static void reverse(int[] a) {
16       for (int i = 0; i < a.length / 2; i++)
17          swap(a, i, a.length - i);
18    }
19 
20    public static void main(String[] args) {
21       Scanner stdIn = new Scanner(System.in);
22 
23       System.out.print("元素个数: ");
24       int num = stdIn.nextInt();      // 元素个数
25 
26       int[] x = new int[num];         // 元素个数为num的数组
27 
28       for (int i = 0; i < num; i++) {
29          System.out.print("x[" + i + "] : ");
30          x[i] = stdIn.nextInt();
31       }
32 
33       reverse(x);                     // 对数组x的元素进行倒序排列
34 
35       System.out.println("元素的倒序排列执行完毕。");
36       for (int i = 0; i < num; i++)
37          System.out.println("x[" + i + "] = " + x[i]);
38    }
39 }
```

传递异常

正确代码为 a.length – i – 1

运行示例

```
元素个数: 5↵
x[0] : 10↵
x[1] : 73↵
x[2] :  2↵
x[3] : -5↵
x[4] : 42↵

Exception in thread "main" java.lang.ArrayIndexOutOfBoundsException: 5
        at ReverseArray1.swap(ReverseArray1.java:10)
        at ReverseArray1.reverse(ReverseArray1.java:17)
        at ReverseArray1.main(ReverseArray1.java:33)
```

发生位置

虽然程序的 Bug 位于第 17 行，但运行时错误却发生在第 10 行（运行示例中试图将元素个数为 5 的数组中的 a[5] 的值赋给 a[0]）。

运行示例中显示的错误信息包含如下含义。

- **发生的异常为 ArrayIndexOutOfBoundsException（超出范围的数组下标）**

▶ 使用的错误下标为 5（下标必须是 0~4）。

- **异常通过方法进行传递**

▶ 具体来说，由于方法 *swap* 的第 10 行中发生的异常未被捕获到，因此 *swap* 的执行被中断。然后，程序流程返回到方法 *reverse* 的第 17 行，在这里也未捕获到异常，因此 *reverse* 的执行也被中断。然后返回到 **main** 方法的第 33 行，在这里依旧未捕获到异常，因此 **main** 方法的执行也被中断。

追溯（按方法调用的相反顺序）并显示调用异常的位置的操作称为**栈跟踪**（stack trace）。

*

下面，我们在 *swap* 方法中添加对异常的处理，如代码清单 16-3 所示。

▶ 此处只介绍了方法 *swap*。

代码清单 16-3　Chap16/ReverseArray2.java

```
//--- 交换数组中的元素a[idx1]和a[idx2]（捕获异常，强制结束）---//
static void swap(int[] a, int idx1, int idx2) {
   try {
      int t = a[idx1];
      a[idx1] = a[idx2];
      a[idx2] = t;
   } catch (ArrayIndexOutOfBoundsException e) {
      System.out.println("方法swap中检测出了不正确的下标。");
      System.out.println("结束程序。");
      System.exit(1);
   }
}
```

在这个 *swap* 方法中，当 *idx1* 和 *idx2* 中的一个或者两个都被传入了不正确的值时，在显示了相关信息后，程序会被强制结束。

▶ **System**.exit 方法用于强制结束程序。当程序正常结束时，参数的值为 0，当程序异常结束时，参数则为 0 以外的值。

不过，**并不是所有使用本方法的人都希望使用“强制结束程序”的解决方案**。

当开发方法或类等控件时，会遇到如下难题。

> 找到异常或者错误比较容易，但决定如何处理该异常或者错误则比较困难，甚至是不可能的。

这是因为在很多情况下，异常或者错误的处理方法不是由控件的开发人员，而是应该由使用人员来决定的。如果控件的使用人员可以根据不同情况来决定相应的处理方法，那么软件就会变得更加灵活。

16-2 异常处理

上一节中介绍了异常的捕获及处理的概要。为了能够准确抛出、捕获异常，我们继续往下学习。

异常类

在上一节中，我们操作了 3 种异常类。Java 中提供了众多的异常类，各种异常类之间的层次关系如图 16-4 所示。

▶ 图中最上位的 **Throwable** 类为 **Object** 类的子类。另外，**Throwable**、**Error**、**Exception** 都属于 **java.lang** 包。

图 16-4　异常类的层次结构

Throwable 类

Throwable 位于异常类的层次结构的顶端。也就是说，Java 中所有的异常类都是它的下位类。因此，存在如下规则。

- 当声明 **catch** 子句中的形参时，如果指定的类型不是 **Throwable** 的下位类，就会发生编译错误
- 当自己创建异常类时，必须将其创建为 **Throwable** 的下位类

Throwable 的子类为 **Error** 类和 **Exception** 类。

Error 类

这是程序没有希望（无法）恢复的重大异常。正如其名称所示，与其说是“异常”，倒不如说是“**错误**”更为准确。

通常情况下，程序中无需对此类进行捕获、处理，因为即使捕获了，也难以甚至无法处理。

Exception 类

这是程序有希望（可以）恢复的异常。如图所示，该类的直接下位类中包含 **RuntimeException** 类。**Exception** 类的下位类基本上都是被称为**检查异常**（checked exception）的异常。不过，

`RuntimeException` 类及其下位类为**非检查异常**（unchecked exception）。

检查异常和非检查异常

我们已经知道，异常分为两种，它们的区别很大。

检查异常

检查异常是**必须处理的异常，编译时会检查程序中是否对其进行了处理**。对于此类异常，必须进行捕获和处理，如果下述两项中有一项未执行，就会发生编译错误。

Ⓐ 将可能会抛出检查异常的代码放到 `try` 语句中，以捕获该异常。

Ⓑ 将方法和构造函数的声明中可能会抛出的异常明确记述到 **throws 子句**（throws clause）中。

另外，关于 `throws` 子句，我们将在代码清单 16-4 中介绍。

非检查异常

非检查异常是**并非一定要处理的异常**。**程序中可以对其进行处理，也可以不对其进行处理，编译时不会检查是否进行了处理**。即使不对其进行捕获和处理，也不会发生编译错误。

Ⓒ 可以不将可能会抛出非检查异常的代码放到 `try` 语句中。

Ⓓ 对于可能会抛出非检查异常的方法和构造函数，无需将这些异常明确记述到 **`throws` 子句**中。

Throwable 类

`Throwable` 类是所有异常类的“老大类”，因此，在理解异常处理的相关内容时，必须要（在一定程度上）充分理解该类。

构造函数

`Throwable` 的构造函数的概要如表 16-1 所示。

表 16-1　Throwable 类的构造函数

①	**Throwable**()
	构建详细消息为 **null** 的异常对象
②	**Throwable**(**String** *message*)
	构建详细消息为 *message* 的异常对象
③	**Throwable**(**String** *message*, **Throwable** *cause*)
	构建详细消息为 *message*、原因为 *cause* 的异常对象
④	**Throwable**(**Throwable** *cause*)
	构建原因为 *cause* 的异常对象，如果 *cause* 为 **null**，详细消息则为 **null**，否则为 *cause*.toString**()**

▶ `Throwable` 类中也定义了限制公开访问的构造函数，但这里并未列出。

从这个表中可以知道，我们可以设置**详细消息**和**原因**（也可以不设置）。

▶ 所谓原因，就是制造该异常发生的契机的异常。如果以发生了异常 A 为契机，而发生了异常 B 的话，当构建异常 B 的实例时，就可以将 A 设置为原因（具体示例将在代码清单 16-8 中介绍）。

异常主体

Java 的异常中至少包含详细消息和原因两种信息，是 **Throwable** 类的下位类类型的实例（主体）。如果发生异常，那么持有相关信息的实例就会被创建。

> **重要** 异常的主体是 **Throwable** 类的下位类的实例，包含详细消息和异常发生的原因等信息。

方法

消息和原因等信息可以从异常实例中取出，表 16-2 中汇总了用于实现此操作的方法。

最后 6 个是与栈跟踪相关的方法，不仅可以将栈跟踪输出到画面上，还可以将其分解取出。

表 16-2　Throwable 类的主要方法

String getMessage()
返回详细消息
Throwable getLocalizedMessage()
返回详细消息本地化后的描述。如果在 **Throwable** 的下位类中重写本方法，则可以创建本地（地域）固有的消息。如果未重写，则返回与 getMessage 相同的字符串
Throwable getCause()
返回原因。如果原因不存在或未知，则返回 **null**
Throwable initCause(**Throwable** *cause*)
设置原因。本方法只可调用一次。由于构造函数③和④的内部会自动调用本方法，因此当使用这两个构造函数进行构建时，一次也不可以调用
String toString()
返回将下面三个内容拼接后的简短描述的字符串。 ・对象的类名 ・": "（冒号和空格） ・对对象调用 getLocalizedMessage 方法后的结果 当 getLocalizedMessage 返回 **null** 时，则只返回类名
void printStackTrace()
将对象及其跟踪输出到标准错误流中。输出的第一行中包含对对象调用 toString 方法后返回的字符串，其他行则表示通过 fillIInStackTrace 方法记录的数据
void printStackTrace(***PrintStream*** *s*)
将对象及其跟踪输出到 PrintStream *s* 中
void printStackTrace(***PrintWriter*** *s*)
将对象及其跟踪输出到 PrintWriter *s* 中
Throwable fillInStackTrace()
将当前线程的栈跟踪的当前状态的相关信息记录到对象中。不过，如果栈跟踪不可写入，则不执行任何操作
StackTraceElement[] getStackTrace()
返回元素为 printStackTrace 输出的栈跟踪的各个信息的数组
void setStackTrace(**StackTraceElement**[] *stackTrace*)
设置由 getStackTrace 返回，并由 printStackTrace 和相关方法输出的栈跟踪元素

Exception 类和 RuntimeException 类

Throwable 类的直接下位类 **Exception** 类和 **RuntimeException** 类中也定义了与 **Throwable**

形式相同（接收相同参数）的构造函数。而且，它们也直接继承了表 16-2 所示的主要方法。

抛出和捕获异常

我们通过代码清单 16-4 的程序来加深理解。虽然这是特意抛出异常的演示程序，但其中包含了各种精髓。

▶ 程序的灰色阴影部分是可能发生检查异常 **Exception** 的代码。另外，讲解中的Ⓐ、Ⓑ、Ⓒ、Ⓓ为上文中介绍的规则。

代码清单 16-4
Chap16/ThrowAndCatch.java
运行示例 1
sw: 1
发生检查异常!!
运行示例 2
sw: 2
发生非检查异常!!
该调用中可能发生检查异常 Exception
捕获异常 Exception 及其下位类

```
// 用于理解异常处理的示例

import java.util.Scanner;

class ThrowAndCatch {

   //--- 发生sw值所对应的异常 ---//
   static void check(int sw) throws Exception {
      switch (sw) {
       case 1: throw new Exception("发生检查异常!!");
       case 2: throw new RuntimeException("发生非检查异常!!");
      }
   }

   //--- 调用check ---//
   static void test(int sw) throws Exception {
      check(sw);
   }

   public static void main(String[] args) {
      Scanner stdIn = new Scanner(System.in);

      System.out.print("sw: ");
      int sw = stdIn.nextInt();

      try {
         test(sw);
      } catch (Exception e) {
         System.out.println(e.getMessage());
      }
   }
}
```

check 方法

本方法根据参数 *sw* 中接收到的值，抛出 **Exception** 或者 **RuntimeException** 异常。

▪ throws 子句（声明可能抛出的检查异常）

蓝色阴影部分的方法声明就是 **throws** 子句。可能抛出检查异常的方法会将所有异常都列举到 **throws** 子句中（有多个异常时，使用逗号隔开）（Ⓑ：如果省略 **throws** 子句中的 **Exception** 列举，就会发生编译错误）。

▶ 无需列举非检查异常（Ⓓ）。即使像下面这样列举了非检查异常 **RuntimeException**，也不会发生编译错误（编译器会无视它）。

```
static void (check) throws Exception, RuntimeException { ... }
```

▪ 方法的抛出

在方法主体的 `switch` 语句中，会抛出 *sw* 值所对应的异常。**throw 语句**（throw statement）用于抛出异常，其形式为“**throw 表达式 ;**”。

指定的表达式为异常类类型实例的引用。在本程序中，使用 `new` 创建 `Exception` 或者 `RuntimeException` 的实例之后将它们（它们的引用）抛出。

另外，不可以指定 `Throwable` 的下位类之外的类（的实例的引用）（如果指定的话，就会发生编译错误）。

由于构造函数中传入的是字符串参数，因此会调用表 16-1 中的②的构造函数，将详细消息赋给异常实例。

test 方法

test 方法只用于调用 *check* 方法。无论是程序员还是编译器，都知道本方法调用的 *check* 中可能会发生检查异常 `Exception`。因此，*test* 方法中也可能会发生检查异常 `Exception`，必须指定蓝色阴影部分的 `throws` 子句（Ⓑ：如果省略 `throws` 子句中的 `Exception` 列举，就会发生编译错误）。

main 方法

`main` 方法中对异常进行了处理。

▪ 检查异常的捕获

`main` 方法中读入变量 *sw* 的值后会调用 *test* 方法。可能发生检查异常的代码（此处为 *test*(*sw*) 的调用）放在 `try` 语句的 `try` 语句块中（Ⓐ：否则会发生编译错误）。

▪ 捕获的异常的层次

`catch` 子句的形参 *e* 声明为 `Exception` 类型。如运行结果所示，这个异常处理器中可以捕获 `Exception` 和 `RuntimeException` 两种异常。

这是因为存在以下规则：**异常处理器会接收形参类型中“可以赋入的所有异常”**。因此，除了 `catch` 子句的形参中指定的类类型的异常之外，其下位类类型的异常也可以被捕获。

▶ 第 12 章中介绍过，类类型的变量中不仅可以赋入该类类型实例的引用，还可以赋入下位类类型实例的引用。

▪ 异常的详细消息

异常处理器中会输出 *e*.getMessage()，即 *e* 的详细消息。虽然 *e* 的类型为 `Exception`，但 getMessage 方法的动作与 *e* 的引用目标的类型（`Exception` 或者 `RuntimeException`）是相对应的。

▶ 当然，这得益于动态联编所实现的多态。

检查异常的处理

代码清单 16-5 是一个处理检查异常的程序示例，运行时会显示上次运行时输入的“心情”。不过，第一次运行时则会显示这是第一次运行的信息。

代码清单 16-5 Chap16/LastTime1.java

```
// 显示上次的心情

import java.io.*;
import java.util.Scanner;

class LastTime1 {

   //--- 读入上次的心情---//
   static void init() {
      BufferedReader br = null;

      try {
         br = new BufferedReader(new FileReader("LastTime.txt"));
         String kibun = br.readLine();
         System.out.println("上次的心情" + kibun + "。");
      } catch (IOException e){
         System.out.println("这是您第1次运行本程序。");
      } finally {
         if (br != null) {
            try {
               br.close();
            } catch (IOException e){
               System.out.println("文件关闭失败。");
            }
         }
      }
   }

   //--- 读入此次的心情---//
   static void term(String kibun) {
      FileWriter fw = null;

      try {
         fw = new FileWriter("LastTime.txt");
         fw.write(kibun);
      } catch (IOException e){
         System.out.println("发生错误!!");
      } finally {
         if (fw != null) {
            try {
               fw.close();
            } catch (IOException e){
               System.out.println("文件关闭失败。");
            }
         }
      }
   }

   public static void main(String[] args) {
      Scanner stdIn = new Scanner(System.in);

      init();          // 显示上次的心情

      System.out.print("当前的心情: ");
      String kibun = stdIn.next();

      term(kibun);
   }
}
```

a 第1次运行时的运行示例

运行示例

```
这是您第1次运行本程序。
当前的心情: 非常好!!
```

b 第2次运行时的运行示例

运行示例

```
上次的心情非常好!!。
当前的心情: 一般
```

▪ init 方法

这是程序最先执行的方法。打开 "LastTime.txt" 文件，将第 1 行的字符串读入到 *kibun* 中，显示上次的心情。

不过，在第 1 次运行时（或者因某种原因导致文件变得异常等时），文件打开或读入会发生异常。在捕获异常的 **catch** 子句中，会显示“这是您第 1 次运行本程序。”。

▶ 关于本程序中使用的与文件相关的库，请参考**专栏 16-1**。

▪ term 方法

这是程序最后执行的方法。打开 "LastTime.txt" 文件，写入字符串 *kibun*。

*

这两个方法中的下述两个地方都可能会发生 ***IOException*** 异常。

1 打开文件时（其与 ***BufferedReader*** 相关联时）
2 对文件实际执行输入 / 输出时

当1成功、2发生异常时，必须执行文件的关闭处理。因此，文件的关闭处理要放在不管是否发生异常都一定会被执行的 **finally** 子句中。

在 **finally** 子句中，当 *br* 或 *fw* 不为 **null** 时（当文件打开成功时），就会调用 close 方法，执行关闭处理。

不过，由于关闭处理本身也可能会发生异常，因此，close 方法的调用代码必须放在 **try** 语句的 **try** 语句块中，由此造成程序的结构（不得不）变得非常复杂，这一点还请注意。

▶ 从 Java SE 7 开始，Java 中导入了一种新的语法结构的 **try** 语句，即**带资源的 try 语句**（try-with-resources statement）。它会像下面这样，将用于获取文件或内存中的资源的处理记述到括号中（*term* 方法的 **try** 语句也是如此："Chap16/LastTime2.java"）。

```
try (
   BufferedReader br = new BufferedReader(new FileReader("LastTime.txt"));
) {
   String kibun = br.readLine();
   System.out.println("上次的心情" + kibun + "。");
} catch (IOException e){
   System.out.println("这是您第1次运行本程序。");
}
```

在带资源的 **try** 语句中，实现 **java.lang.AutoClosable** 接口的类型会被自动关闭。因此，可以省略资源的释放处理（此处为 close 方法的显式调用）代码，程序会变得非常简洁。

创建异常类

Java 的类库中提供了为数众多的异常类，我们既可以直接使用这些异常类，也可以创建自己的异常类。

下面，我们对 **Exception** 类或者其下位类进行派生，来创建异常类。不过，如果要创建的是非检查异常类，则要对 **RuntimeException** 或者其下位类进行派生。

▶ 由于 **Error** 类是无法处理或者处理起来极其困难的致命错误，因此，从该类进行派生来创建类是不切实际的（虽然语法上可行）。

*

代码清单 16-6 是一个自己创建异常类并进行使用的简单的程序示例，只对 1 位数值进行加法运算。不过，前提是加数和运算结果都要在 0~9 之内，否则就会发生异常。

代码清单16-6 Chap16/RangeErrorTester.java

```
// 进行1位（0~9）的加法运算

import java.util.Scanner;

//---- 超出范围的异常 ---//
class RangeError extends RuntimeException {
   RangeError(int n) { super("超出范围的数值: " + n); }
}

//---- 超出范围的异常（形参）---//
class ParameterRangeError extends RangeError {
   ParameterRangeError(int n) { super(n); }
}

//---- 超出范围的异常（返回值）---//
class ResultRangeError extends RangeError {
   ResultRangeError(int n) { super(n); }
}

public class RangeErrorTester {

   /*--- n为1位（0~9）吗?  ---*/
   static boolean isValid(int n) {
      return n >= 0 && n <= 9;
   }
   /*--- 计算1位（0~9）整数a与b的和 ---*/
   static int add(int a, int b) throws ParameterRangeError, ResultRangeError {
      if (!isValid(a)) throw new ParameterRangeError(a);
      if (!isValid(b)) throw new ParameterRangeError(b);
      int result = a + b;
      if (!isValid(result)) throw new ResultRangeError(result);
      return result;
   }

   public static void main(String[] args) {
      Scanner stdIn = new Scanner(System.in);

      System.out.print("整数a: ");  int a = stdIn.nextInt();
      System.out.print("整数b: ");  int b = stdIn.nextInt();

      try {
         System.out.println("它们的和为" + add(a, b) + "。");
      } catch (ParameterRangeError e) {
         System.out.println("加数超出范围。" + e.getMessage());
      } catch (ResultRangeError e) {
         System.out.println("计算结果超出范围。" + e.toString());
      }
   }
}
```

通过 RuntimeException 进行派生使其为非检查异常

可以省略（不需要）

运行示例1

```
整数a: 52
整数b: 5
加数超出范围。超出范围的数值: 52
```

运行示例2

```
整数a: 7
整数b: 5
计算结果超出范围。ResultRangeError: 超出范围的数值: 12
```

程序中创建了三个异常类。

- *RangeError* … 表示数值超出范围（非 0~9）的异常
- *ParameterRangeError* … 表示方法的形参超出范围的异常
- *ResultRangeError* … 表示运算结果超出范围的异常

后两个异常都派生自 *RangeError*。这三个类中都只定义了构造函数。

▶ 正如我们曾经介绍过的，**Throwable** 类的构造函数会接收 **String** 型的“详细消息”和 **Throwable** 类型的“原因”。因此，自己创建异常类时，一般都会创建与其形式相同的构造函数。

这里特意定义了接收 `int` 型的构造函数（这是为了表明可以定义非常规的规格）。

类 *RangeError* 派生自 **RuntimeException** 类，是非检查异常类。在构造函数中，通过将字符串传给 **super**，调用表 16-1 中的构造函数②，来设置详细消息。

剩下的 *ParameterRangeError* 和 *ResultRangeError* 由于是 **RuntimeException** 的下位类，因此也是非检查异常类。在构造函数中，调用 **super** 来设置详细消息。

▶ 使用 **super** 来调用 *RangeError* 类的构造函数，在此基础上调用 **RuntimeException** 的构造函数，然后再调用 **Throwable** 的构造函数。

在方法 *add* 中，当参数和加法运算的结果超过 1 位时，就会抛出 *ParameterRangeError* 或者 *ResultRangeError* 异常。**main** 方法中会捕获这些异常。

▶ 当捕获了 *ParameterRangeError* 时，我们使用 getMessage 方法来获取、显示详细的字符串，而当捕获了 *ResultRangeError* 时，则使用 toString 来获取、显示简单的消息。

委托异常

我们再来思考一下代码清单 16-2。其结构是 **main** 方法中调用了将数组进行倒序排列（加入了 Bug）的 *reverse* 方法，而 *reverse* 方法中又调用了用于交换数组中的两个元素的 *swap* 方法。如果是规模较大的程序，则方法调用的层次会变得更深。

如果在所有层次的方法中都对数组的下标是否正确（或者本程序中省略的、接收到的数组变量是否为 **null**）执行异常处理，那么本质上相同的检查就会被执行很多次，降低软件的性能。

应该在哪个（层次的）方法中执行异常处理，要视软件而异。这里我们选择在 *reverse* 方法中执行处理，在 *swap* 方法中则不执行处理，如代码清单 16-7 所示。

代码清单 16-7　　Chap16/ReverseArray3.java

```
// 将值读入到数组元素中，并进行倒序排列（存在Bug：在reverse中捕获异常）

import java.util.Scanner;

class ReverseArray3 {

    //--- 交换数组中的元素a[idx1]和a[idx2] ---//
    static void swap(int[] a, int idx1, int idx2) {
        int t = a[idx1];
        a[idx1] = a[idx2];
        a[idx2] = t;
    }

    //--- 对数组a的元素进行倒序排列（错误）---//
    static void reverse(int[] a) {
        try {
            for (int i = 0; i < a.length / 2; i++)
                swap(a, i, a.length - i);
        } catch (ArrayIndexOutOfBoundsException e) {
            e.printStackTrace();
            System.exit(1);
        }
    }

    public static void main(String[] args) {

        // … 中略（main方法与ReverseArray1一样）

    }
}
```

运行示例

```
元素个数：5
x[0] : 10
x[1] : 73
x[2] :  2
x[3] : -5
x[4] : 42
java.lang.
ArrayIndexOutOfBoundsException: 5
        at ReverseArray3.swap
            (ReverseArray3.java:10)
        at ReverseArray3.reverse
            (ReverseArray3.java:18)
        at ReverseArray3.main
            (ReverseArray3.java:38)
```

由于 *swap* 方法中并未对异常进行处理，因此当抛出 **ArrayIndexOutOfBoundsException** 异常时，异常会传递给调用它的 *reverse* 方法。

也就是说，*swap* 方法中没有对异常进行处理，而是进行了**委托**。这里委托的是非检查异常。**如果委托的是检查异常，那么在方法的声明中就需要包含 throws 子句**。

对异常执行处理的是 *reverse* 方法。我们将 *swap* 的调用放到 **try** 语句块中，来捕获异常。

另外，异常处理器中执行了下述操作。

- 调用 printStackTrace 方法显示栈跟踪
- 调用 **System**.exit 方法强制结束程序

练习 16-1

代码清单 16-4 的 **try** 语句中使用了一个异常处理器来捕获 **Exception** 异常和 **RuntimeException** 异常。请修改程序，分别捕获这两个异常。

练习 16-2

代码清单 16-6 的 **try** 语句中使用了单独的异常处理器来分别捕获 *ParameterRangeError* 异常和 *ResultRangeError* 异常。请修改程序，使用一个异常处理器来捕获这两个异常。

练习 16-3

代码清单 16-7 的 *reverse* 方法的前提是形参 *a* 中接收到的引用不是空引用。请修改程序，当接收到空引用时，执行相应的处理。

※ 捕获专栏 16-2 中介绍的 **NullPointerException**，并执行处理。

练习 16-4

与上一个练习题一样，请修改代码清单 16-8 的程序，当接收到空引用时，对 *reverse* 方法执行相应的处理。

专栏 16-1 文件的输入 / 输出

类 **java.io.*FileReader*** 和 **java.io.*FileWriter*** 用于文本文件的输入、输出操作。通过向其构造函数传递要打开的文件的文件名，就能打开文件。

当结束对打开文件的读写后，需要关闭文件。用于执行关闭操作的是 close 方法。

另外，通过 ***FileReader*** 进行读取的效率并不高（因为未执行缓存）。***BufferedReader*** 类通过缓存字符、数组、行，可以有效地读入字符型输入流中的文本。read 方法可以读入一个字符，readLine 方法可以读入一行字符串。

关于这些库的详细内容，请参考 API 文档。

再次抛出异常

接下来，我们再来思考一下其他的处理方法。如果 *reverse* 方法中接收到异常，则将其作为其他异常进行抛出，程序如代码清单 16-8 所示。

代码清单 16-8 Chap16/ReverseArray4.java

```
// 将值读入到数组元素中，并进行倒序排列（存在Bug：reverse再次抛出异常）

import java.util.Scanner;

class ReverseArray4 {

  //--- 交换数组中的元素a[idx1]和a[idx2] ---//
  static void swap(int[] a, int idx1, int idx2) {
    int t = a[idx1];
    a[idx1] = a[idx2];
    a[idx2] = t;
  }

  //--- 对数组a的元素进行倒序排列（错误）---//
  static void reverse(int[] a) {
    try {
      for (int i = 0; i < a.length / 2; i++)
        swap(a, i, a.length - i);
    } catch (ArrayIndexOutOfBoundsException e) {
      throw new RuntimeException("reverse的Bug? ", e);
    }
  }

  public static void main(String[] args) {
    Scanner stdIn = new Scanner(System.in);

    System.out.print("元素个数：");
    int num = stdIn.nextInt();        // 元素个数

    int[] x = new int[num];           // 元素个数为num的数组

    for (int i = 0; i < num; i++) {
      System.out.print("x[" + i + "] : ");
      x[i] = stdIn.nextInt();
    }

    try {
      reverse(x);                     // 对数组x的元素进行倒序排列

      System.out.println("元素的倒序排列执行完毕。");
      for (int i = 0; i < num; i++)
        System.out.println("x[" + i + "] = " + x[i]);
    } catch (RuntimeException e) {
      System.out.println("异常      : " + e);
      System.out.println("异常原因: " + e.getCause());
    }
  }
}
```

运行示例

```
元素个数：5
x[0] : 10
x[1] : 73
x[2] :  2
x[3] : -5
x[4] : 42
异常    : java.lang.RuntimeException: reverse的Bug?
异常原因：java.lang.ArrayIndexOutOfBoundsException: 5
```

在 *reverse* 方法中，当接收到 **ArrayIndexOutOfBoundsException** 异常时，处理方法是新创建一个 **RuntimeException** 异常，并将其抛出。

我们来看一下阴影部分的创建并抛出新异常的处理。

```
throw new RuntimeException("reverse的Bug? ", e)
```

此处将 2 个参数传递给了构造函数。第 1 个参数为“详细消息”，第 2 个参数为“原因”（表 16-1）。

通过传入第 2 个参数 *e*，即 **ArrayIndexOutOfBoundsException** 异常的引用，就可以知道 **RuntimeException** 异常发生的原因是 **ArrayIndexOutOfBoundsException** 异常。

▶ 由于异常处理器中捕获了 **ArrayIndexOutOfBoundsException** 异常，因此对该异常的处理就结束了（不会直接委托该异常进行传递）。通知给该方法的调用端的是新创建的 **RuntimeException**。

main 方法中会捕获 *reverse* 方法抛出的异常。

```
catch (RuntimeException e) {
   System.out.println("异常        : " + e);
   System.out.println("异常原因:    " + e.getCause());
}
```

getCause 方法用于检查异常的原因（表 16-2），因此，这里会显示捕获的异常及异常原因。

显示的运行结果是，捕获的异常为 **RuntimeException**，异常原因为（使用了不正确的下标 5 导致的）**ArrayIndexOutOfBoundsException** 异常。

本程序是用来帮助理解原理的示例程序，因此其操作有点刻意为之。对于捕获的异常，在执行了某些处理后仍无法完全处理时，会再次抛出异常。

专栏 16-2　非检查异常

Java 中提供的标准的非检查异常包含如下异常。

▪ NullPointerException

通过变为空引用的引用进行字段访问或者方法调用时，以及将空引用作为异常抛出时抛出的异常（9-1 节）。

▪ ClassCastException

将某个对象转换为继承关系中不存在的类时抛出的异常。

▪ StringIndexOutOfBoundsException

对 **String** 型字符串应用了错误的下标时抛出的异常。该异常和 **ArrayIndexOutOfBoundsException** 都是 **IndexOutOfBoundsException** 的子类。

▪ IllegalArgumentException

将不正确的参数或者不合法的参数传递给了方法时抛出的异常。

小结

- 所谓**异常**，就是与程序预期的状态不一致的状态，或者在通常情况下未预料到（或无法预料）的状态。

- 在大多数情况下，异常或者错误的处理方法并不是由控件的开发人员决定的，而是应该由使用人员来决定。

- 通过**异常处理**，即对异常执行的**处理**，程序能够从可能致命的状态中**恢复**过来。

- throw **语句**用于**抛出**异常。

- try **语句**用于**捕获**抛出的异常并对异常进行处理。

- 对抛出的异常进行检查所需的代码要放在 try **语句块**中。对 `try` 语句块中检测出的异常进行捕获的是被称为**异常处理器**的 catch **子句**。

- 无论是否发生异常，位于 `try` 语句末尾的 finally **子句**都会被执行。另外，`finally` 子句可以省略。

- 异常主体是 `Throwable` 类的下位类的实例，包含**详细消息**和异常发生的**原因**等信息。

- **检查异常**是必须处理的异常，编译时会检查程序中是否对其进行了处理（捕获或者列举在 throws **子句**中）。

- 当方法可能会抛出检查异常时，必须将这些异常列举在 throws **子句**中。

- **非检查异常**是并非一定要处理的异常。编译时不会检查是否对其进行了处理。

- `Throwable` 类的子类有 `Exception` 类和 `RuntimeException` 类。

- `Exception` 类及其下位类为检查异常，但 `RuntimeException` 及其下位类为非检查异常。

- 对于捕获的异常，在执行了某些处理后仍无法完全处理时，可以（直接或者改变形式）**再次抛出**异常。

Chap16/Abc.java

```
import java.util.Scanner;

//---- 自己创建的检查异常 ---//
class CheckedException extends Exception {
   CheckedException(String s, Throwable e) { super(s, e); }
}

//---- 自己创建的非检查异常 ---//
class UncheckedException extends RuntimeException {
   UncheckedException(String s, Throwable e) { super(s, e); }
}

public class Abc {

   //--- 发生sw值所对应的异常 ---//
   static void work(int sw) throws Exception {
      switch (sw) {
       case 1: throw new RuntimeException("发生非检查异常!!");
       case 2: throw new Exception("发生检查异常!!");
      }
   }

   //--- 调用work ---//
   static void test(int sw) throws CheckedException {
      try {
         work(sw);
      } catch (RuntimeException e) {
         /* 虽然试着处理了，但仍无法完全处理 */
         throw new UncheckedException("无法处理非检查异常!!", e);
      } catch (Exception e) {
         /* 虽然试着处理了，但仍无法完全处理 */
         throw new CheckedException("无法处理检查异常!!", e);
      }
   }

   public static void main(String[] args) {
      Scanner stdIn = new Scanner(System.in);

      System.out.print("sw: ");
      int sw = stdIn.nextInt();

      try {
         test(sw);
      } catch (Exception e) {
         System.out.println("异常      : " + e);
         System.out.println("异常原因: " + e.getCause());
         e.printStackTrace();
      }
   }
}
```

运行示例 1

```
sw: 1↵
异常     : UncheckedException: 无法处理非检查异常!!
异常原因 : java.lang.RuntimeException: 发生非检查异常!!
UncheckedException: 无法处理非检查异常!!
        at Abc.test(Abc.java:29)
        at Abc.main(Abc.java:43)
Caused by: java.lang.RuntimeException: 发生非检查异常!!
        at Abc.work(Abc.java:18)
        at Abc.test(Abc.java:26)
        ... 1 more
```

运行示例 2

```
sw: 2↵
异常     : CheckedException: 无法处理检查异常!!
异常原因 : java.lang.Exception: 发生检查异常!!
CheckedException: 无法处理检查异常!!
        at Abc.test(Abc.java:32)
        at Abc.main(Abc.java:43)
Caused by: java.lang.Exception: 发生检查异常!!
        at Abc.work(Abc.java:19)
        at Abc.test(Abc.java:26)
        ... 1 more
```

后记

本书中，我们从第 1 章的 `main` 方法主体的程序开始讲起，循序渐进，一直介绍到面向对象的编程。大家感觉怎么样呢？

在每个阶段的学习过程中，大家都会发现很多东西，例如：

“作为固定语句记忆的 `static` 原来是这个意思啊！”

“如果使用这个功能，那么最开始创建的程序就可以实现得更好了。”

“原来如此！原来还有这样的功能。”

当然，类似这样的情况不只出现在 Java 的学习中，在所有的学习中都是一样的。无论什么学问，都不可能在一开始就完全了解它的整体情况。

在执笔过程中，笔者尽量做到让大家既能从整体上把握 Java 编程语言的概况，又能逐步深入学习 Java 语言、Java 编程等内容。因此，在最开始阶段的讲解中特意略去了一些难点和细节，之后才对其进行详细讲解。例如，一开始只是将类声明和 `main` 方法的主体作为固定语句来讲解，后面才深入介绍相关内容。

不过，本书只有 500 页左右的篇幅，没有介绍嵌套类、线程、集合、枚举、泛型、装箱、Lambda 表达式等。也就是说，关于 Java，还有很多内容没有涉及。

*

到目前为止，笔者已经向无数的学生、专业程序员讲解了编程或编程语言的相关知识。笔者发现，每个人的学习目的、学习进度、理解程度等都各不相同，如果有 100 个听讲者，就需要有 100 种讲义。

例如，学习目的各不相同，比如“出于爱好想学”“虽然不是编程专业的，但为了拿到学分必须学”“作为信息专业的学生，不得不学”“想成为专业的游戏编程人员”……

针对如此广泛的读者层，本书尽量做到既不过于简单，又不会太难。但即便如此，也依然会有人觉得本书过于简单，或觉得本书太难。

这里介绍几个注意事项，供大家在阅读时参考。

▶ 也有人在阅读本书时会有以下感受。

“这些知识（例如语法结构图或专业术语的英文表述）我并不需要”“相似的程序太多了”“为什么要讲这么细节的东西呢”“章节构成有点奇怪”“在实际的软件开发中，应该不会编写这样的程序”……

本书是以广泛的读者层为对象而编写的。下面介绍的内容或许能够回答上述问题。

▪ 关于专业术语

本书中出现了一些表示相同概念的词语，如类变量 / 静态字段、多重定义 / 重载、多态性 / 多态、引用类型的放大转换 / 向上类型转换等。

有的图书和资料使用“类变量”，而不使用“静态字段”。但如果大家记住了这些词语，在学完本书之后再去阅读其他 Java 图书、其他编程语言的图书时，就不会感觉别扭了吧。

另外，本书中使用的专业术语都是以 Oracle 公司的文档为基准的。并且，出现专业术语时，都会使用关键字（keyword）的形式，同时加上英文表述。如果是信息专业的学生，还需要阅读编程相关的英文书。本书中出现的专业术语都是基础术语，必须要掌握（研究生更是如此）。

▪关于语法结构图

如果是信息专业的学生，在掌握了编程语言之后，还会进一步学习编译器等课程，这就需要大家理解语法结构图。对于本书中出现的这种程度的语法结构图，大家必须能够迅速理解并掌握。

▪关于实数（浮点数）的运算和类型转换等

本书在较早阶段就介绍了浮点型和类型转换的相关内容。另外，在之后的章节中，我们还详细介绍了浮点数的精度、函数间的数组传递等内容。

大学里学习 Java 的学生中，相比信息专业的学生，非信息专业（例如机械或电气工程等工科专业、理科专业、经济学专业等）的学生要占绝大多数。信息专业只不过是众多领域中的一个而已。

而且，对非信息专业的（老师和学生的）要求也不高，说得极端一点，就是“语法结构图和语法的细节可以不用管，只要能够进行数值计算（技术计算）就可以了”。

本书在较早阶段就介绍浮点数和类型转换、数组的传递等相关内容，就是出于这个原因。

▶ 不过，本书并未讲解到可以进行真正意义上的技术计算的程度。

▪关于相似的程序清单的罗列

本书中出现了众多相似（只对已经出现的程序稍微进行了修改）的程序。因此，笔者收到了这样的意见：“只介绍不同点就可以了，还能减少篇幅。”

但是，有很多（或者说大多数）学生，即使告诉了他不同点，让他只改写这部分内容，他还是不会操作。因此，本书中即使是类似的程序，也都尽可能地展示程序代码的“整体”。

▪关于章节构成

本书的前半部分并没有实际使用类，但却占据了较多篇幅。关于这一点，笔者也收到了一些意见，例如“应该从一开始就讲解使用类的面向对象的编程”“罗列的程序清单并不实用”等。

实际上，理解力强的读者或拥有其他编程语言经验的读者可能会感觉内容进展得太慢，而后半部分的内容不够充分。

不过，之所以这样设置章节构成，一个原因就是，笔者通过多年的教学经验发现，很多学生在学习选择语句（第 3 章）和循环语句（第 4 章）时都会受挫。实际上，曾有从事教育的老师问过我：“大部分学生（或者说几乎所有的学生）都会卡在选择语句和循环语句的学习上。这部分内容该怎么教呢？”

另外，还有一个原因就是，基础才重要。

我们来思考一下学习算术的最初阶段。首先从数字的基础知识开始学起，然后逐步学习加法和减法，例如“求 1 加 3 等于几”的问题。当然，现实世界中并不存在“求 1 加 3 等于几”这样的问题（加法只是用于技术计算或金额计算等的一部分）。

“3 乘以 5”的计算又如何呢？大家几乎都能够理所当然地瞬间得出结果“15”吧。不过，在学习乘法之前，应该是执行“将 3 相加 5 次”这样的加法运算。

“应该从一开始就讲解面向对象的内容”的意见完全忽视了不懂加法（或者感觉加法很难）的人的存在，而直接就要求“应该从一开始就讲解乘法或方程的解法”。而且，前面也提到过，很多人只是使用 Java 进行数值计算（不只编程语言是这样，所有的东西的用途都是由使用者决定的）。

话说回来，编程语言和使用编程语言的编程是不可能只通过一本书就能学会的，就像在没有词典、没有参考书、没有任何基础的情况下，只靠一本教材无法掌握一门外语一样。

为什么进行这样极端的比喻呢？因为根据不同的教学情况，入门书的定位也完全不同。例如，除了使用像本书这样的入门书讲解基础编程之外，还存在讲解计算机科学、算法和数据结构、面向对象的编程等内容的课程。在这些课程中，像“查找”“排序”“设计模式”等内容就可以通过其他教材进行学习。

另外，也有些课程只通过一本入门教材来讲解编程。这种情况下，就需要学习“查找”“自由操作数组的技术”等。当然，虽说要看具体的用途，但比起面向对象的编程，这些内容可能是要优先考虑的。

如果广泛且深入地思考各种教学情况和教材的使用方法等，就不得不将基础知识作为重点，其必要性远在高级人员和专业人员的想象之上。这是我的个人观点。

▪ 关于练习题

面对练习题时，很多学生都不去解答，只等着老师公布答案，或者在网上查找类似问题的答案（我感觉这种现象在最近几年尤为明显）。不仅在编程语言的学习中，在其他课程中也都是如此。

本书中的练习题是根据笔者多年的教学经验和编程开发经验编写的，目的是让大家掌握编程能力，其效果也在实际的教学活动中得到了验证。

例如，我们来思考一下练习 4-16。在显示 * 时，每显示 5 个就换行。在实际的软件开发中，并不会创建这样的程序。但这也不是单纯的数学问题，而是与实际的程序应用相关的问题，例如将多个数据输出到画面或者打印机上时每行显示 5 个数据。

```
显示多少个*。12
*****
*****
**
```

当然，并不是说那些所谓的中级人员、高级人员在学习过程中都解答了本书中这样的练习题，但不可否认，他们都能轻松解答出本书这种程度的练习题。

如果是经验非常丰富的程序员，那么他应该可以理解，本书中出现的几乎所有的练习题都是与实际的编程相通的（即使不是直接相通，在应用层面上也是相通的）。

如果大家解答了本书中所有的练习题，那么也就掌握了基础的编程能力了。

*

在本书编写过程中，承蒙 SB Creative 株式会社的野泽喜美男主编的关照。

在此深表感谢。

参考文献

1) James Gosling, Bill Joy, Guy Steele, Gilad Bracha ／村上 雅章 翻訳
『Java 言語仕様 第 3 版』
ピアソン・エデュケーション，2006
2) James Gosling, Bill Joy, Guy Steele, Gilad Bracha, Alex Buckley
『The Java® Language Specification Java SE 7 Edition』，2013
3) James Gosling, Bill Joy, Guy Steele, Gilad Bracha, Alex Buckley
『The Java® Language Specification Java SE 8 Edition』，2015
4) 日本工業規格
『JIS X0001-1994 情報処理用語 － 基本用語』，1994
5) 日本工業規格
『JIS X0121-1986 情報処理用流れ図・プログラム網図・システム資源図記号』，1986
6) 日本工業規格
『JIS X3010-1993　プログラミング言語Ｃ』，1993
7) 日本工業規格
『JIS X3010-2003　プログラミング言語Ｃ』，2003
8) 日本工業規格
『JIS X3014-2003 プログラム言語 C++』，2003
9) Mary Campoine, Kathy Walrath, Alison Huml ／安藤慶一 翻訳
『Java チュートリアル 第３版』
ピアソン・エデュケーション，2001
10) Kathy Sierra, Bert Bates ／島田秋雄・高坂一城・神戸博之 監修／夏目大 翻訳
『Head First Java 第２版－頭とからだで覚える Java の基本』
オライリー・ジャパン，2006
11) 柴田望洋
『新・明解Ｃ言語入門編』
ＳＢクリエイティブ，2014
12) 柴田望洋
『新・解きながら学ぶＣ言語』
ＳＢクリエイティブ，2016
13) 柴田望洋
『明解 Java によるアルゴリズムとデータ構造』
ソフトバンククリエイティブ，2007
14) 柴田望洋
『新版 明解 C++ 入門編』
ソフトバンククリエイティブ，2009
15) 柴田望洋
『新版 明解 C++ 中級編』
ＳＢクリエイティブ，2014

TURING
图灵教育
站在巨人的肩上
Standing on the Shoulders of Giants

TURING

图灵教育

站在巨人的肩上

Standing on the Shoulders of Giants